스스로 하는 공부도 더 쉽고 똑똑하게,

개념원리 ai

개념원리 ai 와 함께, 공부가 달라집니다

나만의 AI와 공부하기

일상 대화부터 심리·진로 상담까지 챗봇과 함께 해
대화 스타일과 캐릭터를 직접 선택해 나만의 AI를 만들자!

문제 노트

AI 분석으로 문제를 빠르게 검색하고 무제한 저장해 봐!
영상 강의는 물론, 유사 유형·고난도 문제까지

무제한 단원 평가

매일 무제한 제공되는 단원 평가로 취약 부분 반복 복습!
선생님과 공유하고 질문하면서 실력도 쑥쑥

친구들과 함께하는 그룹 학습

친구들과 그룹을 만들고 학습 기록을 공유할 수 있어
다양한 미션과 랭킹으로 동기부여받고, 시간표와 급식 정보도!

 중학 수학 **3-1**

발행일	2025년 12월 31일 (1판 2쇄)
기획 및 집필	개념원리 수학연구소
콘텐츠 개발 총괄	한소영
콘텐츠 개발 책임	오서희, 이유림, 박영신, 조은진, 이선옥, 모규리, 김현진
사업 책임	김태우
마케팅 책임	권가민, 이미혜
제작/유통 책임	이건호
영업 책임	정현호
디자인	(주)이츠북스, 스튜디오 에딩크
펴낸이	고사무열
펴낸곳	(주)개념원리
등록번호	제 22-2381호
주소	서울시 강남구 테헤란로 8길 37, 7층(한동빌딩) 06239
고객센터	1644-1248

개념원리 중학인강
www.imath.kr

수학의 시작 개념원리

중학 수학 3-1

개념원리 수학연구소

수학 점수 올리는 방법

개념 ↔ 유형 적용 연결 링크 활용

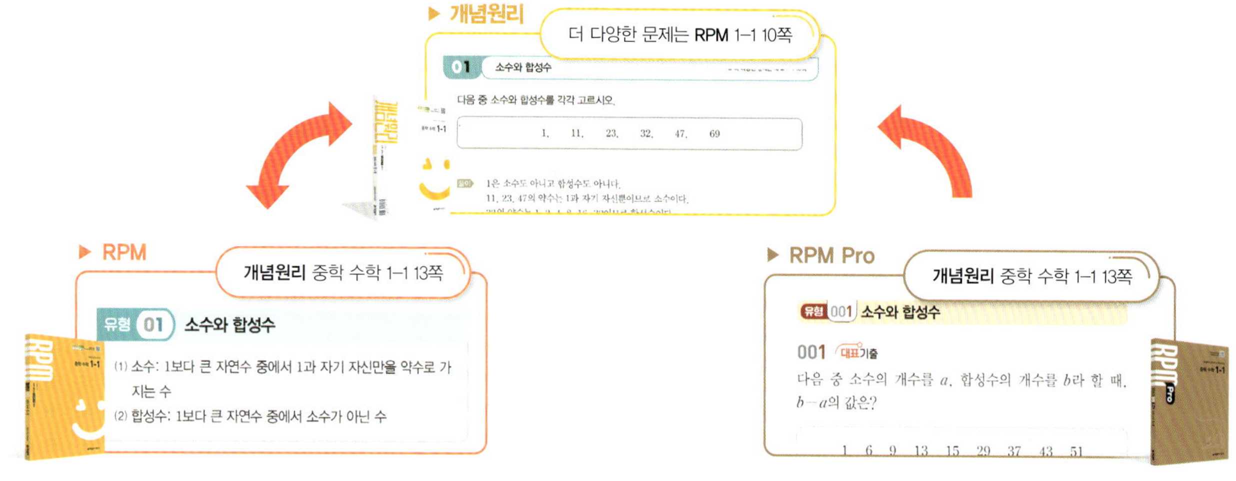

개념-유형 연결 링크로 개념 적용 학습 강화

교재 연계 서비스 '개념원리 ai' 활용

• 유형서 최초! RPM · RPM Pro 전 문항 **무료 강의 제공** •

모르는 문제가 있다면 책 선택 후 **문항 번호 검색**만 하세요!

※에그릿이 개념원리 ai로 새로 태어났어요!

• **실시간 질의 응답** 지원 •

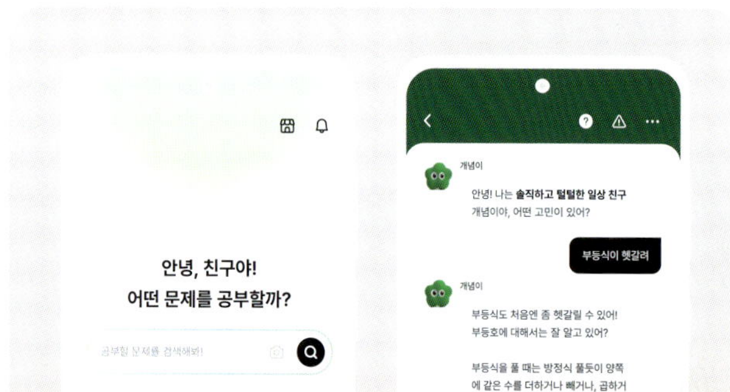

문제 풀이에
심리 · 진로 상담까지 가능한
나만의 ai와
함께 공부해요!

I-1 제곱근과 실수

01 제곱근의 뜻과 표현

(1) 제곱근

어떤 수 x를 제곱하여 a가 될 때, 즉

$$x^2=a$$

일 때, x를 a의 제곱근이라 한다.

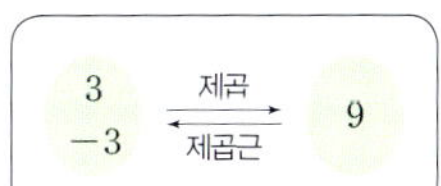

(2) 제곱근의 개수

① 양수의 제곱근은 양수와 음수 2개가 있고, 그 절댓값은 서로 같다.
② 음수의 제곱근은 없다.
③ 0의 제곱근은 0의 1개이다.

(3) 제곱근의 표현

① 제곱근을 나타내기 위하여 기호 $\sqrt{}$ 를 사용하는데, 이것을 근호
라 하고, '제곱근' 또는 '루트'라 읽는다.
② 양수 a의 제곱근 중 양수인 것을 양의 제곱근, 음수인 것을 음의
제곱근이라 하고,

양의 제곱근 ➡ $\sqrt{a}$, 음의 제곱근 ➡ $-\sqrt{a}$

로 나타낸다.

02 제곱근의 성질

(1) 제곱근의 성질

① $a>0$일 때, $(\sqrt{a})^2=a,\ (-\sqrt{a})^2=a$
② $a>0$일 때, $\sqrt{a^2}=a,\ \sqrt{(-a)^2}=a$

(2) $\sqrt{a^2}$의 성질

모든 수 a에 대하여

$$\sqrt{a^2}=|a|=\begin{cases} a\geq 0 일\ 때,\ a & \leftarrow 부호\ 그대로 \\ a<0 일\ 때,\ -a & \leftarrow 부호\ 반대로 \end{cases}$$

(3) 제곱근의 대소 관계

$a>0$, $b>0$일 때, 다음이 성립한다.

① $a<b$이면 $\sqrt{a}<\sqrt{b}$
② $\sqrt{a}<\sqrt{b}$이면 $a<b$
③ $\sqrt{a}<\sqrt{b}$이면 $-\sqrt{a}>-\sqrt{b}$

03 무리수와 실수

(1) 무리수와 실수

① 무리수: 유리수가 아닌 수, 즉 순환소수가 아닌 무한소수로 나타
내어지는 수
　예 $\sqrt{2}=1.414\cdots,\ \sqrt{3}=1.732\cdots,\ \sqrt{5}=2.236\cdots,\ \pi=3.141592\cdots$
② 실수: 유리수와 무리수를 통틀어 실수라 한다.

(2) 무리수를 수직선 위에 나타내기

직각삼각형의 빗변의 길이를 이용하여 무리수를 수직선 위에 나타
낼 수 있다.
　예 빗변의 길이가 $\sqrt{2}$인 직각삼각형을 이용하
여 무리수 $-\sqrt{2}$, $\sqrt{2}$를 수직선 위에 나타
내면 오른쪽 그림과 같다.

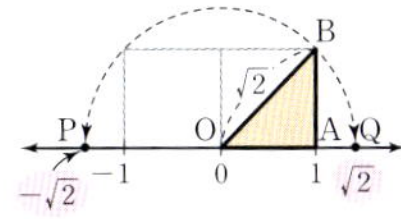

(3) 실수와 수직선

① 수직선은 유리수와 무리수, 즉 실수에 대응하는 점들로 완전히
메울 수 있다.
② 모든 실수는 각각 수직선 위의 한 점에 대응하고, 수직선 위의 한
점에는 한 실수가 대응한다.
③ 서로 다른 두 실수 사이에는 무수히 많은 실수가 있다.

(4) 두 실수 a, b의 대소 관계는 다음과 같이 정한다.

① $a-b>0$이면 $a>b$
② $a-b=0$이면 $a=b$
③ $a-b<0$이면 $a<b$

(5) 제곱근표를 이용하여 제곱근의 값 구하기

① 제곱근표: 1.00부터 99.9까
지의 수에 대한 양의 제곱
근의 값을 반올림하여 소
수점 아래 셋째 자리까지
나타낸 표

수	0	1	②	3	⋯
1.0	1.000	1.005	1.010	1.015	⋯
1.1	1.049	1.054	1.058	1.063	⋯
⋮		⋮	⋮	⋮	⋮
①1.7	1.304	1.308	1.311	1.315	⋯
⋮		⋮	⋮	⋮	⋮

② 제곱근표 읽는 방법
처음 두 자리 수의 가로줄과 끝자리 수의 세로줄이 만나는 곳에
적힌 수를 읽는다.

I-2 근호를 포함한 식의 계산

01 제곱근의 곱셈과 나눗셈

(1) 제곱근의 곱셈: $a>0$, $b>0$이고 m, n이 유리수일 때

① $\sqrt{a}\times\sqrt{b}=\sqrt{a}\sqrt{b}=\sqrt{ab}$ 　　② $m\sqrt{a}\times n\sqrt{b}=mn\sqrt{ab}$

(2) 제곱근의 나눗셈: $a>0$, $b>0$이고 m, n이 유리수일 때

① $\sqrt{a}\div\sqrt{b}=\dfrac{\sqrt{a}}{\sqrt{b}}=\sqrt{\dfrac{a}{b}}$

② $m\sqrt{a}\div n\sqrt{b}=\dfrac{m}{n}\sqrt{\dfrac{a}{b}}$ (단, $n\neq 0$)

(3) 근호가 있는 식의 변형

① 근호 안의 제곱인 인수는 근호 밖으로 꺼낼 수 있다.

$a>0$, $b>0$일 때, $\sqrt{a^2 b}=a\sqrt{b},\ \sqrt{\dfrac{b}{a^2}}=\dfrac{\sqrt{b}}{a}$

② 근호 밖의 양수는 제곱하여 근호 안으로 넣을 수 있다.

$a>0$, $b>0$일 때, $a\sqrt{b}=\sqrt{a^2 b},\ \dfrac{\sqrt{b}}{a}=\sqrt{\dfrac{b}{a^2}}$

(4) 분모의 유리화: 분모가 근호를 포함한 무리수일 때, 분모와 분자에 0
이 아닌 같은 수를 곱하여 분모를 유리수로 고치는 것

(5) 분모를 유리화하는 방법

① $\dfrac{b}{\sqrt{a}}=\dfrac{b\times\sqrt{a}}{\sqrt{a}\times\sqrt{a}}=\dfrac{b\sqrt{a}}{a}$ (단, $a>0$)

② $\dfrac{\sqrt{b}}{\sqrt{a}}=\dfrac{\sqrt{b}\times\sqrt{a}}{\sqrt{a}\times\sqrt{a}}=\dfrac{\sqrt{ab}}{a}$ (단, $a>0$, $b>0$)

02 제곱근의 덧셈과 뺄셈

(1) 제곱근의 덧셈과 뺄셈

m, n이 유리수이고 $a>0$일 때

① $m\sqrt{a}+n\sqrt{a}=(m+n)\sqrt{a}$
② $m\sqrt{a}-n\sqrt{a}=(m-n)\sqrt{a}$

(2) 분배법칙을 이용한 식의 계산

$a>0$, $b>0$, $c>0$일 때
① $\sqrt{a}(\sqrt{b}\pm\sqrt{c})=\sqrt{a}\sqrt{b}\pm\sqrt{a}\sqrt{c}=\sqrt{ab}\pm\sqrt{ac}$ (복호동순)
② $(\sqrt{a}\pm\sqrt{b})\sqrt{c}=\sqrt{a}\sqrt{c}\pm\sqrt{b}\sqrt{c}=\sqrt{ac}\pm\sqrt{bc}$ (복호동순)

(3) 분배법칙을 이용한 분모의 유리화

$a>0$, $b>0$, $c>0$일 때

$$\dfrac{\sqrt{a}+\sqrt{b}}{\sqrt{c}}=\dfrac{(\sqrt{a}+\sqrt{b})\times\sqrt{c}}{\sqrt{c}\times\sqrt{c}}=\dfrac{\sqrt{ac}+\sqrt{bc}}{c}$$

03 이차함수 $y=a(x-p)^2+q$의 그래프

(1) 이차함수 $y=a(x-p)^2+q$의 그래프

① 이차함수 $y=a(x-p)^2+q$의 그 래프는 이차함수 $y=ax^2$의 그래 프를 **x축의 방향으로 p만큼, y축 의 방향으로 q만큼 평행이동**한 것 이다.

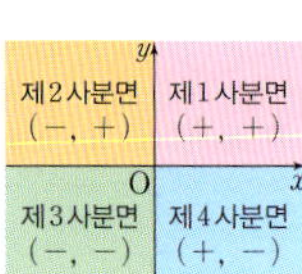

② 꼭짓점의 좌표: (p, q)

③ 축의 방정식: $x=p$

(2) 이차함수 $y=a(x-p)^2+q$의 그래프에서 a, p, q의 부호

① a의 부호: 그래프의 모양에 따라 결정된다.

 ┌ 아래로 볼록 ➡ $a>0$
 └ 위로 볼록 ➡ $a<0$

② p, q의 부호: 꼭짓점의 위치에 따라 결정된다.

 ┌ 꼭짓점이 제1사분면 ➡ $p>0$, $q>0$
 ├ 꼭짓점이 제2사분면 ➡ $p<0$, $q>0$
 ├ 꼭짓점이 제3사분면 ➡ $p<0$, $q<0$
 └ 꼭짓점이 제4사분면 ➡ $p>0$, $q<0$

제2사분면 $(-, +)$	제1사분면 $(+, +)$
제3사분면 $(-, -)$	제4사분면 $(+, -)$

IV-2   이차함수의 그래프 (2)

01 이차함수 $y=ax^2+bx+c$의 그래프

(1) 이차함수 $y=ax^2+bx+c$의 그래프

이차함수 $y=ax^2+bx+c$의 그래프는 $y=a(x-p)^2+q$의 꼴로 고쳐서 그린다.

$$\begin{aligned}
\Rightarrow y&=ax^2+bx+c \\
&=a\left(x^2+\frac{b}{a}x\right)+c \\
&=a\left\{x^2+\frac{b}{a}x+\left(\frac{b}{2a}\right)^2-\left(\frac{b}{2a}\right)^2\right\}+c \\
&=a\left\{x^2+\frac{b}{a}x+\left(\frac{b}{2a}\right)^2\right\}-a\times\left(\frac{b}{2a}\right)^2+c \\
&=a\left(x+\frac{b}{2a}\right)^2-\frac{b^2-4ac}{4a}
\end{aligned}$$

① 꼭짓점의 좌표: $\left(-\dfrac{b}{2a}, -\dfrac{b^2-4ac}{4a}\right)$

② 축의 방정식: $x=-\dfrac{b}{2a}$

③ y축과의 교점의 좌표: $(0, c)$

(2) 이차함수 $y=ax^2+bx+c$의 그래프에서 a, b, c의 부호

① a의 부호: 그래프의 모양에 따라 결정된 다.

 ┌ 아래로 볼록 ➡ $a>0$
 └ 위로 볼록 ➡ $a<0$

② b의 부호: 축의 위치에 따라 결정된다.

 ┌ 축이 y축의 왼쪽 ➡ $ab>0$
 ├ 축이 y축의 오른쪽 ➡ $ab<0$
 └ 축이 y축과 일치 ➡ $b=0$

③ c의 부호: y축과의 교점의 위치에 따라 결정 된다.

 ┌ y축과의 교점이 x축의 위쪽 ➡ $c>0$
 ├ y축과의 교점이 x축의 아래쪽 ➡ $c<0$
 └ y축과의 교점이 원점과 일치 ➡ $c=0$

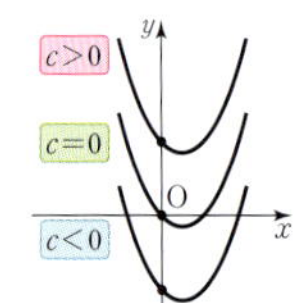

02 이차함수의 식 구하기

(1) 꼭짓점과 다른 한 점을 알 때 이차함수의 식 구하기

꼭짓점 (p, q)와 그래프 위의 다른 한 점 (x_1, y_1)을 알 때

❶ 이차함수의 식을 $y=a(x-p)^2+q$로 놓는다.

❷ ❶의 식에 점 (x_1, y_1)의 좌표를 대입하여 a의 값을 구한다.

> **참고** 꼭짓점의 좌표에 따라 이차함수의 식을 다음과 같이 놓을 수 있다.
> ① $(0, 0)$ ➡ $y=ax^2$
> ② $(0, q)$ ➡ $y=ax^2+q$
> ③ $(p, 0)$ ➡ $y=a(x-p)^2$
> ④ (p, q) ➡ $y=a(x-p)^2+q$

(2) 축의 방정식과 두 점을 알 때 이차함수의 식 구하기

축의 방정식 $x=p$와 그래프 위의 두 점 (x_1, y_1), (x_2, y_2)를 알 때

❶ 이차함수의 식을 $y=a(x-p)^2+q$로 놓는다.

❷ ❶의 식에 두 점 (x_1, y_1), (x_2, y_2)의 좌표를 각각 대입하여 a, q의 값을 구한다.

(3) 서로 다른 세 점을 알 때 이차함수의 식 구하기

그래프 위의 세 점 (x_1, y_1), (x_2, y_2), (x_3, y_3)을 알 때

❶ 이차함수의 식을 $y=ax^2+bx+c$로 놓는다.

❷ ❶의 식에 세 점 (x_1, y_1), (x_2, y_2), (x_3, y_3)의 좌표를 각각 대입하여 a, b, c의 값을 구한다.

(4) x축과의 두 교점과 다른 한 점을 알 때 이차함수의 식 구하기

x축과의 두 교점 $(\alpha, 0)$, $(\beta, 0)$과 그래프 위의 다른 한 점 (x_1, y_1)을 알 때

❶ 이차함수의 식을 $y=a(x-\alpha)(x-\beta)$로 놓는다.

❷ ❶의 식에 점 (x_1, y_1)의 좌표를 대입하여 a의 값을 구한다.

03 이차함수의 최댓값과 최솟값

(1) 함수의 최댓값과 최솟값

① **최댓값**: 어떤 함수의 모든 x의 값에 대한 함숫값 중에서 가장 큰 값

② **최솟값**: 어떤 함수의 모든 x의 값에 대한 함숫값 중에서 가장 작은 값

(2) 이차함수의 최댓값과 최솟값

이차함수 $y=ax^2+bx+c$를 $y=a(x-p)^2+q$의 꼴로 고쳐서 최댓값 또는 최솟값을 구할 수 있다.

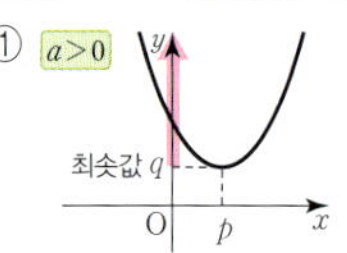

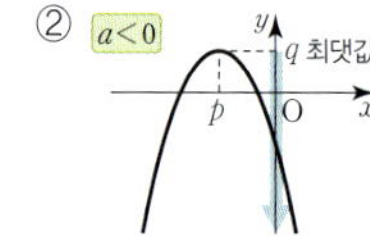

➡ $x=p$일 때 최솟값 q를 갖고, 최댓값은 없다.

➡ $x=p$일 때 최댓값 q를 갖고, 최솟값은 없다.

04 이차함수의 활용

이차함수의 최댓값, 최솟값에 대한 활용 문제는 다음과 같은 순서로 푼다.

❶ 변수 정하기 ➡ 문제의 뜻을 파악하고 두 변수 x, y를 정한다.

❷ 이차함수의 식 세우기 ➡ 변수 x, y 사이의 관계를 식으로 나타낸다.

❸ 답 구하기 ➡ 이차함수의 최댓값 또는 최솟값을 구한다.

❹ 확인하기 ➡ 구한 답이 문제의 조건에 맞는지 확인한다.

03 제곱근을 이용한 이차방정식의 풀이

(1) 제곱근을 이용한 이차방정식의 풀이
① 이차방정식 $x^2=q\,(q\geq0)$의 해 ➡ $x=\pm\sqrt{q}$
② 이차방정식 $(x+p)^2=q\,(q\geq0)$의 해
➡ $x+p=\pm\sqrt{q}$　∴ $x=-p\pm\sqrt{q}$

(2) 완전제곱식을 이용한 이차방정식의 풀이
이차방정식 $ax^2+bx+c=0$의 좌변이 인수분해되지 않을 때에는 $(x+p)^2=q$의 꼴로 고쳐서 제곱근을 이용하여 해를 구한다.
❶ x^2의 계수로 양변을 나누어 x^2의 계수를 1로 만든다.
❷ 상수항을 우변으로 이항한다.
❸ 양변에 $\left(\dfrac{x의\ 계수}{2}\right)^2$을 더한다.
❹ 좌변을 완전제곱식으로 만들어 $(x+p)^2=q$의 꼴로 고친다.
❺ 제곱근을 이용하여 해를 구한다.

Ⅲ-2 이차방정식의 활용

01 이차방정식의 근의 공식

(1) 이차방정식의 근의 공식
다음과 같이 이차방정식의 근을 구하는 공식을 근의 공식이라 한다.
① 이차방정식 $ax^2+bx+c=0$의 근은
$$x=\frac{-b\pm\sqrt{b^2-4ac}}{2a}\ (단,\ b^2-4ac\geq0)$$
② x의 계수가 짝수인 이차방정식 $ax^2+2b'x+c=0$의 근은
$$x=\frac{-b'\pm\sqrt{b'^2-ac}}{a}\ (단,\ b'^2-ac\geq0)$$

(2) 복잡한 이차방정식의 풀이
① 괄호가 있으면 괄호를 풀고 $ax^2+bx+c=0$의 꼴로 정리한다.
② 계수가 소수 또는 분수이면 양변에 적당한 수를 곱하여 계수를 정수로 고친다.
③ 공통부분이 있으면 공통부분을 한 문자로 놓고 정리한다.

02 이차방정식의 근의 개수

(1) 이차방정식의 근의 개수
이차방정식 $ax^2+bx+c=0$의 근의 개수는 b^2-4ac의 부호에 의하여 결정된다.
① $b^2-4ac>0$ ➡ 서로 다른 두 근을 갖는다.
② $b^2-4ac=0$ ➡ 중근을 갖는다.
③ $b^2-4ac<0$ ➡ 근이 없다.

(2) 두 근이 주어졌을 때 이차방정식 구하기
① 두 근이 α, β이고 x^2의 계수가 a인 이차방정식은
$$a(x-\alpha)(x-\beta)=0$$
② 중근이 α이고 x^2의 계수가 a인 이차방정식은　$a(x-\alpha)^2=0$

03 이차방정식의 활용

이차방정식의 활용 문제는 다음과 같은 순서로 해결한다.
❶ 미지수 정하기 ➡ 문제의 뜻을 파악하고 구하려는 것을 미지수 x로 놓는다.
❷ 방정식 세우기 ➡ 문제의 뜻에 맞게 x에 대한 이차방정식을 세운다.
❸ 방정식 풀기 ➡ 이차방정식을 푼다.
❹ 확인하기 ➡ 구한 해가 문제의 뜻에 맞는지 확인한다.

Ⅳ-1 이차함수의 그래프 (1)

01 이차함수 $y=ax^2$의 그래프

(1) 이차함수: 함수 $y=f(x)$에서
$$y=ax^2+bx+c\ (a,\ b,\ c는\ 상수,\ a\neq0)$$
와 같이 y가 x에 대한 이차식으로 나타내어질 때, 이 함수를 x에 대한 이차함수라 한다.

(2) 이차함수 $y=x^2$의 그래프
① 원점 $O(0,\ 0)$을 지나고, 아래로 볼록한 곡선이다.
② y축에 대하여 대칭이다.
③ $x<0$일 때, x의 값이 증가하면 y의 값은 감소한다.
$x>0$일 때, x의 값이 증가하면 y의 값도 증가한다.
④ $y=-x^2$의 그래프와 x축에 대하여 대칭이다.

(3) 이차함수 $y=x^2$, $y=-x^2$의 그래프와 같은 모양의 곡선을 포물선이라 한다.
① 축: 포물선은 선대칭도형으로 그 대칭축을 포물선의 축이라 한다.
② 꼭짓점: 포물선과 축의 교점을 포물선의 꼭짓점이라 한다.

(4) 이차함수 $y=ax^2$의 그래프
① 원점 $O(0,\ 0)$을 꼭짓점으로 하는 포물선이다.
② y축에 대하여 대칭이다.
➡ 축의 방정식: $x=0\ (y축)$
③ a의 부호에 따라 그래프의 모양이 달라진다.
　$a>0$일 때, 아래로 볼록하다.
　$a<0$일 때, 위로 볼록하다.
④ a의 절댓값이 클수록 그래프의 폭이 좁아진다.
⑤ $y=-ax^2$의 그래프와 x축에 대하여 대칭이다.

02 이차함수 $y=ax^2+q$, $y=a(x-p)^2$의 그래프

(1) 이차함수 $y=ax^2+q$의 그래프
① 이차함수 $y=ax^2+q$의 그래프는 이차함수 $y=ax^2$의 그래프를 y축의 방향으로 q만큼 평행이동한 것이다.

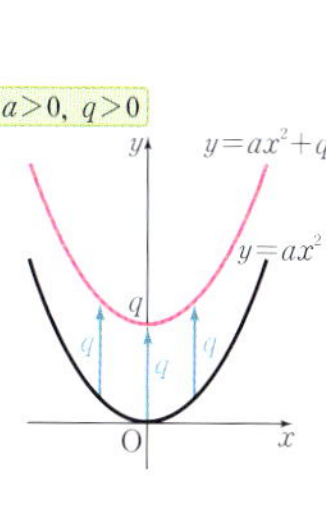

　$q>0$이면 y축의 양의 방향(위쪽)으로 평행이동
　$q<0$이면 y축의 음의 방향(아래쪽)으로 평행이동
② 꼭짓점의 좌표: $(0,\ q)$
③ 축의 방정식: $x=0\ (y축)$

(2) 이차함수 $y=a(x-p)^2$의 그래프
① 이차함수 $y=a(x-p)^2$의 그래프는 이차함수 $y=ax^2$의 그래프를 x축의 방향으로 p만큼 평행이동한 것이다.

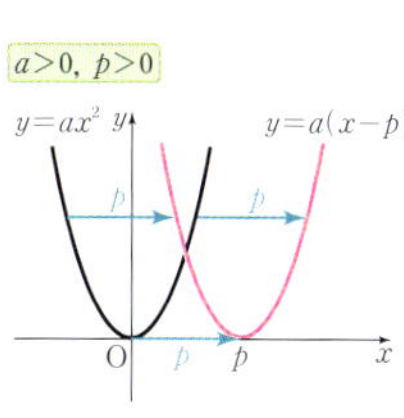

　$p>0$이면 x축의 양의 방향(오른쪽)으로 평행이동
　$p<0$이면 x축의 음의 방향(왼쪽)으로 평행이동
② 꼭짓점의 좌표: $(p,\ 0)$
③ 축의 방정식: $x=p$

 다항식의 곱셈

01 곱셈 공식

(1) (다항식) × (다항식)의 전개
분배법칙을 이용하여 식을 전개한 후 동류항이 있으면 동류항끼리 모아서 계산한다.

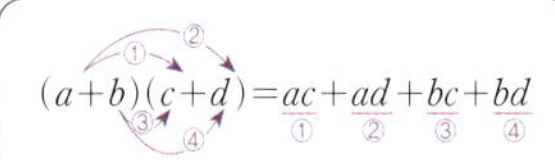

(2) 곱셈 공식
① $(a+b)^2=a^2+2ab+b^2$
② $(a-b)^2=a^2-2ab+b^2$
③ $(a+b)(a-b)=a^2-b^2$
④ $(x+a)(x+b)=x^2+(a+b)x+ab$
⑤ $(ax+b)(cx+d)=acx^2+(ad+bc)x+bd$

02 곱셈 공식의 응용

(1) 곱셈 공식을 이용한 근호를 포함한 식의 계산
① 근호를 포함한 식의 계산
제곱근을 문자로 생각하고 곱셈 공식을 이용하여 계산한다.
② 분모의 유리화
$$\frac{c}{\sqrt{a}+\sqrt{b}}=\frac{c(\sqrt{a}-\sqrt{b})}{(\sqrt{a}+\sqrt{b})(\sqrt{a}-\sqrt{b})}=\frac{c(\sqrt{a}-\sqrt{b})}{a-b}$$
(단, $a>0$, $b>0$, $a\neq b$)

(2) 곱셈 공식의 변형
① $a^2+b^2=(a+b)^2-2ab$, $a^2+b^2=(a-b)^2+2ab$
② $(a+b)^2=(a-b)^2+4ab$, $(a-b)^2=(a+b)^2-4ab$

 다항식의 인수분해

01 인수분해 공식 (1)

(1) 인수분해
① 인수: 하나의 다항식을 두 개 이상의 다항식의 곱으로 나타낼 때, 각각의 식을 처음 다항식의 인수라 한다.
② 인수분해: 하나의 다항식을 두 개 이상의 인수의 곱으로 나타내는 것을 그 다항식을 인수분해한다고 한다.

(2) 공통인 인수가 있을 때의 인수분해
다항식의 각 항에 공통인 인수가 있을 때에는 분배법칙을 이용하여 공통인 인수로 묶어 내어 인수분해한다.
➡ $ma+mb=m(a+b)$

(3) $a^2+2ab+b^2$, $a^2-2ab+b^2$의 인수분해
① $a^2+2ab+b^2=(a+b)^2$ ② $a^2-2ab+b^2=(a-b)^2$

(4) 완전제곱식: 다항식의 제곱으로 된 식 또는 이 식에 상수를 곱한 식

(5) a^2-b^2의 인수분해
$a^2-b^2=(a+b)(a-b)$

02 인수분해 공식 (2)

(1) $x^2+(a+b)x+ab$의 인수분해
$$x^2+\underset{\text{합}}{(a+b)}x+\underset{\text{곱}}{ab}=(x+a)(x+b)$$
❶ 곱하여 상수항이 되는 두 정수를 모두 찾는다.
❷ ❶의 두 정수 중 합이 x의 계수가 되는 두 정수 a, b를 찾는다.
❸ $(x+a)(x+b)$의 꼴로 나타낸다.

(2) $acx^2+(ad+bc)x+bd$의 인수분해
$$acx^2+(ad+bc)x+bd=(ax+b)(cx+d)$$

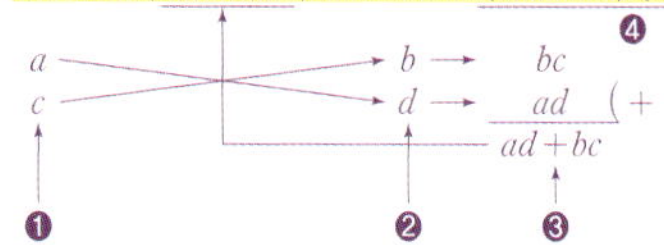

❶ 곱하여 x^2의 계수가 되는 두 정수 a, c를 세로로 나열한다.
❷ 곱하여 상수항이 되는 두 정수 b, d를 세로로 나열한다.
❸ 대각선으로 곱하여 더한 값이 x의 계수가 되는 a, b, c, d를 찾는다.
❹ $(ax+b)(cx+d)$의 꼴로 나타낸다.

03 인수분해 공식의 응용

(1) 공통부분이 있는 식의 인수분해
공통부분을 한 문자로 놓고 인수분해 공식을 이용한다.

(2) 항이 4개인 식의 인수분해
① 공통인 인수가 생기도록 (2개의 항)+(2개의 항)으로 묶는다.
② A^2-B^2의 꼴이 되도록 (3개의 항)+(1개의 항) 또는 (1개의 항)+(3개의 항)으로 묶는다.

(3) 항이 5개 이상인 식의 인수분해
차수가 낮은 한 문자에 대하여 내림차순으로 정리한다.

 이차방정식의 풀이

01 이차방정식과 그 해

(1) 이차방정식
① 이차방정식: 등식의 모든 항을 좌변으로 이항하여 정리하였을 때,
(x에 대한 이차식)$=0$
의 꼴로 나타내어지는 방정식을 x에 대한 이차방정식이라 한다.
② x에 대한 이차방정식은 일반적으로 다음과 같이 나타낼 수 있다.
$ax^2+bx+c=0$ (단, a, b, c는 상수, $a\neq0$)

(2) 이차방정식의 해
① 이차방정식의 해(근): x에 대한 이차방정식을 참이 되게 하는 x의 값
② 이차방정식을 푼다: 이차방정식의 해를 모두 구하는 것

02 인수분해를 이용한 이차방정식의 풀이

(1) $AB=0$의 성질
두 수 또는 두 식 A, B에 대하여
$AB=0$이면 $A=0$ 또는 $B=0$

(2) 인수분해를 이용한 이차방정식의 풀이
❶ 주어진 이차방정식을 정리한다. ➡ $ax^2+bx+c=0$
❷ 좌변을 인수분해한다.   ➡ $a(x-\alpha)(x-\beta)=0$
❸ $AB=0$의 성질을 이용한다. ➡ $x-\alpha=0$ 또는 $x-\beta=0$
❹ 해를 구한다.   ➡ $x=\alpha$ 또는 $x=\beta$

(3) 이차방정식의 중근: 이차방정식의 두 해가 중복되어 서로 같을 때, 이 해를 주어진 이차방정식의 중근이라 한다.

(4) 이차방정식이 중근을 가질 조건
이차방정식이 (완전제곱식)$=0$의 꼴로 나타내어지면 이 이차방정식은 중근을 갖는다.
➡ 이차방정식 $x^2+ax+b=0$이 중근을 가지려면 x^2+ax+b가 완전제곱식이어야 하므로 $b=\left(\dfrac{a}{2}\right)^2$이어야 한다.

수학의 시작 개념원리

중학 수학 3-1

많은 학생들은 왜
개념원리로 공부할까요?
정확한 개념과 원리의 이해,
수학 공부의 비결
개념원리에 있습니다.

개념원리 중학 수학의 특징

1. 하나를 알면 10개, 20개를 풀 수 있고 어려운 수학에 흥미를 갖게 하여 쉽게 수학을 정복할 수 있습니다.

2. 나선식 교육법으로 쉬운 것부터 어려운 것까지 단계적으로 혼자서도 충분히 공부할 수 있도록 하였습니다.

3. 문제를 푸는 방법과 틀리기 쉬운 부분을 짚어주어 개념원리를 충실히 익히도록 하였습니다.

4. 교과서 문제와 전국 중학교의 중간·기말고사 시험 문제 중 출제율이 높은 문제를 엄선하여 수록함으로써 시험에도 철저히 대비할 수 있도록 하였습니다.

"어떻게 하면 수학을 잘할 수 있을까?"

이것은 풀리지 않는 최대의 난제 중 하나로 오랫동안 끊임없이 제기되는 학생들의 질문이며 큰 바람입니다. 그런데 안타깝게도 대부분의 학생들이 성적이 오르지 않아 수학에 흥미를 잃어버리고 중도에 포기하는 경우가 많습니다.

공부를 열심히 하지 않아서일까요?
수학적 사고력이 부족해서일까요?

그렇지 않습니다. 이는 수학을 공부하는 방법이 잘못되었기 때문입니다.

개념원리 수학은 단순한 암기식 풀이가 아니라 학생들의 눈높이에 맞게 **개념과 원리를 이해하기 쉽게 설명**하고 **개념을 문제에 적용하면서 쉬운 문제부터 차근차근 단계별로 학습해 스스로 사고하는 능력을 기를 수 있도록** 기획했습니다.

이러한 개념원리만의 특별한 학습법으로 문제를 하나하나 풀어나가다 보면, 수학에 대한 자신감뿐만 아니라 수학적 사고에 기반한 창의적인 문제해결력까지 키워줄 수 있습니다.

스스로 생각하며 **공부**하는 **방법**을 알려주는
개념원리 수학을 통해
풀리지 않는 최대의 난제 '수학을 잘하는 방법'을 함께 찾아봅시다.

구성과 특징

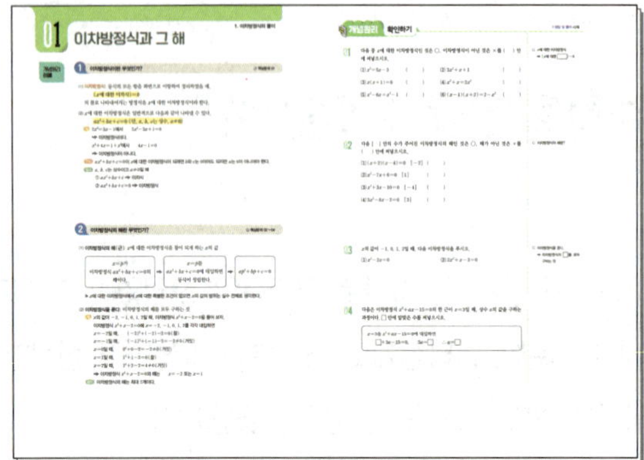

○ 개념원리 이해

각 단원에서 다루는 개념과 원리를 완벽하게 이해할 수 있도록
자세하고 친절하게 정리하였습니다. 또 중요한 내용, 용어와
기호를 강조 처리해 한눈에 파악하도록 하였습니다.

○ 개념원리 확인하기

개념을 확인할 수 있도록 개념과 원리를 정확히 이해할 수 있는
문제로 구성하였습니다.

○ 핵심문제 익히기

해당 소단원의 대표적인 문제를 통하여 개념과 원리의 적용 및
응용을 충분히 익힐 수 있도록 핵심문제와 확인문제로 구성하
였습니다.
어려운 핵심문제는 (UP)으로 표시해 난이도를 구분하였습니다.

➕ 핵심문제의 각 유형에 대한 다양한 문제를 **RPM**에서 풀어
볼 수 있습니다.

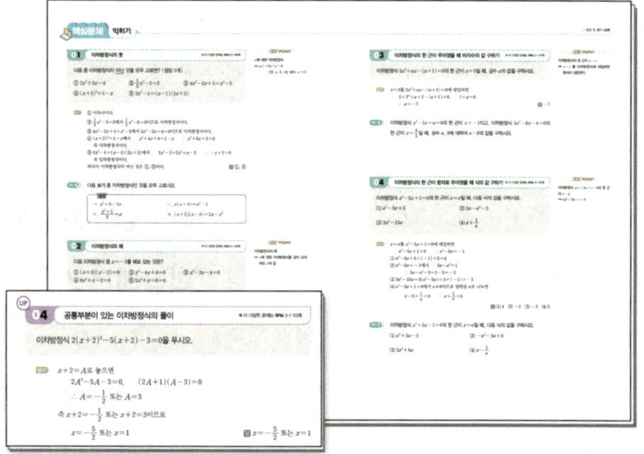

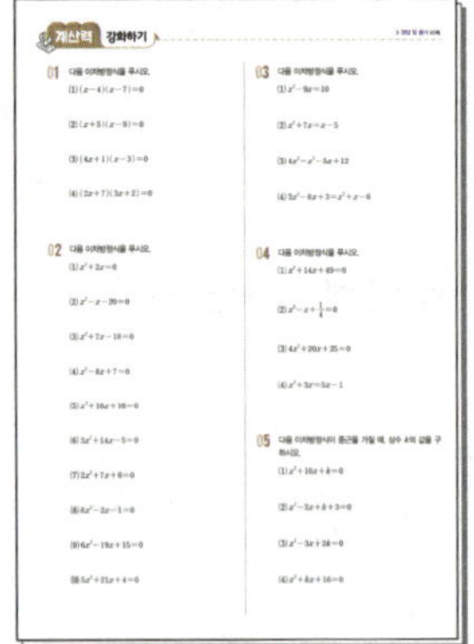

○ 계산력 강화하기

기초 연산과 계산 훈련이 요구되는 단원
에서는 계산력을 강화할 수 있도록 추가
문제를 구성하였습니다.

○ 이런 문제가 시험에 나온다

내신 기출을 분석해 시험에 자주 출제
되는 문제로 배운 내용에 대한 확인을
할 수 있도록 구성하였습니다.

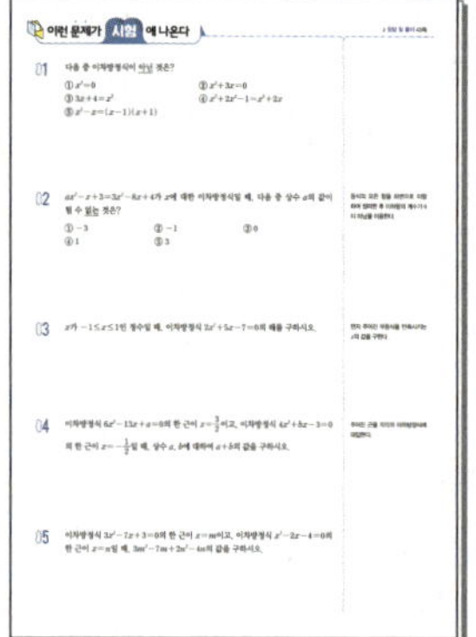

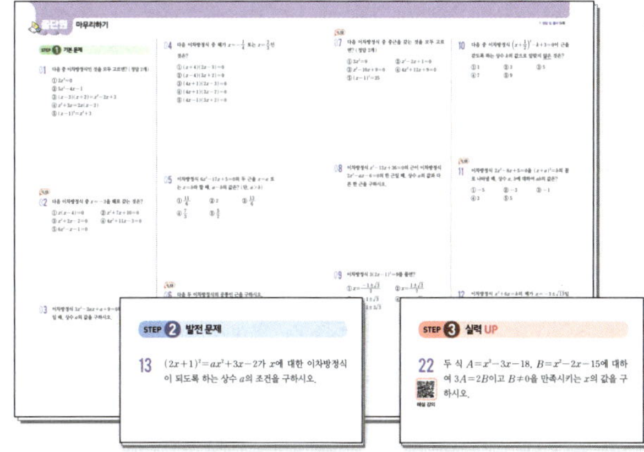

○ 중단원 마무리하기

학교 시험에 대비하여 전국 주요 학교의 시험 문제 중 출제율
이 높은 문제를 엄선하여

STEP ❶ / **STEP ❷** / **STEP ❸**

수준별로 구성하였습니다.

➡ **STEP ❸** 문제는 무료 해설 강의를 제공합니다.

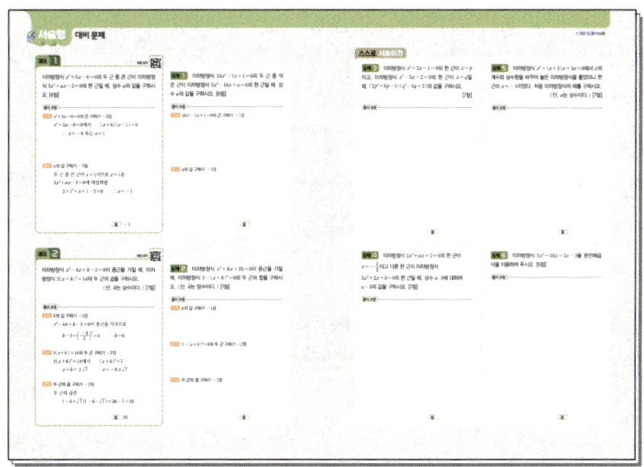

○ 서술형 대비 문제

예제 와 유제 를 통하여 풀이 서술의 기본기를 다진 후 시험
에 자주 출제되는 서술형 문제를 풀면서 서술력을 강화할 수
있도록 구성하였습니다.

➡ 예제 는 무료 해설 강의를 제공합니다.

○ 한눈에 보는 개념 정리

중학 수학 3–1의 개념과 기본 공식을 모아 개념을 숙지할 수
있도록 부록으로 제공하였습니다.

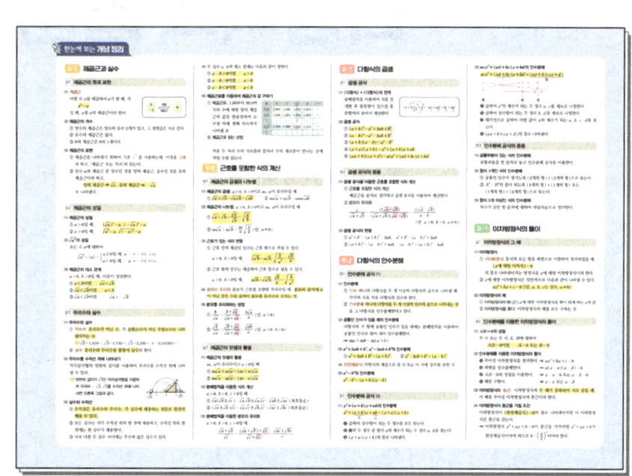

Ⅰ

실수와 그 연산

Ⅱ

다항식의 곱셈과 인수분해

Ⅲ 이차방정식

Ⅳ 이차함수

실수와 그 연산

이 단원에서는 제곱근의 뜻과 성질을 알고, 제곱근의 대소 관계를 판단해 보자.
또 무리수의 개념을 이해하고, 무리수의 유용성을 인식해 보자.
실수의 대소 관계를 판단하고 설명하며,
근호를 포함한 식의 사칙계산의 원리를 이해하고, 그 계산을 해 보자.

이전에 배운 내용	이 단원의 내용	이후에 배울 내용
중1 정수와 유리수 　　문자의 사용과 식 **중2** 유리수와 순환소수 　　식의 계산	**1. 제곱근과 실수** 　01 제곱근의 뜻과 표현 　02 제곱근의 성질 　03 무리수와 실수 **2. 근호를 포함한 식의 계산** 　01 제곱근의 곱셈과 나눗셈 　02 제곱근의 덧셈과 뺄셈	**중3** 다항식의 곱셈 **고1** 복소수와 이차방정식

I-1

제곱근과 실수

이 단원의 학습 계획을 세우고
하나하나 실천하는 습관을 기르자!!

		공부한 날		학습 완료도
01 제곱근의 뜻과 표현	개념원리 이해 & 개념원리 확인하기	월	일	□□□
	핵심문제 익히기	월	일	○○○
	이런 문제가 시험에 나온다	월	일	○○○
02 제곱근의 성질	개념원리 이해 & 개념원리 확인하기	월	일	□□□
	핵심문제 익히기	월	일	○○○
	이런 문제가 시험에 나온다	월	일	○○○
03 무리수와 실수	개념원리 이해 & 개념원리 확인하기	월	일	□□□
	핵심문제 익히기	월	일	○○○
	이런 문제가 시험에 나온다	월	일	○○○
중단원 마무리하기		월	일	○○○
서술형 대비 문제		월	일	○○○

개념 학습 guide

- 개념을 이해했으면 ■■■, 개념을 문제에 적용할 수 있으면 ■■■, 개념을 친구에게 설명할 수 있으면 ■■■ 로 색칠한다.

- 부족한 부분의 개념을 반복 학습하여 ■■■ 3칸 모두 색칠하면 학습을 마친다.

문제 학습 guide

- 맞힌 문제가 전체의 50% 미만이면 ●●●, 맞힌 문제가 50% 이상 90% 미만이면 ●●●, 맞힌 문제가 90% 이상이면 ●●● 로 색칠한다.

- 틀린 문제는 왜 틀렸는지 그 이유를 파악한 후 다시 풀어 본다. 며칠 후 틀린 문제를 다시 풀어 보고, 풀이 과정과 답이 맞으면 학습을 마친다.

01 제곱근의 뜻과 표현

개념원리
이해

1 제곱근이란 무엇인가?

◐ 핵심문제 01

(1) **제곱근**

어떤 수 x를 제곱하여 a가 될 때, 즉

$$x^2 = a$$

일 때, x를 a의 제곱근이라 한다.

예 $3^2 = 9$, $(-3)^2 = 9$이므로 3과 -3은 9의 제곱근이다.

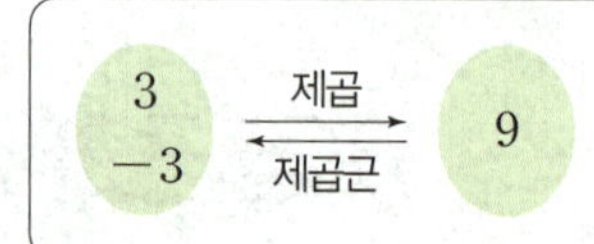

(2) **제곱근의 개수**

① 양수의 제곱근은 양수와 음수 2개가 있고, 그 절댓값은 서로 같다.

② 음수의 제곱근은 없다.

③ 0의 제곱근은 0의 1개이다.

설명 ① 9의 제곱근은 3, -3의 2개이고, 그 절댓값은 서로 같다.

② 제곱하여 음수가 되는 수는 없으므로 음수의 제곱근은 없다.

③ 제곱하여 0이 되는 수는 0뿐이므로 0의 제곱근은 0의 1개이다.

2 제곱근은 어떻게 표현하는가?

◐ 핵심문제 02~04

(1) 제곱근을 나타내기 위하여 기호 $\sqrt{}$ 를 사용하는데, 이것을 **근호**라 하고, '제곱근' 또는 '루트'라 읽는다.

➡ $\sqrt{a}$를 '제곱근 a' 또는 '루트 a'라 읽는다.

(2) 양수 a의 제곱근 중 양수인 것을 양의 제곱근, 음수인 것을 음의 제곱근이라 하고,

양의 제곱근 ➡ $\sqrt{a}$, 음의 제곱근 ➡ $-\sqrt{a}$

로 나타낸다.

▶ $\sqrt{a}$와 $-\sqrt{a}$를 한꺼번에 $\pm\sqrt{a}$로 나타내기도 한다.

예 3의 제곱근은 $\sqrt{3}$, $-\sqrt{3}$이고, 이 중 양의 제곱근은 $\sqrt{3}$, 음의 제곱근은 $-\sqrt{3}$이다.

(3) 제곱근을 나타낼 때, 근호 안의 수가 어떤 수의 제곱이면 근호를 사용하지 않고 나타낼 수 있다.

예 4의 제곱근 ➡ $\pm\sqrt{4} = \pm 2$

참고 a의 제곱근과 제곱근 a (단, $a > 0$)

	a의 제곱근	제곱근 a
뜻	제곱하여 a가 되는 수	a의 양의 제곱근
표현	$\sqrt{a}$, $-\sqrt{a}$	$\sqrt{a}$
개수	2	1

예 2의 제곱근 ➡ 제곱하여 2가 되는 수 ➡ $\pm\sqrt{2}$

제곱근 2 ➡ 2의 양의 제곱근 ➡ $\sqrt{2}$

01 다음 □ 안에 알맞은 것을 써넣으시오.

(1) 제곱하여 49가 되는 수는 □, □이므로 49의 제곱근은 □, □이다.

(2) 0의 제곱근은 □이다.

(3) −9의 제곱근은 □.

◎ 제곱근이란?

02 다음 수의 제곱근을 구하시오.

(1) 25 (2) 0.01

(3) $\dfrac{4}{9}$ (4) 8^2

03 다음 수의 제곱근을 근호를 사용하여 나타내시오.

(1) 5 (2) 14

(3) 0.3 (4) $\dfrac{3}{2}$

◎ 양수 a의 제곱근을 근호를 사용하여 나타내면 □이다.

04 다음을 근호를 사용하여 나타내시오.

(1) 6의 제곱근 (2) 10의 양의 제곱근

(3) $\dfrac{5}{7}$의 음의 제곱근 (4) 제곱근 0.2

◎ $a>0$일 때
a의 제곱근 ➡ $\pm\sqrt{a}$
a의 양의 제곱근 ➡ □
a의 음의 제곱근 ➡ □
제곱근 a ➡ □

05 다음 수를 근호를 사용하지 않고 나타내시오.

(1) $\sqrt{16}$ (2) $-\sqrt{144}$

(3) $\pm\sqrt{0.81}$ (4) $\sqrt{\dfrac{121}{36}}$

01 제곱근의 뜻

● 더 다양한 문제는 RPM 3–1 12쪽

x가 10의 제곱근일 때, 다음 중 옳은 것은?

① $\sqrt{x}=10$　　　　② $\sqrt{x}=10^2$　　　　③ $x=10^2$
④ $x^2=\sqrt{10}$　　　　⑤ $x^2=10$

풀이　x가 10의 제곱근이므로
$$x^2=10 \text{ 또는 } x=\pm\sqrt{10}$$
따라서 옳은 것은 ⑤이다.　　　　　**답 ⑤**

확인 1　8의 제곱근을 x, 13의 제곱근을 y라 할 때, x^2+y^2의 값을 구하시오.

KEY POINT

x가 양수 a의 제곱근이다.
➡ x를 제곱하면 a가 된다.
➡ $x^2=a$

02 제곱근의 표현

● 더 다양한 문제는 RPM 3–1 12쪽

다음 중 옳지 <u>않은</u> 것은?

① 11의 양의 제곱근은 $\sqrt{11}$이다.
② -6은 36의 음의 제곱근이다.
③ $(-3)^2$의 제곱근은 ± 3이다.
④ 7의 제곱근과 제곱근 7은 같다.
⑤ 음수의 제곱근은 없다.

풀이　③ $(-3)^2=9$의 제곱근은 ± 3이다.
　　④ 7의 제곱근은 $\pm\sqrt{7}$이고, 제곱근 7은 $\sqrt{7}$이므로 같지 않다.
　　따라서 옳지 않은 것은 ④이다.　　　　　**답 ④**

확인 2　다음 보기 중 옳은 것을 모두 고른 것은?

> **보기**
>
> ㄱ. 0의 제곱근은 1개이다.
> ㄴ. $\dfrac{81}{16}$의 음의 제곱근은 $-\dfrac{9}{4}$이다.
> ㄷ. 제곱근 1.4는 $\pm\sqrt{1.4}$이다.

① ㄱ　　　　② ㄱ, ㄴ　　　　③ ㄱ, ㄷ
④ ㄴ, ㄷ　　　　⑤ ㄱ, ㄴ, ㄷ

KEY POINT

$a>0$일 때
① a의 제곱근
　➡ 제곱하여 a가 되는 수
　➡ $\pm\sqrt{a}$
　➡ ┌ 양의 제곱근: $\sqrt{a}$
　　 └ 음의 제곱근: $-\sqrt{a}$
② 제곱근 a
　➡ a의 양의 제곱근
　➡ $\sqrt{a}$

03 근호를 사용하지 않고 나타내기

● 더 다양한 문제는 RPM 3–1 13쪽

● 더 다양한 문제는 RPM 3–1 13쪽

KEY POINT

근호 안의 수가 어떤 수의 제곱이면 근호를 사용하지 않고 나타낼 수 있다.

다음 중 근호를 사용하지 않고 나타낼 수 있는 것을 모두 고르면? (정답 2개)

① $\sqrt{0.4}$　　　　② $\sqrt{225}$　　　　③ $-\sqrt{60}$

④ $\sqrt{\dfrac{1}{2}}$　　　　⑤ $\pm\sqrt{\dfrac{9}{64}}$

풀이　② $\sqrt{225}=15$

⑤ $\pm\sqrt{\dfrac{9}{64}}=\pm\dfrac{3}{8}$

따라서 근호를 사용하지 않고 나타낼 수 있는 것은 ②, ⑤이다.　　　**답** ②, ⑤

확인 3　다음 중 근호를 사용하지 않고 나타낼 수 있는 것은 모두 몇 개인지 구하시오.

$$\sqrt{12}, \qquad \pm\sqrt{400}, \qquad \sqrt{\dfrac{1}{6}}, \qquad \sqrt{0.01}, \qquad -\sqrt{\dfrac{169}{4}}$$

04 제곱근 구하기

● 더 다양한 문제는 RPM 3–1 13쪽

KEY POINT

· 거듭제곱으로 나타내어진 수
  ➡ 거듭제곱을 계산한 다음 제곱근을 구한다.
· 근호를 사용하여 나타내어진 수
  ➡ 근호를 사용하지 않고 나타낸 다음 제곱근을 구한다.

$(-7)^2$의 양의 제곱근을 A, $\sqrt{81}$의 음의 제곱근을 B라 할 때, $A-B$의 값을 구하시오.

풀이　$(-7)^2=49$의 양의 제곱근은 7이므로　　$A=7$

$\sqrt{81}=9$의 음의 제곱근은 -3이므로　　$B=-3$

$\therefore A-B=7-(-3)=10$　　　　**답** 10

확인 4　제곱근 $\dfrac{49}{25}$를 A, $\sqrt{16}$의 음의 제곱근을 B라 할 때, $5A+B$의 값을 구하시오.

확인 5　14^2의 두 제곱근을 a, b라 할 때, $a-b+8$의 양의 제곱근을 구하시오. (단, $a>b$)

01 x가 양수 a의 제곱근일 때, 다음 중 옳은 것을 모두 고르면? (정답 2개)

① $x^2=a$ ② $a=\pm\sqrt{x}$ ③ $x=\pm\sqrt{a}$
④ $a^2=x$ ⑤ $x^2=\sqrt{a}$

02 다음 중 그 값이 나머지 넷과 다른 하나는?

① $x^2=16$을 만족시키는 x의 값 ② 16의 제곱근
③ 제곱근 16 ④ $\sqrt{256}$의 제곱근
⑤ $(-4)^2$의 제곱근

$a>0$일 때
┌ a의 제곱근: $\pm\sqrt{a}$
└ 제곱근 a: $\sqrt{a}$

03 다음 중 제곱근을 근호를 사용하지 않고 나타낼 수 있는 것은?

① 18 ② 0.1 ③ $\dfrac{4}{3}$
④ 1.69 ⑤ $\dfrac{5}{81}$

주어진 수의 제곱근을 각각 구한다.

04 $\dfrac{25}{4}$의 양의 제곱근을 A, $(-0.3)^2$의 음의 제곱근을 B라 할 때, $A+5B$의 값을 구하시오.

05 오른쪽 그림과 같은 $\triangle ABC$에서 $\overline{AD}\perp\overline{BC}$이고 $\overline{AC}=5$ cm, $\overline{BD}=7$ cm, $\overline{CD}=3$ cm일 때, $\overline{AB}$의 길이를 구하시오.

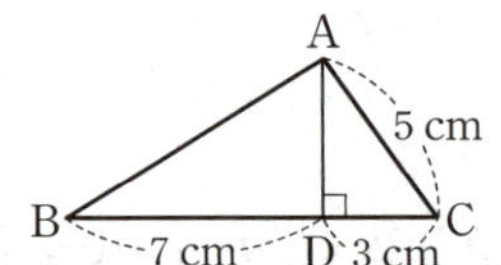

먼저 피타고라스 정리를 이용하여 $\overline{AD}$의 길이를 구한다.

02 제곱근의 성질

개념원리
이해

1 제곱근에는 어떤 성질이 있는가?

◎ 핵심문제 01, 02, 05, 06

(1) 양수 a의 제곱근 $\sqrt{a}$와 $-\sqrt{a}$는 제곱하면 a가 된다.

➡ $a>0$일 때, $(\sqrt{a})^2=a,\ (-\sqrt{a})^2=a$

예 $(\sqrt{2})^2=2,\ (-\sqrt{2})^2=2$

(2) 근호 안의 수가 어떤 수의 제곱이면 근호를 사용하지 않고 나타낼 수 있다.

➡ $a>0$일 때, $\sqrt{a^2}=a,\ \sqrt{(-a)^2}=a$

예 $\sqrt{2^2}=2,\ \sqrt{(-2)^2}=2$

2 $\sqrt{a^2}$에는 어떤 성질이 있는가?

◎ 핵심문제 03, 04

모든 수 a에 대하여

$$\sqrt{a^2}=|a|=\begin{cases} a\ge 0\text{일 때,} & a \leftarrow \text{부호 그대로} \\ a<0\text{일 때,} & -a \leftarrow \text{부호 반대로} \end{cases}$$

▶ $\sqrt{a^2}$은 a^2의 양의 제곱근이므로 항상 음이 아닌 값을 갖는다.

예 $\sqrt{5^2}=5,\ \sqrt{(-5)^2}=-(-5)=5$

부호 그대로 　　　　부호 반대로

3 제곱근의 대소 관계는 어떻게 알 수 있는가?

◎ 핵심문제 07, 08

$a>0,\ b>0$일 때, 다음이 성립한다.

(1) $a<b$이면 $\quad \sqrt{a}<\sqrt{b}$

(2) $\sqrt{a}<\sqrt{b}$이면 $\quad a<b$

(3) $\sqrt{a}<\sqrt{b}$이면 $\quad -\sqrt{a}>-\sqrt{b}$

설명 오른쪽 그림과 같이 넓이가 $a,\ b\,(0<a<b)$인 두 정사각형의 한 변의 길

이는 각각 $\sqrt{a},\ \sqrt{b}$이다.

(1) 정사각형의 넓이가 넓을수록 그 한 변의 길이도 길다.

즉 $a<b$이면 $\sqrt{a}<\sqrt{b}$이다.

(2) 정사각형의 한 변의 길이가 길수록 그 넓이도 넓다.

즉 $\sqrt{a}<\sqrt{b}$이면 $a<b$이다.

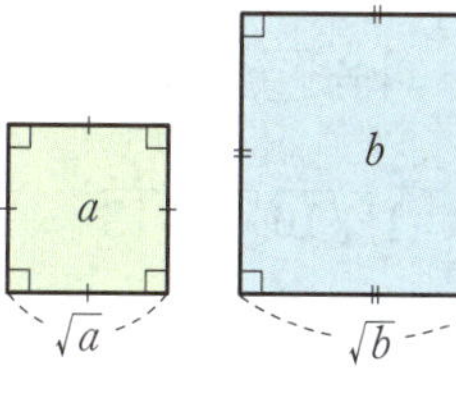

참고 근호가 있는 수와 없는 수의 대소 비교

방법 1 근호가 없는 수를 근호가 있는 수로 바꾸어 비교한다.

방법 2 각 수를 제곱하여 비교한다.

예 $\sqrt{7}$과 3의 대소를 비교해 보자.

방법 1 $3=\sqrt{9}$이고 $7<9$이므로 $\quad \sqrt{7}<3$

방법 2 $(\sqrt{7})^2=7,\ 3^2=9$이고 $7<9$이므로 $\quad \sqrt{7}<3$

개념원리 확인하기

01 다음 수를 근호를 사용하지 않고 나타내시오.

(1) $(\sqrt{3})^2$

(2) $(-\sqrt{10})^2$

(3) $-(-\sqrt{0.5})^2$

(4) $\sqrt{8^2}$

(5) $\sqrt{(-6)^2}$

(6) $-\sqrt{\left(-\dfrac{2}{7}\right)^2}$

02 다음을 계산하시오.

(1) $(\sqrt{7})^2+(-\sqrt{5})^2$

(2) $\sqrt{169}-\sqrt{(-8)^2}$

(3) $\left(-\sqrt{\dfrac{4}{5}}\right)^2\times\sqrt{20^2}$

(4) $\sqrt{(-3)^2}\div(\sqrt{0.6})^2$

03 다음 식을 간단히 하시오.

(1) $a>0$일 때, $\sqrt{(2a)^2}$

(2) $a>0$일 때, $\sqrt{(-6a)^2}$

(3) $a<0$일 때, $\sqrt{(7a)^2}$

(4) $a<0$일 때, $\sqrt{(-3a)^2}$

04 다음 □ 안에 알맞은 부등호를 써넣으시오.

(1) $\sqrt{10}\ \square\ \sqrt{13}$

(2) $\sqrt{\dfrac{2}{3}}\ \square\ \sqrt{\dfrac{3}{2}}$

(3) $-\sqrt{5}\ \square\ -\sqrt{7}$

(4) $\sqrt{40}\ \square\ 6$

(5) $\dfrac{1}{8}\ \square\ \sqrt{\dfrac{1}{8}}$

(6) $-2\ \square\ -\sqrt{6}$

◆ 제곱근의 성질은?

◆ $\sqrt{a^2}$의 성질은?

◆ $a>0,\ b>0$일 때
① $a<b$이면 $\sqrt{a}<\sqrt{b}$
② $\sqrt{a}<\sqrt{b}$이면 $a\ \square\ b$
③ $\sqrt{a}<\sqrt{b}$이면
  $-\sqrt{a}\ \square\ -\sqrt{b}$

▶ 정답 및 풀이 3쪽

01 제곱근의 성질

● 더 다양한 문제는 RPM 3–1 14쪽

KEY POINT

$a>0$일 때
① $(\sqrt{a})^2=a$, $(-\sqrt{a})^2=a$
② $\sqrt{a^2}=a$, $\sqrt{(-a)^2}=a$

다음 중 옳지 <u>않은</u> 것은?

① $(\sqrt{0.5})^2=0.5$

② $(-\sqrt{19})^2=19$

③ $-\left(-\sqrt{\dfrac{1}{2}}\right)^2=-\dfrac{1}{2}$

④ $-\sqrt{\left(\dfrac{3}{4}\right)^2}=-\dfrac{3}{4}$

⑤ $-\sqrt{(-13)^2}=13$

풀이 ⑤ $-\sqrt{(-13)^2}=-13$
따라서 옳지 않은 것은 ⑤이다.

답 ⑤

확인 1 다음 중 그 값이 나머지 넷과 <u>다른</u> 하나는?

① $-\sqrt{64}$

② $\sqrt{(-8)^2}$

③ $-(\sqrt{8})^2$

④ $-(-\sqrt{8})^2$

⑤ $-\sqrt{8^2}$

02 제곱근의 성질을 이용한 식의 계산

● 더 다양한 문제는 RPM 3–1 15쪽

KEY POINT

제곱근의 성질을 이용하여 근호를 없앤 후 식을 계산한다.

다음을 계산하시오.

(1) $(-\sqrt{0.3})^2+(\sqrt{1.7})^2$

(2) $\sqrt{(-12)^2}-(-\sqrt{8})^2$

(3) $(-\sqrt{2})^2-\sqrt{6^2}\times\left(\sqrt{\dfrac{5}{3}}\right)^2$

(4) $\sqrt{196}\div\sqrt{49}+\sqrt{(-5)^2}$

풀이 (1) (주어진 식) $=0.3+1.7=2$
(2) (주어진 식) $=12-8=4$
(3) (주어진 식) $=2-6\times\dfrac{5}{3}=2-10=-8$
(4) (주어진 식) $=14\div7+5=2+5=7$

답 (1) 2　(2) 4　(3) -8　(4) 7

확인 2 다음을 계산하시오.

(1) $(\sqrt{17})^2-\sqrt{(-8)^2}+(-\sqrt{6})^2$

(2) $\sqrt{(-3)^2}\times\sqrt{4}-(\sqrt{7})^2$

(3) $\sqrt{9^2}+\sqrt{(-5)^2}\div\sqrt{\dfrac{25}{16}}-(-\sqrt{10})^2$

(4) $\sqrt{225}\div(-\sqrt{3})^2-\sqrt{(-11)^2}\times(\sqrt{2})^2$

03 $\sqrt{a^2}$의 성질

● 더 다양한 문제는 RPM 3–1 15쪽

$$\sqrt{a^2}=\begin{cases} a\ (a\geq0) \\ -a\ (a<0) \end{cases}$$

$a>0$일 때, 다음 중 옳지 <u>않은</u> 것은?

① $\sqrt{(5a)^2}=5a$　　　② $\sqrt{(-a)^2}=a$　　　③ $-\sqrt{(7a)^2}=-7a$

④ $\sqrt{4a^2}=-2a$　　　⑤ $-\sqrt{(-3a)^2}=-3a$

풀이 ① $5a>0$이므로　$\sqrt{(5a)^2}=5a$

② $-a<0$이므로　$\sqrt{(-a)^2}=-(-a)=a$

③ $7a>0$이므로　$\sqrt{(7a)^2}=7a$　$\therefore -\sqrt{(7a)^2}=-7a$

④ $\sqrt{4a^2}=\sqrt{(2a)^2}$이고 $2a>0$이므로　$\sqrt{4a^2}=2a$

⑤ $-3a<0$이므로　$\sqrt{(-3a)^2}=-(-3a)=3a$　$\therefore -\sqrt{(-3a)^2}=-3a$

따라서 옳지 않은 것은 ④이다.　　　　**답** ④

확인 ③ $a<0$일 때, 다음 **보기** 중 옳은 것을 모두 고르시오.

> **보기**
>
> ㄱ. $-\sqrt{a^2}=-a$　　　　ㄴ. $\sqrt{(3a)^2}=-3a$
>
> ㄷ. $\sqrt{(-2a)^2}=2a$　　　ㄹ. $-\sqrt{16a^2}=4a$

04 $\sqrt{a^2}$의 꼴을 포함한 식을 간단히 하기

● 더 다양한 문제는 RPM 3–1 16쪽

$$\sqrt{(a-b)^2}=\begin{cases} a-b\ \ (a\geq b) \\ -(a-b)\ (a<b) \end{cases}$$

다음 식을 간단히 하시오.

(1) $a<0$일 때, $\sqrt{(3a)^2}-\sqrt{(-8a)^2}$

(2) $-2<a<2$일 때, $\sqrt{(a-2)^2}+\sqrt{(a+2)^2}$

풀이 (1) $a<0$에서 $3a<0$, $-8a>0$이므로

$\sqrt{(3a)^2}=-3a$, $\sqrt{(-8a)^2}=-8a$

$\therefore$ (주어진 식)$=-3a-(-8a)=-3a+8a=5a$

(2) $-2<a<2$에서 $a-2<0$, $a+2>0$이므로

$\sqrt{(a-2)^2}=-(a-2)=-a+2$, $\sqrt{(a+2)^2}=a+2$

$\therefore$ (주어진 식)$=-a+2+(a+2)=4$

답 (1) $5a$　(2) 4

확인 ④ 다음 식을 간단히 하시오.

(1) $a>0$일 때, $\sqrt{(-4a)^2}+\sqrt{25a^2}$

(2) $-1<a<1$일 때, $\sqrt{(a-1)^2}-\sqrt{(a+1)^2}$

❯ 정답 및 풀이 4쪽

05 $\sqrt{Ax}$, $\sqrt{\dfrac{A}{x}}$ 가 자연수가 되도록 하는 자연수 x의 값 구하기 ● 더 다양한 문제는 RPM 3–1 17쪽

다음 수가 자연수가 되도록 하는 가장 작은 자연수 x의 값을 구하시오.

(1) $\sqrt{45x}$ (2) $\sqrt{\dfrac{216}{x}}$

KEY POINT

A, x가 자연수일 때 $\sqrt{Ax}$, $\sqrt{\dfrac{A}{x}}$가 자연수

➡ 근호 안의 수를 소인수분해 하였을 때, 소인수의 지수가 모두 짝수이어야 한다.

풀이 (1) $\sqrt{45x}=\sqrt{3^2\times5\times x}$가 자연수가 되려면 $x=5\times($자연수$)^2$의 꼴이어야 한다.
따라서 가장 작은 자연수 x의 값은 5이다.

(2) $\sqrt{\dfrac{216}{x}}=\sqrt{\dfrac{2^3\times3^3}{x}}$이 자연수가 되려면 x는 216의 약수이면서 $2\times3\times($자연수$)^2$의 꼴이어야 한다.
따라서 가장 작은 자연수 x의 값은 $2\times3=6$

답 (1) 5 (2) 6

확인 5 다음 수가 자연수가 되도록 하는 가장 작은 자연수 x의 값을 구하시오.

(1) $\sqrt{60x}$ (2) $\sqrt{\dfrac{112}{x}}$

06 $\sqrt{A+x}$, $\sqrt{A-x}$ 가 자연수가 되도록 하는 자연수 x의 값 구하기 ● 더 다양한 문제는 RPM 3–1 18쪽

$\sqrt{26+x}$가 자연수가 되도록 하는 가장 작은 자연수 x의 값을 구하시오.

KEY POINT

A, x가 자연수일 때
① $\sqrt{A+x}$가 자연수
➡ A보다 큰 $($자연수$)^2$의 꼴인 수를 찾는다.
② $\sqrt{A-x}$가 자연수
➡ A보다 작은 $($자연수$)^2$의 꼴인 수를 찾는다.

풀이 $\sqrt{26+x}$가 자연수가 되려면 $26+x$는 $($자연수$)^2$의 꼴이어야 한다.
이때 x는 자연수이므로 $26+x>26$에서
$$26+x=36,\ 49,\ 64,\ \cdots$$
x는 가장 작은 자연수이므로
$$26+x=36 \qquad \therefore x=10$$

답 10

확인 6 다음 중 $\sqrt{30-x}$가 자연수가 되도록 하는 자연수 x의 값이 될 수 <u>없는</u> 것은?

① 5 ② 14 ③ 21
④ 25 ⑤ 29

07　제곱근의 대소 관계

● 더 다양한 문제는 RPM 3–1 19쪽

다음 중 두 수의 대소 관계가 옳은 것을 모두 고르면? (정답 2개)

① $-\sqrt{3} > -\sqrt{5}$　　② $3 < \sqrt{6}$　　　　③ $-\sqrt{15} < -4$

④ $0.2 > \sqrt{0.2}$　　　　⑤ $-\sqrt{\dfrac{1}{3}} < -\dfrac{1}{2}$

KEY POINT

$a > 0$, $b > 0$일 때, a와 $\sqrt{b}$의 대소 비교

방법 1 a를 $\sqrt{a^2}$으로 바꾸어 $\sqrt{a^2}$과 $\sqrt{b}$의 대소를 비교한다.

방법 2 a와 $\sqrt{b}$를 각각 제곱하여 a^2과 b의 대소를 비교한다.

풀이
① $\sqrt{3} < \sqrt{5}$이므로　　$-\sqrt{3} > -\sqrt{5}$

② $3 = \sqrt{9}$이고 $9 > 6$이므로　　$3 > \sqrt{6}$

③ $4 = \sqrt{16}$이고 $15 < 16$이므로　　$\sqrt{15} < 4$　　$\therefore -\sqrt{15} > -4$

④ $0.2 = \sqrt{0.04}$이고 $0.04 < 0.2$이므로　　$0.2 < \sqrt{0.2}$

⑤ $\dfrac{1}{2} = \sqrt{\dfrac{1}{4}}$이고 $\dfrac{1}{3} > \dfrac{1}{4}$이므로　　$\sqrt{\dfrac{1}{3}} > \dfrac{1}{2}$　　$\therefore -\sqrt{\dfrac{1}{3}} < -\dfrac{1}{2}$

따라서 옳은 것은 ①, ⑤이다.　　　　　　　　　　　**답** ①, ⑤

확인 7 다음 중 두 수의 대소 관계가 옳지 <u>않은</u> 것은?

① $4 < \sqrt{20}$　　　　② $\sqrt{8} < 3$　　　　③ $-\sqrt{27} < -5$

④ $0.5 > \sqrt{0.2}$　　　⑤ $-\sqrt{\dfrac{1}{6}} > -\dfrac{1}{3}$

08　제곱근을 포함한 부등식

● 더 다양한 문제는 RPM 3–1 20쪽

다음 부등식을 만족시키는 자연수 x의 값을 모두 구하시오.

(1) $3 < \sqrt{x} < 4$　　　　　　　(2) $1 < \sqrt{2x} < 3$

KEY POINT

$a > 0$, $b > 0$일 때

① $a < \sqrt{x} < b$이면
$a^2 < x < b^2$

② $\sqrt{a} < x < \sqrt{b}$이면
$a < x^2 < b$

풀이
(1) $3 < \sqrt{x} < 4$에서 $\sqrt{9} < \sqrt{x} < \sqrt{16}$이므로　　$9 < x < 16$

　　따라서 자연수 x는 10, 11, 12, 13, 14, 15이다.

(2) $1 < \sqrt{2x} < 3$에서 $\sqrt{1} < \sqrt{2x} < \sqrt{9}$이므로　　$1 < 2x < 9$

　　$\therefore \dfrac{1}{2} < x < \dfrac{9}{2}$

　　따라서 자연수 x는 1, 2, 3, 4이다.

답 (1) 10, 11, 12, 13, 14, 15　(2) 1, 2, 3, 4

확인 8 다음 부등식을 만족시키는 자연수 x의 값을 모두 구하시오.

(1) $\sqrt{5} < x < \sqrt{20}$　　　　　　(2) $2 < \sqrt{x+1} < 3$

❯ 정답 및 풀이 4쪽

01 다음 중 옳은 것은?

① $(-\sqrt{5})^2+\sqrt{19^2}=14$

② $2\times\sqrt{(-4)^2}-\sqrt{225}=-8$

③ $\sqrt{(-3)^2}+\sqrt{9}-(-\sqrt{3})^2=9$

④ $\left(-\sqrt{\dfrac{3}{2}}\right)^2\times\sqrt{64}\div(\sqrt{6})^2=-2$

⑤ $\sqrt{(-7)^2}-\sqrt{81}+\sqrt{144}\div(-\sqrt{4^2})=-5$

제곱근의 성질을 이용하여 각 식을 계산한다.

02 $a<0$, $b>0$일 때, $\sqrt{(-a)^2}-\sqrt{(a-b)^2}+\sqrt{9b^2}$을 간단히 하시오.

$a<0$, $b>0$임을 이용하여 $-a$, $a-b$, $3b$의 부호를 따져 본다.

03 다음 중 $\sqrt{2^3\times3^2\times x}$가 자연수가 되도록 하는 자연수 x의 값으로 옳지 <u>않은</u> 것은?

① 2   ② 6   ③ 8

④ 18   ⑤ 50

04 $\sqrt{25-x}$가 정수가 되도록 하는 자연수 x 중에서 가장 큰 수를 A, 가장 작은 수를 B라 할 때, $A-B$의 값을 구하시오.

$\sqrt{25-x}$가 정수가 되기 위한 $25-x$의 조건을 생각해 본다.

05 다음 수를 큰 것부터 차례대로 나열하시오.

$$-\sqrt{10},\quad \sqrt{2},\quad -3,\quad \sqrt{5},\quad 0,\quad 2$$

먼저 양수는 양수끼리, 음수는 음수끼리 대소를 비교한다.

06 부등식 $-4\le-\sqrt{3x-2}<-1$을 만족시키는 자연수 x의 개수를 구하시오.

03 무리수와 실수

1 무리수란 무엇인가?

◉ 핵심문제 01, 02

(1) **무리수**: 유리수가 아닌 수, 즉 순환소수가 아닌 무한소수로 나타내어지는 수

예 $\sqrt{2}=1.414\cdots,\ \sqrt{3}=1.732\cdots,\ \sqrt{5}=2.236\cdots,\ \pi=3.141592\cdots$

▶ 유리수는 $\dfrac{(정수)}{(0이\ 아닌\ 정수)}$ 의 꼴로 나타낼 수 있는 수이다.

주의 근호를 사용하여 나타낸 수가 모두 무리수인 것은 아니다. 근호 안의 수가 어떤 유리수의 제곱이면 그 수는 유리수이다.

(2) **소수의 분류**

$$
소수\begin{cases} 유한소수 \longrightarrow\ \cdots\cdots 유리수 \\ 무한소수\begin{cases} 순환소수 \longrightarrow\ \cdots 유리수 \\ 순환소수가\ 아닌\ 무한소수 - 무리수 \end{cases} \end{cases}
$$

2 실수란 무엇인가?

◉ 핵심문제 02

(1) **실수**: 유리수와 무리수를 통틀어 실수라 한다.

▶ 특별한 조건이 없을 때 '수'라 하면 '실수'를 의미한다.

(2) **실수의 분류**

$$
실수\begin{cases} 유리수\begin{cases} 정수\begin{cases} 양의\ 정수(자연수):\ 1,\ 2,\ 3,\ \cdots \\ 0 \\ 음의\ 정수:\ -1,\ -2,\ -3,\ \cdots \end{cases} \\ 정수가\ 아닌\ 유리수:\ -1.3,\ -\dfrac{2}{5},\ \dfrac{1}{3},\ \cdots \end{cases} \\ 무리수(순환소수가\ 아닌\ 무한소수):\ -\sqrt{3},\ \pi,\ \sqrt{5},\ \cdots \end{cases}
$$

3 무리수를 수직선 위에 어떻게 나타내는가?

◉ 핵심문제 03

직각삼각형의 빗변의 길이를 이용하여 무리수를 수직선 위에 나타낼 수 있다.

예 **무리수 $-\sqrt{2},\ \sqrt{2}$를 수직선 위에 나타내기**

❶ 수직선 위에 원점을 한 꼭짓점으로 하고 직각을 낀 두 변의 길이가 각각 1, 1인 직각삼각형 OAB를 그린다.

❷ 피타고라스 정리를 이용하여 직각삼각형 OAB의 빗변의 길이를 구한다.

➡ $\overline{OB}=\sqrt{1^2+1^2}=\sqrt{2}$

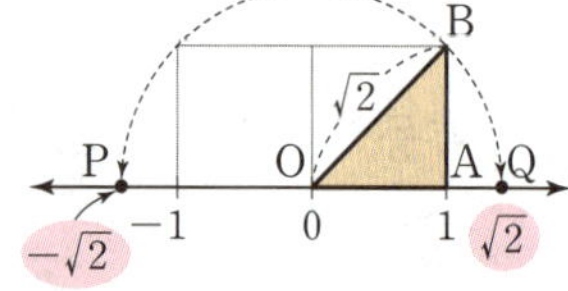

❸ 원점을 중심으로 하고 $\overline{OB}$를 반지름으로 하는 원을 그려 원과 수직선이 만나는 두 점을 각각 P, Q라 하면 두 점 P, Q에 대응하는 수가 각각 $-\sqrt{2},\ \sqrt{2}$이다.

4 실수와 수직선 사이에는 어떤 성질이 있는가?

◆ 핵심문제 04

(1) 수직선은 유리수와 무리수, 즉 실수에 대응하는 점들로 완전히 메울 수 있다.

(2) 모든 실수는 각각 수직선 위의 한 점에 대응하고, 수직선 위의 한 점에는 한 실수가 대응한다.

(3) 서로 다른 두 실수 사이에는 무수히 많은 실수가 있다.

▶ 유리수에 대응하는 점들만으로 수직선을 완전히 메울 수 없고, 무리수에 대응하는 점들만으로도 수직선을 완전히 메울 수 없다.

5 실수의 대소 관계는 어떻게 알 수 있는가?

◆ 핵심문제 05

(1) 수직선 위에서 원점의 오른쪽에 있는 점에는 양의 실수(양수)가 대응하고, 왼쪽에 있는 점에는 음의 실수(음수)가 대응한다.

(2) 수직선 위에서 오른쪽에 있는 점에 대응하는 실수가 왼쪽에 있는 점에 대응하는 실수보다 크다.

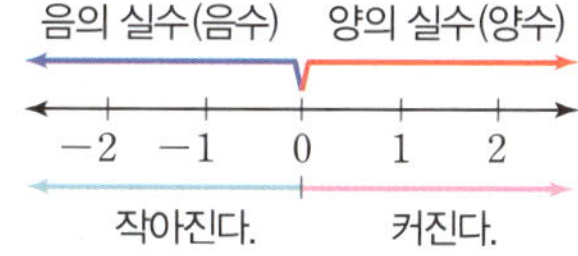

▶ ① (음수) $<0<$ (양수)

② 양수끼리는 절댓값이 큰 수가 크다.

③ 음수끼리는 절댓값이 큰 수가 작다.

예 세 수 $-\sqrt{3}$, $\sqrt{2}$, $2+\sqrt{2}$의 대소를 비교해 보자.

$\sqrt{1}<\sqrt{3}<\sqrt{4}$에서 $1<\sqrt{3}<2$이므로 $-2<-\sqrt{3}<-1$

$\sqrt{1}<\sqrt{2}<\sqrt{4}$에서 $1<\sqrt{2}<2$이므로 $3<2+\sqrt{2}<4$

따라서 세 수 $-\sqrt{3}$, $\sqrt{2}$, $2+\sqrt{2}$에 대응하는 점은 오른쪽과 같으므로 $-\sqrt{3}<\sqrt{2}<2+\sqrt{2}$

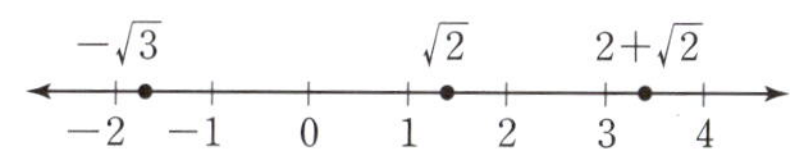

(3) 두 실수 a, b의 대소 관계는 $a-b$의 값의 부호에 따라 다음과 같이 정한다.

① $a-b>0$이면 $a>b$

② $a-b=0$이면 $a=b$

③ $a-b<0$이면 $a<b$

예 $\sqrt{5}+1$과 $\sqrt{3}+1$에서

$(\sqrt{5}+1)-(\sqrt{3}+1)=\sqrt{5}-\sqrt{3}>0$ $\therefore \sqrt{5}+1>\sqrt{3}+1$

6 제곱근표를 이용하여 제곱근의 값을 어떻게 구하는가?

◆ 핵심문제 06

(1) **제곱근표**: 1.00부터 99.9까지의 수에 대한 양의 제곱근의 값을 반올림하여 소수점 아래 셋째 자리까지 나타낸 표 ← 220~223쪽 참고

(2) **제곱근표 읽는 방법**: 처음 두 자리 수의 가로줄과 끝자리 수의 세로줄이 만나는 곳에 적힌 수를 읽는다.

예 제곱근표에서 $\sqrt{1.72}$의 값은 1.7의 가로줄과 2의 세로줄이 만나는 곳에 적힌 수인 1.311이다.

수	0	1	②	3	…
1.0	1.000	1.005	1.010	1.015	…
1.1	1.049	1.054	1.058	1.063	…
⋮	⋮	⋮	⋮	⋮	⋮
1.7	1.304	1.308	1.311	1.315	…
⋮	⋮	⋮	⋮	⋮	⋮

01 다음 수가 유리수이면 '유', 무리수이면 '무'를 ( ) 안에 써넣으시오.

(1) $\sqrt{4}$ ( )　　(2) $-\sqrt{7}$ ( )

(3) $-\sqrt{0.49}$ ( )　　(4) $0.313131\cdots$ ( )

(5) π ( )　　(6) $\sqrt{10}-1$ ( )

◎ 무리수란?

02 다음 설명이 옳으면 ○, 옳지 않으면 ×를 ( ) 안에 써넣으시오.

(1) 유한소수는 모두 유리수이다. ( )

(2) 무한소수는 모두 무리수이다. ( )

(3) 무한소수 중에는 유리수인 것도 있다. ( )

(4) 무리수는 $\dfrac{(정수)}{(0이\ 아닌\ 정수)}$의 꼴로 나타낼 수 있다. ( )

03 아래의 수 중에서 다음에 해당하는 수를 모두 고르시오.

$$\frac{\pi}{2},\quad -\sqrt{9},\quad \sqrt{3}-\sqrt{2},\quad 0.1\dot{5},\quad -\frac{1}{3}$$

(1) 정수　　　　　　　　(2) 유리수

(3) 무리수　　　　　　　(4) 실수

◎ 실수 { 유리수 { 정수 / 정수가 아닌 유리수 }

04 오른쪽 그림은 한 눈금의 길이가 1인 모눈종이 위에 수직선과 직각삼각형 OAB를 그리고, 점 O를 중심으로 하고 $\overline{OB}$를 반지름으로 하는 원을 그린 것이다. 원과 수직선이 만나는 두 점을 각각 P, Q라 할 때, 다음을 구하시오.

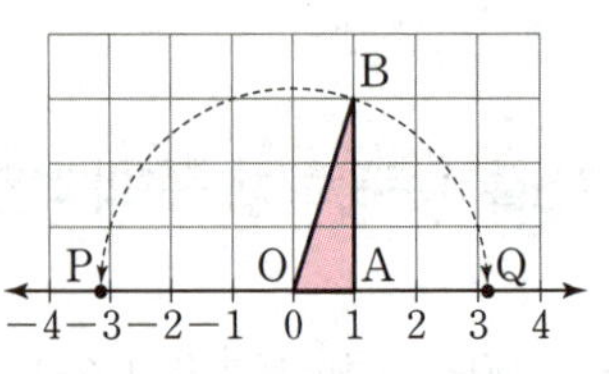

(1) $\overline{OB}$의 길이

(2) 두 점 P, Q에 대응하는 수

◎ 무리수를 수직선 위에 나타내는 방법은?

05 다음 설명이 옳으면 ○, 옳지 않으면 ×를 (   ) 안에 써넣으시오.

(1) 1과 2 사이에는 무수히 많은 무리수가 있다. (   )

(2) $\sqrt{3}$과 $\sqrt{5}$ 사이에는 유리수가 없다. (   )

(3) $1+\sqrt{2}$에 대응하는 점은 수직선 위에 나타낼 수 없다. (   )

(4) 수직선은 실수에 대응하는 점들로 완전히 메울 수 있다. (   )

◆ 실수와 수직선 사이의 성질은?

06 아래 수직선 위의 세 점 A, B, C는 각각 세 수 $-\sqrt{6}$, $1+\sqrt{3}$, $3-\sqrt{2}$ 중 하나에 대응한다. 다음 물음에 답하시오.

$$\begin{array}{c}\quad A \qquad\qquad\qquad B \quad C \\ \xleftarrow{\quad\bullet\quad\quad\quad\quad\quad\quad\bullet\quad\bullet\quad} \\ -3 \quad -2 \quad -1 \quad 0 \quad 1 \quad 2 \quad 3 \end{array}$$

(1) 세 점 A, B, C에 대응하는 수를 구하시오.

(2) 세 수 $-\sqrt{6}$, $1+\sqrt{3}$, $3-\sqrt{2}$의 대소를 비교하시오.

07 다음 □ 안에 알맞은 부등호를 써넣으시오.

(1) $\sqrt{7}-1 \;\square\; \sqrt{5}-1$

(2) $3+\sqrt{6} \;\square\; 6$

(3) $4-\sqrt{2} \;\square\; 2$

(4) $\sqrt{3}+\sqrt{15} \;\square\; \sqrt{3}+4$

◆ a, b가 실수일 때
① $a-b>0$이면 $a\;\square\;b$
② $a-b=0$이면 $a=b$
③ $a-b<0$이면 $a\;\square\;b$

08 오른쪽 제곱근표를 이용하여 다음 제곱근의 값을 구하시오.

수	0	1	2	3
5.5	2.345	2.347	2.349	2.352
5.6	2.366	2.369	2.371	2.373
5.7	2.387	2.390	2.392	2.394
5.8	2.408	2.410	2.412	2.415

(1) $\sqrt{5.51}$

(2) $\sqrt{5.73}$

(3) $\sqrt{5.82}$

◆ 제곱근표 읽는 방법
➡ 처음 두 자리 수의 가로줄과 끝자리 수의 □ 이 만나는 곳에 적힌 수를 읽는다.

01 유리수와 무리수의 구별

● 더 다양한 문제는 **RPM** 3-1 28쪽

다음 중 무리수인 것은?

① $-\sqrt{0.25}$ ② $1.2\dot{7}$ ③ $\sqrt{49}-\sqrt{16}$

④ $\sqrt{3}-1$ ⑤ $-\sqrt{\left(-\dfrac{3}{4}\right)^2}$

풀이 ① $-\sqrt{0.25}=-0.5$ ➡ 유리수 ② $1.2\dot{7}=\dfrac{127-12}{90}=\dfrac{115}{90}=\dfrac{23}{18}$ ➡ 유리수

③ $\sqrt{49}-\sqrt{16}=7-4=3$ ➡ 유리수 ⑤ $-\sqrt{\left(-\dfrac{3}{4}\right)^2}=-\dfrac{3}{4}$ ➡ 유리수

따라서 무리수인 것은 ④이다. **답** ④

확인 ① 다음 중 소수로 나타내었을 때 순환소수가 아닌 무한소수가 되는 것의 개수를 구하시오.

$$\sqrt{2}+1, \quad \sqrt{\dfrac{1}{2}}, \quad \sqrt{1.21}, \quad \sqrt{48}, \quad \pi, \quad (-\sqrt{0.5})^2, \quad \sqrt{0.\dot{4}}$$

02 무리수와 실수의 이해

● 더 다양한 문제는 **RPM** 3-1 28, 29쪽

다음 중 옳은 것을 모두 고르면? (정답 2개)

① 순환소수는 모두 무리수이다.
② 근호를 사용하여 나타낸 수는 모두 무리수이다.
③ 유리수와 무리수를 통틀어 실수라 한다.
④ 순환소수가 아닌 무한소수는 실수가 아니다.
⑤ 유리수이면서 무리수인 수는 없다.

풀이 ① 순환소수는 모두 유리수이다.
② $\sqrt{4}=2$이므로 $\sqrt{4}$는 유리수이다.
④ 순환소수가 아닌 무한소수는 무리수이므로 실수이다.
따라서 옳은 것은 ③, ⑤이다. **답** ③, ⑤

확인 ② 다음 중 $\sqrt{6}$에 대한 설명으로 옳지 <u>않은</u> 것은?

① 무리수이다.
② 제곱하면 유리수가 된다.
③ 순환소수가 아닌 무한소수로 나타내어진다.
④ 6의 양의 제곱근이다.
⑤ 기약분수로 나타낼 수 있다.

03 무리수를 수직선 위에 나타내기

● 더 다양한 문제는 RPM 3-1 29쪽

오른쪽 그림은 한 눈금의 길이가 1인 모눈종이 위에 수직선과 직각삼각형 ABC를 그리고, 점 A를 중심으로 하고 $\overline{AC}$를 반지름으로 하는 원을 그린 것이다. 원과 수직선이 만나는 두 점을 각각 P, Q라 할 때, 두 점 P, Q에 대응하는 수를 구하시오.

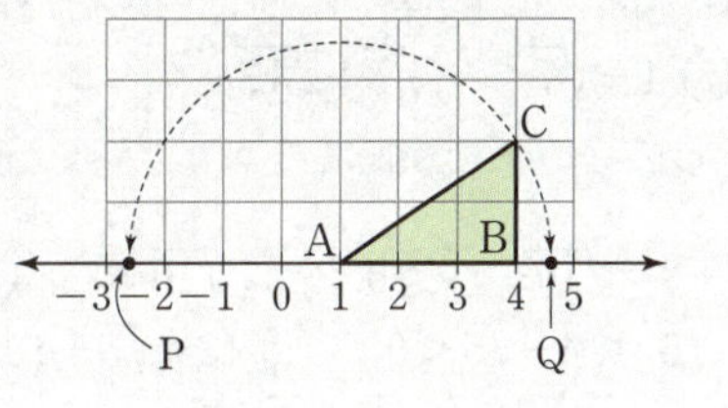

풀이 △ABC에서 $\overline{AC}=\sqrt{3^2+2^2}=\sqrt{13}$
이때 $\overline{AP}=\overline{AQ}=\overline{AC}=\sqrt{13}$이므로 두 점 P, Q에 대응하는 수는 각각 $1-\sqrt{13}$, $1+\sqrt{13}$ 이다.

답 P: $1-\sqrt{13}$, Q: $1+\sqrt{13}$

확인 3 오른쪽 그림은 한 눈금의 길이가 1인 모눈종이 위에 수직선과 두 직각삼각형 ABC, ADE를 그린 것이다. $\overline{AC}=\overline{AP}$, $\overline{AE}=\overline{AQ}$일 때, 두 점 P, Q에 대응하는 수를 구하시오.

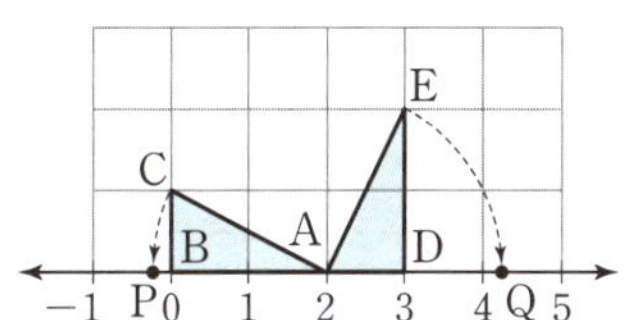

KEY POINT

❶ 직각삼각형에서 빗변의 길이를 구한다.
❷ 기준점에서 오른쪽이면
  ➡ (기준점)+(빗변의 길이)
  기준점에서 왼쪽이면
  ➡ (기준점)-(빗변의 길이)

04 실수와 수직선

● 더 다양한 문제는 RPM 3-1 30쪽

다음 중 옳지 <u>않은</u> 것을 모두 고르면? (정답 2개)

① 모든 무리수는 각각 수직선 위의 한 점에 대응한다.
② $\sqrt{2}$와 $\sqrt{3}$ 사이에는 무수히 많은 무리수가 있다.
③ 1과 $\sqrt{2}$ 사이에는 무수히 많은 실수가 있다.
④ 서로 다른 두 유리수 사이에는 무수히 많은 정수가 있다.
⑤ 수직선은 유리수에 대응하는 점들로 완전히 메울 수 있다.

풀이 ④ $\dfrac{1}{3}$과 $\dfrac{1}{2}$ 사이에는 정수가 없다.
⑤ 수직선은 유리수에 대응하는 점들로 완전히 메울 수 없다.
따라서 옳지 않은 것은 ④, ⑤이다.

답 ④, ⑤

KEY POINT

모든 실수는 각각 수직선 위의 한 점에 대응한다.

확인 4 다음 **보기** 중 옳은 것을 모두 고르시오.

> **보기**
>
> ㄱ. $\dfrac{1}{3}$과 $\dfrac{1}{2}$ 사이에는 무리수가 없다.
> ㄴ. 모든 유리수는 각각 수직선 위의 한 점에 대응한다.
> ㄷ. 서로 다른 두 무리수 사이에 있는 수는 모두 무리수이다.
> ㄹ. 수직선은 유리수와 무리수에 대응하는 점들로 완전히 메울 수 있다.

▸ 정답 및 풀이 6쪽

05 실수의 대소 관계

● 더 다양한 문제는 RPM 3-1 31쪽

━━ KEY POINT ━━

a, b가 실수일 때
① $a-b>0$이면 $a>b$
② $a-b=0$이면 $a=b$
③ $a-b<0$이면 $a<b$

다음 중 두 수의 대소 관계가 옳은 것은?

① $\sqrt{10}+1<4$　　　② $12>\sqrt{5}+10$　　　③ $-\sqrt{8}+1<-2$
④ $2+\sqrt{5}>\sqrt{3}+\sqrt{5}$　　⑤ $4-\sqrt{7}<-\sqrt{7}+\sqrt{13}$

풀이
① $(\sqrt{10}+1)-4=\sqrt{10}-3=\sqrt{10}-\sqrt{9}>0$　　$\therefore \sqrt{10}+1>4$
② $12-(\sqrt{5}+10)=2-\sqrt{5}=\sqrt{4}-\sqrt{5}<0$　　$\therefore 12<\sqrt{5}+10$
③ $(-\sqrt{8}+1)-(-2)=-\sqrt{8}+3=-\sqrt{8}+\sqrt{9}>0$　　$\therefore -\sqrt{8}+1>-2$
④ $(2+\sqrt{5})-(\sqrt{3}+\sqrt{5})=2-\sqrt{3}=\sqrt{4}-\sqrt{3}>0$　　$\therefore 2+\sqrt{5}>\sqrt{3}+\sqrt{5}$
⑤ $(4-\sqrt{7})-(-\sqrt{7}+\sqrt{13})=4-\sqrt{13}=\sqrt{16}-\sqrt{13}>0$　　$\therefore 4-\sqrt{7}>-\sqrt{7}+\sqrt{13}$
따라서 옳은 것은 ④이다.

답 ④

확인 ⑤ 다음 세 수 a, b, c의 대소 관계를 부등호를 사용하여 나타내시오.

$$a=1-\sqrt{8}, \qquad b=1-\sqrt{6}, \qquad c=-2$$

06 제곱근표를 이용하여 제곱근의 값 구하기

● 더 다양한 문제는 RPM 3-1 32쪽

━━ KEY POINT ━━

제곱근표 읽는 방법
➡ 처음 두 자리 수의 가로줄과 끝자리 수의 세로줄이 만나는 곳에 적힌 수를 읽는다.

오른쪽 제곱근표에서 $\sqrt{4.71}$의 값이 a이고 $\sqrt{b}$의 값이 2.200일 때, $1000a-100b$의 값을 구하시오.

수	0	1	2	3	4
4.6	2.145	2.147	2.149	2.152	2.154
4.7	2.168	2.170	2.173	2.175	2.177
4.8	2.191	2.193	2.195	2.198	2.200
4.9	2.214	2.216	2.218	2.220	2.223

풀이
$\sqrt{4.71}=2.170$이므로　$a=2.170$
$\sqrt{4.84}=2.200$이므로　$b=4.84$
$\therefore 1000a-100b=1000\times2.170-100\times4.84$
$=2170-484=1686$

답 1686

확인 ⑥ 오른쪽 제곱근표에서 $\sqrt{20.5}=x$, $\sqrt{y}=4.733$일 때, $1000x+10y$의 값을 구하시오.

수	3	4	5	6
20	4.506	4.517	4.528	4.539
21	4.615	4.626	4.637	4.648
22	4.722	4.733	4.743	4.754

01 다음 중 무리수인 것을 모두 고르면? (정답 2개)

① $0.1\dot{2}$　　　　② $-\sqrt{0.04}$　　　　③ $-\sqrt{32}$

④ $\dfrac{\sqrt{25}}{3}$　　　　⑤ $\sqrt{10}-3$

무리수
➡ 순환소수가 아닌 무한소수
➡ 근호를 없앨 수 없는 수

02 오른쪽 그림과 같이 한 변의 길이가 1인 정사각형 3개를 수직선 위에 그렸다. 수직선 위의 네 점 A, B, C, D 중에서 $2-\sqrt{2}$에 대응하는 점을 구하시오.

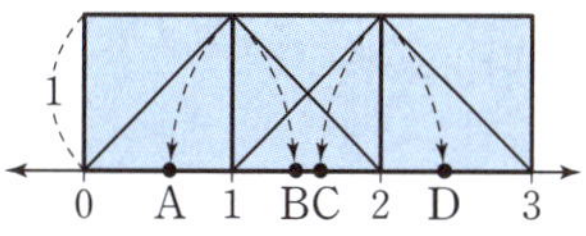

먼저 정사각형의 대각선의 길이를 구한다.

03 다음 중 옳지 <u>않은</u> 것은?

① 순환소수가 아닌 무한소수는 모두 무리수이다.
② 실수 중 유리수가 아닌 수는 무리수이다.
③ 서로 다른 두 실수 사이에는 무수히 많은 유리수가 있다.
④ 1에 가장 가까운 무리수는 $\sqrt{2}$이다.
⑤ 모든 실수는 각각 수직선 위의 한 점에 대응한다.

04 다음 중 □ 안에 알맞은 부등호의 방향이 나머지 넷과 <u>다른</u> 하나는?

① $\sqrt{3}+1 \ \square\ 3$　　　　② $\sqrt{2}-5 \ \square\ \sqrt{3}-5$　　　　③ $-4+\sqrt{15} \ \square\ -1$

④ $\sqrt{7}+4 \ \square\ \sqrt{7}+\sqrt{17}$　　　　⑤ $\sqrt{20}-\sqrt{10} \ \square\ 5-\sqrt{10}$

두 수의 차의 부호를 알아본다.

05 오른쪽 제곱근표에서 $\sqrt{a}=8.803$, $\sqrt{b}=8.764$일 때, $10(a-b)$의 값을 구하시오.

수	5	6	7	8
75	8.689	8.695	8.701	8.706
76	8.746	8.752	8.758	8.764
77	8.803	8.809	8.815	8.820

01 다음 중 옳은 것은?

① 4는 2의 양의 제곱근이다.
② 제곱근 36은 ±6이다.
③ $\left(-\dfrac{1}{2}\right)^3$의 제곱근은 없다.
④ $\sqrt{(-16)^2}$의 제곱근은 4이다.
⑤ -5의 제곱근은 $-\sqrt{5}$이다.

02 다음 중 제곱근을 근호를 사용하지 않고 나타낼 수 있는 것을 모두 고르면? (정답 2개)

① 10　　　② $\dfrac{121}{25}$　　　③ 0.4

④ $\sqrt{225}$　　　⑤ $1.\dot{7}$

꼭나와

03 $\sqrt{(-49)^2}$의 음의 제곱근을 A, 제곱근 64를 B라 할 때, $A+B$의 값을 구하시오.

04 다음을 계산하시오.

$$\sqrt{\dfrac{4}{9}}\times\sqrt{81}+\sqrt{(-2)^2}\div\sqrt{\left(\dfrac{2}{5}\right)^2}$$

05 $a>0$일 때, 다음 중 옳지 <u>않은</u> 것은?

① $-\sqrt{(2a)^2}=-2a$　　② $\sqrt{(-5a)^2}=5a$
③ $\sqrt{(-a)^2}=a$　　④ $-\sqrt{9a^2}=3a$
⑤ $-\sqrt{(-8a)^2}=-8a$

꼭나와

06 $-3<a<2$일 때, $\sqrt{(a-2)^2}-\sqrt{(a+3)^2}$을 간단히 하면?

① $-2a-1$　　② $-2a+1$　　③ -1
④ $2a-1$　　⑤ $2a+1$

07 $\sqrt{\dfrac{18}{5}x}$가 자연수가 되도록 하는 가장 작은 자연수 x의 값을 구하시오.

08 다음 중 □ 안에 알맞은 부등호의 방향이 나머지 넷과 <u>다른</u> 하나는?

① $4\ \square\ \sqrt{13}$　　　　② $-\sqrt{7}\ \square\ -\sqrt{10}$
③ $\sqrt{0.1}\ \square\ 0.1$　　　　④ $\dfrac{1}{3}\ \square\ \sqrt{\dfrac{2}{9}}$
⑤ $-\sqrt{21}\ \square\ -5$

09 다음 중 □ 안의 수에 해당하는 것은?

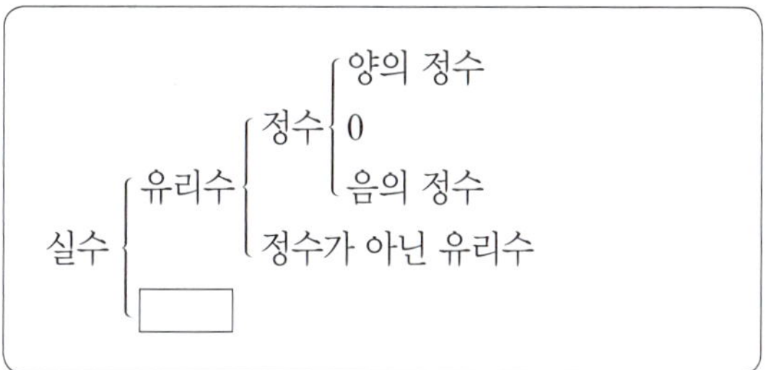

① 3.7 ② $0.2\dot{3}$ ③ $\sqrt{144}$

④ $-\dfrac{\sqrt{3}}{4}$ ⑤ $\sqrt{(-6)^2}$

꼭나와

10 다음 그림은 한 눈금의 길이가 1인 모눈종이 위에 수직선과 두 정사각형 ABCD, EFGH를 그린 것이다. $\overline{AD}=\overline{AP}$, $\overline{EF}=\overline{EQ}$일 때, 두 점 P, Q의 좌표를 구하시오.

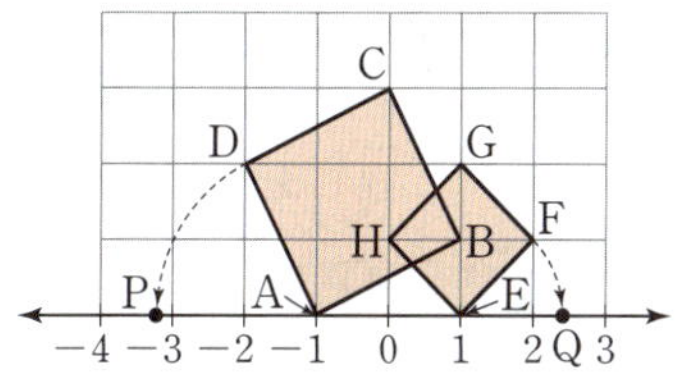

11 다음 중 옳은 것을 모두 고르면? (정답 2개)

① 순환소수는 모두 유리수이다.
② $\sqrt{2}$는 기약분수로 나타낼 수 있다.
③ 수직선은 무리수에 대응하는 점들로 완전히 메울 수 있다.
④ $\sqrt{5}$와 $\sqrt{7}$ 사이의 무리수는 $\sqrt{6}$뿐이다.
⑤ -1과 $\sqrt{3}$ 사이에는 무수히 많은 유리수가 있다.

12 다음 수직선 위의 네 점 A, B, C, D는 각각 네 수 $-\sqrt{3}$, $\sqrt{2}+1$, $-\sqrt{8}$, $3-\sqrt{2}$ 중 하나에 대응한다. 네 점 A, B, C, D에 대응하는 수를 구하고, 네 수의 대소를 비교하시오.

$$\begin{array}{c} \end{array}$$

꼭나와

13 다음 중 두 수의 대소 관계가 옳지 <u>않은</u> 것은?

① $3>\sqrt{3}+1$
② $4>-\sqrt{2}+5$
③ $\sqrt{17}+\sqrt{2}>4+\sqrt{2}$
④ $1-\sqrt{7}<1-\sqrt{5}$
⑤ $3-\sqrt{10}<-\sqrt{10}+\sqrt{6}$

14 다음 제곱근표에서 $\sqrt{a}=2.452$, $\sqrt{b}=2.496$일 때, $\sqrt{\dfrac{a+b}{2}}$의 값을 구하시오.

수	1	2	3	4
6.0	2.452	2.454	2.456	2.458
6.1	2.472	2.474	2.476	2.478
6.2	2.492	2.494	2.496	2.498

15 오른쪽 그림과 같이 한 변의 길이가 각각 3 cm, 5 cm인 두 정사각형의 넓이의 합과 넓이가 같은 정사각형을 만들 때, 새로 만든 정사각형의 한 변의 길이는?

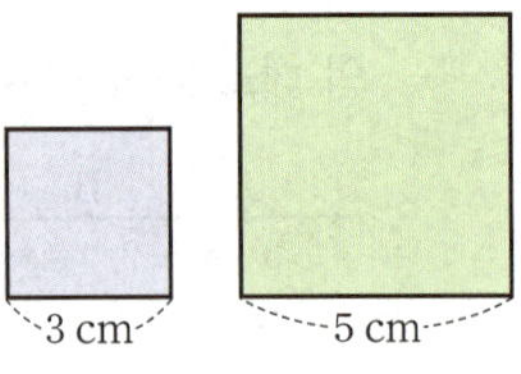

① $\sqrt{30}$ cm   ② $\sqrt{34}$ cm   ③ 6 cm

④ $\sqrt{42}$ cm   ⑤ 7 cm

16 다음 두 수 A, B에 대하여 $A+B$의 값을 구하시오.

$$A=\sqrt{169}-(\sqrt{0.5})^2 \div \sqrt{\left(-\dfrac{1}{50}\right)^2}$$
$$B=-(-\sqrt{6})^2+\sqrt{16}\times\sqrt{(-3)^2}$$

17 $0<a<1$일 때, 다음 식을 간단히 하시오.

$$\sqrt{\left(a-\dfrac{1}{a}\right)^2}-\sqrt{\left(a+\dfrac{1}{a}\right)^2}+\sqrt{(-2a)^2}$$

18 $\sqrt{\dfrac{200}{x}}$ 이 자연수가 되도록 하는 모든 자연수 x의 값의 합을 구하시오.

19 $\sqrt{58+a}=b$라 할 때, b가 자연수가 되도록 하는 두 번째로 작은 자연수 a와 그때의 b에 대하여 $a-b$의 값은?

① 10   ② 12   ③ 14

④ 16   ⑤ 18

20 $\sqrt{(\sqrt{15}-4)^2}-\sqrt{(4-\sqrt{15})^2}$을 간단히 하시오.

21 부등식 $2<\sqrt{\dfrac{x}{5}}<\dfrac{5}{2}$를 만족시키는 자연수 x의 개수는?

① 8   ② 9   ③ 10

④ 11   ⑤ 12

22 다음 중 a가 유리수일 때, 항상 무리수인 것을 모두 고르면? (정답 2개)

① $a+1$ ② $3a$ ③ $a-\sqrt{5}$

④ $\sqrt{2}a$ ⑤ $a+\sqrt{7}$

꼭나와

23 다음 그림과 같이 한 눈금의 길이가 1인 모눈종이 위에 수직선과 직각삼각형 ABC를 그리고, 점 A를 중심으로 하고 $\overline{AC}$를 반지름으로 하는 원을 그렸다. 원과 수직선이 만나는 두 점을 각각 P, Q라 할 때, 점 Q에 대응하는 수는 $\sqrt{13}-3$이다. 이때 점 P에 대응하는 수를 구하시오.

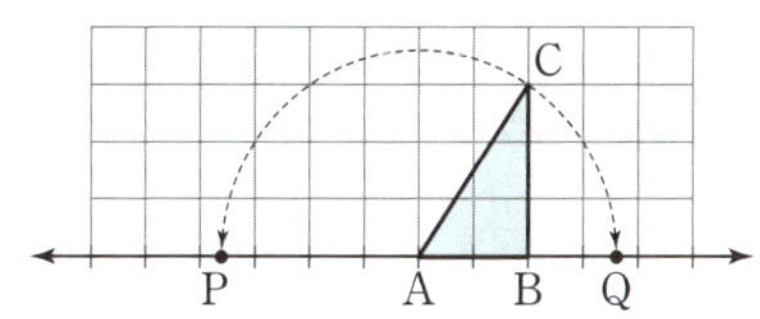

24 반지름의 길이가 3, $\sqrt{7}+1$, $\sqrt{23}-2$인 세 원을 각각 P, Q, R라 할 때, 세 원 중 넓이가 가장 큰 원을 구하시오.

25 다음 중 $\sqrt{2}$와 $\sqrt{15}$ 사이에 있는 수가 <u>아닌</u> 것은?

① 2   ② $\sqrt{7}$ ③ $\sqrt{2}+3$

④ $\sqrt{15}-1$ ⑤ $\dfrac{\sqrt{2}+\sqrt{15}}{2}$

STEP 3 실력 UP

26 
해설 강의

오른쪽 그림과 같이 정사각형 모양의 천 조각 A, B와 직사각형 모양의 천 조각 C를 이어 붙여 직사각형 모양의 조각보를 만들려고 한다.

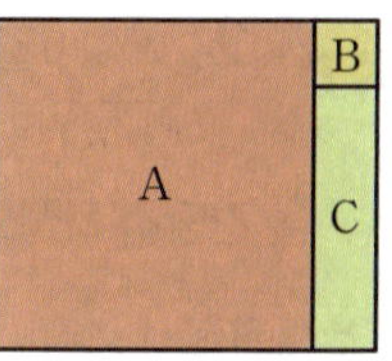

A의 넓이가 $15n$, B의 넓이가 $24-n$이고 각 변의 길이가 자연수일 때, C의 넓이를 구하시오.

(단, n은 자연수이다.)

27 
해설 강의

자연수 x에 대하여 $\sqrt{x}$ 이하의 자연수의 개수를 $N(x)$라 하자. 예를 들어 $2<\sqrt{5}<3$이므로 $N(5)=2$이다. 이때 $N(1)+N(2)+N(3)+\cdots+N(20)$의 값을 구하시오.

28 
해설 강의

100 이하의 자연수 n에 대하여 $\sqrt{2n}$, $\sqrt{5n}$이 모두 무리수가 되도록 하는 n의 개수를 구하시오.

예제 1 

해설 강의

$a<b$, $ab<0$일 때,
$$\sqrt{(-a)^2}+\sqrt{b^2}-\sqrt{(5a)^2}+\sqrt{(-2b)^2}$$
을 간단히 하시오. [7점]

풀이 과정

1단계 a, b의 부호 구하기 · 2점

$a<b$, $ab<0$이므로
$$a<0,\ b>0$$

2단계 $-a$, $5a$, $-2b$의 부호 구하기 · 2점

$a<0$, $b>0$이므로
$$-a>0,\ 5a<0,\ -2b<0$$

3단계 주어진 식을 간단히 하기 · 3점

$$\begin{aligned}(주어진\ 식)&=-a+b-(-5a)-(-2b)\\&=-a+b+5a+2b\\&=4a+3b\end{aligned}$$

답 $4a+3b$

유제 1 $a-b>0$, $\dfrac{a}{b}<0$일 때,
$$\sqrt{16a^2}-\sqrt{(-b)^2}+\sqrt{(b-4a)^2}$$
을 간단히 하시오. [7점]

풀이 과정

1단계 a, b의 부호 구하기 · 2점

2단계 $4a$, $-b$, $b-4a$의 부호 구하기 · 2점

3단계 주어진 식을 간단히 하기 · 3점

답

예제 2

해설 강의

오른쪽 그림에서 □ABCD는 한 변의 길이가 1인 정사각형이다. $\overline{CA}=\overline{CP}$, $\overline{BD}=\overline{BQ}$이고 점 Q에 대응하는 수가 $5+\sqrt{2}$일 때, 점 P에 대응하는 수를 구하시오. [7점]

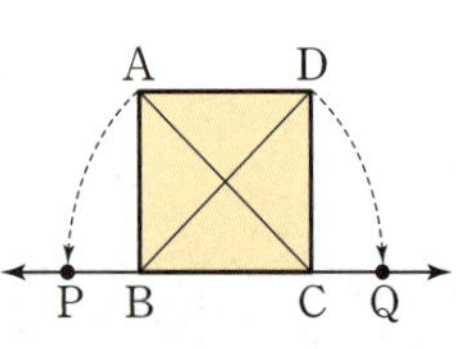

풀이 과정

1단계 점 B에 대응하는 수 구하기 · 3점

$\overline{BQ}=\overline{BD}=\sqrt{1^2+1^2}=\sqrt{2}$이고 점 Q에 대응하는 수가 $5+\sqrt{2}$이므로 점 B에 대응하는 수는 5이다.

2단계 점 C에 대응하는 수 구하기 · 2점

정사각형 ABCD의 한 변의 길이가 1이므로 점 C에 대응하는 수는 6이다.

3단계 점 P에 대응하는 수 구하기 · 2점

$\overline{CP}=\overline{CA}=\sqrt{1^2+1^2}=\sqrt{2}$이므로 점 P에 대응하는 수는 $6-\sqrt{2}$이다.

답 $6-\sqrt{2}$

유제 2 오른쪽 그림에서 □ABCD는 한 변의 길이가 2인 정사각형이다. $\overline{CA}=\overline{CP}$, $\overline{BD}=\overline{BQ}$이고 점 P에 대응하는 수가 $1-\sqrt{8}$일 때, 점 Q에 대응하는 수를 구하시오. [7점]

풀이 과정

1단계 점 C에 대응하는 수 구하기 · 3점

2단계 점 B에 대응하는 수 구하기 · 2점

3단계 점 Q에 대응하는 수 구하기 · 2점

답

스스로 **서술하기**

유제 3 $\sqrt{256}$의 음의 제곱근을 A, $\left(-\sqrt{\dfrac{9}{16}}\right)^2$의 양의 제곱근을 B라 할 때, AB의 값을 구하시오. [6점]

(풀이 과정) ─────────

(답)

유제 5 부등식 $-6<-\sqrt{4-3x}<-4$를 만족시키는 정수 x 중에서 가장 큰 수를 A, 가장 작은 수를 B라 할 때, $A-B$의 값을 구하시오. [7점]

(풀이 과정) ─────────

(답)

유제 4 $\sqrt{28x}=y$라 할 때, y가 자연수가 되도록 하는 가장 작은 자연수 x와 그때의 y에 대하여 $x+y$의 값을 구하시오. [6점]

(풀이 과정) ─────────

(답)

유제 6 두 수 $\sqrt{10}-5$와 $8-\sqrt{10}$ 사이에 있는 모든 정수의 합을 구하시오. [7점]

(풀이 과정) ─────────

(답)

공감
한 스푼

"기억해. 넌 세상을 빛으로 가득
채울 수 있는 존재라는 걸!"

그림 정인(@jeong_iinn_)

I-2

근호를 포함한 식의 계산

이 단원의 학습 계획을 세우고
하나하나 실천하는 습관을 기르자!!

		공부한 날		학습 완료도
01 제곱근의 곱셈과 나눗셈	개념원리 이해 & 개념원리 확인하기	월	일	□□□
	핵심문제 익히기	월	일	○○○
	계산력 강화하기	월	일	○○○
	이런 문제가 시험에 나온다	월	일	○○○
02 제곱근의 덧셈과 뺄셈	개념원리 이해 & 개념원리 확인하기	월	일	□□□
	핵심문제 익히기	월	일	○○○
	계산력 강화하기	월	일	○○○
	이런 문제가 시험에 나온다	월	일	○○○
중단원 마무리하기		월	일	○○○
서술형 대비 문제		월	일	○○○

개념 학습 guide

- 개념을 이해했으면 ■□□, 개념을 문제에 적용할 수 있으면 ■■□, 개념을 친구에게 설명할 수 있으면 ■■■ 로 색칠한다.

- 부족한 부분의 개념을 반복 학습하여 ■■■ 3칸 모두 색칠하면 학습을 마친다.

문제 학습 guide

- 맞힌 문제가 전체의 50% 미만이면 ●○○, 맞힌 문제가 50% 이상 90% 미만이면 ●●○, 맞힌 문제가 90% 이상이면 ●●● 로 색칠한다.

- 틀린 문제는 왜 틀렸는지 그 이유를 파악한 후 다시 풀어 본다. 며칠 후 틀린 문제를 다시 풀어 보고, 풀이 과정과 답이 맞으면 학습을 마친다.

01 제곱근의 곱셈과 나눗셈

1 제곱근의 곱셈과 나눗셈은 어떻게 하는가?

◎ 핵심문제 01, 02, 07, 08

(1) **제곱근의 곱셈**: $a>0$, $b>0$이고 m, n이 유리수일 때

① $\sqrt{a}\times\sqrt{b}=\sqrt{a}\sqrt{b}=\sqrt{ab}$ ← 근호 안의 수끼리 곱한다.

② $m\sqrt{a}\times n\sqrt{b}=mn\sqrt{ab}$ ← 근호 밖의 수끼리, 근호 안의 수끼리 곱한다.

예 ① $\sqrt{3}\times\sqrt{5}=\sqrt{3}\sqrt{5}=\sqrt{3\times5}=\sqrt{15}$　　② $3\sqrt{2}\times4\sqrt{5}=(3\times4)\times\sqrt{2\times5}=12\sqrt{10}$

(2) **제곱근의 나눗셈**: $a>0$, $b>0$이고 m, n이 유리수일 때

① $\sqrt{a}\div\sqrt{b}=\dfrac{\sqrt{a}}{\sqrt{b}}=\sqrt{\dfrac{a}{b}}$ ← 근호 안의 수끼리 나눈다.

② $m\sqrt{a}\div n\sqrt{b}=\dfrac{m}{n}\sqrt{\dfrac{a}{b}}$ (단, $n\neq0$) ← 근호 밖의 수끼리, 근호 안의 수끼리 나눈다.

예 ① $\sqrt{6}\div\sqrt{3}=\dfrac{\sqrt{6}}{\sqrt{3}}=\sqrt{\dfrac{6}{3}}=\sqrt{2}$　　② $4\sqrt{2}\div5\sqrt{3}=\dfrac{4}{5}\sqrt{\dfrac{2}{3}}$

2 근호가 있는 식의 변형은 어떻게 하는가?

◎ 핵심문제 03~08

(1) 근호 안의 제곱인 인수는 근호 밖으로 꺼낼 수 있다.

$a>0$, $b>0$일 때,　$\sqrt{a^2b}=a\sqrt{b}$, $\sqrt{\dfrac{b}{a^2}}=\dfrac{\sqrt{b}}{a}$

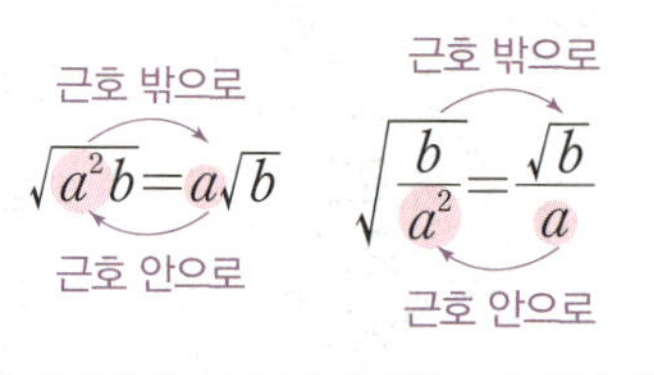

▶ $a\sqrt{b}$의 꼴로 나타낼 때, 근호 안의 수는 가장 작은 자연수가 되도록 한다.

(2) 근호 밖의 양수는 제곱하여 근호 안으로 넣을 수 있다.

$a>0$, $b>0$일 때,　$a\sqrt{b}=\sqrt{a^2b}$, $\dfrac{\sqrt{b}}{a}=\sqrt{\dfrac{b}{a^2}}$

주의 근호 밖의 수를 근호 안으로 넣을 때에는 반드시 양수만 제곱하여 넣어야 한다.

$-3\sqrt{2}=\sqrt{(-3)^2\times2}=\sqrt{18}$ (×),　$-3\sqrt{2}=-\sqrt{3^2\times2}=-\sqrt{18}$ (○)

3 분모의 유리화는 어떻게 하는가?

◎ 핵심문제 06~08

(1) **분모의 유리화**: 분모가 근호를 포함한 무리수일 때, 분모와 분자에 0이 아닌 같은 수를 곱하여 분모를 유리수로 고치는 것

(2) **분모를 유리화하는 방법**

① $\dfrac{b}{\sqrt{a}}=\dfrac{b\times\sqrt{a}}{\sqrt{a}\times\sqrt{a}}=\dfrac{b\sqrt{a}}{a}$ (단, $a>0$)　　② $\dfrac{\sqrt{b}}{\sqrt{a}}=\dfrac{\sqrt{b}\times\sqrt{a}}{\sqrt{a}\times\sqrt{a}}=\dfrac{\sqrt{ab}}{a}$ (단, $a>0$, $b>0$)

보충 학습 **제곱근표에 없는 수의 제곱근의 값**

제곱근표에 없는 수의 제곱근의 값은 $\sqrt{a^2b}=a\sqrt{b}$임을 이용하여 제곱근표에 있는 수로 바꾸어 구한다.

(1) 근호 안의 수가 100보다 클 때 ➡ $\sqrt{100a}=10\sqrt{a}$, $\sqrt{10000a}=100\sqrt{a}$, …임을 이용한다.

(2) 근호 안의 수가 0과 1 사이일 때 ➡ $\sqrt{\dfrac{a}{100}}=\dfrac{\sqrt{a}}{10}$, $\sqrt{\dfrac{a}{10000}}=\dfrac{\sqrt{a}}{100}$, …임을 이용한다.

01 다음을 계산하시오.

(1) $\sqrt{3}\sqrt{7}$

(2) $\sqrt{2}\sqrt{5}\sqrt{7}$

(3) $-\sqrt{\dfrac{10}{9}}\times\sqrt{\dfrac{9}{5}}$

(4) $3\sqrt{2}\times 5\sqrt{3}$

◈ $a>0$, $b>0$이고 m, n이 유리수일 때
① $\sqrt{a}\times\sqrt{b}=\sqrt{ab}$
② $m\sqrt{a}\times n\sqrt{b}=\boxed{}$

02 다음을 계산하시오.

(1) $\dfrac{\sqrt{30}}{\sqrt{6}}$

(2) $2\sqrt{42}\div\sqrt{7}$

(3) $24\sqrt{10}\div 6\sqrt{2}$

(4) $\dfrac{\sqrt{15}}{\sqrt{2}}\div\dfrac{\sqrt{5}}{\sqrt{2}}$

◈ $a>0$, $b>0$이고 m, n이 유리수일 때
① $\sqrt{a}\div\sqrt{b}=\sqrt{\dfrac{a}{b}}$
② $m\sqrt{a}\div n\sqrt{b}=\boxed{}$
(단, $n\neq 0$)

03 다음 수를 $a\sqrt{b}$의 꼴로 나타내시오. (단, a는 유리수이고 b는 가장 작은 자연수이다.)

(1) $\sqrt{28}$

(2) $\sqrt{45}$

(3) $\sqrt{54}$

(4) $-\sqrt{98}$

(5) $\sqrt{\dfrac{7}{36}}$

(6) $-\sqrt{0.11}$

◈ $a>0$, $b>0$일 때
① $\sqrt{a^2 b}=a\sqrt{b}$
② $\sqrt{\dfrac{b}{a^2}}=\boxed{}$

04 다음 수를 $\sqrt{a}$ 또는 $-\sqrt{a}$의 꼴로 나타내시오.

(1) $3\sqrt{7}$

(2) $-4\sqrt{3}$

(3) $2\sqrt{\dfrac{2}{3}}$

(4) $\dfrac{\sqrt{2}}{5}$

◈ $a>0$, $b>0$일 때
① $a\sqrt{b}=\sqrt{a^2 b}$
② $\dfrac{\sqrt{b}}{a}=\boxed{}$

05 다음 수의 분모를 유리화하시오.

(1) $\dfrac{2}{\sqrt{3}}$

(2) $\dfrac{\sqrt{5}}{\sqrt{2}}$

(3) $-\dfrac{5}{\sqrt{15}}$

(4) $\dfrac{9}{2\sqrt{6}}$

◈ ① $\dfrac{b}{\sqrt{a}}=\dfrac{b\sqrt{a}}{a}$ (단, $a>0$)
② $\dfrac{\sqrt{b}}{\sqrt{a}}=\dfrac{\boxed{}}{a}$
(단, $a>0$, $b>0$)

01 제곱근의 곱셈

● 더 다양한 문제는 RPM 3–1 40쪽

다음을 계산하시오.

(1) $4\sqrt{7} \times 5\sqrt{5}$

(2) $(-3\sqrt{2}) \times 2\sqrt{3} \times \left(-\sqrt{\dfrac{5}{3}}\right)$

KEY POINT

$a>0$, $b>0$이고 m, n이 유리수일 때
① $\sqrt{a} \times \sqrt{b} = \sqrt{ab}$
② $m\sqrt{a} \times n\sqrt{b} = mn\sqrt{ab}$

풀이 (1) (주어진 식) $= (4 \times 5) \times \sqrt{7 \times 5} = 20\sqrt{35}$

(2) (주어진 식) $= \{(-3) \times 2 \times (-1)\} \times \sqrt{2 \times 3 \times \dfrac{5}{3}} = 6\sqrt{10}$

답 (1) $20\sqrt{35}$ (2) $6\sqrt{10}$

확인 1 다음 중 옳지 <u>않은</u> 것은?

① $\sqrt{3} \times \sqrt{12} = 6$

② $2\sqrt{2} \times \sqrt{11} = 2\sqrt{22}$

③ $\sqrt{\dfrac{7}{2}} \times \left(-\sqrt{\dfrac{6}{7}}\right) = -\sqrt{3}$

④ $5\sqrt{6} \times 2\sqrt{\dfrac{2}{3}} = 10\sqrt{2}$

⑤ $(-\sqrt{10}) \times 3\sqrt{3} \times \sqrt{\dfrac{1}{6}} = -3\sqrt{5}$

02 제곱근의 나눗셈

● 더 다양한 문제는 RPM 3–1 40쪽

다음을 계산하시오.

(1) $10\sqrt{21} \div 5\sqrt{7}$

(2) $(-\sqrt{30}) \div \dfrac{\sqrt{5}}{3} \div \sqrt{\dfrac{6}{5}}$

KEY POINT

· $a>0$, $b>0$이고 m, n이 유리수일 때
① $\sqrt{a} \div \sqrt{b} = \sqrt{\dfrac{a}{b}}$
② $m\sqrt{a} \div n\sqrt{b} = \dfrac{m}{n}\sqrt{\dfrac{a}{b}}$

(단, $n \neq 0$)

· 분수의 나눗셈은 역수의 곱셈으로 고쳐서 계산한다.

풀이 (1) (주어진 식) $= \dfrac{10\sqrt{21}}{5\sqrt{7}} = 2\sqrt{\dfrac{21}{7}} = 2\sqrt{3}$

(2) (주어진 식) $= (-\sqrt{30}) \times \dfrac{3}{\sqrt{5}} \times \dfrac{\sqrt{5}}{\sqrt{6}} = -3\sqrt{30 \times \dfrac{1}{5} \times \dfrac{5}{6}} = -3\sqrt{5}$

답 (1) $2\sqrt{3}$ (2) $-3\sqrt{5}$

확인 2 다음 **보기** 중 옳은 것을 모두 고르시오.

보기

ㄱ. $24\sqrt{40} \div 6\sqrt{8} = 4\sqrt{5}$

ㄴ. $\dfrac{\sqrt{15}}{\sqrt{6}} \div \dfrac{\sqrt{5}}{\sqrt{18}} = \sqrt{3}$

ㄷ. $2\sqrt{7} \div \left(-\sqrt{\dfrac{5}{2}}\right) \div \left(-\dfrac{1}{\sqrt{15}}\right) = 2\sqrt{42}$

03 근호가 있는 식의 변형

● 더 다양한 문제는 RPM 3−1 41쪽

다음 중 옳지 <u>않은</u> 것은?

① $\sqrt{75}=5\sqrt{3}$ 　　② $-\sqrt{90}=-3\sqrt{10}$ 　　③ $\sqrt{0.02}=\dfrac{\sqrt{2}}{5}$

④ $2\sqrt{11}=\sqrt{44}$ 　　⑤ $-\dfrac{\sqrt{5}}{4}=-\sqrt{\dfrac{5}{16}}$

풀이

① $\sqrt{75}=\sqrt{5^2\times 3}=5\sqrt{3}$ 　　② $-\sqrt{90}=-\sqrt{3^2\times 10}=-3\sqrt{10}$

③ $\sqrt{0.02}=\sqrt{\dfrac{2}{100}}=\sqrt{\dfrac{2}{10^2}}=\dfrac{\sqrt{2}}{10}$ 　　④ $2\sqrt{11}=\sqrt{2^2\times 11}=\sqrt{44}$

⑤ $-\dfrac{\sqrt{5}}{4}=-\sqrt{\dfrac{5}{4^2}}=-\sqrt{\dfrac{5}{16}}$

따라서 옳지 않은 것은 ③이다.

답 ③

확인 3 $\sqrt{72}=a\sqrt{2}$, $\dfrac{\sqrt{3}}{3}=\sqrt{b}$일 때, 유리수 a, b에 대하여 ab의 값을 구하시오.

KEY POINT

• 근호 안의 제곱인 인수는 근호 밖으로 꺼낼 수 있다.

$a>0$, $b>0$일 때

① $\sqrt{a^2b}=a\sqrt{b}$

② $\sqrt{\dfrac{b}{a^2}}=\dfrac{\sqrt{b}}{a}$

• 근호 밖의 양수는 제곱하여 근호 안으로 넣을 수 있다.

$a>0$, $b>0$일 때

① $a\sqrt{b}=\sqrt{a^2b}$

② $\dfrac{\sqrt{b}}{a}=\sqrt{\dfrac{b}{a^2}}$

I-2 식의 계산 근호를 포함한

---

04 제곱근표에 없는 수의 제곱근의 값 구하기

● 더 다양한 문제는 RPM 3−1 42쪽

$\sqrt{1.2}=1.095$, $\sqrt{12}=3.464$일 때, 다음 **보기** 중 옳은 것을 모두 고르시오.

보기

ㄱ. $\sqrt{1200}=346.4$ 　　ㄴ. $\sqrt{12000}=109.5$

ㄷ. $\sqrt{0.12}=0.3464$ 　　ㄹ. $\sqrt{0.012}=0.01095$

풀이

ㄱ. $\sqrt{1200}=\sqrt{12\times 100}=10\sqrt{12}=10\times 3.464=34.64$

ㄴ. $\sqrt{12000}=\sqrt{1.2\times 10000}=100\sqrt{1.2}=100\times 1.095=109.5$

ㄷ. $\sqrt{0.12}=\sqrt{\dfrac{12}{100}}=\dfrac{\sqrt{12}}{10}=\dfrac{3.464}{10}=0.3464$

ㄹ. $\sqrt{0.012}=\sqrt{\dfrac{1.2}{100}}=\dfrac{\sqrt{1.2}}{10}=\dfrac{1.095}{10}=0.1095$

이상에서 옳은 것은 ㄴ, ㄷ이다.

답 ㄴ, ㄷ

확인 4 $\sqrt{6.23}=2.496$, $\sqrt{62.3}=7.893$일 때, 다음 중 옳지 <u>않은</u> 것은?

① $\sqrt{623}=24.96$ 　　② $\sqrt{6230}=78.93$

③ $\sqrt{0.0623}=0.2496$ 　　④ $\sqrt{0.00623}=0.07893$

⑤ $\sqrt{62300}=789.3$

KEY POINT

$\sqrt{a^2b}=a\sqrt{b}$ 또는 $\sqrt{\dfrac{b}{a^2}}=\dfrac{\sqrt{b}}{a}$임을 이용하여 근호 안의 수를 제곱근표에서 구할 수 있는 수로 바꾼다.

KEY POINT

05 제곱근을 문자를 사용하여 나타내기

● 더 다양한 문제는 RPM 3–1 42쪽

$\sqrt{3}=a$, $\sqrt{7}=b$일 때, $\sqrt{252}$를 a, b를 사용하여 나타내면?

① ab ② $2ab$ ③ a^2b

④ $2a^2b$ ⑤ $2ab^2$

KEY POINT
❶ 근호 안의 수를 소인수분해 한다.
❷ 제곱인 인수는 근호 밖으로 꺼내고, 나머지 인수는 근호를 분리한다.
❸ 주어진 문자를 사용하여 나타낸다.

풀이 $\sqrt{252}=\sqrt{2^2\times 3^2\times 7}=2\times(\sqrt{3})^2\times\sqrt{7}=2a^2b$ **답** ④

확인 5 $\sqrt{5}=a$, $\sqrt{7}=b$일 때, $\sqrt{315}$를 a, b를 사용하여 나타내면?

① ab ② $3ab$ ③ $5ab$

④ $3a^2b$ ⑤ $5ab^2$

06 분모의 유리화

● 더 다양한 문제는 RPM 3–1 43쪽

다음 수의 분모를 유리화하시오.

(1) $\dfrac{\sqrt{2}}{\sqrt{7}}$

(2) $-\dfrac{4}{3\sqrt{10}}$

(3) $\dfrac{2\sqrt{3}}{\sqrt{5}}$

(4) $\dfrac{2\sqrt{5}}{\sqrt{18}}$

KEY POINT
· $a>0$, $b>0$일 때
① $\dfrac{b}{\sqrt{a}}=\dfrac{b\times\sqrt{a}}{\sqrt{a}\times\sqrt{a}}=\dfrac{b\sqrt{a}}{a}$
② $\dfrac{\sqrt{b}}{\sqrt{a}}=\dfrac{\sqrt{b}\times\sqrt{a}}{\sqrt{a}\times\sqrt{a}}=\dfrac{\sqrt{ab}}{a}$

· 분모의 근호 안에 제곱인 인수가 있으면 제곱인 인수를 근호 밖으로 꺼내어 근호 안을 가장 작은 자연수로 만든 후 분모를 유리화한다.

풀이

(1) $\dfrac{\sqrt{2}}{\sqrt{7}}=\dfrac{\sqrt{2}\times\sqrt{7}}{\sqrt{7}\times\sqrt{7}}=\dfrac{\sqrt{14}}{7}$

(2) $-\dfrac{4}{3\sqrt{10}}=-\dfrac{4\times\sqrt{10}}{3\sqrt{10}\times\sqrt{10}}=-\dfrac{4\sqrt{10}}{30}=-\dfrac{2\sqrt{10}}{15}$

(3) $\dfrac{2\sqrt{3}}{\sqrt{5}}=\dfrac{2\sqrt{3}\times\sqrt{5}}{\sqrt{5}\times\sqrt{5}}=\dfrac{2\sqrt{15}}{5}$

(4) $\dfrac{2\sqrt{5}}{\sqrt{18}}=\dfrac{2\sqrt{5}}{3\sqrt{2}}=\dfrac{2\sqrt{5}\times\sqrt{2}}{3\sqrt{2}\times\sqrt{2}}=\dfrac{2\sqrt{10}}{6}=\dfrac{\sqrt{10}}{3}$

답 (1) $\dfrac{\sqrt{14}}{7}$ (2) $-\dfrac{2\sqrt{10}}{15}$ (3) $\dfrac{2\sqrt{15}}{5}$ (4) $\dfrac{\sqrt{10}}{3}$

확인 6 다음 중 분모를 유리화한 것으로 옳은 것을 모두 고르면? (정답 2개)

① $\dfrac{1}{\sqrt{7}}=\dfrac{\sqrt{7}}{7}$ ② $\dfrac{10}{\sqrt{5}}=3\sqrt{5}$ ③ $\dfrac{11}{2\sqrt{11}}=\dfrac{\sqrt{11}}{4}$

④ $\dfrac{\sqrt{2}}{4\sqrt{3}}=\dfrac{\sqrt{6}}{4}$ ⑤ $\dfrac{6\sqrt{3}}{\sqrt{8}}=\dfrac{3\sqrt{6}}{2}$

▶ 정답 및 풀이 12쪽

07 제곱근의 곱셈과 나눗셈의 혼합 계산

● 더 다양한 문제는 RPM 3-1 43쪽

다음을 계산하시오.

(1) $\sqrt{15} \times 8\sqrt{5} \div 2\sqrt{3}$

(2) $4\sqrt{5} \div 2\sqrt{18} \times 3\sqrt{6}$

(3) $\sqrt{\dfrac{3}{4}} \times \dfrac{\sqrt{10}}{\sqrt{2}} \div \dfrac{\sqrt{5}}{3}$

(4) $\dfrac{3\sqrt{3}}{\sqrt{2}} \div \left(-\dfrac{\sqrt{6}}{\sqrt{5}}\right) \times \dfrac{8}{\sqrt{45}}$

❶ 근호 안에 제곱인 인수가 있으면 제곱인 인수를 근호 밖으로 꺼낸다.
❷ 나눗셈은 역수의 곱셈으로 바꾼 후 앞에서부터 순서대로 계산한다.
❸ 계산 결과의 분모에 근호를 포함한 무리수가 있으면 분모를 유리화한다.

풀이

(1) (주어진 식) $= \sqrt{15} \times 8\sqrt{5} \times \dfrac{1}{2\sqrt{3}} = 4\sqrt{15 \times 5 \times \dfrac{1}{3}} = 20$

(2) (주어진 식) $= 4\sqrt{5} \times \dfrac{1}{6\sqrt{2}} \times 3\sqrt{6} = 2\sqrt{5 \times \dfrac{1}{2} \times 6} = 2\sqrt{15}$

(3) (주어진 식) $= \dfrac{\sqrt{3}}{2} \times \dfrac{\sqrt{10}}{\sqrt{2}} \times \dfrac{3}{\sqrt{5}} = \dfrac{3}{2}\sqrt{3 \times \dfrac{10}{2} \times \dfrac{1}{5}} = \dfrac{3\sqrt{3}}{2}$

(4) (주어진 식) $= \dfrac{3\sqrt{3}}{\sqrt{2}} \times \left(-\dfrac{\sqrt{5}}{\sqrt{6}}\right) \times \dfrac{8}{3\sqrt{5}} = -8\sqrt{\dfrac{3}{2} \times \dfrac{5}{6} \times \dfrac{1}{5}} = -4$

답 (1) 20 (2) $2\sqrt{15}$ (3) $\dfrac{3\sqrt{3}}{2}$ (4) -4

확인 7 다음을 만족시키는 유리수 a, b에 대하여 $a+b$의 값을 구하시오.

$$2\sqrt{2} \div \sqrt{6} \times \sqrt{27} = a, \qquad \dfrac{4}{\sqrt{3}} \times \dfrac{\sqrt{15}}{\sqrt{8}} \div \dfrac{\sqrt{5}}{\sqrt{6}} = b\sqrt{3}$$

08 제곱근의 곱셈과 나눗셈의 도형에의 활용

● 더 다양한 문제는 RPM 3-1 44쪽

직육면체의 부피 구하는 공식을 이용하여 조건에 맞는 식을 세운다.

오른쪽 그림과 같이 밑면의 세로의 길이가 $\sqrt{18}$ cm, 높이가 $\sqrt{24}$ cm인 직육면체의 부피가 144 cm³일 때, 이 직육면체의 밑면의 가로의 길이를 구하시오.

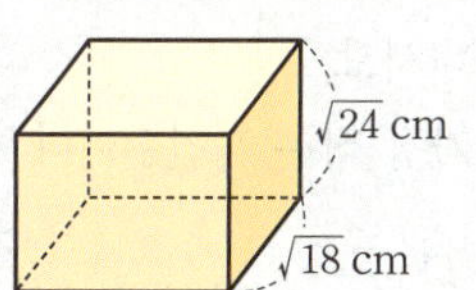

풀이 밑면의 가로의 길이를 x cm라 하면

$$x \times \sqrt{18} \times \sqrt{24} = 144, \qquad x \times 3\sqrt{2} \times 2\sqrt{6} = 144, \qquad 12\sqrt{3}\,x = 144$$

$$\therefore x = \dfrac{144}{12\sqrt{3}} = \dfrac{12}{\sqrt{3}} = \dfrac{12 \times \sqrt{3}}{\sqrt{3} \times \sqrt{3}} = 4\sqrt{3}$$

따라서 직육면체의 밑면의 가로의 길이는 $4\sqrt{3}$ cm이다.

답 $4\sqrt{3}$ cm

확인 8 오른쪽 그림과 같이 밑면의 반지름의 길이가 $\sqrt{27}$ cm인 원뿔의 부피가 $36\sqrt{15}\pi$ cm³일 때, 이 원뿔의 높이를 구하시오.

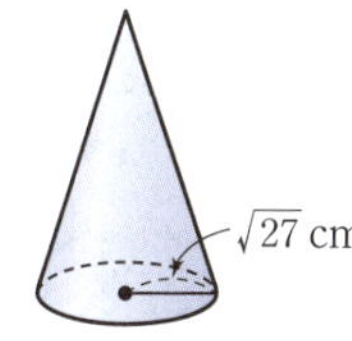

01 다음을 계산하시오.

(1) $\sqrt{5} \times \sqrt{11}$

(2) $4\sqrt{3} \times 3\sqrt{7}$

(3) $\sqrt{\dfrac{3}{7}} \times (-2\sqrt{14})$

(4) $(-5\sqrt{6}) \times (-3\sqrt{5}) \times \sqrt{\dfrac{7}{15}}$

02 다음을 계산하시오.

(1) $\sqrt{39} \div \sqrt{3}$

(2) $10\sqrt{30} \div 5\sqrt{10}$

(3) $\sqrt{28} \div \left(-\dfrac{\sqrt{7}}{2}\right)$

(4) $15\sqrt{6} \div \sqrt{\dfrac{3}{5}} \div \left(-\dfrac{3\sqrt{2}}{\sqrt{7}}\right)$

03 다음 수를 $a\sqrt{b}$의 꼴로 나타내시오.
  (단, a는 유리수이고 b는 가장 작은 자연수이다.)

(1) $\sqrt{44}$

(2) $\sqrt{125}$

(3) $-\sqrt{192}$

(4) $\sqrt{\dfrac{5}{64}}$

(5) $-\sqrt{\dfrac{21}{48}}$

(6) $\sqrt{0.18}$

04 다음 수를 $\sqrt{a}$ 또는 $-\sqrt{a}$의 꼴로 나타내시오.

(1) $2\sqrt{13}$

(2) $5\sqrt{6}$

(3) $-6\sqrt{3}$

(4) $\dfrac{\sqrt{3}}{5}$

(5) $-\dfrac{2\sqrt{5}}{3}$

(6) $3\sqrt{\dfrac{2}{7}}$

05 다음 수의 분모를 유리화하시오.

(1) $\dfrac{5}{\sqrt{7}}$

(2) $\dfrac{\sqrt{11}}{\sqrt{2}}$

(3) $\dfrac{3}{\sqrt{20}}$

(4) $\dfrac{6}{5\sqrt{12}}$

06 다음을 계산하시오.

(1) $\sqrt{72} \div \sqrt{20} \times \sqrt{10}$

(2) $\dfrac{4\sqrt{3}}{\sqrt{2}} \times \dfrac{2\sqrt{5}}{\sqrt{6}} \div \dfrac{\sqrt{30}}{\sqrt{27}}$

(3) $\dfrac{\sqrt{15}}{\sqrt{28}} \div \sqrt{\dfrac{3}{7}} \times (-3\sqrt{8})$

❯ 정답 및 풀이 14쪽

01 다음 중 옳은 것을 모두 고르면? (정답 2개)

① $\sqrt{6} \times \sqrt{18} = 6\sqrt{3}$

② $\sqrt{\dfrac{5}{3}} \times \sqrt{\dfrac{27}{5}} = 9$

③ $\sqrt{54} \div 2\sqrt{3} = 6\sqrt{2}$

④ $\sqrt{\dfrac{5}{2}} \div \sqrt{\dfrac{10}{3}} = \dfrac{\sqrt{3}}{2}$

⑤ $\dfrac{\sqrt{20}}{\sqrt{3}} \div \dfrac{\sqrt{2}}{3\sqrt{15}} = 12\sqrt{2}$

02 $\sqrt{100+k} = 4\sqrt{7}$일 때, 유리수 k의 값을 구하시오.

근호 밖의 양수는 제곱하여 근호 안으로 넣을 수 있다.

03 $\sqrt{0.5} = a$, $\sqrt{5} = b$일 때, 다음 중 옳지 <u>않은</u> 것은?

① $\sqrt{50} = 10a$

② $\sqrt{0.005} = \dfrac{a}{10}$

③ $\sqrt{500} = 10b$

④ $\sqrt{0.05} = \dfrac{b}{10}$

⑤ $\sqrt{0.00005} = \dfrac{b}{100}$

주어진 문자를 사용하여 나타낼 수 있도록 근호 안의 수를 변형한다.

04 $\dfrac{2\sqrt{5}}{\sqrt{3}} = a\sqrt{15}$, $\dfrac{20}{\sqrt{45}} = b\sqrt{5}$일 때, 유리수 a, b에 대하여 $a+b$의 값을 구하시오.

05 $\dfrac{32}{\sqrt{8}} \div \dfrac{\sqrt{7}}{\sqrt{24}} \times \left(-\dfrac{\sqrt{14}}{4}\right) = k\sqrt{6}$을 만족시키는 유리수 k의 값을 구하시오.

06 오른쪽 그림과 같은 삼각형과 직사각형의 넓이가 같을 때, 직사각형의 가로의 길이를 구하시오.

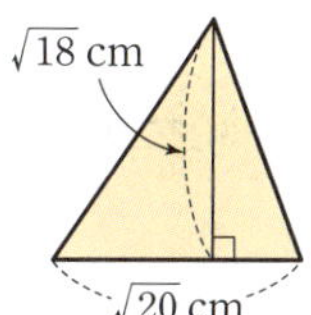

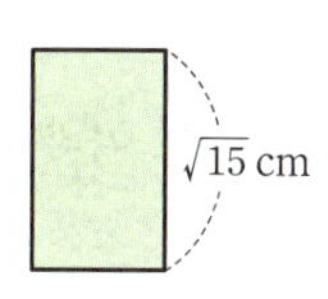

삼각형과 직사각형의 넓이가 같음을 이용하여 식을 세운다.

02 제곱근의 덧셈과 뺄셈

개념원리 이해

1 제곱근의 덧셈과 뺄셈은 어떻게 하는가?

◐ 핵심문제 01, 02, 08

제곱근의 덧셈과 뺄셈은 근호 안의 수가 같은 것끼리 모아서 계산한다.

m, n이 유리수이고 $a>0$일 때

(1) $m\sqrt{a}+n\sqrt{a}=(m+n)\sqrt{a}$

(2) $m\sqrt{a}-n\sqrt{a}=(m-n)\sqrt{a}$

$$mx + nx = (m+n)x$$
$$\vdots \qquad \vdots \qquad \vdots$$
$$m\sqrt{a}+n\sqrt{a}=(m+n)\sqrt{a}$$

예 (1) $3\sqrt{2}+5\sqrt{2}=(3+5)\sqrt{2}=8\sqrt{2}$

  (2) $7\sqrt{2}-3\sqrt{2}=(7-3)\sqrt{2}=4\sqrt{2}$

주의 $\sqrt{a}+\sqrt{b}=\sqrt{a+b}$, $\sqrt{a}-\sqrt{b}=\sqrt{a-b}$와 같이 계산하지 않도록 주의한다.

참고 ① $\sqrt{a^2 b}$의 꼴이 포함된 경우는 $a\sqrt{b}$의 꼴로 근호 안을 가장 작은 자연수로 만든 후 계산한다.

  예 $\sqrt{20}+\sqrt{45}=2\sqrt{5}+3\sqrt{5}=(2+3)\sqrt{5}=5\sqrt{5}$

  ② $\sqrt{2}+\sqrt{5}$와 같이 근호 안의 수가 다르면 더 이상 간단히 할 수 없다.

2 분배법칙을 이용한 근호를 포함한 식의 계산은 어떻게 하는가?

◐ 핵심문제 03~07

(1) **분배법칙을 이용한 식의 계산**

  $a>0$, $b>0$, $c>0$일 때

  ① $\sqrt{a}(\sqrt{b}\pm\sqrt{c})=\sqrt{a}\sqrt{b}\pm\sqrt{a}\sqrt{c}=\sqrt{ab}\pm\sqrt{ac}$ (복호동순)

  ② $(\sqrt{a}\pm\sqrt{b})\sqrt{c}=\sqrt{a}\sqrt{c}\pm\sqrt{b}\sqrt{c}=\sqrt{ac}\pm\sqrt{bc}$ (복호동순)

  ▶ 분배법칙: $A(B+C)=AB+AC$, $(A+B)C=AC+BC$

  예 $\sqrt{2}(\sqrt{3}+\sqrt{5})=\sqrt{2}\sqrt{3}+\sqrt{2}\sqrt{5}=\sqrt{6}+\sqrt{10}$

(2) **분배법칙을 이용한 분모의 유리화**

  $a>0$, $b>0$, $c>0$일 때

$$\frac{\sqrt{a}+\sqrt{b}}{\sqrt{c}}=\frac{(\sqrt{a}+\sqrt{b})\times\sqrt{c}}{\sqrt{c}\times\sqrt{c}}=\frac{\sqrt{ac}+\sqrt{bc}}{c}$$

  예 $\dfrac{\sqrt{3}+\sqrt{7}}{\sqrt{2}}=\dfrac{(\sqrt{3}+\sqrt{7})\times\sqrt{2}}{\sqrt{2}\times\sqrt{2}}=\dfrac{\sqrt{6}+\sqrt{14}}{2}$

3 근호를 포함한 식의 혼합 계산은 어떻게 하는가?

◐ 핵심문제 05, 06

❶ 괄호가 있으면 분배법칙을 이용하여 괄호를 푼다.

❷ $\sqrt{a^2 b}$의 꼴이 있으면 $a\sqrt{b}$의 꼴로 고친다.

❸ 분모에 근호를 포함한 무리수가 있으면 분모를 유리화한다.

❹ 곱셈, 나눗셈을 먼저 한 후 덧셈, 뺄셈을 한다.

01 다음을 계산하시오.

(1) $8\sqrt{2}+3\sqrt{2}$

(2) $7\sqrt{5}-9\sqrt{5}$

(3) $2\sqrt{3}-7\sqrt{3}+4\sqrt{3}$

(4) $\sqrt{7}+2\sqrt{10}+5\sqrt{7}-6\sqrt{10}$

◈ m, n이 유리수이고 $a>0$일 때
① $m\sqrt{a}+n\sqrt{a}=(m+n)\sqrt{a}$
② $m\sqrt{a}-n\sqrt{a}=(\boxed{})\sqrt{a}$

02 다음을 계산하시오.

(1) $\sqrt{28}+\sqrt{63}$

(2) $\sqrt{12}-\sqrt{75}$

(3) $\sqrt{45}+\sqrt{20}-\sqrt{80}$

(4) $\sqrt{24}-\sqrt{32}-\sqrt{54}+\sqrt{72}$

03 다음을 계산하시오.

(1) $\sqrt{5}(\sqrt{2}+\sqrt{3})$

(2) $\sqrt{2}(\sqrt{10}-\sqrt{2})$

(3) $(\sqrt{6}+3\sqrt{2})\sqrt{3}$

(4) $(\sqrt{35}-\sqrt{21})\div\sqrt{7}$

◈ $a>0$, $b>0$, $c>0$일 때
① $\sqrt{a}(\sqrt{b}+\sqrt{c})=\sqrt{ab}+\sqrt{ac}$
② $(\sqrt{a}+\sqrt{b})\sqrt{c}=\boxed{}$

04 다음 수의 분모를 유리화하시오.

(1) $\dfrac{1+\sqrt{5}}{\sqrt{6}}$

(2) $\dfrac{\sqrt{5}-\sqrt{8}}{\sqrt{2}}$

(3) $\dfrac{\sqrt{3}+9\sqrt{2}}{2\sqrt{3}}$

(4) $\dfrac{\sqrt{10}-3}{\sqrt{45}}$

◈ $a>0$, $b>0$, $c>0$일 때
$$\dfrac{\sqrt{a}+\sqrt{b}}{\sqrt{c}}=\dfrac{\boxed{}}{c}$$

05 다음을 계산하시오.

(1) $\sqrt{3}(2-\sqrt{3})+\sqrt{15}\div\sqrt{5}$

(2) $\dfrac{\sqrt{10}+6}{\sqrt{2}}-\sqrt{3}\times\sqrt{6}$

I-2

식의 계산

근호를 포함한

01 제곱근의 덧셈과 뺄셈

● 더 다양한 문제는 **RPM** 3-1 45쪽

다음을 계산하시오.

$$(1)\ \frac{\sqrt{3}}{2}-\frac{3\sqrt{3}}{2}-5\sqrt{3} \qquad\qquad (2)\ 5\sqrt{5}-3\sqrt{7}+8\sqrt{5}-5\sqrt{7}$$

풀이 (1) (주어진 식)$=\left(\dfrac{1}{2}-\dfrac{3}{2}-5\right)\sqrt{3}=-6\sqrt{3}$

(2) (주어진 식)$=(5+8)\sqrt{5}+(-3-5)\sqrt{7}=13\sqrt{5}-8\sqrt{7}$

답 (1) $-6\sqrt{3}$ (2) $13\sqrt{5}-8\sqrt{7}$

확인 ① $\dfrac{\sqrt{2}}{3}+\dfrac{\sqrt{6}}{2}-\dfrac{\sqrt{2}}{2}+\dfrac{\sqrt{6}}{3}=a\sqrt{2}+b\sqrt{6}$일 때, 유리수 a, b에 대하여 $b-a$의 값을 구하시오.

02 $\sqrt{a^2b}=a\sqrt{b}$를 이용한 제곱근의 덧셈과 뺄셈

● 더 다양한 문제는 **RPM** 3-1 45, 46쪽

다음을 계산하시오.

$$(1)\ 2\sqrt{48}+2\sqrt{32}-3\sqrt{27}-4\sqrt{18} \qquad\qquad (2)\ \sqrt{45}-\sqrt{28}-\frac{\sqrt{10}}{\sqrt{2}}+\frac{7}{\sqrt{7}}$$

풀이 (1) (주어진 식)$=8\sqrt{3}+8\sqrt{2}-9\sqrt{3}-12\sqrt{2}$
$\qquad\qquad\qquad\quad =-\sqrt{3}-4\sqrt{2}$

(2) (주어진 식)$=3\sqrt{5}-2\sqrt{7}-\sqrt{5}+\sqrt{7}$
$\qquad\qquad\qquad\quad =2\sqrt{5}-\sqrt{7}$

답 (1) $-\sqrt{3}-4\sqrt{2}$ (2) $2\sqrt{5}-\sqrt{7}$

확인 ② $\sqrt{75}-\sqrt{90}+3\sqrt{40}-5\sqrt{12}=a\sqrt{3}+b\sqrt{10}$일 때, 유리수 a, b에 대하여 $a+b$의 값을 구하시오.

03 분배법칙을 이용한 근호를 포함한 식의 계산

● 더 다양한 문제는 RPM 3–1 47쪽

다음을 계산하시오.

(1) $\sqrt{24}-\sqrt{2}(3\sqrt{3}+\sqrt{2})$

(2) $\sqrt{3}(5-\sqrt{15})+\sqrt{5}(3-\sqrt{15})$

풀이

(1) (주어진 식)$=2\sqrt{6}-3\sqrt{6}-2=-\sqrt{6}-2$

(2) (주어진 식)$=5\sqrt{3}-3\sqrt{5}+3\sqrt{5}-5\sqrt{3}=0$

답 (1) $-\sqrt{6}-2$　(2) 0

확인 ③ 다음을 계산하시오.

(1) $\sqrt{3}(\sqrt{12}-\sqrt{30})+3\sqrt{10}$

(2) $\sqrt{2}(\sqrt{3}+\sqrt{6})-(1-\sqrt{18})\sqrt{6}$

> **KEY POINT**
>
> $a>0,\ b>0,\ c>0$일 때
> ① $\sqrt{a}(\sqrt{b}\pm\sqrt{c})=\sqrt{ab}\pm\sqrt{ac}$
> 　(복호동순)
> ② $(\sqrt{a}\pm\sqrt{b})\sqrt{c}=\sqrt{ac}\pm\sqrt{bc}$
> 　(복호동순)

---

04 분배법칙을 이용한 분모의 유리화

● 더 다양한 문제는 RPM 3–1 47쪽

다음을 계산하시오.

(1) $\dfrac{\sqrt{27}+\sqrt{5}}{\sqrt{3}}-\dfrac{5}{\sqrt{15}}$

(2) $\dfrac{2\sqrt{5}-\sqrt{10}}{\sqrt{2}}-\dfrac{5\sqrt{2}-\sqrt{10}}{\sqrt{5}}$

풀이

(1) (주어진 식)$=\dfrac{(3\sqrt{3}+\sqrt{5})\times\sqrt{3}}{\sqrt{3}\times\sqrt{3}}-\dfrac{5\times\sqrt{15}}{\sqrt{15}\times\sqrt{15}}$

$=\dfrac{9+\sqrt{15}}{3}-\dfrac{\sqrt{15}}{3}=3$

(2) (주어진 식)$=\dfrac{(2\sqrt{5}-\sqrt{10})\times\sqrt{2}}{\sqrt{2}\times\sqrt{2}}-\dfrac{(5\sqrt{2}-\sqrt{10})\times\sqrt{5}}{\sqrt{5}\times\sqrt{5}}$

$=\dfrac{2\sqrt{10}-2\sqrt{5}}{2}-\dfrac{5\sqrt{10}-5\sqrt{2}}{5}$

$=\sqrt{10}-\sqrt{5}-(\sqrt{10}-\sqrt{2})$

$=-\sqrt{5}+\sqrt{2}$

답 (1) 3　(2) $-\sqrt{5}+\sqrt{2}$

확인 ④ 다음을 계산하시오.

(1) $2\sqrt{5}-\dfrac{5-\sqrt{20}}{\sqrt{5}}$

(2) $\dfrac{3\sqrt{2}+\sqrt{15}}{\sqrt{3}}+\dfrac{2\sqrt{3}-\sqrt{10}}{\sqrt{2}}$

> **KEY POINT**
>
> $a>0,\ b>0,\ c>0$일 때
> $$\dfrac{\sqrt{a}+\sqrt{b}}{\sqrt{c}}=\dfrac{(\sqrt{a}+\sqrt{b})\times\sqrt{c}}{\sqrt{c}\times\sqrt{c}}$$
> $$=\dfrac{\sqrt{ac}+\sqrt{bc}}{c}$$

05 근호를 포함한 식의 혼합 계산

● 더 다양한 문제는 RPM 3-1 48쪽

다음을 계산하시오.

$$(1)\ \sqrt{2}(\sqrt{6}+\sqrt{5})-9\div\frac{\sqrt{3}}{3}$$

$$(2)\ 2\sqrt{3}(\sqrt{3}-\sqrt{2})+\frac{\sqrt{8}-2\sqrt{3}}{\sqrt{2}}$$

풀이

$$(1)\ (주어진\ 식)=2\sqrt{3}+\sqrt{10}-9\times\frac{3}{\sqrt{3}}$$
$$=2\sqrt{3}+\sqrt{10}-9\sqrt{3}$$
$$=-7\sqrt{3}+\sqrt{10}$$

$$(2)\ (주어진\ 식)=6-2\sqrt{6}+\frac{(2\sqrt{2}-2\sqrt{3})\times\sqrt{2}}{\sqrt{2}\times\sqrt{2}}$$
$$=6-2\sqrt{6}+\frac{4-2\sqrt{6}}{2}$$
$$=6-2\sqrt{6}+2-\sqrt{6}$$
$$=8-3\sqrt{6}$$

답 $(1)\ -7\sqrt{3}+\sqrt{10}$ $(2)\ 8-3\sqrt{6}$

확인 5 다음을 계산하시오.

$$(1)\ \sqrt{7}(1+\sqrt{7})+\frac{14}{\sqrt{7}}-\sqrt{63}$$

$$(2)\ (10-2\sqrt{5})\div\sqrt{5}-\sqrt{2}(\sqrt{10}-3)$$

06 제곱근의 계산 결과가 유리수가 될 조건

● 더 다양한 문제는 RPM 3-1 48쪽

$\sqrt{10}(2\sqrt{10}+5)-a(4+\sqrt{10})$을 계산한 결과가 유리수가 되도록 하는 유리수 a의 값을 구하시오.

풀이

$$(주어진\ 식)=20+5\sqrt{10}-4a-a\sqrt{10}=(20-4a)+(5-a)\sqrt{10}$$

유리수가 되려면

$$5-a=0 \qquad \therefore a=5$$

답 5

확인 6 다음 식을 계산한 결과가 유리수가 되도록 하는 유리수 a의 값을 구하시오.

$$\sqrt{24}\left(\frac{1}{\sqrt{3}}-\sqrt{6}\right)-\frac{a}{\sqrt{2}}(\sqrt{32}-2)$$

▶ 정답 및 풀이 15쪽

07 제곱근의 덧셈과 뺄셈의 도형에의 활용

● 더 다양한 문제는 RPM 3–1 49쪽

오른쪽 그림과 같은 사다리꼴의 넓이를 구하시오.

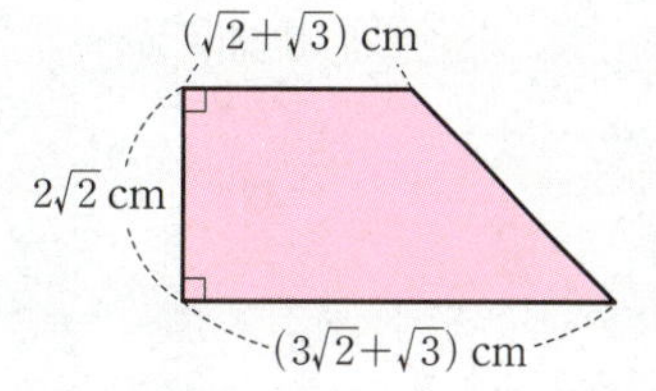

| KEY POINT |

(사다리꼴의 넓이)
$$=\frac{1}{2}\times\{(윗변의 길이)+(아랫변의 길이)\}\times(높이)$$

풀이 (사다리꼴의 넓이)
$$=\frac{1}{2}\times\{(\sqrt{2}+\sqrt{3})+(3\sqrt{2}+\sqrt{3})\}\times 2\sqrt{2}$$
$$=\frac{1}{2}\times(4\sqrt{2}+2\sqrt{3})\times 2\sqrt{2}$$
$$=8+2\sqrt{6}\,(\text{cm}^2)$$

답 $(8+2\sqrt{6})\,\text{cm}^2$

확인 7 오른쪽 그림과 같은 직육면체의 겉넓이를 구하시오.

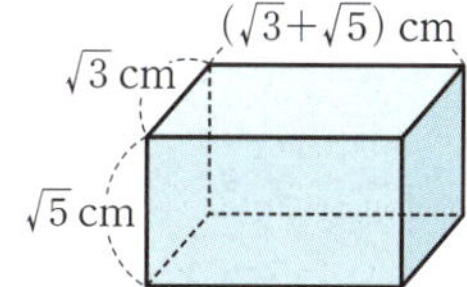

08 실수의 대소 관계

● 더 다양한 문제는 RPM 3–1 50쪽

다음 중 두 실수의 대소 관계가 옳은 것은?

① $\sqrt{6}>5-\sqrt{6}$ ② $3\sqrt{2}<\sqrt{5}+\sqrt{2}$ ③ $3+\sqrt{3}>7-\sqrt{3}$
④ $1+\sqrt{28}>4+\sqrt{7}$ ⑤ $5\sqrt{2}-1<5+\sqrt{2}$

| KEY POINT |

두 실수 a, b에 대하여
① $a-b>0$이면 $a>b$
② $a-b=0$이면 $a=b$
③ $a-b<0$이면 $a<b$

풀이 ① $\sqrt{6}-(5-\sqrt{6})=2\sqrt{6}-5=\sqrt{24}-\sqrt{25}<0$
$$\therefore \sqrt{6}<5-\sqrt{6}$$
② $3\sqrt{2}-(\sqrt{5}+\sqrt{2})=2\sqrt{2}-\sqrt{5}=\sqrt{8}-\sqrt{5}>0$
$$\therefore 3\sqrt{2}>\sqrt{5}+\sqrt{2}$$
③ $(3+\sqrt{3})-(7-\sqrt{3})=2\sqrt{3}-4=\sqrt{12}-\sqrt{16}<0$
$$\therefore 3+\sqrt{3}<7-\sqrt{3}$$
④ $(1+\sqrt{28})-(4+\sqrt{7})=1+2\sqrt{7}-4-\sqrt{7}=\sqrt{7}-3=\sqrt{7}-\sqrt{9}<0$
$$\therefore 1+\sqrt{28}<4+\sqrt{7}$$
⑤ $(5\sqrt{2}-1)-(5+\sqrt{2})=4\sqrt{2}-6=\sqrt{32}-\sqrt{36}<0$
$$\therefore 5\sqrt{2}-1<5+\sqrt{2}$$
따라서 옳은 것은 ⑤이다.

답 ⑤

확인 8 다음 중 두 실수의 대소 관계가 옳지 <u>않은</u> 것은?

① $2\sqrt{5}>\sqrt{5}+2$ ② $\sqrt{7}-5>-\sqrt{7}$ ③ $\sqrt{2}-1<2-\sqrt{2}$
④ $1+\sqrt{12}>3+\sqrt{3}$ ⑤ $\sqrt{24}-\sqrt{18}<\sqrt{6}-\sqrt{2}$

01 다음을 계산하시오.

(1) $3\sqrt{2}+\sqrt{2}-2\sqrt{2}$

(2) $2\sqrt{5}-7\sqrt{5}+\sqrt{5}$

(3) $-\sqrt{3}+5\sqrt{7}-4\sqrt{3}+2\sqrt{7}$

(4) $\dfrac{\sqrt{6}}{2}-\dfrac{\sqrt{10}}{3}+\dfrac{5\sqrt{6}}{2}-\dfrac{2\sqrt{10}}{3}$

02 다음을 계산하시오.

(1) $4\sqrt{3}-\sqrt{12}+\sqrt{27}$

(2) $\dfrac{\sqrt{50}}{5}+\sqrt{8}-\sqrt{72}$

(3) $\sqrt{98}-2\sqrt{24}-3\sqrt{18}+\sqrt{54}$

(4) $\sqrt{20}+3\sqrt{10}-\sqrt{45}+\dfrac{\sqrt{40}}{2}$

03 다음을 계산하시오.

(1) $7\sqrt{2}-\sqrt{32}+\dfrac{4}{\sqrt{2}}$

(2) $-\sqrt{80}-\dfrac{15}{\sqrt{5}}+6\sqrt{5}$

(3) $\dfrac{3}{\sqrt{2}}+\dfrac{1}{\sqrt{3}}-\dfrac{\sqrt{2}}{2}+\dfrac{2\sqrt{3}}{3}$

04 다음을 계산하시오.

(1) $\sqrt{5}(\sqrt{10}-2\sqrt{2})$

(2) $(5-2\sqrt{3})\sqrt{3}$

(3) $\sqrt{125}-\sqrt{5}(3+\sqrt{20})-2\sqrt{5}$

(4) $\sqrt{2}(\sqrt{6}+\sqrt{3})-\sqrt{3}(4-\sqrt{2})$

05 다음을 계산하시오.

(1) $\dfrac{\sqrt{2}+\sqrt{5}}{\sqrt{7}}$

(2) $\dfrac{\sqrt{3}-3}{\sqrt{24}}$

(3) $\sqrt{10}+\dfrac{\sqrt{20}-10}{\sqrt{10}}$

(4) $\dfrac{2\sqrt{3}-\sqrt{6}}{\sqrt{2}}-\dfrac{3\sqrt{2}-2\sqrt{12}}{\sqrt{3}}$

06 다음을 계산하시오.

(1) $\sqrt{7}(1+\sqrt{2})-\sqrt{35}\div\sqrt{5}$

(2) $\dfrac{\sqrt{5}-\sqrt{30}}{\sqrt{10}}+\dfrac{5}{\sqrt{2}}+\sqrt{12}$

(3) $\sqrt{3}(2\sqrt{3}-6)-\dfrac{3-2\sqrt{3}}{\sqrt{3}}$

(4) $(9\sqrt{2}+4\sqrt{3})\div\sqrt{6}+\sqrt{3}(2-\sqrt{6})$

01 다음 중 옳지 <u>않은</u> 것은?

① $5\sqrt{2}+2\sqrt{2}=7\sqrt{2}$

② $5\sqrt{13}-4\sqrt{13}=\sqrt{13}$

③ $2\sqrt{45}+\sqrt{80}-\sqrt{20}=8\sqrt{5}$

④ $-\sqrt{8}-\sqrt{63}+5\sqrt{2}+\sqrt{7}=3\sqrt{2}-2\sqrt{7}$

⑤ $\dfrac{\sqrt{24}}{2}+\dfrac{15}{\sqrt{3}}-\sqrt{3}+2\sqrt{6}=4\sqrt{3}+4\sqrt{6}$

02 $a=\sqrt{3}+2\sqrt{2}$, $b=3\sqrt{2}-\sqrt{3}$일 때, $\sqrt{2}a+\sqrt{3}b$의 값을 구하시오.

a, b를 $\sqrt{2}a+\sqrt{3}b$에 대입한 후 분배법칙을 이용한다.

03 $\dfrac{\sqrt{5}-\sqrt{2}}{3\sqrt{2}}-\dfrac{2\sqrt{6}-\sqrt{15}}{\sqrt{6}}=a+b\sqrt{10}$일 때, 유리수 a, b에 대하여 $b-a$의 값을 구하시오.

04 $A=3(1+k\sqrt{7})-2k+12\sqrt{7}$이 유리수가 되도록 하는 유리수 k의 값과 그때의 A의 값을 구하시오.

a, b가 유리수이고 $\sqrt{m}$이 무리수일 때, $a+b\sqrt{m}$이 유리수가 될 조건
➡ $b=0$

05 오른쪽 그림과 같은 삼각형의 넓이를 구하시오.

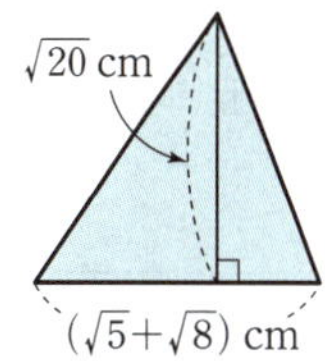

06 세 수 $a=2\sqrt{2}-1$, $b=4-2\sqrt{2}$, $c=4-\sqrt{10}$의 대소 관계를 부등호를 사용하여 나타내시오.

두 실수의 대소를 비교할 때에는 두 수의 차를 이용한다.

01 다음 중 계산 결과가 나머지 넷과 <u>다른</u> 하나는?

① $2\sqrt{2} \times 3\sqrt{3}$　　② $\sqrt{\dfrac{3}{5}} \times 6\sqrt{10}$

③ $12\sqrt{42} \div 2\sqrt{7}$　　④ $5 \div \dfrac{30}{\sqrt{6}}$

⑤ $\dfrac{3\sqrt{11}}{\sqrt{5}} \div \dfrac{\sqrt{11}}{2\sqrt{30}}$

02 꼭나와
다음 중 □ 안에 알맞은 수가 가장 큰 것은?

① $\sqrt{54} = \square\sqrt{6}$　　② $-\sqrt{80} = -4\sqrt{\square}$

③ $\sqrt{98} = 7\sqrt{\square}$　　④ $\dfrac{\sqrt{13}}{2} = \sqrt{\dfrac{13}{\square}}$

⑤ $\sqrt{0.24} = \dfrac{\sqrt{\square}}{5}$

03 다음 수를 큰 것부터 차례대로 나열할 때, 세 번째에 오는 수를 구하시오.

$$\dfrac{2}{\sqrt{5}}, \quad \dfrac{\sqrt{2}}{\sqrt{5}}, \quad \dfrac{\sqrt{2}}{5}, \quad \dfrac{2}{5}$$

04 다음 중 $\sqrt{2} = 1.414$임을 이용하여 그 값을 구할 수 <u>없는</u> 것을 모두 고르면? (정답 2개)

① $\sqrt{0.02}$　　② $\sqrt{12}$　　③ $\sqrt{20}$

④ $\sqrt{32}$　　⑤ $\sqrt{20000}$

05 꼭나와
다음 중 분모를 유리화한 것으로 옳지 <u>않은</u> 것은?

① $\dfrac{1}{\sqrt{3}} = \dfrac{\sqrt{3}}{3}$　　② $\dfrac{6}{\sqrt{8}} = \dfrac{3\sqrt{2}}{2}$

③ $\dfrac{\sqrt{2}}{3\sqrt{5}} = \dfrac{\sqrt{10}}{15}$　　④ $\dfrac{3}{4\sqrt{7}} = \dfrac{3\sqrt{7}}{4}$

⑤ $\dfrac{2\sqrt{7}}{\sqrt{2}\sqrt{6}} = \dfrac{\sqrt{21}}{3}$

06 $\dfrac{15}{\sqrt{10}} \times (-2\sqrt{5}) \div \sqrt{\dfrac{3}{2}} = a\sqrt{3}$을 만족시키는 유리수 a의 값을 구하시오.

꼭나와

07 다음 **보기** 중 옳은 것을 모두 고른 것은?

> 보기
> ㄱ. $6\sqrt{2}+3\sqrt{2}=9\sqrt{2}$
> ㄴ. $2\sqrt{27}-\sqrt{3}=4\sqrt{3}$
> ㄷ. $-5\sqrt{7}+\dfrac{14}{\sqrt{7}}-\sqrt{63}=-5\sqrt{7}$
> ㄹ. $\sqrt{5}(\sqrt{20}-\sqrt{10})=10-5\sqrt{2}$

① ㄱ, ㄷ ② ㄱ, ㄹ ③ ㄴ, ㄹ
④ ㄱ, ㄷ, ㄹ ⑤ ㄴ, ㄷ, ㄹ

08 $x=2\sqrt{3}+\sqrt{5}$, $y=3\sqrt{5}-5\sqrt{3}$일 때, $\sqrt{5}x+\sqrt{3}y$의 값은?

① $2\sqrt{15}-10$ ② $\sqrt{15}+5$
③ $5\sqrt{15}-10$ ④ $3\sqrt{15}+1$
⑤ $10\sqrt{15}+5$

09 $\dfrac{15-\sqrt{50}}{\sqrt{20}}$ 의 분모를 유리화하였더니 $a\sqrt{5}+b\sqrt{10}$ 이 되었다. 이때 유리수 a, b에 대하여 $a-b$의 값을 구하시오.

10 다음을 만족시키는 유리수 a, b에 대하여 $a+b$의 값을 구하시오.

$$\sqrt{96}-2\sqrt{2}(\sqrt{27}-\sqrt{18})-\dfrac{12}{\sqrt{24}}=a+b\sqrt{6}$$

11 오른쪽 그림과 같이 가로의 길이가 $10\sqrt{6}$ cm인 직사각형 모양의 그림이 있다. 이 그림의 넓이가 360 cm²일 때, 그 둘레의 길이는?

① $28\sqrt{6}$ cm ② $30\sqrt{6}$ cm ③ $32\sqrt{6}$ cm
④ $34\sqrt{6}$ cm ⑤ $36\sqrt{6}$ cm

꼭나와

12 다음 중 두 실수의 대소 관계가 옳지 <u>않은</u> 것은?

① $5-\sqrt{6}>\sqrt{6}$
② $3>4\sqrt{5}-6$
③ $2\sqrt{2}+\sqrt{3}<3\sqrt{3}$
④ $5\sqrt{5}-3<8\sqrt{2}-3$
⑤ $2\sqrt{3}-3\sqrt{2}<-\sqrt{18}+\sqrt{3}$

13 다음 식을 계산하면?

$$10 \times \sqrt{\dfrac{1}{2}} \times \sqrt{\dfrac{2}{3}} \times \sqrt{\dfrac{3}{4}} \times \cdots \times \sqrt{\dfrac{9}{10}}$$

① $\dfrac{\sqrt{10}}{10}$　　② 1　　③ $\sqrt{2}$

④ $\sqrt{6}$　　⑤ $\sqrt{10}$

14 $x=\sqrt{6}$일 때, $2x$는 $\dfrac{1}{x}$의 몇 배인가?

① 4배　　② 6배　　③ 8배

④ 10배　　⑤ 12배

🔖나와

15 $\sqrt{2}=a$, $\sqrt{5}=b$일 때, $\sqrt{2.88}$을 a, b를 사용하여 나타내면?

① $\dfrac{3a}{b}$　　② $\dfrac{6a}{b}$　　③ $\dfrac{12a}{b}$

④ $\dfrac{6a}{b^2}$　　⑤ $\dfrac{12a}{b^2}$

16 $\dfrac{\sqrt{6}}{\sqrt{5}} \div \dfrac{\sqrt{3}}{\sqrt{15}} \times A = 6\sqrt{15}$일 때, A의 값을 구하시오.

17 $\sqrt{(\sqrt{10}-3)^2} - \sqrt{(6-2\sqrt{10})^2}$을 계산하면?

① $2-\sqrt{10}$　　　　② $3-\sqrt{10}$

③ $\sqrt{10}-3$　　　　④ $\sqrt{10}-2$

⑤ $3\sqrt{10}-3$

🔖나와

18 다음 중 옳은 것을 모두 고르면? (정답 2개)

① $\dfrac{4}{\sqrt{2}}(\sqrt{2}-2\sqrt{3})+\sqrt{8}(\sqrt{3}+3\sqrt{2})=16-2\sqrt{6}$

② $\sqrt{8}\left(\dfrac{3\sqrt{3}}{4}-\dfrac{2}{\sqrt{2}}\right)+\sqrt{3}\left(\dfrac{2}{\sqrt{3}}-\dfrac{1}{\sqrt{2}}\right)=\sqrt{6}+2$

③ $\sqrt{\dfrac{3}{8}} \div \sqrt{\dfrac{1}{2}}+\sqrt{24} \times \dfrac{\sqrt{2}}{8}=2\sqrt{3}$

④ $\sqrt{32}-2\sqrt{24}-\sqrt{2}(1+2\sqrt{3})=-3\sqrt{6}$

⑤ $\sqrt{10}\left(1-\dfrac{2\sqrt{2}}{\sqrt{5}}\right)-(\sqrt{54}+2\sqrt{15}) \div \sqrt{6}=-7$

꼭나와

19 $\sqrt{5}(4-\sqrt{5})+\dfrac{a(\sqrt{5}-2)}{2\sqrt{5}}$ 를 계산한 결과가 유리수가 되도록 하는 유리수 a의 값을 구하시오.

20 다음 그림과 같이 한 눈금의 길이가 1인 모눈종이 위에 수직선과 정사각형 ABCD를 그렸다. $\overline{AD}=\overline{AP}$, $\overline{AB}=\overline{AQ}$일 때, $\overline{PQ}$의 길이를 구하시오.

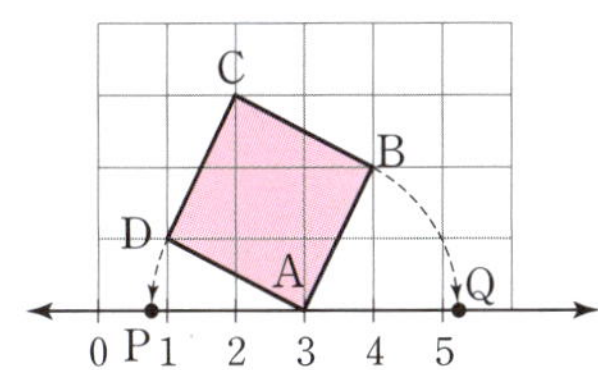

21 $3+\sqrt{7}$의 정수 부분을 a, 소수 부분을 b라 할 때, $2a+5b$의 값은?

① $4\sqrt{7}$　　② $4\sqrt{7}+1$　　③ $5\sqrt{7}$
④ $5\sqrt{7}+1$　　⑤ $5\sqrt{7}+2$

STEP 3　실력 UP

22 $a>0$, $b>0$이고 $ab=9$일 때, $a\sqrt{\dfrac{3b}{a}}+\dfrac{1}{b}\sqrt{\dfrac{27b}{a}}$의 값을 구하시오.

해설 강의

23 $f(x)=\dfrac{1}{\sqrt{x}}-\dfrac{1}{\sqrt{x+1}}$ 일 때,

$f(7)+f(8)+f(9)+\cdots+f(27)=k\sqrt{7}$
을 만족시키는 유리수 k의 값을 구하시오.

해설 강의

24 다음 그림과 같이 넓이가 각각 $8\ \mathrm{cm}^2$, $18\ \mathrm{cm}^2$, $32\ \mathrm{cm}^2$인 정사각형 모양의 종이를 겹치지 않게 이어 붙인 도형의 둘레의 길이를 구하시오.

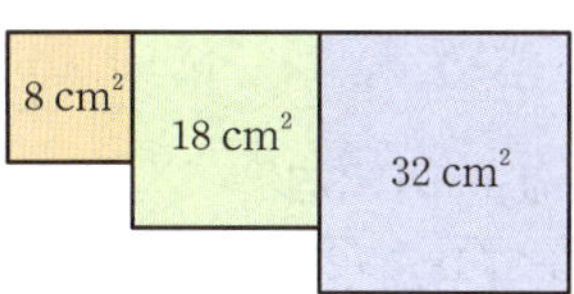

해설 강의

예제 1

해설 강의

$A=\sqrt{54}\div\sqrt{10}\times\sqrt{\dfrac{5}{9}}$, $B=\dfrac{\sqrt{15}}{\sqrt{24}}\times\dfrac{6}{\sqrt{3}}\div\dfrac{\sqrt{5}}{\sqrt{6}}$일 때, $\dfrac{B}{A}$ 의 값을 구하시오. [7점]

풀이 과정

1단계 A의 값 구하기 ·3점

$$A=\sqrt{54}\div\sqrt{10}\times\sqrt{\frac{5}{9}}=3\sqrt{6}\times\frac{1}{\sqrt{10}}\times\frac{\sqrt{5}}{3}$$
$$=\sqrt{6\times\frac{1}{10}\times5}=\sqrt{3}$$

2단계 B의 값 구하기 ·3점

$$B=\frac{\sqrt{15}}{\sqrt{24}}\times\frac{6}{\sqrt{3}}\div\frac{\sqrt{5}}{\sqrt{6}}=\frac{\sqrt{15}}{2\sqrt{6}}\times\frac{6}{\sqrt{3}}\times\frac{\sqrt{6}}{\sqrt{5}}$$
$$=3\sqrt{\frac{15}{6}\times\frac{1}{3}\times\frac{6}{5}}=3$$

3단계 $\dfrac{B}{A}$의 값 구하기 ·1점

$$\frac{B}{A}=\frac{3}{\sqrt{3}}=\sqrt{3}$$

답 $\sqrt{3}$

유제 1

$A=\dfrac{14}{\sqrt{2}}\div2\sqrt{3}\times\sqrt{\dfrac{6}{7}}$,

$B=\dfrac{2\sqrt{2}}{3}\times\sqrt{\dfrac{2}{21}}\div\dfrac{4}{3\sqrt{3}}$일 때, AB의 값을 구하시오.

[7점]

풀이 과정

1단계 A의 값 구하기 ·3점

2단계 B의 값 구하기 ·3점

3단계 AB의 값 구하기 ·1점

답

예제 2

해설 강의

$\sqrt{72}$의 소수 부분을 a, $\sqrt{18}$의 소수 부분을 b라 할 때, $a-b$의 값을 구하시오. [8점]

풀이 과정

1단계 a의 값 구하기 ·3점
$\sqrt{64}<\sqrt{72}<\sqrt{81}$에서 $8<\sqrt{72}<9$이므로
$$a=\sqrt{72}-8=6\sqrt{2}-8$$

2단계 b의 값 구하기 ·3점
$\sqrt{16}<\sqrt{18}<\sqrt{25}$에서 $4<\sqrt{18}<5$이므로
$$b=\sqrt{18}-4=3\sqrt{2}-4$$

3단계 $a-b$의 값 구하기 ·2점
$$a-b=(6\sqrt{2}-8)-(3\sqrt{2}-4)=3\sqrt{2}-4$$

답 $3\sqrt{2}-4$

유제 2

$\sqrt{40}$의 소수 부분을 a, $7-\sqrt{10}$의 소수 부분을 b라 할 때, $a+b$의 값을 구하시오. [8점]

풀이 과정

1단계 a의 값 구하기 ·3점

2단계 b의 값 구하기 ·3점

3단계 $a+b$의 값 구하기 ·2점

답

스스로 서술하기

유제 3 $\sqrt{160}=a\sqrt{b}$, $\sqrt{1.25}=c\sqrt{5}$일 때, 유리수 a, b, c에 대하여 abc의 값을 구하시오.
(단, b는 가장 작은 자연수이다.) [6점]

풀이 과정

답

유제 5 $\sqrt{5}(4-\sqrt{5})-\dfrac{5(\sqrt{5}-2)}{\sqrt{5}}=p+q\sqrt{5}$일 때, 유리수 p, q에 대하여 $p-q$의 값을 구하시오. [7점]

풀이 과정

답

유제 4 다음 그림에서 □AEFB는 넓이가 12인 정사각형이고, □ADGH는 넓이가 27인 정사각형이다. 이때 직사각형 ABCD의 넓이를 구하시오. [6점]

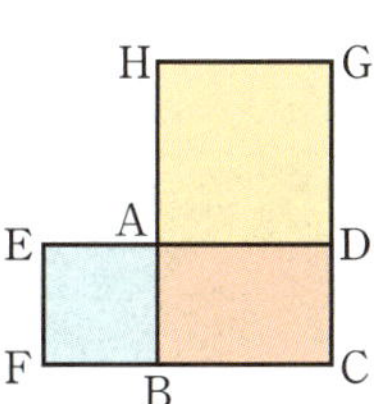

풀이 과정

답

유제 6 다음 세 수 중에서 가장 큰 수를 M, 가장 작은 수를 m이라 할 때, $M+m$의 값을 구하시오. [8점]

$$2+\sqrt{32}, \qquad 11-\sqrt{8}, \qquad \sqrt{18}+3$$

풀이 과정

답

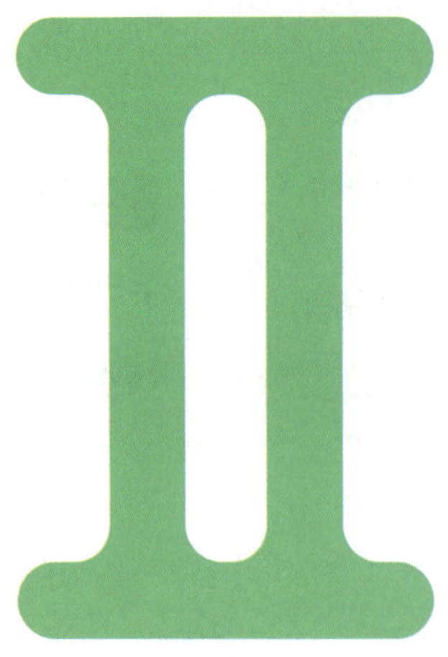

II

다항식의 곱셈과 인수분해

이 단원에서는 다항식의 곱셈과 인수분해를 해 보자.

이전에 배운 내용	이 단원의 내용	이후에 배울 내용
중1 소인수분해 문자의 사용과 식 **중2** 지수법칙 다항식의 계산	**1. 다항식의 곱셈** 01 곱셈 공식 02 곱셈 공식의 응용 **2. 다항식의 인수분해** 01 인수분해 공식 (1) 02 인수분해 공식 (2) 03 인수분해 공식의 응용	**고1** 다항식의 연산 나머지정리 인수분해

Ⅱ-1

다항식의 곱셈

이 단원의 학습 계획을 세우고
하나하나 실천하는 습관을 기르쟈!!

		공부한 날		학습 완료도
01 곱셈 공식	개념원리 이해 & 개념원리 확인하기	월	일	▢▢▢
	핵심문제 익히기	월	일	◯◯◯
	계산력 강화하기	월	일	◯◯◯
	이런 문제가 시험에 나온다	월	일	◯◯◯
02 곱셈 공식의 응용	개념원리 이해 & 개념원리 확인하기	월	일	▢▢▢
	핵심문제 익히기	월	일	◯◯◯
	이런 문제가 시험에 나온다	월	일	◯◯◯
중단원 마무리하기		월	일	◯◯◯
서술형 대비 문제		월	일	◯◯◯

개념 학습 guide

- 개념을 이해했으면 ■□□, 개념을 문제에 적용할 수 있으면 ■■□, 개념을 친구에게 설명할 수 있으면 ■■■ 로 색칠한다.

- 부족한 부분의 개념을 반복 학습하여 ■■■ 3칸 모두 색칠하면 학습을 마친다.

문제 학습 guide

- 맞힌 문제가 전체의 50% 미만이면 ●○○, 맞힌 문제가 50% 이상 90% 미만이면 ●●○, 맞힌 문제가 90% 이상이면 ●●● 로 색칠한다.

- 틀린 문제는 왜 틀렸는지 그 이유를 파악한 후 다시 풀어 본다. 며칠 후 틀린 문제를 다시 풀어 보고, 풀이 과정과 답이 맞으면 학습을 마친다.

01 곱셈 공식

1 (다항식)×(다항식)은 어떻게 전개하는가?

◎ 핵심문제 01

분배법칙을 이용하여 식을 전개한 후 동류항이 있으면 동류항끼리 모아서 계산한다.

(예) $(2x+y)(3x-5y)=6x^2-10xy+3xy-5y^2$
$$=6x^2-7xy-5y^2$$

$$(a+b)(c+d)=\underset{①}{ac}+\underset{②}{ad}+\underset{③}{bc}+\underset{④}{bd}$$

(참고) 오른쪽 그림에서
$$(a+b)(c+d)=(가장 큰 직사각형의 넓이)$$
$$=ac+ad+bc+bd$$

2 $(a+b)^2$, $(a-b)^2$은 어떻게 전개하는가?

◎ 핵심문제 02

(1) $(a+b)^2=a^2+2ab+b^2$ ← 합의 제곱

(2) $(a-b)^2=a^2-2ab+b^2$ ← 차의 제곱

▶ $(-a-b)^2=\{-(a+b)\}^2=(a+b)^2$, $(-a+b)^2=\{-(a-b)\}^2=(a-b)^2$

(예) (1) $(x+2)^2=x^2+2\times x\times 2+2^2=x^2+4x+4$

(2) $(x-2)^2=x^2-2\times x\times 2+2^2=x^2-4x+4$

(참고) (1) 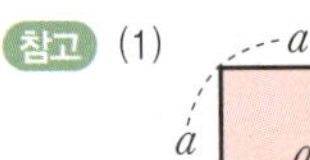

➡ $(a+b)^2=(가장 큰 정사각형의 넓이)$
$$=a^2+ab+ab+b^2$$
$$=a^2+2ab+b^2$$

(2) 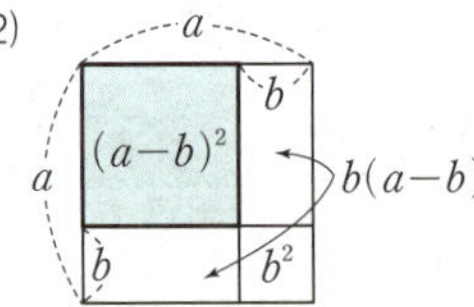

➡ $(a-b)^2=(색칠한 정사각형의 넓이)$
$$=a^2-b(a-b)-b(a-b)-b^2$$
$$=a^2-ab+b^2-ab+b^2-b^2$$
$$=a^2-2ab+b^2$$

3 $(a+b)(a-b)$는 어떻게 전개하는가?

◎ 핵심문제 03

$(a+b)(a-b)=a^2-b^2$ ← 합과 차의 곱

▶ $(-a+b)(-a-b)=(-a)^2-b^2=a^2-b^2$, $(-a-b)(a-b)=(-b)^2-a^2=-a^2+b^2$

(예) $(x+4)(x-4)=x^2-4^2=x^2-16$

(참고) 오른쪽 그림에서
$$(a+b)(a-b)=(색칠한 직사각형의 넓이)$$
$$=a(a-b)+b(a-b)$$
$$=a^2-ab+ab-b^2$$
$$=a^2-b^2$$

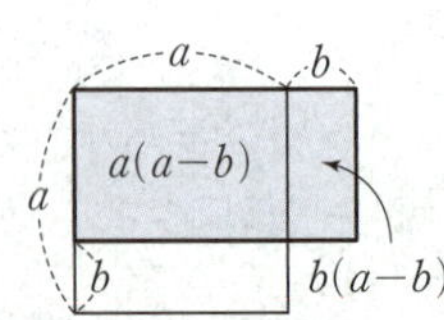

4 $(x+a)(x+b)$는 어떻게 전개하는가?

◎ 핵심문제 04

$$(x+a)(x+b)=x^2+\underset{\text{합}}{(a+b)}x+\underset{\text{곱}}{ab}$$

(예) $(x+3)(x-5)=x^2+\{3+(-5)\}x+3\times(-5)$
$\qquad\qquad\quad=x^2-2x-15$

(참고) 오른쪽 그림에서
$\qquad(x+a)(x+b)=(\text{가장 큰 직사각형의 넓이})$
$\qquad\qquad\qquad\quad=x^2+ax+bx+ab$
$\qquad\qquad\qquad\quad=x^2+(a+b)x+ab$

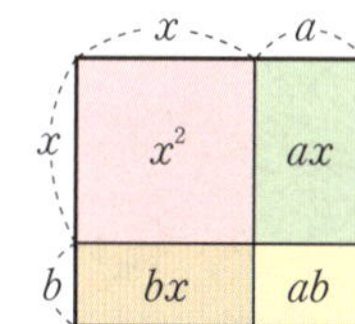

5 $(ax+b)(cx+d)$는 어떻게 전개하는가?

◎ 핵심문제 05, 06

$$(ax+b)(cx+d)=acx^2+(ad+bc)x+bd$$

(예) $(2x-1)(3x+2)=(2\times3)x^2+\{2\times2+(-1)\times3\}x+(-1)\times2$
$\qquad\qquad\qquad=6x^2+x-2$

(참고) 오른쪽 그림에서
$\qquad(ax+b)(cx+d)=(\text{가장 큰 직사각형의 넓이})$
$\qquad\qquad\qquad\qquad=acx^2+bcx+adx+bd$
$\qquad\qquad\qquad\qquad=acx^2+(ad+bc)x+bd$

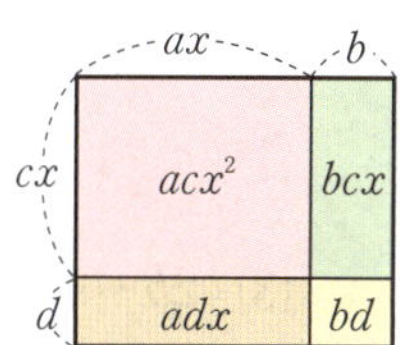

 **복잡한 식의 전개**

(1) 공통부분이 있는 식의 전개

공통부분을 한 문자로 놓고 전개한다.

(예) $\underset{A}{(x+y+1)}\underset{A}{(x+y-1)}=(A+1)(A-1)$ ← $x+y=A$로 놓는다.
$\qquad\qquad\qquad\qquad\qquad=A^2-1$ ← 곱셈 공식을 이용하여 전개한다.
$\qquad\qquad\qquad\qquad\qquad=(x+y)^2-1$ ← A에 $x+y$를 대입한다.
$\qquad\qquad\qquad\qquad\qquad=x^2+2xy+y^2-1$ ← 전개하여 정리한다.

(2) ( )( )( )( )의 꼴의 전개

❶ 공통부분이 생기도록 2개씩 짝을 지어 전개한다.

❷ 공통부분을 한 문자로 놓고 전개한다.

(예) $(x+1)(x+2)(x+3)(x+4)$
$\qquad=\{(x+1)(x+4)\}\{(x+2)(x+3)\}$ ← 공통부분이 생기도록 2개씩 짝을 짓는다.
$\qquad=\underset{A}{(x^2+5x+4)}\underset{A}{(x^2+5x+6)}$ ← 곱셈 공식을 이용하여 전개한다.
$\qquad=(A+4)(A+6)$ ← $x^2+5x=A$로 놓는다.
$\qquad=A^2+10A+24$ ← 곱셈 공식을 이용하여 전개한다.
$\qquad=(x^2+5x)^2+10(x^2+5x)+24$ ← A에 x^2+5x를 대입한다.
$\qquad=x^4+10x^3+35x^2+50x+24$ ← 전개하여 정리한다.

01 다음 식을 전개하시오.

(1) $(x+2)(y+5)$ (2) $(a+6)(2b-3)$

(3) $(x-3y)(4x-y)$ (4) $(a-b)(a+b-7)$

◎ $(a+b)(c+d)$
$=$ ☐

02 다음 식을 전개하시오.

(1) $(x+1)^2$ (2) $(a-7)^2$

(3) $(2x+5y)^2$ (4) $(4a-3b)^2$

◎ ① $(a+b)^2=$ ☐
② $(a-b)^2=$ ☐

03 다음 식을 전개하시오.

(1) $(a+1)(a-1)$ (2) $(x+7)(x-7)$

(3) $(2b+3)(2b-3)$ (4) $(5x-2y)(5x+2y)$

◎ $(a+b)(a-b)=$ ☐

04 다음 식을 전개하시오.

(1) $(a+3)(a+5)$ (2) $(x+2)(x-7)$

(3) $(b-1)(b+8)$ (4) $(y-6)(y-4)$

◎ $(x+a)(x+b)$
$=$ ☐

05 다음 식을 전개하시오.

(1) $(a+1)(4a+7)$ (2) $(5x-3)(x+1)$

(3) $(3b+2)(4b-3)$ (4) $(2y-1)(3y-4)$

◎ $(ax+b)(cx+d)$
$=$ ☐

01 (다항식) × (다항식)의 전개

● 더 다양한 문제는 RPM 3-1 58쪽

다음 식을 전개하시오.

(1) $(2x-y)(-3x+7y)$　　　　(2) $(x+2)(x^2-2x+4)$

풀이
(1) $(2x-y)(-3x+7y)=2x\times(-3x)+2x\times7y+(-y)\times(-3x)+(-y)\times7y$
$\qquad =-6x^2+14xy+3xy-7y^2=-6x^2+17xy-7y^2$
(2) $(x+2)(x^2-2x+4)=x\times x^2+x\times(-2x)+x\times4+2\times x^2+2\times(-2x)+2\times4$
$\qquad =x^3-2x^2+4x+2x^2-4x+8=x^3+8$

답 (1) $-6x^2+17xy-7y^2$　(2) x^3+8

KEY POINT

분배법칙을 이용하여 식을 전개한 다음 동류항끼리 모아서 계산한다.

① $(a+b)(c+d)$
$=ac+ad+bc+bd$

② $(a+b)(x+y+z)$
$=ax+ay+az+bx+by+bz$

확인 ① $(x+4y+1)(2x-y)$를 전개하면 $2x^2+axy+by^2+cx-y$일 때, 상수 a, b, c에 대하여 $a+b+c$의 값을 구하시오.

02 $(a+b)^2$, $(a-b)^2$의 전개

● 더 다양한 문제는 RPM 3-1 59쪽

다음 식을 전개하시오.

(1) $(x+6)^2$　　　　　　　　(2) $\left(\dfrac{1}{2}x-3\right)^2$

(3) $(-5x+2y)^2$　　　　　　(4) $(-4x-y)^2$

KEY POINT

· ① $(a+b)^2=a^2+2ab+b^2$
　② $(a-b)^2=a^2-2ab+b^2$

· ① $(-a+b)^2=(a-b)^2$
　② $(-a-b)^2=(a+b)^2$

풀이
(1) $(x+6)^2=x^2+2\times x\times6+6^2=x^2+12x+36$
(2) $\left(\dfrac{1}{2}x-3\right)^2=\left(\dfrac{1}{2}x\right)^2-2\times\dfrac{1}{2}x\times3+3^2=\dfrac{1}{4}x^2-3x+9$
(3) $(-5x+2y)^2=\{-(5x-2y)\}^2=(5x-2y)^2$
$\qquad =(5x)^2-2\times5x\times2y+(2y)^2=25x^2-20xy+4y^2$
(4) $(-4x-y)^2=\{-(4x+y)\}^2=(4x+y)^2$
$\qquad =(4x)^2+2\times4x\times y+y^2=16x^2+8xy+y^2$

답 (1) $x^2+12x+36$　(2) $\dfrac{1}{4}x^2-3x+9$　(3) $25x^2-20xy+4y^2$　(4) $16x^2+8xy+y^2$

확인 ② 다음 중 옳지 <u>않은</u> 것을 모두 고르면? (정답 2개)

① $(x+4)^2=x^2+8x+16$　　　　② $(3x+5)^2=9x^2+30x+25$

③ $(4x-9y)^2=16x^2-36xy+81y^2$　　④ $(-x+7)^2=-x^2+14x+49$

⑤ $\left(-2x-\dfrac{1}{5}\right)^2=4x^2+\dfrac{4}{5}x+\dfrac{1}{25}$

03 $(a+b)(a-b)$의 전개
● 더 다양한 문제는 **RPM** 3-1 60쪽

$(a+b)(a-b)=a^2-b^2$

다음 식을 전개하시오.

(1) $(2x+7)(2x-7)$

(2) $\left(\dfrac{2}{3}x+y\right)\left(\dfrac{2}{3}x-y\right)$

(3) $(-3x+4)(-3x-4)$

(4) $\left(-\dfrac{1}{5}x+\dfrac{1}{2}y\right)\left(\dfrac{1}{5}x+\dfrac{1}{2}y\right)$

풀이
(1) $(2x+7)(2x-7)=(2x)^2-7^2=4x^2-49$

(2) $\left(\dfrac{2}{3}x+y\right)\left(\dfrac{2}{3}x-y\right)=\left(\dfrac{2}{3}x\right)^2-y^2=\dfrac{4}{9}x^2-y^2$

(3) $(-3x+4)(-3x-4)=(-3x)^2-4^2=9x^2-16$

(4) $\left(-\dfrac{1}{5}x+\dfrac{1}{2}y\right)\left(\dfrac{1}{5}x+\dfrac{1}{2}y\right)=\left(\dfrac{1}{2}y-\dfrac{1}{5}x\right)\left(\dfrac{1}{2}y+\dfrac{1}{5}x\right)$

$$=\left(\dfrac{1}{2}y\right)^2-\left(\dfrac{1}{5}x\right)^2=\dfrac{1}{4}y^2-\dfrac{1}{25}x^2$$

답 (1) $4x^2-49$ (2) $\dfrac{4}{9}x^2-y^2$ (3) $9x^2-16$ (4) $\dfrac{1}{4}y^2-\dfrac{1}{25}x^2$

확인 3 다음 보기 중 옳은 것을 모두 고르시오.

보기

ㄱ. $(5x+8)(5x-8)=25x^2-64$

ㄴ. $(-4x+y)(4x+y)=y^2-16x^2$

ㄷ. $\left(-2x+\dfrac{1}{3}y\right)\left(-2x-\dfrac{1}{3}y\right)=-4x^2-\dfrac{1}{9}y^2$

04 $(x+a)(x+b)$의 전개
● 더 다양한 문제는 **RPM** 3-1 60쪽

$(x+a)(x+b)$
$=x^2+(a+b)x+ab$

다음 식을 전개하시오.

(1) $(x+3)(x-7)$

(2) $(x-2)(x-6)$

(3) $\left(x+\dfrac{1}{2}\right)(x+8)$

(4) $(x-5y)(x+4y)$

풀이
(1) $(x+3)(x-7)=x^2+\{3+(-7)\}x+3\times(-7)=x^2-4x-21$

(2) $(x-2)(x-6)=x^2+\{-2+(-6)\}x+(-2)\times(-6)=x^2-8x+12$

(3) $\left(x+\dfrac{1}{2}\right)(x+8)=x^2+\left(\dfrac{1}{2}+8\right)x+\dfrac{1}{2}\times8=x^2+\dfrac{17}{2}x+4$

(4) $(x-5y)(x+4y)=x^2+(-5y+4y)x+(-5y)\times4y=x^2-xy-20y^2$

답 (1) $x^2-4x-21$ (2) $x^2-8x+12$ (3) $x^2+\dfrac{17}{2}x+4$ (4) $x^2-xy-20y^2$

확인 4 $(x+3)(x-5)-2\left(x+\dfrac{1}{2}\right)(x+10)$을 계산하시오.

05 $(ax+b)(cx+d)$의 전개

● 더 다양한 문제는 RPM 3–1 61쪽

다음 식을 전개하시오.

(1) $(5x+2)(2x-3)$

(2) $(3x-1)(4x+3)$

(3) $(2x+5)\left(\dfrac{1}{2}x+\dfrac{3}{4}\right)$

(4) $(-4x+7y)(6x-5y)$

풀이

(1) $(5x+2)(2x-3)=(5\times2)x^2+\{5\times(-3)+2\times2\}x+2\times(-3)$
$\qquad\qquad\qquad=10x^2-11x-6$

(2) $(3x-1)(4x+3)=(3\times4)x^2+\{3\times3+(-1)\times4\}x+(-1)\times3$
$\qquad\qquad\qquad=12x^2+5x-3$

(3) $(2x+5)\left(\dfrac{1}{2}x+\dfrac{3}{4}\right)=\left(2\times\dfrac{1}{2}\right)x^2+\left(2\times\dfrac{3}{4}+5\times\dfrac{1}{2}\right)x+5\times\dfrac{3}{4}=x^2+4x+\dfrac{15}{4}$

(4) $(-4x+7y)(6x-5y)$
$\quad=\{(-4)\times6\}x^2+\{(-4)\times(-5y)+7y\times6\}x+7y\times(-5y)$
$\quad=-24x^2+62xy-35y^2$

답 (1) $10x^2-11x-6$ (2) $12x^2+5x-3$ (3) $x^2+4x+\dfrac{15}{4}$ (4) $-24x^2+62xy-35y^2$

확인 5 $(2x+3)(5x+A)=10x^2+Bx-12$일 때, 상수 A, B에 대하여 $A+B$의 값을 구하시오.

06 곱셈 공식의 도형에의 활용

● 더 다양한 문제는 RPM 3–1 62쪽

오른쪽 그림과 같이 가로, 세로의 길이가 각각 $8x$, $5x$인 직사각형에서 가로의 길이는 3만큼 늘이고 세로의 길이는 1만큼 줄여서 만든 직사각형의 넓이를 구하시오.

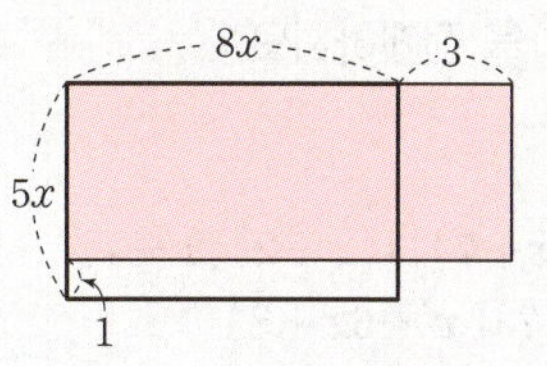

풀이 새로 만든 직사각형의 가로의 길이는 $8x+3$, 세로의 길이는 $5x-1$이므로
$\qquad$ (직사각형의 넓이) $=(8x+3)(5x-1)$
$\qquad\qquad\qquad\qquad\quad=40x^2+7x-3$
$\qquad\qquad\qquad\qquad\qquad\qquad$ **답** $40x^2+7x-3$

확인 6 오른쪽 그림과 같이 가로, 세로의 길이가 각각 $5a$, $3a$인 직사각형 모양의 꽃밭에 폭이 2로 일정한 길을 만들었다. 이때 길을 제외한 꽃밭의 넓이를 구하시오.

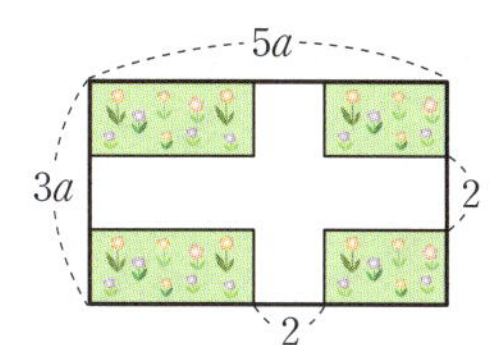

07 공통부분이 있는 식의 전개

● 더 다양한 문제는 RPM 3–1 63쪽

다음 식을 전개하시오.

(1) $(2x-3y+6)(2x-3y-4)$ (2) $(3x-y+4)(3x+y-4)$

풀이

(1) $2x-3y=A$로 놓으면

$$(주어진\ 식)=(A+6)(A-4)=A^2+2A-24$$
$$=(2x-3y)^2+2(2x-3y)-24$$
$$=4x^2-12xy+9y^2+4x-6y-24$$

(2) $y-4=A$로 놓으면

$$(주어진\ 식)=\{3x-(y-4)\}\{3x+(y-4)\}$$
$$=(3x-A)(3x+A)=9x^2-A^2$$
$$=9x^2-(y-4)^2=9x^2-(y^2-8y+16)$$
$$=9x^2-y^2+8y-16$$

답 (1) $4x^2-12xy+9y^2+4x-6y-24$ (2) $9x^2-y^2+8y-16$

확인 7 다음 식을 전개하시오.

(1) $(x+y+5)(x+y-5)$ (2) $(2a-b+1)(2a-b-2)$

UP 08 $(\ \ )(\ \ )(\ \ )(\ \ )$의 꼴의 전개

● 더 다양한 문제는 RPM 3–1 67쪽

$(x-1)(x+2)(x+4)(x+7)$을 전개하시오.

풀이

$$(주어진\ 식)=\{(x-1)(x+7)\}\{(x+2)(x+4)\}$$
$$=(x^2+6x-7)(x^2+6x+8)$$

이때 $x^2+6x=A$로 놓으면

$$(주어진\ 식)=(A-7)(A+8)=A^2+A-56$$
$$=(x^2+6x)^2+(x^2+6x)-56$$
$$=x^4+12x^3+36x^2+x^2+6x-56$$
$$=x^4+12x^3+37x^2+6x-56$$

답 $x^4+12x^3+37x^2+6x-56$

확인 8 $(x+3)(x-2)(x+1)(x-4)$를 전개한 식에서 x^2의 계수와 상수항의 합을 구하시오.

01 다음 식을 전개하시오.

(1) $(a+8)(b-2)$

(2) $(4x-1)(y+3)$

(3) $(2a+b)(a-5b+1)$

(4) $(-x+y+4)(3x-2y)$

02 다음 식을 전개하시오.

(1) $(3a+2)^2$

(2) $(5x-4)^2$

(3) $(-2a-b)^2$

(4) $\left(-6x+\dfrac{1}{3}y\right)^2$

03 다음 식을 전개하시오.

(1) $(4a+7)(4a-7)$

(2) $\left(-x+\dfrac{1}{2}\right)\left(x+\dfrac{1}{2}\right)$

(3) $(3a-8b)(8b+3a)$

(4) $(-9x+5y)(-9x-5y)$

04 다음 식을 전개하시오.

(1) $(a-1)(a-9)$

(2) $(x-7)(x+5)$

(3) $(a+2b)(a+4b)$

(4) $\left(x+\dfrac{3}{2}y\right)\left(x-\dfrac{1}{3}y\right)$

05 다음 식을 전개하시오.

(1) $(6a+5)(a-2)$

(2) $(5x-1)(2x+3)$

(3) $(3a-2b)(3a-4b)$

(4) $\left(-2x+\dfrac{3}{4}y\right)\left(4x+\dfrac{1}{2}y\right)$

06 다음 식을 계산하시오.

(1) $(a+4)^2+(a+1)(a-1)$

(2) $(x-1)^2-(x-3)(x+2)$

(3) $(a-1)(a-4)+(2a+5)(2a-5)$

(4) $(2x+3y)(3x-2y)-(2x-3y)(3x+2y)$

▶ 정답 및 풀이 25쪽

01 $(4x+5y-1)(x-3y)$를 전개한 식에서 xy의 계수를 구하시오.

특정한 항의 계수를 구할 때에는 필요한 항이 나오는 부분만 전개한다.

02 다음 중 옳지 <u>않은</u> 것은?

① $(2x+7)^2 = 4x^2 + 28x + 49$
② $(x-9)^2 = x^2 - 18x + 81$
③ $(-x+6y)^2 = x^2 - 12xy + 36y^2$
④ $(3x+2)(3x-2) = 9x^2 - 4$
⑤ $(-x+5)(-x-5) = -x^2 - 25$

03 $(x-1)(x+1)(x^2+1) = x^a - 1$일 때, 상수 a의 값을 구하시오.

04 $(Ax-15)(x+3)$을 전개한 식에서 x의 계수와 상수항이 같을 때, 상수 A의 값을 구하시오.

05 오른쪽 그림과 같이 한 변의 길이가 x인 정사각형에서 가로의 길이는 3만큼 줄이고 세로의 길이는 5만큼 늘여서 만든 직사각형의 넓이를 구하시오.

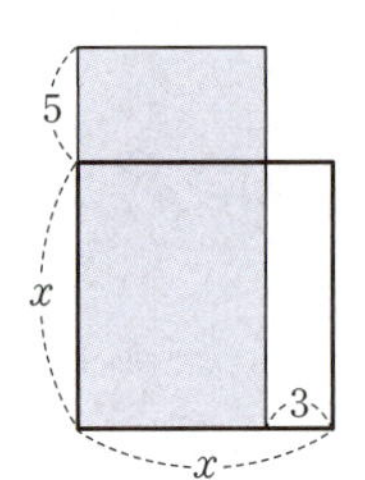

새로 만든 직사각형의 가로의 길이와 세로의 길이를 구한다.

06 $(2x-3y+1)^2 = 4x^2 + axy + 9y^2 + bx + cy + 1$일 때, 상수 a, b, c에 대하여 $a+b-c$의 값을 구하시오.

$2x-3y$를 한 문자로 놓고 곱셈 공식을 이용하여 좌변을 전개한다.

02 곱셈 공식의 응용

개념원리 이해

1 곱셈 공식을 이용하여 수의 계산을 어떻게 하는가? ◐ 핵심문제 01

(1) **수의 제곱의 계산**

곱셈 공식 $(a+b)^2=a^2+2ab+b^2$, $(a-b)^2=a^2-2ab+b^2$을 이용한다.

예 ① $103^2=(100+3)^2=100^2+2\times100\times3+3^2=10000+600+9=10609$

② $99^2=(100-1)^2=100^2-2\times100\times1+1^2=10000-200+1=9801$

(2) **두 수의 곱의 계산**

곱셈 공식 $(a+b)(a-b)=a^2-b^2$, $(x+a)(x+b)=x^2+(a+b)x+ab$를 이용한다.

예 $102\times98=(100+2)(100-2)=100^2-2^2=10000-4=9996$

2 곱셈 공식을 이용하여 근호를 포함한 식의 계산을 어떻게 하는가? ◐ 핵심문제 02

(1) **근호를 포함한 식의 계산**

제곱근을 문자로 생각하고 곱셈 공식을 이용하여 계산한다.

예 $(\sqrt{3}+1)^2=(\sqrt{3})^2+2\times\sqrt{3}\times1+1^2=3+2\sqrt{3}+1=4+2\sqrt{3}$

$(\sqrt{2}+1)(\sqrt{2}+3)=(\sqrt{2})^2+(1+3)\sqrt{2}+1\times3=2+4\sqrt{2}+3=5+4\sqrt{2}$

(2) **분모의 유리화**

분모가 2개의 항으로 되어 있는 무리수일 때에는 곱셈 공식 $(a+b)(a-b)=a^2-b^2$을 이용하여 분모를 유리화한다.

$$\frac{c}{\sqrt{a}+\sqrt{b}}=\frac{c(\sqrt{a}-\sqrt{b})}{(\sqrt{a}+\sqrt{b})(\sqrt{a}-\sqrt{b})}=\frac{c(\sqrt{a}-\sqrt{b})}{(\sqrt{a})^2-(\sqrt{b})^2}=\frac{c(\sqrt{a}-\sqrt{b})}{a-b}$$

곱셈 공식 $(a+b)(a-b)=a^2-b^2$ 이용

$(단,\ a>0,\ b>0,\ a\neq b)$

예 $\dfrac{1}{3-\sqrt{2}}=\dfrac{3+\sqrt{2}}{(3-\sqrt{2})(3+\sqrt{2})}=\dfrac{3+\sqrt{2}}{3^2-(\sqrt{2})^2}=\dfrac{3+\sqrt{2}}{9-2}=\dfrac{3+\sqrt{2}}{7}$

3 곱셈 공식의 변형은 어떻게 하는가? ◐ 핵심문제 03, 04

(1) **곱셈 공식의 변형**

① $a^2+b^2=(a+b)^2-2ab$, $a^2+b^2=(a-b)^2+2ab$

② $(a+b)^2=(a-b)^2+4ab$, $(a-b)^2=(a+b)^2-4ab$

$\underset{a^2+2ab+b^2}{}$ $\underset{a^2-2ab+b^2}{}$ $\underset{a^2-2ab+b^2}{}$ $\underset{a^2+2ab+b^2}{}$

(2) **두 수의 곱이 1인 식의 변형** ← (1)에 b 대신 $\dfrac{1}{a}$을 대입한다.

① $a^2+\dfrac{1}{a^2}=\left(a+\dfrac{1}{a}\right)^2-2$, $a^2+\dfrac{1}{a^2}=\left(a-\dfrac{1}{a}\right)^2+2$

② $\left(a+\dfrac{1}{a}\right)^2=\left(a-\dfrac{1}{a}\right)^2+4$, $\left(a-\dfrac{1}{a}\right)^2=\left(a+\dfrac{1}{a}\right)^2-4$

▶ 정답 및 풀이 25쪽

01 다음은 곱셈 공식을 이용하여 수를 계산하는 과정이다. □ 안에 알맞은 수를 써넣으시오.

(1) $51^2 = (50+\square)^2 = 50^2 + 2 \times \square \times 1 + \square^2 = \square$

(2) $96^2 = (100-\square)^2 = 100^2 - 2 \times \square \times 4 + \square^2 = \square$

(3) $33 \times 27 = (30+\square)(30-\square) = 30^2 - \square^2 = \square$

02 다음을 계산하시오.

(1) $(\sqrt{2}+\sqrt{6})^2$

(2) $(\sqrt{5}-2)^2$

(3) $(2+\sqrt{3})(2-\sqrt{3})$

(4) $(\sqrt{7}+4)(\sqrt{7}-2)$

03 다음 수의 분모를 유리화하시오.

(1) $\dfrac{1}{\sqrt{2}+1}$

(2) $\dfrac{2}{\sqrt{5}-\sqrt{3}}$

(3) $\dfrac{\sqrt{2}}{\sqrt{3}+1}$

(4) $\dfrac{\sqrt{10}+\sqrt{6}}{\sqrt{10}-\sqrt{6}}$

◎ $\dfrac{c}{\sqrt{a}+\sqrt{b}}$

$= \dfrac{c(\boxed{})}{(\sqrt{a}+\sqrt{b})(\boxed{})}$

(단, $a>0$, $b>0$, $a \neq b$)

04 $x+y=6$, $xy=-2$일 때, 다음 □ 안에 알맞은 것을 써넣으시오.

(1) $x^2+y^2 = (x+y)^2 - \square = 6^2 - 2 \times (\square) = \square$

(2) $(x-y)^2 = (x+y)^2 - \square = 6^2 - 4 \times (\square) = \square$

◎ ① $a^2+b^2 = (a+b)^2 - \square$

② $(a-b)^2 = (a+b)^2 - \square$

01 곱셈 공식을 이용한 수의 계산

● 더 다양한 문제는 RPM 3-1 63쪽

곱셈 공식을 이용하여 다음을 계산하시오.

(1) 101^2　　　　(2) 6.2×5.8　　　　(3) 37×46

풀이

(1) $101^2 = (100+1)^2 = 100^2 + 2 \times 100 \times 1 + 1^2$
$\qquad = 10000 + 200 + 1 = 10201$

(2) $6.2 \times 5.8 = (6+0.2)(6-0.2)$
$\qquad = 6^2 - 0.2^2 = 36 - 0.04 = 35.96$

(3) $37 \times 46 = (40-3)(40+6) = 40^2 + (-3+6) \times 40 + (-3) \times 6$
$\qquad = 1600 + 120 - 18 = 1702$

답 (1) 10201　(2) 35.96　(3) 1702

확인 1 곱셈 공식을 이용하여 다음을 계산하시오.

(1) 9.7^2　　　　(2) 46×54　　　　(3) 102×103

> **KEY POINT**
>
> • 수의 제곱의 계산
> $\Rightarrow (a+b)^2 = a^2 + 2ab + b^2,$
> $(a-b)^2 = a^2 - 2ab + b^2$
> 을 이용한다.
>
> • 두 수의 곱의 계산
> $\Rightarrow (a+b)(a-b) = a^2 - b^2,$
> $(x+a)(x+b)$
> $= x^2 + (a+b)x + ab$
> 를 이용한다.

02 곱셈 공식을 이용한 근호를 포함한 식의 계산

● 더 다양한 문제는 RPM 3-1 64, 65쪽

다음을 계산하시오.

(1) $(-\sqrt{6} + 2\sqrt{2})(-\sqrt{6} - 2\sqrt{2})$　　　　(2) $\dfrac{1}{\sqrt{5}+2} + \dfrac{1}{\sqrt{5}-2}$

풀이

(1) (주어진 식) $= (-\sqrt{6})^2 - (2\sqrt{2})^2 = 6 - 8 = -2$

(2) (주어진 식) $= \dfrac{\sqrt{5}-2}{(\sqrt{5}+2)(\sqrt{5}-2)} + \dfrac{\sqrt{5}+2}{(\sqrt{5}-2)(\sqrt{5}+2)}$

$\qquad = \dfrac{\sqrt{5}-2}{5-4} + \dfrac{\sqrt{5}+2}{5-4}$

$\qquad = \sqrt{5} - 2 + \sqrt{5} + 2 = 2\sqrt{5}$

답 (1) -2　(2) $2\sqrt{5}$

확인 2 다음을 계산하시오.

(1) $(\sqrt{2}-3)^2 + (2\sqrt{2}-5)(3\sqrt{2}+2)$

(2) $\dfrac{4}{\sqrt{7}+\sqrt{3}} - \dfrac{4}{\sqrt{7}-\sqrt{3}}$

> **KEY POINT**
>
> • 제곱근을 문자로 생각하고 곱셈 공식을 이용하여 근호를 포함한 식을 계산한다.
>
> • 분모가 2개의 항으로 되어 있는 무리수인 경우 $(a+b)(a-b) = a^2 - b^2$ 을 이용하여 분모를 유리화한다.

❯ 정답 및 풀이 26쪽

03 곱셈 공식의 변형 (1)

● 더 다양한 문제는 RPM 3-1 66쪽

$x+y=-3$, $xy=1$일 때, 다음 식의 값을 구하시오.

(1) x^2+y^2　　　　(2) $(x-y)^2$　　　　(3) $\dfrac{x}{y}+\dfrac{y}{x}$

풀이

(1) $x^2+y^2=(x+y)^2-2xy$
$=(-3)^2-2\times1=9-2=7$

(2) $(x-y)^2=(x+y)^2-4xy$
$=(-3)^2-4\times1=9-4=5$

(3) $\dfrac{x}{y}+\dfrac{y}{x}=\dfrac{x^2+y^2}{xy}=\dfrac{7}{1}=7$

답 (1) 7　(2) 5　(3) 7

확인 ❸ $x-y=3$, $xy=5$일 때, 다음 식의 값을 구하시오.

(1) x^2+y^2　　　　(2) $(x+y)^2$　　　　(3) $\dfrac{y}{x}+\dfrac{x}{y}$

04 곱셈 공식의 변형 (2)

● 더 다양한 문제는 RPM 3-1 66쪽

$x+\dfrac{1}{x}=5$일 때, 다음 식의 값을 구하시오.

(1) $x^2+\dfrac{1}{x^2}$　　　　　　(2) $\left(x-\dfrac{1}{x}\right)^2$

풀이

(1) $x^2+\dfrac{1}{x^2}=\left(x+\dfrac{1}{x}\right)^2-2$
$=5^2-2=25-2=23$

(2) $\left(x-\dfrac{1}{x}\right)^2=\left(x+\dfrac{1}{x}\right)^2-4$
$=5^2-4=25-4=21$

답 (1) 23　(2) 21

확인 ❹ $x-\dfrac{1}{x}=-4$일 때, 다음 식의 값을 구하시오.

(1) $x^2+\dfrac{1}{x^2}$　　　　　　(2) $\left(x+\dfrac{1}{x}\right)^2$

01 다음 중 주어진 수를 곱셈 공식을 이용하여 계산할 때, 가장 편리한 곱셈 공식을 나타낸 것으로 옳지 <u>않은</u> 것은?

① 104^2 ➡ $(a+b)^2 = a^2 + 2ab + b^2$

② 399^2 ➡ $(a-b)^2 = a^2 - 2ab + b^2$

③ 53×47 ➡ $(a+b)(a-b) = a^2 - b^2$

④ 203×207 ➡ $(x+a)(x+b) = x^2 + (a+b)x + ab$

⑤ 9.1×8.9 ➡ $(ax+b)(cx+d) = acx^2 + (ad+bc)x + bd$

02 곱셈 공식을 이용하여 $\dfrac{1008 \times 1010 + 1}{1009}$ 을 계산하시오.

03 $(2\sqrt{2}+\sqrt{7})(\sqrt{2}-3\sqrt{7}) = a + b\sqrt{14}$일 때, 유리수 a, b에 대하여 $a-b$의 값을 구하시오.

제곱근을 문자로 생각하고 곱셈 공식을 이용하여 좌변을 계산한다.

04 $x = \dfrac{\sqrt{10}-3}{\sqrt{10}+3}$, $y = \dfrac{\sqrt{10}+3}{\sqrt{10}-3}$일 때, $x+y$의 값을 구하시오.

곱셈 공식 $(a+b)(a-b) = a^2 - b^2$ 을 이용하여 x, y의 분모를 각각 유리화한다.

05 $a+b=5$, $ab=3$일 때, $a^2 + b^2 - ab$의 값을 구하시오.

곱셈 공식을 변형한 식을 이용한다.

06 $x - \dfrac{1}{x} = 6$일 때, $x^2 - 3 + \dfrac{1}{x^2}$의 값을 구하시오.

01 $(a+2b-1)(3a-b)$를 전개한 식에서 ab의 계수와 b의 계수의 합은?

① 3   ② 4   ③ 5
④ 6   ⑤ 7

꼭나와

02 $\left(4x-\dfrac{1}{2}\right)^2=Ax^2+Bx+C$일 때, 상수 A, B, C에 대하여 ABC의 값을 구하시오.

03 다음 중 $(-5a-b)^2$과 전개식이 같은 것은?

① $(5a-b)^2$ ② $(5a+b)^2$
③ $(b-5a)^2$ ④ $-(5a-b)^2$
⑤ $-(5a+b)^2$

04 $(6+x)(6-x)-(3x+1)(3x-1)$을 계산하면?

① $-10x^2+35$ ② $-10x^2+37$
③ $-10x^2+6x+37$ ④ $8x^2+35$
⑤ $8x^2+37$

05 $(x+a)(x-7)=x^2+bx-28$일 때, 상수 a, b에 대하여 $a+b$의 값을 구하시오.

꼭나와

06 다음 중 옳은 것을 모두 고르면? (정답 2개)

① $(-x+2)^2=-x^2+4x+4$
② $(4x+3y)^2=16x^2+24xy+9y^2$
③ $(-x+1)(-x-1)=-x^2-1$
④ $(x-5)(x+3)=x^2+2x-15$
⑤ $(3x-2)(2x-5)=6x^2-19x+10$

07 다음 중 □ 안에 알맞은 수가 나머지 넷과 <u>다른</u> 하나는?

① $(x+3)^2=x^2+\square x+9$

② $\left(\dfrac{1}{2}x-\square\right)^2=\dfrac{1}{4}x^2-6x+36$

③ $(-2x-3)(2x-3)=-4x^2+\square$

④ $(x+2)(x-8)=x^2-\square x-16$

⑤ $(x+1)(5x-\square)=5x^2-x-6$

10 다음 중 옳지 <u>않은</u> 것은?

① $(2\sqrt{3}+5)^2=37+20\sqrt{3}$

② $(2\sqrt{5}-3)^2=29-12\sqrt{5}$

③ $(2\sqrt{2}-3)(2\sqrt{2}+3)=-1$

④ $(\sqrt{6}-1)(\sqrt{6}-4)=10-5\sqrt{6}$

⑤ $(3\sqrt{7}+5)(\sqrt{7}+2)=31+\sqrt{7}$

08 다음 그림과 같이 가로, 세로의 길이가 각각 $(5x-1)$ m, $(3x+2)$ m인 직사각형 모양의 화단에 폭이 1 m로 일정한 길을 만들었다. 이때 길을 제외한 화단의 넓이를 구하시오.

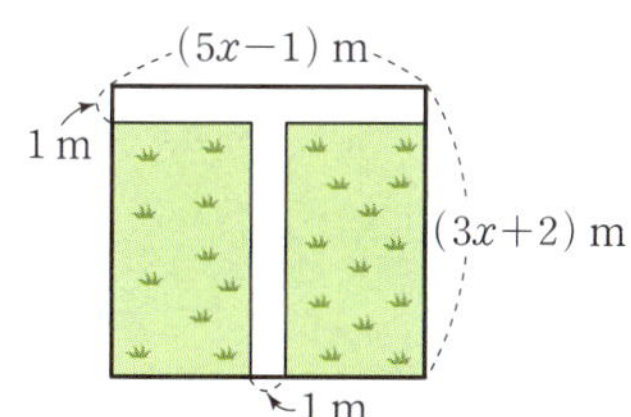

11 $\dfrac{2\sqrt{2}-\sqrt{6}}{2\sqrt{2}+\sqrt{6}}$ 의 분모를 유리화하면 $a+b\sqrt{3}$일 때, 유리수 a, b에 대하여 $b-a$의 값은?

① -13 ② -11 ③ -9

④ -7 ⑤ -5

09 곱셈 공식을 이용하여 3.9×4.1을 계산할 때, 다음 중 가장 편리한 곱셈 공식은?

① $(a+b)^2=a^2+2ab+b^2$

② $(a-b)^2=a^2-2ab+b^2$

③ $(a+b)(a-b)=a^2-b^2$

④ $(x+a)(x+b)=x^2+(a+b)x+ab$

⑤ $(ax+b)(cx+d)=acx^2+(ad+bc)x+bd$

12 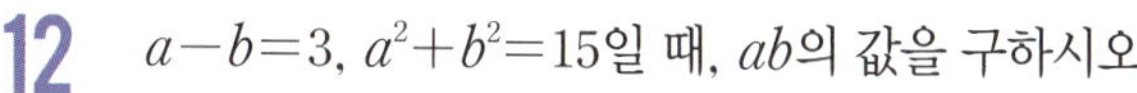 $a-b=3$, $a^2+b^2=15$일 때, ab의 값을 구하시오.

13 한 변의 길이가 각각 $-a+4b$, $7a-3b$인 두 정사각형의 넓이의 합은?

① $48a^2-34ab+7b^2$

② $48a^2-50ab+7b^2$

③ $50a^2-34ab+25b^2$

④ $50a^2-50ab+25b^2$

⑤ $50a^2+34ab+25b^2$

14 $(x+A)(x+B)=x^2+Cx+8$일 때, 다음 중 C의 값이 될 수 <u>없는</u> 것은?

(단, A, B, C는 정수이다.)

① -9 ② -6 ③ -3

④ 6 ⑤ 9

꼭나와

15 $(3x+2y)(-6x+ay)=-18x^2+Axy+By^2$이고 $A+B=3$일 때, 상수 a의 값을 구하시오.

(단, A, B는 상수이다.)

16 $(x+4y-1)^2$을 전개한 식에서 상수항을 제외한 모든 항의 계수의 합은?

① 14 ② 15 ③ 16

④ 17 ⑤ 18

17 다음 식을 전개하시오.

$$(x-2)(x+2)(x+5)(x+9)$$

꼭나와

18 다음 □ 안에 알맞은 수를 구하시오.

$$(2+1)(2^2+1)(2^4+1)(2^8+1)(2^{16}+1)$$
$$=2^{\square}-1$$

19 $A=(3+\sqrt{3})(a-2\sqrt{3})$일 때, A가 유리수가 되도록 하는 유리수 a의 값을 구하시오.

20 $x=4+\sqrt{10}$일 때, x^2-8x+5의 값은?

① -2 ② -1 ③ 0
④ 1 ⑤ 2

꼭나와

21 $x=\dfrac{\sqrt{2}-1}{\sqrt{2}+1}$, $y=\dfrac{\sqrt{2}+1}{\sqrt{2}-1}$일 때, $\dfrac{y}{x}+\dfrac{x}{y}$의 값은?

① 26 ② 28 ③ 30
④ 32 ⑤ 34

22 $x^2-3x+1=0$일 때, $x^2+\dfrac{1}{x^2}$의 값은?

① 5 ② 6 ③ 7
④ 8 ⑤ 9

STEP **3** 실력 **UP**

23 
해설 강의

$(x+2)(x-3)$에서 2를 A로 잘못 보고 전개하였더니 x^2-2x+B가 되었고, $(2x+1)(x-3)$에서 2를 C로 잘못 보고 전개하였더니 Cx^2+7x-3이 되었다. 이때 상수 A, B, C에 대하여 $A+B+C$의 값을 구하시오.

24 
해설 강의

오른쪽 그림과 같이 가로, 세로의 길이가 각각 a, b $(a>b)$인 직사각형 ABCD를 $\overline{AB}$가 $\overline{AH}$에, $\overline{HD}$가 $\overline{HI}$에, $\overline{GC}$가 $\overline{GJ}$에 겹치도록 접었을 때, $\square$IEFJ의 넓이를 구하시오.

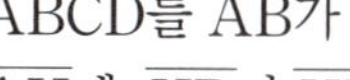

25 
해설 강의

$(2\sqrt{2}+3)^{100}(2\sqrt{2}-3)^{102}=a+b\sqrt{2}$일 때, 유리수 a, b에 대하여 $a+b$의 값을 구하시오.

예제 1

해설 강의

$(ax-2)(3x+5)$를 전개한 식에서 x^2의 계수와 x의 계수가 같을 때, 상수 a의 값을 구하시오. [6점]

풀이 과정

1단계 주어진 식을 전개하기 ·3점

$$(ax-2)(3x+5)=3ax^2+(5a-6)x-10$$

2단계 a에 대한 식 세우기 ·2점

x^2의 계수와 x의 계수가 같으므로

$$3a=5a-6$$

3단계 a의 값 구하기 ·1점

$$-2a=-6 \qquad \therefore a=3$$

답 3

유제 1

$\left(3x-\dfrac{1}{2}a\right)\left(x+\dfrac{1}{4}\right)$을 전개한 식에서 x의 계수가 상수항의 3배일 때, 상수 a의 값을 구하시오. [6점]

풀이 과정

1단계 주어진 식을 전개하기 ·3점

2단계 a에 대한 식 세우기 ·2점

3단계 a의 값 구하기 ·1점

답

예제 2

해설 강의

$A=(\sqrt{10}+\sqrt{2})^2$, $B=(2\sqrt{5}-1)(\sqrt{5}-2)$일 때, $A-B$의 값을 구하시오. [7점]

풀이 과정

1단계 A의 값 구하기 ·3점

$$A=(\sqrt{10}+\sqrt{2})^2=10+4\sqrt{5}+2=12+4\sqrt{5}$$

2단계 B의 값 구하기 ·3점

$$B=(2\sqrt{5}-1)(\sqrt{5}-2)$$
$$=10-5\sqrt{5}+2=12-5\sqrt{5}$$

3단계 $A-B$의 값 구하기 ·1점

$$A-B=(12+4\sqrt{5})-(12-5\sqrt{5})=9\sqrt{5}$$

답 $9\sqrt{5}$

유제 2

$A=(\sqrt{6}-\sqrt{3})^2$,
$B=(\sqrt{19}+2\sqrt{7})(\sqrt{19}-2\sqrt{7})$일 때, $A+B$의 값을 구하시오. [7점]

풀이 과정

1단계 A의 값 구하기 ·3점

2단계 B의 값 구하기 ·3점

3단계 $A+B$의 값 구하기 ·1점

답

스스로 서술하기

유제 3 $(5x+2)^2-(2x-3)(6x-7)$을 계산한 식에서 x의 계수와 상수항의 합을 구하시오. [6점]

풀이 과정 ─────────────────

답

유제 4 $(2x-y+3)(2x-y-3)$을 전개하면 $4x^2+Axy+By^2+C$일 때, 상수 A, B, C에 대하여 $A-B+C$의 값을 구하시오. [8점]

풀이 과정 ─────────────────

답

유제 5 곱셈 공식을 이용하여
$$\frac{2\times3001^2-2997\times3003-11}{3000}$$
을 계산하려고 한다. 다음 물음에 답하시오. [총 7점]

(1) $3000=x$라 하고 주어진 수를 x를 사용하여 간단히 나타내시오. [5점]

(2) (1)의 식을 이용하여 주어진 수를 계산하시오. [2점]

풀이 과정 ─────────────────

답 (1)　　　　　　　(2)

유제 6 $x=\dfrac{2}{\sqrt{3}-\sqrt{2}}$, $y=\dfrac{2}{\sqrt{3}+\sqrt{2}}$일 때, x^2+y^2-8xy의 값을 구하시오. [8점]

풀이 과정 ─────────────────

답

"난 지금 잠시 넘어졌지만
다시 일어날 거야!"

Ⅱ-2

다항식의 인수분해

이 단원의 학습 계획을 세우고
하나하나 실천하는 습관을 기르자!!

나는 할 수 있어!

		공부한 날		학습 완료도
01 인수분해 공식 (1)	개념원리 이해 & 개념원리 확인하기	월	일	□□□
	핵심문제 익히기	월	일	○○○
	이런 문제가 시험에 나온다	월	일	○○○
02 인수분해 공식 (2)	개념원리 이해 & 개념원리 확인하기	월	일	□□□
	핵심문제 익히기	월	일	○○○
	계산력 강화하기	월	일	○○○
	이런 문제가 시험에 나온다	월	일	○○○
03 인수분해 공식의 응용	개념원리 이해 & 개념원리 확인하기	월	일	□□□
	핵심문제 익히기	월	일	○○○
	이런 문제가 시험에 나온다	월	일	○○○
중단원 마무리하기		월	일	○○○
서술형 대비 문제		월	일	○○○

개념 학습 guide

- 개념을 이해했으면 ■□□, 개념을 문제에 적용할 수 있으면 ■■□, 개념을 친구에게 설명할 수 있으면 ■■■ 로 색칠한다.

- 부족한 부분의 개념을 반복 학습하여 ■■■ 3칸 모두 색칠하면 학습을 마친다.

문제 학습 guide

- 맞힌 문제가 전체의 50% 미만이면 ●○○, 맞힌 문제가 50% 이상 90% 미만이면 ●●○, 맞힌 문제가 90% 이상이면 ●●● 로 색칠한다. 문제를 찍지 말자!

- 틀린 문제는 왜 틀렸는지 그 이유를 파악한 후 다시 풀어 본다. 며칠 후 틀린 문제를 다시 풀어 보고, 풀이 과정과 답이 맞으면 학습을 마친다.

01 인수분해 공식(1)

개념원리 이해

1 인수분해란 무엇인가?

◎ 핵심문제 01

(1) **인수**: 하나의 다항식을 두 개 이상의 다항식의 곱으로 나타낼 때, 각각의 식을 처음 다항식의 인수라 한다.

$$x^2+8x+15 \underset{\text{전개}}{\overset{\text{인수분해}}{\rightleftarrows}} (x+3)(x+5)$$

(2) **인수분해**: 하나의 다항식을 두 개 이상의 인수의 곱으로 나타내는 것을 그 다항식을 인수분해한다고 한다.

▶ 모든 다항식에서 1과 자기 자신은 그 다항식의 인수이다.

2 공통인 인수가 있을 때에는 어떻게 인수분해하는가?

◎ 핵심문제 01

다항식의 각 항에 공통인 인수가 있을 때에는 분배법칙을 이용하여 공통인 인수로 묶어 내어 인수분해한다.

➡ $ma+mb=m(a+b)$

예 $4x^2-2xy^2=2x \times 2x-2x \times y^2=2x(2x-y^2)$

주의 인수분해할 때에는 공통인 인수가 남지 않도록 모두 묶어 낸다.

3 $a^2+2ab+b^2$, $a^2-2ab+b^2$은 어떻게 인수분해하는가?

◎ 핵심문제 02, 03

(1) $a^2+2ab+b^2$, $a^2-2ab+b^2$의 인수분해

① $a^2+2ab+b^2=(a+b)^2$　　② $a^2-2ab+b^2=(a-b)^2$

예 ① $x^2+8x+16=x^2+2 \times x \times 4+4^2=(x+4)^2$

② $x^2-4x+4=x^2-2 \times x \times 2+2^2=(x-2)^2$

(2) **완전제곱식**: 다항식의 제곱으로 된 식 또는 이 식에 상수를 곱한 식

예 $(x+2)^2$, $3(a-2b)^2$

참고 x^2+ax+b가 완전제곱식이 되기 위한 조건

① b의 조건: $b=\left(\dfrac{a}{2}\right)^2$

➡ $x^2+ax+b=x^2+2 \times x \times \dfrac{a}{2}+\left(\dfrac{a}{2}\right)^2=\left(x+\dfrac{a}{2}\right)^2$

② a의 조건: $a=\pm 2\sqrt{b}$ (단, $b>0$)

➡ $x^2+ax+b=x^2\pm 2 \times x \times \sqrt{b}+(\pm\sqrt{b})^2=(x\pm\sqrt{b})^2$ (복호동순)

4 a^2-b^2은 어떻게 인수분해하는가?

◎ 핵심문제 04

$a^2-b^2=(a+b)(a-b)$

예 $4a^2-b^2=(2a)^2-b^2=(2a+b)(2a-b)$

01 다음 식은 어떤 다항식을 인수분해한 것인지 구하시오.

(1) $a(a+3)$

(2) $(x-1)^2$

(3) $(b+7)(b-2)$

(4) $(2y-1)(3y-5)$

02 다음 식에서 각 항의 공통인 인수를 구하고, 인수분해하시오.

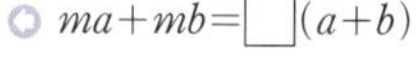

$ma+mb=\boxed{}(a+b)$

(1) $ax-ay$ ➡ 공통인 인수: __________, 인수분해: __________

(2) $3xy^3+9x^2y^2$ ➡ 공통인 인수: __________, 인수분해: __________

(3) $2a^2b+ab^2-5ab$ ➡ 공통인 인수: __________, 인수분해: __________

(4) $x(x+1)-4(x+1)$ ➡ 공통인 인수: __________, 인수분해: __________

03 다음 식을 인수분해하시오.

① $a^2+2ab+b^2=\boxed{}$
② $a^2-2ab+b^2=\boxed{}$

(1) x^2+4x+4

(2) $a^2-10a+25$

(3) $16x^2+8xy+y^2$

(4) $9a^2-42ab+49b^2$

04 다음 식을 인수분해하시오.

$a^2-b^2=\boxed{}$

(1) x^2-36

(2) a^2-81

(3) $25x^2-49y^2$

(4) $9a^2-4b^2$

01 공통인 인수로 묶어 인수분해하기

● 더 다양한 문제는 **RPM** 3-1 76쪽

다음 식을 인수분해하시오.

(1) $2a^2+8a$

(2) x^2y-xy^2+5xy

(3) $(a+5)b-3(a+5)$

(4) $(2x+1)(x-1)+x(1-x)$

풀이
(1) $2a^2+8a=2a(a+4)$
(2) $x^2y-xy^2+5xy=xy(x-y+5)$
(3) $(a+5)b-3(a+5)=(a+5)(b-3)$
(4) $(2x+1)(x-1)+x(1-x)=(2x+1)(x-1)-x(x-1)$
$$=(x-1)(2x+1-x)$$
$$=(x-1)(x+1)$$

답 (1) $2a(a+4)$　(2) $xy(x-y+5)$　(3) $(a+5)(b-3)$　(4) $(x-1)(x+1)$

확인 ① 다음 중 다항식 $2x^2y-10xy^2$의 인수가 <u>아닌</u> 것은?

① x 　　　　② y 　　　　③ x^2y
④ $x-5y$ 　　　⑤ $y(x-5y)$

02 $a^2\pm2ab+b^2$의 인수분해

● 더 다양한 문제는 **RPM** 3-1 77쪽

다음 식을 인수분해하시오.

(1) $x^2-12x+36$

(2) $9x^2+30xy+25y^2$

(3) $\dfrac{1}{4}x^2+2xy+4y^2$

(4) $4x^3y-12x^2y^2+9xy^3$

풀이
(1) $x^2-12x+36=x^2-2\times x\times 6+6^2=(x-6)^2$
(2) $9x^2+30xy+25y^2=(3x)^2+2\times 3x\times 5y+(5y)^2=(3x+5y)^2$
(3) $\dfrac{1}{4}x^2+2xy+4y^2=\left(\dfrac{1}{2}x\right)^2+2\times\dfrac{1}{2}x\times 2y+(2y)^2=\left(\dfrac{1}{2}x+2y\right)^2$
(4) $4x^3y-12x^2y^2+9xy^3=xy(4x^2-12xy+9y^2)$
$$=xy\{(2x)^2-2\times 2x\times 3y+(3y)^2\}=xy(2x-3y)^2$$

답 (1) $(x-6)^2$　(2) $(3x+5y)^2$　(3) $\left(\dfrac{1}{2}x+2y\right)^2$　(4) $xy(2x-3y)^2$

확인 ② 다음 중 다항식을 인수분해한 것이 옳지 <u>않은</u> 것은?

① $x^2+14x+49=(x+7)^2$ 　　　② $x^2-\dfrac{1}{2}x+\dfrac{1}{16}=\left(x-\dfrac{1}{4}\right)^2$
③ $64x^2+16xy+y^2=(8x+y)^2$ 　　④ $16x^2-24xy+9y^2=(4x-3y)^2$
⑤ $4x^2+8xy+4y^2=4(x+2y)^2$

03 완전제곱식 만들기

● 더 다양한 문제는 RPM 3–1 77쪽

다음 식이 완전제곱식이 되도록 □ 안에 알맞은 수를 써넣으시오.

(1) $x^2-8x+\square$

(2) $x^2+\square x+25$

(3) $9x^2+12xy+\square y^2$

(4) $16x^2+\square x+\dfrac{1}{4}$

풀이

(1) $x^2-8x+\square=x^2-2\times x\times 4+\square$에서　$\square=4^2=16$

(2) $x^2+\square x+25=x^2+\square x+5^2$에서　$\square=\pm 2\times 5=\pm 10$

(3) $9x^2+12xy+\square y^2=(3x)^2+2\times 3x\times 2y+\square y^2$에서

　　$\square y^2=(2y)^2=4y^2$　∴ $\square=4$

(4) $16x^2+\square x+\dfrac{1}{4}=(4x)^2+\square x+\left(\dfrac{1}{2}\right)^2$에서　$\square=\pm 2\times 4\times \dfrac{1}{2}=\pm 4$

답 (1) 16　(2) ± 10　(3) 4　(4) ± 4

확인 ③ 다음 식이 완전제곱식으로 인수분해될 때, □ 안에 알맞은 수 중 그 절댓값이 가장 큰 것은?

① $x^2-16x+\square$　　② $4x^2+\square x+25$　　③ $x^2+18x+\square$

④ $x^2+\square x+100$　　⑤ $36x^2+\square x+1$

04 a^2-b^2의 인수분해

● 더 다양한 문제는 RPM 3–1 78쪽

다음 식을 인수분해하시오.

(1) $9a^2-b^2$

(2) $-x^2+25y^2$

(3) $2x^2-32$

(4) $3ab^2-12ac^2$

풀이

(1) $9a^2-b^2=(3a)^2-b^2=(3a+b)(3a-b)$

(2) $-x^2+25y^2=25y^2-x^2=(5y)^2-x^2=(5y+x)(5y-x)$

(3) $2x^2-32=2(x^2-16)=2(x^2-4^2)=2(x+4)(x-4)$

(4) $3ab^2-12ac^2=3a(b^2-4c^2)=3a\{b^2-(2c)^2\}=3a(b+2c)(b-2c)$

답 (1) $(3a+b)(3a-b)$　(2) $(5y+x)(5y-x)$

　　(3) $2(x+4)(x-4)$　(4) $3a(b+2c)(b-2c)$

확인 ④ 다음 보기 중 다항식을 인수분해한 것이 옳은 것을 모두 고르시오.

보기

ㄱ. $16x^2-81y^2=(4x+9y)(4x-9y)$　　ㄴ. $x^2-\dfrac{1}{36}=\left(x-\dfrac{1}{6}\right)^2$

ㄷ. $-2x^2+98=-2(x+7)(x-7)$

❯ 정답 및 풀이 32쪽

01 다음 중 다항식을 인수분해한 것이 옳은 것을 모두 고르면? (정답 2개)

① $-3x^2+9x=-3(x^2-3x)$

② $2ab+b^2=b(2a+1)$

③ $3a^2-5ab+7a=a(3a-5b+7)$

④ $8x^2y-18xy^2-4xy=2xy(4x-9y-2)$

⑤ $a(x-y)-b(y-x)=(a-b)(x-y)$

02 다음 중 완전제곱식으로 인수분해할 수 <u>없는</u> 것은?

① x^2-6x+9 ② $4a^2+28a+49$ ③ $2a^2-4ab+2b^2$

④ $\dfrac{1}{9}a^2+\dfrac{1}{2}ab+\dfrac{9}{16}b^2$ ⑤ $16x^2+12xy+36y^2$

> 완전제곱식
> ➡ $k\times$(다항식)^{2}의 꼴
> (단, k는 상수)

03 다음 두 식이 모두 완전제곱식이 되도록 하는 양수 a, b에 대하여 ab의 값을 구하시오.

$$4x^2-12x+a, \qquad \frac{1}{9}x^2+bx+4$$

04 $-4<x<4$일 때, $\sqrt{x^2+8x+16}+\sqrt{x^2-8x+16}$을 간단히 하면?

① $-2x$ ② -8 ③ $2x$

④ 8 ⑤ $2x+8$

> 근호 안의 식을 인수분해한 후 부호에 주의하여 근호를 없앤다.

05 다음 중 다항식 x^4-16의 인수가 <u>아닌</u> 것은?

① $x+2$ ② $x-2$ ③ x^2+2

④ x^2+4 ⑤ x^2-4

> 먼저 x^4-16을 인수분해한다.

02 인수분해 공식 (2)

개념원리 이해

1 $x^2+(a+b)x+ab$는 어떻게 인수분해하는가?

◐ 핵심문제 01, 03~06

(1) $x^2+(a+b)x+ab$의 인수분해

$$x^2+(\underline{a+b})x+\underline{ab}=(x+a)(x+b)$$

합　곱

(2) $x^2+(a+b)x+ab$를 인수분해하는 방법

❶ 곱하여 상수항이 되는 두 정수를 모두 찾는다.

❷ ❶의 두 정수 중 합이 x의 계수가 되는 두 정수 a, b를 찾는다.

❸ $(x+a)(x+b)$의 꼴로 나타낸다.

예 x^2+7x-8을 인수분해해 보자.

　오른쪽 표와 같이 곱이 -8인 두 정수를 모두 찾은 후 그중에서 합이 7인 두 정수를 찾는다.

　즉 곱이 -8, 합이 7인 두 정수는 -1, 8이므로

$$x^2+7x-8=(x-1)(x+8)$$

곱이 -8인 두 정수		합
1	-8	-7
-1	8	7
2	-4	-2
-2	4	2

2 $acx^2+(ad+bc)x+bd$는 어떻게 인수분해하는가?

◐ 핵심문제 02~06

(1) $acx^2+(ad+bc)x+bd$의 인수분해

$$acx^2+(ad+bc)x+bd=(ax+b)(cx+d)$$

(2) $acx^2+(ad+bc)x+bd$를 인수분해하는 방법

$$acx^2+(ad+bc)x+bd=(ax+b)(cx+d)$$

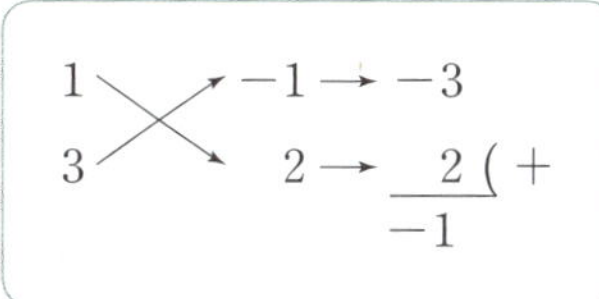

$$
\begin{array}{ll}
a & \quad b \to \quad bc \\
c & \quad d \to \quad ad \quad (+ \\
& \quad\quad \overline{ad+bc}
\end{array}
$$

❶ 곱하여 x^2의 계수가 되는 두 정수 a, c를 세로로 나열한다.

❷ 곱하여 상수항이 되는 두 정수 b, d를 세로로 나열한다.

❸ 대각선으로 곱하여 더한 값이 x의 계수가 되는 a, b, c, d를 찾는다.

❹ $(ax+b)(cx+d)$의 꼴로 나타낸다.

예 $3x^2-x-2$를 인수분해해 보자.

$$
\begin{array}{ll}
1 & \quad 1 \to \quad 3 \\
3 & \quad -2 \to \quad \underline{-2} \;(+ \\
& \quad\quad\quad\;\; 1
\end{array}
\qquad
\begin{array}{ll}
1 & \quad -1 \to \quad -3 \\
3 & \quad 2 \to \quad \underline{2} \;(+ \\
& \quad\quad\quad\;\; -1
\end{array}
$$

$$
\begin{array}{ll}
1 & \quad 2 \to \quad 6 \\
3 & \quad -1 \to \quad \underline{-1} \;(+ \\
& \quad\quad\quad\;\; 5
\end{array}
\qquad
\begin{array}{ll}
1 & \quad -2 \to \quad -6 \\
3 & \quad 1 \to \quad \underline{1} \;(+ \\
& \quad\quad\quad\;\; -5
\end{array}
$$

따라서 $a=1$, $b=-1$, $c=3$, $d=2$이므로　$3x^2-x-2=(x-1)(3x+2)$

01 다음 □ 안에 알맞은 수를 써넣고, 주어진 식을 인수분해하시오.

$x^2+(a+b)x+ab$
= ☐

(1) $x^2-7x+10=$ _______

곱이 10인 두 정수		합
1	10	☐
-1	-10	☐
2	5	☐
-2	-5	☐

(2) $x^2+5x-6=$ _______

곱이 -6인 두 정수		합
1	-6	☐
-1	6	☐
2	-3	☐
-2	3	☐

02 다음 식을 인수분해하시오.

(1) $x^2+9x+18$

(2) x^2-4x+3

(3) x^2+x-2

(4) $x^2-6xy-40y^2$

03 다음 □ 안에 알맞은 수를 써넣고, 주어진 식을 인수분해하시오.

$acx^2+(ad+bc)x+bd$
= ☐

(1) $2x^2-x-3=$ _______

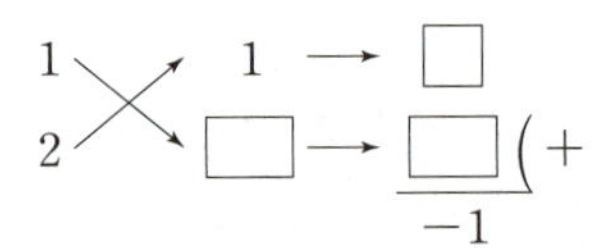

(2) $4x^2-8x+3=$ _______

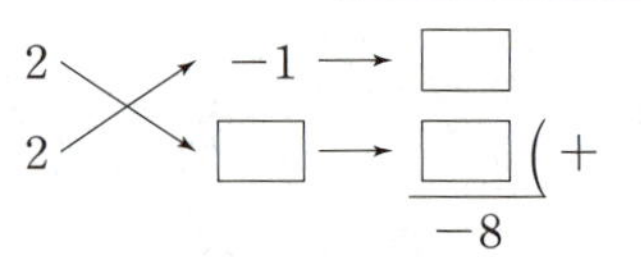

04 다음 식을 인수분해하시오.

(1) $3x^2+7x-10$

(2) $6x^2+11x+4$

(3) $10x^2-3x-1$

(4) $5x^2-36xy+7y^2$

01 $x^2+(a+b)x+ab$의 인수분해

● 더 다양한 문제는 RPM 3–1 79쪽

KEY POINT

$x^2+(a+b)x+ab$
$=(x+a)(x+b)$

다음 식을 인수분해하시오.

(1) $x^2+7x+12$ (2) x^2+x-20

(3) $x^2-2x-24$ (4) $x^2-17xy+72y^2$

풀이 (1) 곱이 12, 합이 7인 두 정수는 3, 4이므로 $x^2+7x+12=(x+3)(x+4)$

(2) 곱이 -20, 합이 1인 두 정수는 -4, 5이므로 $x^2+x-20=(x-4)(x+5)$

(3) 곱이 -24, 합이 -2인 두 정수는 4, -6이므로
$$x^2-2x-24=(x+4)(x-6)$$

(4) 곱이 72, 합이 -17인 두 정수는 -8, -9이므로
$$x^2-17xy+72y^2=(x-8y)(x-9y)$$

답 (1) $(x+3)(x+4)$ (2) $(x-4)(x+5)$
(3) $(x+4)(x-6)$ (4) $(x-8y)(x-9y)$

확인 1 $x^2+5x-36$이 x의 계수가 1인 두 일차식의 곱으로 인수분해될 때, 이 두 일차식의 합을 구하시오.

02 $acx^2+(ad+bc)x+bd$의 인수분해

● 더 다양한 문제는 RPM 3–1 79쪽

KEY POINT

$acx^2+(ad+bc)x+bd$
$=(ax+b)(cx+d)$

다음 식을 인수분해하시오.

(1) $3x^2-10x+8$ (2) $15x^2+11x-12$

(3) $20x^2-7x-6$ (4) $9x^2+20xy+4y^2$

풀이 (1) $3x^2-10x+8=(x-2)(3x-4)$

$$\begin{array}{ccc} 1 & \searrow^{-2} \to & -6 \\ 3 & \nearrow_{-4} \to & \underline{-4} \;(+ \\ & & -10 \end{array}$$

(2) $15x^2+11x-12=(3x+4)(5x-3)$

$$\begin{array}{ccc} 3 & \searrow^{4} \to & 20 \\ 5 & \nearrow_{-3} \to & \underline{-9} \;(+ \\ & & 11 \end{array}$$

(3) $20x^2-7x-6=(4x-3)(5x+2)$

$$\begin{array}{ccc} 4 & \searrow^{-3} \to & -15 \\ 5 & \nearrow_{2} \to & \underline{8} \;(+ \\ & & -7 \end{array}$$

(4) $9x^2+20xy+4y^2=(x+2y)(9x+2y)$

$$\begin{array}{ccc} 1 & \searrow^{2} \to & 18 \\ 9 & \nearrow_{2} \to & \underline{2} \;(+ \\ & & 20 \end{array}$$

답 (1) $(x-2)(3x-4)$ (2) $(3x+4)(5x-3)$
(3) $(4x-3)(5x+2)$ (4) $(x+2y)(9x+2y)$

확인 2 $6x^2-23x+21=(2x+A)(Bx+C)$일 때, 정수 A, B, C에 대하여 $A+B+C$의 값을 구하시오.

II-2

다항식의 인수분해

03 두 다항식의 공통인 인수 구하기

● 더 다양한 문제는 RPM 3–1 80쪽

다음 두 다항식의 공통인 인수는?

$$x^2-3x-28, \quad 5x^2+17x-12$$

① $x-7$　　　　② $x-4$　　　　③ $x+2$
④ $x+4$　　　　⑤ $x+7$

풀이 $x^2-3x-28=(x+4)(x-7)$
$5x^2+17x-12=(x+4)(5x-3)$
따라서 두 다항식의 공통인 인수는 $x+4$이다.　　　**답** ④

확인 3 다음 중 두 다항식 $3x^2-8x-3$, $2x^2-x-15$의 공통인 인수는?

① $x-1$　　　　② $x-3$　　　　③ $2x-3$
④ $2x+5$　　　　⑤ $3x+1$

04 인수가 주어진 이차식의 미지수의 값 구하기

● 더 다양한 문제는 RPM 3–1 81쪽

$x-1$이 $4x^2-ax+9$의 인수일 때, 상수 a의 값을 구하시오.

풀이 $x-1$이 $4x^2-ax+9$의 인수이므로
$4x^2-ax+9=(x-1)(4x+k)$ (k는 상수)
로 놓으면
$-a=k-4$, $9=-k$
$\therefore k=-9$, $a=13$　　　**답** 13

확인 4 $10x^2+17x+a$가 $2x+5$를 인수로 가질 때, 다음 물음에 답하시오.

(1) 상수 a의 값을 구하시오.

(2) 일차식인 다른 한 인수를 구하시오.

› 정답 및 풀이 34쪽

05 계수 또는 상수항을 잘못 보고 인수분해한 경우

● 더 다양한 문제는 RPM 3–1 81쪽

x^2의 계수가 1인 어떤 이차식을 이서는 x의 계수를 잘못 보아 $(x+2)(x-6)$으로 인수분해하였고, 지애는 상수항을 잘못 보아 $(x-2)(x+3)$으로 인수분해하였다. 다음 물음에 답하시오.

(1) 처음 이차식의 상수항을 구하시오.

(2) 처음 이차식의 x의 계수를 구하시오.

(3) 처음 이차식을 바르게 인수분해하시오.

풀이 (1) 이서는 x의 계수를 잘못 보았으므로 상수항은 바르게 보았다.
즉 $(x+2)(x-6)=x^2-4x-12$에서 처음 이차식의 상수항은 -12이다.
(2) 지애는 상수항을 잘못 보았으므로 x의 계수는 바르게 보았다.
즉 $(x-2)(x+3)=x^2+x-6$에서 처음 이차식의 x의 계수는 1이다.
(3) 처음 이차식은 x^2+x-12이므로 바르게 인수분해하면
$$x^2+x-12=(x-3)(x+4)$$

답 (1) -12 (2) 1 (3) $(x-3)(x+4)$

확인 5 x^2의 계수가 1인 어떤 이차식을 찬우는 x의 계수를 잘못 보아 $(x+3)(x-8)$로 인수분해하였고, 연주는 상수항을 잘못 보아 $(x-2)(x+4)$로 인수분해하였다. 처음 이차식을 바르게 인수분해하시오.

06 인수분해의 도형에의 활용

● 더 다양한 문제는 RPM 3–1 82쪽

다음 그림의 모든 직사각형을 빈틈없이 겹치지 않게 붙여 하나의 큰 직사각형을 만들려고 한다. 새로 만든 직사각형의 가로의 길이와 세로의 길이의 합을 구하시오.

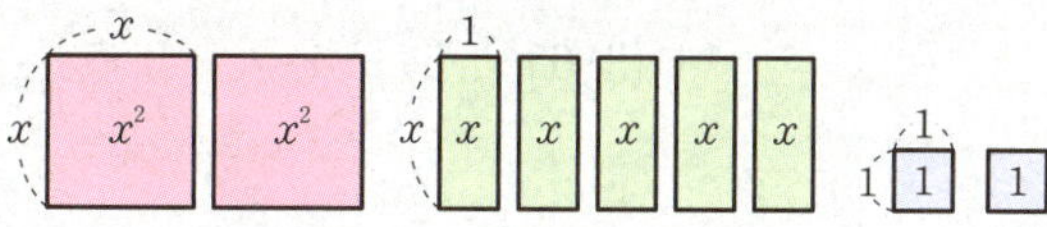

풀이 새로 만든 직사각형의 넓이는
$$2x^2+5x+2=(x+2)(2x+1)$$
따라서 새로 만든 직사각형의 가로의 길이와 세로의 길이는 각각 $x+2$, $2x+1$ 또는 $2x+1$, $x+2$이므로 구하는 합은 $(x+2)+(2x+1)=3x+3$

답 $3x+3$

확인 6 오른쪽 그림의 모든 직사각형을 빈틈없이 겹치지 않게 붙여 하나의 큰 직사각형을 만들려고 한다. 새로 만든 직사각형의 둘레의 길이를 구하시오.

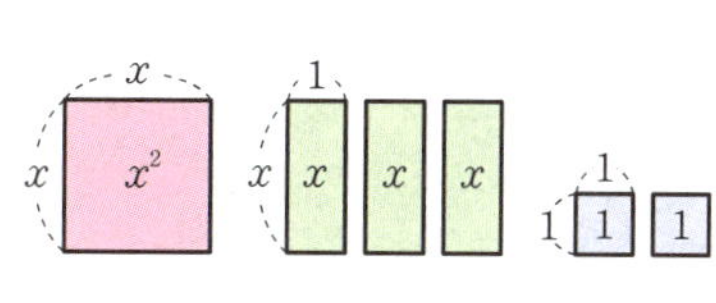

계산력 강화하기

01 다음 식을 인수분해하시오.

(1) $5a^2 - 10ab$

(2) $2ax + 5bx - 3cx$

(3) $a(x+2) - 7(x+2)$

(4) $(x-3y)^2 + (x+y)(3y-x)$

02 다음 식을 인수분해하시오.

(1) $x^2 + 16x + 64$

(2) $x^2 - x + \dfrac{1}{4}$

(3) $9x^2 + 6xy + y^2$

(4) $25x^2 - 20x + 4$

(5) $12x^2 + 36x + 27$

(6) $2x^2y - 16xy + 32y$

03 다음 식을 인수분해하시오.

(1) $25x^2 - 16y^2$

(2) $9a^2 - \dfrac{1}{49}b^2$

(3) $54x^2 - 24y^2$

(4) $81 - x^4$

04 다음 식을 인수분해하시오.

(1) $x^2 + 5x + 4$

(2) $x^2 - 9x + 14$

(3) $x^2 + 6x - 7$

(4) $x^2 - 2x - 15$

(5) $x^2 + 4xy - 21y^2$

(6) $x^2 - 10xy + 16y^2$

(7) $3x^2 + 15x + 18$

(8) $2x^2y - 2xy - 12y$

05 다음 식을 인수분해하시오.

(1) $3x^2 + 11x + 6$

(2) $5x^2 - 8x + 3$

(3) $6x^2 + 5x - 4$

(4) $9x^2 - 3x - 2$

(5) $15x^2 + 26xy + 8y^2$

(6) $2x^2 + 7xy - 22y^2$

(7) $10x^2 - 35x + 25$

(8) $6x^2 - 4xy - 10y^2$

01 $x^2+4x-45=(x+a)(x+b)$일 때, 상수 a, b에 대하여 $a-b$의 값은?

(단, $a>b$)

① 13   ② 14   ③ 15
④ 16   ⑤ 17

02 $3x^2-26x+16$이 x의 계수가 자연수이고 상수항이 정수인 두 일차식의 곱으로 인수분해될 때, 이 두 일차식의 합을 구하시오.

03 $x-2$가 두 다항식 x^2-ax+2, $2x^2-7x+b$의 공통인 인수일 때, 상수 a, b에 대하여 $a+b$의 값을 구하시오.

$x^2-ax+2=(x-2)(x+m)$,
$2x^2-7x+b=(x-2)(2x+n)$
으로 놓는다.

04 x^2의 계수가 2인 어떤 이차식을 형우는 x의 계수를 잘못 보아 $2(x-4)(x+6)$으로 인수분해하였고, 지우는 상수항을 잘못 보아 $2(x+2)(x-7)$로 인수분해하였다. 처음 이차식을 바르게 인수분해하면?

① $2(x-4)(x-6)$ ② $2(x+4)(x-6)$ ③ $2(x-3)(x+8)$
④ $2(x+3)(x-8)$ ⑤ $2(x+3)(x+8)$

x의 계수를 잘못 보았다.
➡ 상수항은 바르게 보았다.
상수항을 잘못 보았다.
➡ x의 계수는 바르게 보았다.

05 오른쪽 그림과 같이 밑변의 길이가 $3x-1$인 삼각형의 넓이가 $9x^2+9x-4$일 때, 이 삼각형의 높이를 구하시오.

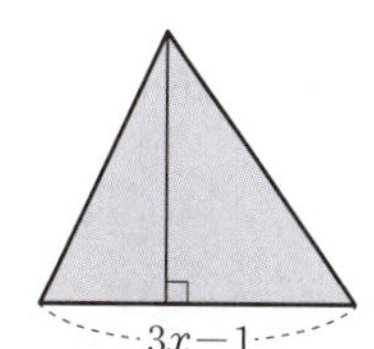

(삼각형의 넓이)
$=\dfrac{1}{2}\times$(밑변의 길이)$\times$(높이)

03 인수분해 공식의 응용

개념원리 이해

1 복잡한 식의 인수분해는 어떻게 하는가?
◎ 핵심문제 01, 02, 05, 06

(1) 공통부분이 있는 식의 인수분해

공통부분을 한 문자로 놓고 인수분해 공식을 이용한다.

예 $6(x+y)^2+7(x+y)-3=6A^2+7A-3$ ← $x+y=A$로 놓는다.

$\qquad\qquad\qquad\qquad = (2A+3)(3A-1)$ ← 인수분해한다.

$\qquad\qquad\qquad\qquad = \{2(x+y)+3\}\{3(x+y)-1\}$ ← A 대신 $x+y$를 대입한다.

$\qquad\qquad\qquad\qquad = (2x+2y+3)(3x+3y-1)$

참고 $(\ \ )(\ \ )(\ \ )(\ \ )+k$의 꼴의 인수분해는 공통부분이 생기도록 2개씩 짝을 지어 전개한 후 공통부분을 한 문자로 놓고 인수분해한다.

(2) 항이 4개인 식의 인수분해

① 공통인 인수가 생기도록 (2개의 항)+(2개의 항)으로 묶는다.

예 $ab+a-b-1=a(b+1)-(b+1)=(a-1)(b+1)$

② A^2-B^2의 꼴이 되도록 (3개의 항)+(1개의 항) 또는 (1개의 항)+(3개의 항)으로 묶는다.

예 $x^2+y^2-2xy-1=(x^2-2xy+y^2)-1=(x-y)^2-1^2$

$\qquad\qquad\qquad\qquad = \{(x-y)+1\}\{(x-y)-1\}=(x-y+1)(x-y-1)$

(3) 항이 5개 이상인 식의 인수분해

차수가 낮은 한 문자에 대하여 내림차순으로 정리한다. → 다항식을 한 문자에 대하여 차수가 높은 항부터 낮은 항의 순서로 나열하는 것을 내림차순으로 정리한다고 한다.

예 $x^2+xy-x+2y-6=(x+2)y+(x^2-x-6)$

$\qquad\qquad\qquad\qquad = (x+2)y+(x+2)(x-3)=(x+2)(x+y-3)$

2 인수분해 공식을 이용하여 수의 계산을 어떻게 하는가?
◎ 핵심문제 03

인수분해 공식을 이용할 수 있도록 수의 모양을 변형하여 계산한다.

(1) 공통인 인수로 묶어 내기 ➡ $ma+mb=m(a+b)$

예 $15\times38+15\times22=15\times(38+22)=15\times60=900$

(2) 완전제곱식 이용하기 ➡ $a^2+2ab+b^2=(a+b)^2$, $a^2-2ab+b^2=(a-b)^2$

예 $35^2+2\times35\times5+5^2=(35+5)^2=40^2=1600$

(3) 제곱의 차 이용하기 ➡ $a^2-b^2=(a+b)(a-b)$

예 $76^2-24^2=(76+24)(76-24)=100\times52=5200$

3 인수분해 공식을 이용하여 식의 값을 어떻게 구하는가?
◎ 핵심문제 04

주어진 식을 인수분해한 후 문자에 수를 대입하여 식의 값을 구한다.

예 $x=51$일 때, x^2-2x+1의 값을 구해 보자.

$x^2-2x+1=(x-1)^2=(51-1)^2=50^2=2500$

01 다음은 $(x-3)^2-2(x-3)-8$을 인수분해하는 과정이다. □ 안에 알맞은 것을 써넣으시오.

> $x-3=A$로 놓으면
> $$(x-3)^2-2(x-3)-8=A^2-2A-8=(A+\boxed{})(A-4)$$
> $$=\{(x-3)+\boxed{}\}\{(x-3)-4\}$$
> $$=(\boxed{})(x-7)$$

○ 공통부분이 있는 식의 인수분해는?

02 다음 □ 안에 공통으로 들어갈 식을 구하시오.

(1) $4xy-x+8y-2=x(\boxed{})+2(\boxed{})=(x+2)(\boxed{})$

(2) $x^2-6x+9-y^2=(\boxed{})^2-y^2=(\boxed{}+y)(\boxed{}-y)$

○ 항이 4개인 식의 인수분해는?

03 다음은 $a^2+ab-8a-6b+12$를 인수분해하는 과정이다. □ 안에 알맞은 것을 써넣으시오.

> $$a^2+ab-8a-6b+12=(\boxed{})b+(a^2-8a+12)$$
> $$=(\boxed{})b+(a-2)(\boxed{})$$
> $$=(\boxed{})(a+\boxed{}-2)$$

○ 항이 5개 이상인 식의 인수분해는?

04 다음은 인수분해 공식을 이용하여 수를 계산하는 과정이다. □ 안에 알맞은 수를 써넣으시오.

(1) $27\times64+27\times36=27\times(64+\boxed{})=27\times\boxed{}=\boxed{}$

(2) $75^2-2\times75\times5+5^2=(75-\boxed{})^2=\boxed{}^2=\boxed{}$

(3) $42^2-38^2=(42+\boxed{})(42-\boxed{})=\boxed{}\times4=\boxed{}$

○ 인수분해 공식을 이용할 수 있도록 수의 모양을 변형한다.

05 인수분해 공식을 이용하여 다음 식의 값을 구하시오.

(1) $x=98$일 때, x^2+4x+4

(2) $x=4+\sqrt{5}$일 때, x^2-3x-4

(3) $x=2-\sqrt{3}$, $y=2+\sqrt{3}$일 때, x^2-y^2

○ 주어진 식을 인수분해한 후 문자에 수를 대입한다.

01 공통부분이 있는 식의 인수분해

● 더 다양한 문제는 **RPM** 3–1 83쪽

● 더 다양한 문제는 **RPM** 3–1 83쪽

KEY POINT

공통부분을 한 문자로 놓고 인수분해
한다.

다음 식을 인수분해하시오.

(1) $(x+3)^2-4(x+3)+4$　　　　(2) $(x+y-2)(x+y+4)-27$

풀이 (1) $x+3=A$로 놓으면

(주어진 식)$=A^2-4A+4=(A-2)^2=(x+3-2)^2=(x+1)^2$

(2) $x+y=A$로 놓으면

(주어진 식)$=(A-2)(A+4)-27=A^2+2A-35$

$=(A-5)(A+7)=(x+y-5)(x+y+7)$

답 (1) $(x+1)^2$　(2) $(x+y-5)(x+y+7)$

확인 ① 다음 식을 인수분해하시오.

(1) $9(a+b)^2+6(a+b)+1$　　　　(2) $(x-y)(x-y-5)-6$

(3) $3(x+1)^2-5(x+1)(x-2)+2(x-2)^2$

02 항이 4개인 식의 인수분해

● 더 다양한 문제는 **RPM** 3–1 84쪽

KEY POINT

① 공통인 인수가 생기도록

　(2개의 항)＋(2개의 항)

　으로 묶는다.

② A^2-B^2의 꼴이 되도록

　(3개의 항)＋(1개의 항) 또는

　(1개의 항)＋(3개의 항)

　으로 묶는다.

다음 식을 인수분해하시오.

(1) $a^2-ab-ac+bc$　　　　(2) $x^2-y^2+5x-5y$

(3) $4x^2+4x+1-y^2$　　　　(4) $2xy+1-x^2-y^2$

풀이 (1) (주어진 식)$=a(a-b)-c(a-b)=(a-b)(a-c)$

(2) (주어진 식)$=(x^2-y^2)+5(x-y)=(x+y)(x-y)+5(x-y)$

$=(x-y)(x+y+5)$

(3) (주어진 식)$=(4x^2+4x+1)-y^2=(2x+1)^2-y^2$

$=(2x+1+y)(2x+1-y)=(2x+y+1)(2x-y+1)$

(4) (주어진 식)$=1-(x^2-2xy+y^2)=1^2-(x-y)^2$

$=\{1+(x-y)\}\{1-(x-y)\}=(x-y+1)(-x+y+1)$

답 (1) $(a-b)(a-c)$　(2) $(x-y)(x+y+5)$

(3) $(2x+y+1)(2x-y+1)$　(4) $(x-y+1)(-x+y+1)$

확인 ② 다음 식을 인수분해하시오.

(1) $xy-3y-2x+6$　　　　(2) $a^2+2a+2b-b^2$

(3) $x^2-2xz+z^2-y^2$　　　　(4) $64-x^2-6xy-9y^2$

03 인수분해 공식을 이용한 수의 계산

● 더 다양한 문제는 RPM 3–1 85쪽

인수분해 공식을 이용하여 다음을 계산하시오.

(1) $2.35 \times 39 + 2.35 \times 61$

(2) $86^2 + 2 \times 86 \times 4 + 4^2$

(3) $\sqrt{53^2 - 47^2}$

풀이
(1) $2.35 \times 39 + 2.35 \times 61 = 2.35 \times (39 + 61) = 2.35 \times 100 = 235$
(2) $86^2 + 2 \times 86 \times 4 + 4^2 = (86 + 4)^2 = 90^2 = 8100$
(3) $\sqrt{53^2 - 47^2} = \sqrt{(53 + 47)(53 - 47)} = \sqrt{100 \times 6} = 10\sqrt{6}$

답 (1) 235 (2) 8100 (3) $10\sqrt{6}$

확인 ③ 인수분해 공식을 이용하여 다음을 계산하시오.

(1) $35 \times 97 - 35 \times 94$

(2) $103^2 - 6 \times 103 + 9$

(3) $8.5^2 - 1.5^2$

04 인수분해 공식을 이용하여 식의 값 구하기

● 더 다양한 문제는 RPM 3–1 85쪽

$x = \dfrac{1}{\sqrt{2}+1}$, $y = \dfrac{1}{\sqrt{2}-1}$ 일 때, 다음 식의 값을 구하시오.

(1) $x^2 y + xy^2$

(2) $x^2 - y^2$

풀이
$x = \dfrac{1}{\sqrt{2}+1} = \dfrac{\sqrt{2}-1}{(\sqrt{2}+1)(\sqrt{2}-1)} = \dfrac{\sqrt{2}-1}{2-1} = \sqrt{2}-1$,

$y = \dfrac{1}{\sqrt{2}-1} = \dfrac{\sqrt{2}+1}{(\sqrt{2}-1)(\sqrt{2}+1)} = \dfrac{\sqrt{2}+1}{2-1} = \sqrt{2}+1$

이므로

$x + y = (\sqrt{2}-1) + (\sqrt{2}+1) = 2\sqrt{2}$

$x - y = (\sqrt{2}-1) - (\sqrt{2}+1) = -2$

$xy = (\sqrt{2}-1)(\sqrt{2}+1) = 2-1 = 1$

(1) $x^2 y + xy^2 = xy(x + y) = 1 \times 2\sqrt{2} = 2\sqrt{2}$

(2) $x^2 - y^2 = (x + y)(x - y) = 2\sqrt{2} \times (-2) = -4\sqrt{2}$

답 (1) $2\sqrt{2}$ (2) $-4\sqrt{2}$

확인 ④ $x = \dfrac{1}{\sqrt{3}-\sqrt{2}}$, $y = \dfrac{1}{\sqrt{3}+\sqrt{2}}$ 일 때, 다음 식의 값을 구하시오.

(1) $x^2 y - xy^2$

(2) $x^2 + 2xy + y^2$

UP 05 ( )( )( )( )$+k$의 꼴의 인수분해

● 더 다양한 문제는 RPM 3-1 86쪽

KEY POINT

공통부분이 생기도록 2개씩 짝을 지어 전개한 후 공통부분을 한 문자로 놓고 인수분해한다.

$(x-1)(x-3)(x+2)(x+4)+24$를 인수분해하시오.

풀이
$$(주어진\ 식)=\{(x-1)(x+2)\}\{(x-3)(x+4)\}+24$$
$$=(x^2+x-2)(x^2+x-12)+24$$

이때 $x^2+x=A$로 놓으면
$$(주어진\ 식)=(A-2)(A-12)+24=A^2-14A+48$$
$$=(A-6)(A-8)=(x^2+x-6)(x^2+x-8)$$
$$=(x-2)(x+3)(x^2+x-8)$$

답 $(x-2)(x+3)(x^2+x-8)$

확인 5 다음 식을 인수분해하시오.

(1) $(x+1)(x+2)(x-3)(x-4)+4$

(2) $(a-1)(a-3)(a-5)(a-7)+16$

UP 06 항이 5개 이상인 식의 인수분해

● 더 다양한 문제는 RPM 3-1 86쪽

KEY POINT

차수가 낮은 문자에 대하여 내림차순으로 정리한다.
이때 차수가 같으면 어느 한 문자에 대하여 내림차순으로 정리한다.

다음 식을 인수분해하시오.

(1) $x^2-2xy-2y+3+4x$
(2) $2x^2-xy-y^2+y-7x+6$

풀이
(1) 차수가 낮은 y에 대하여 내림차순으로 정리하면
$$(주어진\ 식)=(-2x-2)y+(x^2+4x+3)$$
$$=-2y(x+1)+(x+1)(x+3)$$
$$=(x+1)(x-2y+3)$$

(2) x, y의 차수가 같으므로 x에 대하여 내림차순으로 정리하면
$$(주어진\ 식)=2x^2-(y+7)x-(y^2-y-6)$$
$$=2x^2-(y+7)x-(y+2)(y-3)$$

$$\begin{array}{ccc} 1 & \quad -(y+2) & \longrightarrow -2y-4 \\ 2 & \quad y-3 & \longrightarrow \underline{\quad y-3\quad}(+ \\ & & -y-7 \end{array}$$

$$=\{x-(y+2)\}\{2x+(y-3)\}$$
$$=(x-y-2)(2x+y-3)$$

답 (1) $(x+1)(x-2y+3)$　(2) $(x-y-2)(2x+y-3)$

확인 6 다음 식을 인수분해하시오.

(1) $x^2+xy-5x-2y+6$
(2) $x^2+xy-2y^2-x+7y-6$

❯ 정답 및 풀이 37쪽

01 $4(x+4)^2-12(x+4)-7$을 인수분해하면 $(2x+a)(2x+b)$일 때, 상수 a, b에 대하여 $a-b$의 값은? (단, $a>b$)

① 6　　　　　　② 7　　　　　　③ 8
④ 9　　　　　　⑤ 10

공통부분을 한 문자로 놓고 인수분해한다.

02 다음 중 $a^2b+a-b-ab^2$의 인수인 것을 모두 고르면? (정답 2개)

① ab　　　　　② $a-b$　　　　③ $a+b$
④ $ab-1$　　　　⑤ $ab+1$

공통인 인수가 생기도록
　(2개의 항)＋(2개의 항)
으로 묶어 인수분해한다.

03 인수분해 공식을 이용하여 $\dfrac{1000\times1001+1000}{1001^2-1}$ 을 계산하시오.

04 $a=3-2\sqrt{2}$, $b=3+2\sqrt{2}$일 때, a^3b-ab^3의 값을 구하시오.

a^3b-ab^3을 인수분해한다.

05 $x+y=\sqrt{5}-2$, $x-y=\sqrt{5}+2$일 때, x^2-y^2+4x+4의 값을 구하시오.

06 x의 계수가 1인 두 일차식의 곱이 $x^2+xy+5x-2y^2+10y$일 때, 두 일차식의 합을 구하시오.

주어진 식을 어느 한 문자에 대하여 내림차순으로 정리한다.

STEP 1 기본 문제

01 다음 중 아래 식에 대한 설명으로 옳지 <u>않은</u> 것은?

$$4a^2b - 9ab \underset{\text{ⓛ}}{\overset{\text{㉠}}{\rightleftarrows}} ab(4a-9)$$

① ㉠의 과정을 인수분해한다고 한다.
② ⓛ의 과정을 전개한다고 한다.
③ ⓛ의 과정에서 분배법칙이 이용된다.
④ ab는 $4a^2b$, $-9ab$의 공통인 인수이다.
⑤ $4a^2b$, $-9ab$는 $4a^2b - 9ab$의 인수이다.

꼭나와

02 다음 중 완전제곱식인 것을 모두 고르면?

(정답 2개)

① $x^2 + 10x + 5$　　② $x^2 - 12x + 36$
③ $\dfrac{1}{4}a^2 + 2a + 1$　　④ $9x^2 - 28xy + 16y^2$
⑤ $3a^2 - 12ab + 12b^2$

03 $-80x^2 + 45y^2 = a(bx+cy)(bx-cy)$일 때, 정수 a, b, c에 대하여 abc의 값을 구하시오.

(단, $b>0$, $c>0$)

04 $(x-4)(x-7)+2$는 x의 계수가 1인 두 일차식의 곱으로 인수분해된다. 이때 두 일차식의 합은?

① $2x-11$　　② $2x-6$　　③ $2x-1$
④ $2x+1$　　⑤ $2x+11$

05 $6x^2 + x - 12$는 $(2x+a)(bx+c)$로 인수분해될 때, 정수 a, b, c에 대하여 $a+b+c$의 값을 구하시오.

꼭나와

06 다음 **보기** 중 인수분해한 것이 옳은 것을 모두 고른 것은?

> **보기**
> ㄱ. $4x^2 + 28x + 49 = (2x+7)^2$
> ㄴ. $1 - 25x^2 = (-5x+1)(5x-1)$
> ㄷ. $x^2 + 6x - 27 = (x+3)(x-9)$
> ㄹ. $3x^2 - 10xy - 8y^2 = (3x+2y)(x-4y)$

① ㄱ, ㄷ　　② ㄱ, ㄹ　　③ ㄴ, ㄹ
④ ㄱ, ㄷ, ㄹ　　⑤ ㄴ, ㄷ, ㄹ

07 $10x^2+axy-12y^2$이 $2x+3y$로 나누어떨어질 때, 상수 a의 값을 구하시오.

꼭나와

08 넓이가 $15x^2+13x+2$이고 가로의 길이가 $5x+1$인 직사각형의 둘레의 길이는?

① $8x+3$ ② $8x+6$ ③ $16x+6$
④ $16x+8$ ⑤ $16x+10$

09 $(x^2-x+2)(x^2-x-5)+12$를 인수분해하면?

① $(x^2-x-1)(x^2+x-1)$
② $(x^2-x-1)(x-1)(x+2)$
③ $(x^2-x-1)(x+1)(x-2)$
④ $(x^2+x-1)(x-1)(x+2)$
⑤ $(x^2+x-1)(x+1)(x-2)$

10 다음 중 $97.5^2+5\times97.5+2.5^2=100^2$임을 설명하는 데 가장 알맞은 인수분해 공식은?

(단, $a>0$, $b>0$)

① $a^2+2ab+b^2=(a+b)^2$
② $a^2-2ab+b^2=(a-b)^2$
③ $a^2-b^2=(a+b)(a-b)$
④ $x^2+(a+b)x+ab=(x+a)(x+b)$
⑤ $acx^2+(ad+bc)x+bd=(ax+b)(cx+d)$

Ⅱ-2 다항식의 인수분해

11 인수분해 공식을 이용하여
$$7.5^2\times11.5-2.5^2\times11.5$$
를 계산하면?

① 530 ② 545 ③ 560
④ 575 ⑤ 590

꼭나와

12 $x=\dfrac{1}{5-2\sqrt{6}}$ 일 때, $x^2-10x+25$의 값을 구하시오.

13 $A=\sqrt{a^2+2a+1}-\sqrt{a^2-6a+9}$일 때, 다음 **보기** 중 옳은 것을 모두 고른 것은?

> **보기**
>
> ㄱ. $a<-1$이면 $\quad A=-4$
> ㄴ. $-1\leq a<3$이면 $\quad A=2a-2$
> ㄷ. $a\geq 3$이면 $\quad A=4$

① ㄴ   ② ㄱ, ㄴ   ③ ㄱ, ㄷ
④ ㄴ, ㄷ   ⑤ ㄱ, ㄴ, ㄷ

14 다음 중 x^8-1의 인수가 <u>아닌</u> 것은?

① $x+1$ ② $x-1$ ③ x^2+1
④ x^2-x ⑤ x^4+1

15 $4x^2+kx+5=(x+a)(4x+b)$일 때, 상수 k의 값 중 가장 큰 값을 구하시오.

(단, a, b는 정수이다.)

16 $2x-3$이 두 다항식 $6x^2-x+A$, $2x^2+Bx+3$의 공통인 인수일 때, 상수 A, B에 대하여 $A-B$의 값을 구하시오.

17 다음 식을 인수분해하면 $(3x+a)(bx+c)$일 때, 정수 a, b, c에 대하여 $ab+c$의 값은?

> $5(x+2)^2+7(x+2)(x-3)-6(x-3)^2$

① 8   ② 9   ③ 10
④ 11   ⑤ 12

18 두 다항식 $x(x-2y)+(x-2y)(2y-3)$, $x^2+4xy+4y^2-9$의 공통인 인수는?

① $x-2y-3$ ② $x-2y+3$
③ $x+2y-3$ ④ $x+2y+3$
⑤ $2x+y-3$

19 인수분해 공식을 이용하여

$$\left(1-\frac{1}{2^2}\right)\left(1-\frac{1}{3^2}\right)\left(1-\frac{1}{4^2}\right)\times\cdots\times\left(1-\frac{1}{100^2}\right)$$

을 계산하면?

① $\dfrac{99}{100}$ ② $\dfrac{101}{100}$ ③ $\dfrac{99}{200}$

④ $\dfrac{101}{200}$ ⑤ $\dfrac{103}{200}$

꼭나와
20 $a+b=\sqrt{2}+1,\ ab=-1$일 때, $a^3+a^2b+ab^2+b^3$
의 값은?

① $9+7\sqrt{2}$ ② $5+3\sqrt{2}$ ③ $3-\sqrt{2}$

④ $1-\sqrt{2}$ ⑤ $-1-3\sqrt{2}$

21 다음 식을 인수분해하시오.

$$2x^2+5xy-3y^2+11y-x-6$$

STEP 3 실력 UP

22 $0<x<1$일 때, 다음 식을 간단히 하시오.

해설 강의

$$\sqrt{(-x)^2}-\sqrt{\left(x-\frac{1}{x}\right)^2+4}+\sqrt{\left(x+\frac{1}{x}\right)^2-4}$$

23 자연수 $2^{40}-1$은 30과 40 사이의 두 자연수로 나누
어떨어진다. 이때 이 두 자연수의 합을 구하시오.

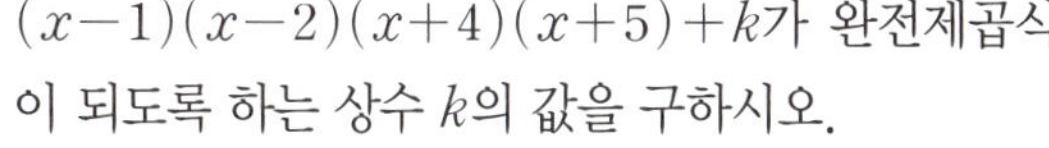
해설 강의

24 $(x-1)(x-2)(x+4)(x+5)+k$가 완전제곱식
이 되도록 하는 상수 k의 값을 구하시오.

해설 강의

예제 1

해설 강의

x^2의 계수가 1인 어떤 이차식을 민수는 x의 계수를 잘못 보아 $(x+2)(x-10)$으로 인수분해하였고, 수희는 상수항을 잘못 보아 $(x+6)(x-7)$로 인수분해하였다. 처음 이차식을 바르게 인수분해하시오. [7점]

풀이 과정

1단계 처음 이차식의 상수항 구하기 • 2점

$(x+2)(x-10)=x^2-8x-20$에서 처음 이차식의 상수항은 -20이다.

2단계 처음 이차식의 x의 계수 구하기 • 2점

$(x+6)(x-7)=x^2-x-42$에서 처음 이차식의 x의 계수는 -1이다.

3단계 처음 이차식을 바르게 인수분해하기 • 3점

처음 이차식은 x^2-x-20이므로 바르게 인수분해하면
$$x^2-x-20=(x+4)(x-5)$$

답 $(x+4)(x-5)$

유제 1

x^2의 계수가 1인 어떤 이차식을 경수는 x의 계수를 잘못 보아 $(x-4)(x+6)$으로 인수분해하였고, 주아는 상수항을 잘못 보아 $(x+1)(x+4)$로 인수분해하였다. 처음 이차식을 바르게 인수분해하시오. [7점]

풀이 과정

1단계 처음 이차식의 상수항 구하기 • 2점

2단계 처음 이차식의 x의 계수 구하기 • 2점

3단계 처음 이차식을 바르게 인수분해하기 • 3점

답

예제 2

해설 강의

$a-b=2$이고 $ax-ay-bx+by=-8$일 때, $x^2-2xy+y^2$의 값을 구하시오. [7점]

풀이 과정

1단계 $ax-ay-bx+by$를 인수분해하기 • 3점
$$ax-ay-bx+by=a(x-y)-b(x-y)$$
$$=(a-b)(x-y)$$

2단계 $x-y$의 값 구하기 • 2점

$a-b=2$이므로 $\quad 2(x-y)=-8$
$$\therefore x-y=-4$$

3단계 $x^2-2xy+y^2$의 값 구하기 • 2점
$$x^2-2xy+y^2=(x-y)^2=(-4)^2=16$$

답 16

유제 2

$x-y=7$, $x^2-y^2-2x+1=-12$일 때, $x^2+2xy+y^2$의 값을 구하시오. [7점]

풀이 과정

1단계 x^2-y^2-2x+1을 인수분해하기 • 3점

2단계 $x+y$의 값 구하기 • 2점

3단계 $x^2+2xy+y^2$의 값 구하기 • 2점

답

스스로 서술하기

유제 3 두 다항식
$$9x^2+ax+1,\ (2x+1)(2x+3)+b$$
가 모두 완전제곱식으로 인수분해될 때, 양수 a, b에 대하여 $a-b$의 값을 구하시오. [7점]

풀이 과정

답

유제 5 다음 두 다항식의 1이 아닌 공통인 인수를 구하시오. [8점]

$$(y-1)^2-y+1,\quad xy-2x+3y^2-5y-2$$

풀이 과정

답

유제 4 다음 그림에서 두 도형 A, B의 넓이가 같을 때, 도형 B의 둘레의 길이를 구하시오. [7점]

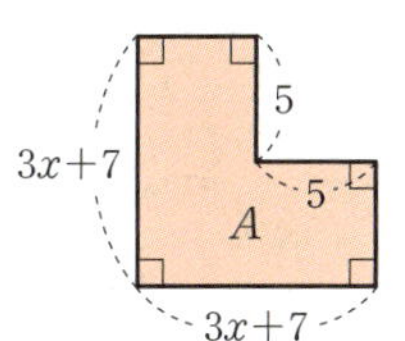

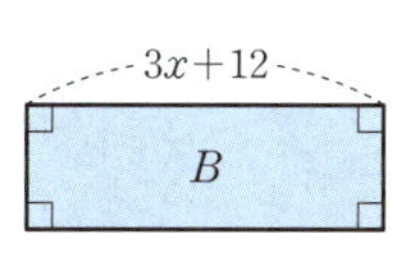

풀이 과정

답

유제 6 $\sqrt{6}$의 소수 부분을 a라 할 때, a^2+3a+2의 값을 구하시오. [6점]

풀이 과정

답

이차방정식

이 단원에서는 이차방정식을 풀어 보자.
또 이를 활용하여 문제를 해결해 보자.

이전에 배운 내용	이 단원의 내용	이후에 배울 내용

Ⅲ-1

이차방정식의 풀이

이 단원의 학습 계획을 세우고
하나하나 실천하는 습관을 기르자!!

		공부한 날		학습 완료도
01 이차방정식과 그 해	개념원리 이해 & 개념원리 확인하기	월	일	□□□
	핵심문제 익히기	월	일	○○○
	이런 문제가 시험에 나온다	월	일	○○○
02 인수분해를 이용한 이차방정식의 풀이	개념원리 이해 & 개념원리 확인하기	월	일	□□□
	핵심문제 익히기	월	일	○○○
	계산력 강화하기	월	일	○○○
	이런 문제가 시험에 나온다	월	일	○○○
03 제곱근을 이용한 이차방정식의 풀이	개념원리 이해 & 개념원리 확인하기	월	일	□□□
	핵심문제 익히기	월	일	○○○
	계산력 강화하기	월	일	○○○
	이런 문제가 시험에 나온다	월	일	○○○
중단원 마무리하기		월	일	○○○
서술형 대비 문제		월	일	○○○

개념 학습 guide

- 개념을 이해했으면 ■□□, 개념을 문제에 적용할 수 있으면 ■■□, 개념을 친구에게 설명할 수 있으면 ■■■ 로 색칠한다.
- 부족한 부분의 개념을 반복 학습하여 ■■■ 3칸 모두 색칠하면 학습을 마친다.

문제 학습 guide

- 맞힌 문제가 전체의 50% 미만이면 ●○○, 맞힌 문제가 50% 이상 90% 미만이면 ●●○, 맞힌 문제가 90% 이상이면 ●●● 로 색칠한다.

- 틀린 문제는 왜 틀렸는지 그 이유를 파악한 후 다시 풀어 본다. 며칠 후 틀린 문제를 다시 풀어 보고, 풀이 과정과 답이 맞으면 학습을 마친다.

01 이차방정식과 그 해

1 이차방정식이란 무엇인가?

◎ 핵심문제 01

(1) **이차방정식**: 등식의 모든 항을 좌변으로 이항하여 정리하였을 때,

$$(x에\ 대한\ 이차식)=0$$

의 꼴로 나타내어지는 방정식을 x에 대한 이차방정식이라 한다.

(2) x에 대한 이차방정식은 일반적으로 다음과 같이 나타낼 수 있다.

$$ax^2+bx+c=0\ (단,\ a,\ b,\ c는\ 상수,\ a\neq0)$$

　예 $2x^2=3x-1$에서　　$2x^2-3x+1=0$

　　➡ 이차방정식이다.

　　$x^2+4x=1+x^2$에서　　$4x-1=0$

　　➡ 이차방정식이 아니다.

　주의 $ax^2+bx+c=0$이 x에 대한 이차방정식이 되려면 b와 c는 0이어도 되지만 a는 0이 아니어야 한다.

　참고 $a,\ b,\ c$는 상수이고 $a\neq0$일 때

　　① ax^2+bx+c ➡ 이차식

　　② $ax^2+bx+c=0$ ➡ 이차방정식

2 이차방정식의 해란 무엇인가?

◎ 핵심문제 02~04

(1) **이차방정식의 해(근)**: x에 대한 이차방정식을 참이 되게 하는 x의 값

$x=p$가 이차방정식 $ax^2+bx+c=0$의 해이다.	$x=p$를 $ax^2+bx+c=0$에 대입하면 등식이 성립한다.	$ap^2+bp+c=0$

▶ x에 대한 이차방정식에서 x에 대한 특별한 조건이 없으면 x의 값의 범위는 실수 전체로 생각한다.

(2) **이차방정식을 푼다**: 이차방정식의 해를 모두 구하는 것

　예 x의 값이 $-2,\ -1,\ 0,\ 1,\ 2$일 때, 이차방정식 $x^2+x-2=0$을 풀어 보자.

　　이차방정식 $x^2+x-2=0$에 $x=-2,\ -1,\ 0,\ 1,\ 2$를 각각 대입하면

　　$x=-2$일 때,　　$(-2)^2+(-2)-2=0\,(참)$

　　$x=-1$일 때,　　$(-1)^2+(-1)-2=-2\neq0\,(거짓)$

　　$x=0$일 때,　　$0^2+0-2=-2\neq0\,(거짓)$

　　$x=1$일 때,　　$1^2+1-2=0\,(참)$

　　$x=2$일 때,　　$2^2+2-2=4\neq0\,(거짓)$

　　➡ 이차방정식 $x^2+x-2=0$의 해는　　$x=-2$ 또는 $x=1$

　참고 이차방정식의 해는 최대 2개이다.

▶ 정답 및 풀이 42쪽

01 다음 중 x에 대한 이차방정식인 것은 ○, 이차방정식이 아닌 것은 ×를 ( ) 안에 써넣으시오.

(1) $x^2=5x-3$　　　(　　) 　　(2) $3x^2+x+1$　　　(　　)

(3) $x(x+1)=0$　　　(　　) 　　(4) $x^2+x=2x^3$　　　(　　)

(5) $x^2-6x=x^2-1$　　(　　) 　　(6) $(x-1)(x+2)=2-x^2$　(　　)

◎ x에 대한 이차방정식
→ (x에 대한 [　　])$=0$

02 다음 [　] 안의 수가 주어진 이차방정식의 해인 것은 ○, 해가 아닌 것은 ×를 (　　) 안에 써넣으시오.

(1) $(x+2)(x-4)=0$　$[-2]$　(　　)

(2) $x^2-7x+6=0$　$[1]$　(　　)

(3) $x^2+3x-10=0$　$[-4]$　(　　)

(4) $3x^2-8x-3=0$　$[3]$　(　　)

◎ 이차방정식의 해란?

03 x의 값이 -1, 0, 1, 2일 때, 다음 이차방정식을 푸시오.

(1) $x^2-2x=0$ 　　　　　　(2) $2x^2+x-3=0$

◎ 이차방정식을 푼다.
→ 이차방정식의 [　]를 모두 구하는 것

04 다음은 이차방정식 $x^2+ax-15=0$의 한 근이 $x=3$일 때, 상수 a의 값을 구하는 과정이다. □ 안에 알맞은 수를 써넣으시오.

$x=3$을 $x^2+ax-15=0$에 대입하면
$$\boxed{}+3a-15=0, \qquad 3a=\boxed{} \qquad \therefore a=\boxed{}$$

01 이차방정식의 뜻

● 더 다양한 문제는 RPM 3-1 96쪽

다음 중 이차방정식이 <u>아닌</u> 것을 모두 고르면? (정답 2개)

① $2x^2+3x-4$　　② $\dfrac{1}{5}x^2-3=5$　　③ $4x^2-2x+1=x^2-5$

④ $(x+2)^2=1-x$　　⑤ $2x^2-1=(x-1)(2x+3)$

풀이　① 이차식이다.

② $\dfrac{1}{5}x^2-3=5$에서 $\dfrac{1}{5}x^2-8=0$이므로 이차방정식이다.

③ $4x^2-2x+1=x^2-5$에서 $3x^2-2x+6=0$이므로 이차방정식이다.

④ $(x+2)^2=1-x$에서　$x^2+4x+4=1-x$　∴ $x^2+5x+3=0$
　즉 이차방정식이다.

⑤ $2x^2-1=(x-1)(2x+3)$에서　$2x^2-1=2x^2+x-3$　∴ $-x+2=0$
　즉 일차방정식이다.

따라서 이차방정식이 아닌 것은 ①, ⑤이다.　　　　　**답** ①, ⑤

확인 1　다음 **보기** 중 이차방정식인 것을 모두 고르시오.

보기

ㄱ. $x^2=5-2x$　　　　　　　　ㄴ. $x(x+4)=x^2-1$

ㄷ. $\dfrac{x^2+1}{3}=x$　　　　　　　ㄹ. $(x+1)(x-3)=2x-x^2$

02 이차방정식의 해

● 더 다양한 문제는 RPM 3-1 96쪽

다음 이차방정식 중 $x=-2$를 해로 갖는 것은?

① $(x+3)(x-2)=0$　　② $x^2-4x+4=0$　　③ $x^2-3x-4=0$

④ $6x^2+x-2=0$　　⑤ $2x^2+x-6=0$

풀이　각 이차방정식에 $x=-2$를 대입하면

① $(-2+3)\times(-2-2)=-4\neq0$　　② $(-2)^2-4\times(-2)+4=16\neq0$

③ $(-2)^2-3\times(-2)-4=6\neq0$　　④ $6\times(-2)^2+(-2)-2=20\neq0$

⑤ $2\times(-2)^2+(-2)-6=0$

따라서 $x=-2$를 해로 갖는 것은 ⑤이다.　　　　　**답** ⑤

확인 2　다음 중 [　] 안의 수가 주어진 이차방정식의 해인 것을 모두 고르면? (정답 2개)

① $x^2-x-6=0$　[2]　　　　② $x^2-4x-12=0$　[-2]

③ $x^2+4x+3=0$　[3]　　　　④ $2x^2-3x+1=0$　[1]

⑤ $3x^2+4x-1=0$　[-1]

03 이차방정식의 한 근이 주어졌을 때 미지수의 값 구하기   ●더 다양한 문제는 RPM 3-1 97쪽

이차방정식 $2x^2+ax-(a+1)=0$의 한 근이 $x=2$일 때, 상수 a의 값을 구하시오.

KEY POINT

이차방정식의 한 근이 $x=▲$
➡ $x=▲$를 이차방정식에 대입하면 등식이 성립한다.

풀이 $x=2$를 $2x^2+ax-(a+1)=0$에 대입하면
$$2\times2^2+a\times2-(a+1)=0, \qquad 7+a=0$$
$$\therefore a=-7$$

답 -7

확인 ③ 이차방정식 $x^2-2x+a=0$의 한 근이 $x=-1$이고, 이차방정식 $3x^2-bx-4=0$의 한 근이 $x=\dfrac{4}{3}$일 때, 상수 a, b에 대하여 $a-b$의 값을 구하시오.

04 이차방정식의 한 근이 문자로 주어졌을 때 식의 값 구하기   ●더 다양한 문제는 RPM 3-1 97쪽

이차방정식 $x^2-5x+1=0$의 한 근이 $x=\alpha$일 때, 다음 식의 값을 구하시오.

(1) $a^2-5\alpha+5$

(2) $5\alpha-a^2-3$

(3) $3a^2-15\alpha$

(4) $\alpha+\dfrac{1}{\alpha}$

KEY POINT

이차방정식 $ax^2+bx+c=0$의 한 근이 $x=p$
➡ $ap^2+bp+c=0$

풀이 $x=\alpha$를 $x^2-5x+1=0$에 대입하면
$$a^2-5\alpha+1=0 \qquad \therefore a^2-5\alpha=-1$$
(1) $a^2-5\alpha+5=(-1)+5=4$
(2) $a^2-5\alpha=-1$에서 $\qquad 5\alpha-a^2=1$
$$\therefore 5\alpha-a^2-3=1-3=-2$$
(3) $3a^2-15\alpha=3(a^2-5\alpha)=3\times(-1)=-3$
(4) $a^2-5\alpha+1=0$에서 $\alpha\neq0$이므로 양변을 α로 나누면
$$\alpha-5+\dfrac{1}{\alpha}=0 \qquad \therefore \alpha+\dfrac{1}{\alpha}=5$$

답 (1) 4   (2) -2 (3) -3 (4) 5

확인 ④ 이차방정식 $x^2+3x-1=0$의 한 근이 $x=\alpha$일 때, 다음 식의 값을 구하시오.

(1) $a^2+3\alpha-5$

(2) $-a^2-3\alpha+8$

(3) $2a^2+6\alpha$

(4) $\alpha-\dfrac{1}{\alpha}$

01 다음 중 이차방정식이 <u>아닌</u> 것은?

① $x^2=0$ ② $x^2+3x=0$
③ $3x+4=x^2$ ④ $x^3+2x^2-1=x^3+2x$
⑤ $x^2-x=(x-1)(x+1)$

02 $ax^2-x+3=3x^2-8x+4$가 x에 대한 이차방정식일 때, 다음 중 상수 a의 값이 될 수 <u>없는</u> 것은?

① -3 ② -1 ③ 0
④ 1 ⑤ 3

> 등식의 모든 항을 좌변으로 이항하여 정리한 후 이차항의 계수가 0이 아님을 이용한다.

03 x가 $-1 \leq x \leq 1$인 정수일 때, 이차방정식 $2x^2+5x-7=0$의 해를 구하시오.

> 먼저 주어진 부등식을 만족시키는 x의 값을 구한다.

04 이차방정식 $6x^2-13x+a=0$의 한 근이 $x=\dfrac{3}{2}$이고, 이차방정식 $4x^2+bx-3=0$의 한 근이 $x=-\dfrac{1}{2}$일 때, 상수 a, b에 대하여 $a+b$의 값을 구하시오.

> 주어진 근을 각각의 이차방정식에 대입한다.

05 이차방정식 $3x^2-7x+3=0$의 한 근이 $x=m$이고, 이차방정식 $x^2-2x-4=0$의 한 근이 $x=n$일 때, $3m^2-7m+2n^2-4n$의 값을 구하시오.

02 인수분해를 이용한 이차방정식의 풀이

개념원리 이해

1 인수분해를 이용하여 이차방정식을 어떻게 푸는가?

◎ 핵심문제 01~04

(1) $AB=0$의 성질

두 수 또는 두 식 A, B에 대하여

$$AB=0이면 \qquad A=0 \ 또는 \ B=0$$

▶ $AB=0$, 즉 $A=0$ 또는 $B=0$이면 다음 세 가지 중 하나가 성립한다.

① $A=0$이고 $B=0$

② $A=0$이고 $B\neq0$

③ $A\neq0$이고 $B=0$

참고 $AB\neq0$이면 $A\neq0$이고 $B\neq0$이다.

(2) 인수분해를 이용한 이차방정식의 풀이

❶ 주어진 이차방정식을 정리한다. ➡ $ax^2+bx+c=0$

❷ 좌변을 인수분해한다. ➡ $a(x-\alpha)(x-\beta)=0$

❸ $AB=0$의 성질을 이용한다. ➡ $x-\alpha=0$ 또는 $x-\beta=0$

❹ 해를 구한다. ➡ $x=\alpha$ 또는 $x=\beta$

예 이차방정식 $2x^2+5x=3$을 풀어 보자.

$$2x^2+5x=3$$
$$2x^2+5x-3=0$$
$$(x+3)(2x-1)=0$$
$$x+3=0 \ 또는 \ 2x-1=0$$
$$\therefore x=-3 \ 또는 \ x=\frac{1}{2}$$

❶ $ax^2+bx+c=0$의 꼴로 정리한다.

❷ 좌변을 인수분해한다.

❸ $AB=0$의 성질을 이용한다.

❹ 해를 구한다.

2 이차방정식의 중근이란 무엇인가?

◎ 핵심문제 05, 06

(1) 이차방정식의 중근 : 이차방정식의 두 해가 중복되어 서로 같을 때, 이 해를 주어진 이차방정식의 중근이라 한다.

예 $x^2-4x+4=0$에서 $\qquad (x-2)^2=0, \qquad (x-2)(x-2)=0$

$\qquad x=2 \ 또는 \ x=2 \qquad \therefore x=2$

(2) 이차방정식이 중근을 가질 조건

이차방정식이 (완전제곱식)$=0$의 꼴로 나타내어지면 이 이차방정식은 중근을 갖는다.

➡ 이차방정식 $x^2+ax+b=0$이 중근을 가지려면 x^2+ax+b가 완전제곱식이어야 하므로

$$b=\left(\frac{a}{2}\right)^2 이어야 한다.$$

$$(상수항)=\left(\frac{x의 \ 계수}{2}\right)^2$$

예 이차방정식 $x^2+8x+k=0$이 중근을 가지려면

$$k=\left(\frac{8}{2}\right)^2=16$$

01 다음 이차방정식을 푸시오.

(1) $x(x-5)=0$

(2) $(x+3)(x-2)=0$

(3) $(x-1)(x-6)=0$

(4) $(x+6)(3x+2)=0$

○ $AB=0$
➡ $A=\square$ 또는 $B=\square$

02 다음 이차방정식을 푸시오.

(1) $x^2+3x=0$

(2) $x^2-4=0$

(3) $x^2-11x+28=0$

(4) $x^2+6x+8=0$

(5) $2x^2-5x-12=0$

(6) $6x^2+7x-5=0$

○ 인수분해를 이용한 이차방정식의 풀이는?

03 다음 이차방정식을 푸시오.

(1) $(x+1)^2=0$

(2) $x^2-14x+49=0$

(3) $x^2+10x+25=0$

(4) $9x^2-6x+1=0$

○ 이차방정식의 중근이란?

04 다음 이차방정식이 중근을 가질 때, 상수 k의 값을 구하시오.

(1) $x^2+6x+k=0$

(2) $x^2-2x+k=0$

(3) $x^2+4x+k+7=0$

(4) $x^2-10x+k-2=0$

○ 이차방정식 $x^2+ax+b=0$이 중근을 갖는다.
➡ $b=\left(\dfrac{\square}{2}\right)^2$

01 $AB=0$의 성질을 이용한 이차방정식의 풀이

● 더 다양한 문제는 RPM 3-1 98쪽

KEY POINT

$AB=0$
$\Rightarrow A=0$ 또는 $B=0$

다음 이차방정식 중 해가 $x=-1$ 또는 $x=\dfrac{1}{3}$인 것은?

① $\dfrac{1}{3}x(x+1)=0$ ② $(x-1)(3x-1)=0$ ③ $(x-1)(3x+1)=0$

④ $(x+1)(3x-1)=0$ ⑤ $(x+1)(3x+1)=0$

풀이 ① $\dfrac{1}{3}x(x+1)=0$에서 $x=0$ 또는 $x+1=0$ ∴ $x=0$ 또는 $x=-1$

② $(x-1)(3x-1)=0$에서 $x-1=0$ 또는 $3x-1=0$ ∴ $x=1$ 또는 $x=\dfrac{1}{3}$

③ $(x-1)(3x+1)=0$에서 $x-1=0$ 또는 $3x+1=0$ ∴ $x=1$ 또는 $x=-\dfrac{1}{3}$

④ $(x+1)(3x-1)=0$에서 $x+1=0$ 또는 $3x-1=0$ ∴ $x=-1$ 또는 $x=\dfrac{1}{3}$

⑤ $(x+1)(3x+1)=0$에서 $x+1=0$ 또는 $3x+1=0$ ∴ $x=-1$ 또는 $x=-\dfrac{1}{3}$

따라서 해가 $x=-1$ 또는 $x=\dfrac{1}{3}$인 것은 ④이다.   **답** ④

확인 1 이차방정식 $(4x-3)(4x-5)=0$의 두 근의 합을 구하시오.

02 인수분해를 이용한 이차방정식의 풀이

● 더 다양한 문제는 RPM 3-1 98쪽

KEY POINT

❶ 주어진 이차방정식을 정리한다.
❷ 좌변을 인수분해한다.
❸ $AB=0$의 성질을 이용한다.
❹ 해를 구한다.

다음 이차방정식을 푸시오.

(1) $3x^2+4=2x^2-5x$ (2) $9x^2-18x=x^2-9$

풀이 (1) $3x^2+4=2x^2-5x$에서 $x^2+5x+4=0$
$(x+4)(x+1)=0$ ∴ $x=-4$ 또는 $x=-1$
(2) $9x^2-18x=x^2-9$에서 $8x^2-18x+9=0$
$(4x-3)(2x-3)=0$ ∴ $x=\dfrac{3}{4}$ 또는 $x=\dfrac{3}{2}$

답 (1) $x=-4$ 또는 $x=-1$ (2) $x=\dfrac{3}{4}$ 또는 $x=\dfrac{3}{2}$

확인 2 다음 이차방정식을 푸시오.

(1) $x^2=2x+24$ (2) $x^2-6x+9=4x$

(3) $x^2+2x=x+6$ (4) $6x^2-7x-3=2x^2-6$

03 한 근이 주어졌을 때 다른 한 근 구하기

● 더 다양한 문제는 RPM 3-1 99쪽

이차방정식 $ax^2+3x-2=0$의 한 근이 $x=-1$일 때, 다음 물음에 답하시오.

(1) 상수 a의 값을 구하시오.

(2) 다른 한 근을 구하시오.

풀이 (1) $x=-1$을 $ax^2+3x-2=0$에 대입하면
$$a\times(-1)^2+3\times(-1)-2=0, \qquad a-5=0$$
$$\therefore a=5$$
(2) $a=5$를 $ax^2+3x-2=0$에 대입하면
$$5x^2+3x-2=0, \qquad (x+1)(5x-2)=0$$
$$\therefore x=-1 \text{ 또는 } x=\frac{2}{5}$$
따라서 다른 한 근은 $x=\dfrac{2}{5}$이다.

답 (1) 5 (2) $x=\dfrac{2}{5}$

확인 ❸ 이차방정식 $x^2-ax-5=0$의 한 근이 $x=5$일 때, 상수 a의 값과 다른 한 근을 구하시오.

---

04 두 이차방정식의 공통인 근

● 더 다양한 문제는 RPM 3-1 100쪽

다음 두 이차방정식의 공통인 근을 구하시오.

$$x^2-8x+15=0, \qquad 2x^2+x-21=0$$

풀이 $x^2-8x+15=0$에서 $(x-3)(x-5)=0$
$$\therefore x=3 \text{ 또는 } x=5$$
$2x^2+x-21=0$에서 $(2x+7)(x-3)=0$
$$\therefore x=-\frac{7}{2} \text{ 또는 } x=3$$
따라서 두 이차방정식의 공통인 근은 $x=3$이다.

답 $x=3$

확인 ❹ 다음 두 이차방정식의 공통인 근을 구하시오.

$$x^2-x-6=0, \qquad 3x^2+7x+2=0$$

05 중근을 갖는 이차방정식

● 더 다양한 문제는 RPM 3-1 100쪽

다음 **보기**의 이차방정식 중 중근을 갖는 것을 모두 고르시오.

보기

ㄱ. $x^2-4x+3=0$ ㄴ. $x^2-6x+9=0$ ㄷ. $x^2-1=0$

ㄹ. $4x^2+4x+1=0$ ㅁ. $x^2+3x=6-2x$ ㅂ. $x^2+81=18x$

풀이 ㄱ. $x^2-4x+3=0$에서 $(x-1)(x-3)=0$ $\therefore x=1$ 또는 $x=3$

ㄴ. $x^2-6x+9=0$에서 $(x-3)^2=0$ $\therefore x=3$

ㄷ. $x^2-1=0$에서 $(x+1)(x-1)=0$ $\therefore x=-1$ 또는 $x=1$

ㄹ. $4x^2+4x+1=0$에서 $(2x+1)^2=0$ $\therefore x=-\dfrac{1}{2}$

ㅁ. $x^2+3x=6-2x$에서 $x^2+5x-6=0$, $(x+6)(x-1)=0$
     $\therefore x=-6$ 또는 $x=1$

ㅂ. $x^2+81=18x$에서 $x^2-18x+81=0$, $(x-9)^2=0$ $\therefore x=9$

이상에서 중근을 갖는 것은 ㄴ, ㄹ, ㅂ이다.   **답** ㄴ, ㄹ, ㅂ

확인 5 다음 이차방정식 중 중근을 갖지 <u>않는</u> 것은?

① $(x-5)^2=0$ ② $x^2+16x+64=0$

③ $9x^2-12x+4=0$ ④ $2x^2-x+1=x^2-3x$

⑤ $x^2-4=6x-9$

06 이차방정식이 중근을 가질 조건

● 더 다양한 문제는 RPM 3-1 101쪽

다음 이차방정식이 중근을 가질 때, 상수 k의 값을 구하시오.

(1) $x^2-4x+5-k=0$ (2) $x^2+kx+36=0$

풀이 (1) $x^2-4x+5-k=0$이 중근을 가지므로

$$5-k=\left(\dfrac{-4}{2}\right)^2=4   \therefore k=1$$

(2) $x^2+kx+36=0$이 중근을 가지므로

$$36=\left(\dfrac{k}{2}\right)^2,   k^2=144   \therefore k=\pm12$$

답 (1) 1   (2) ±12

확인 6 이차방정식 $x^2+8x+2+a=0$이 $x=b$를 중근으로 가질 때, $a+b$의 값을 구하시오.
(단, a는 상수이다.)

계산력 강화하기

01 다음 이차방정식을 푸시오.

(1) $(x-4)(x-7)=0$

(2) $(x+5)(x-9)=0$

(3) $(4x+1)(x-3)=0$

(4) $(2x+7)(3x+2)=0$

02 다음 이차방정식을 푸시오.

(1) $x^2+2x=0$

(2) $x^2-x-20=0$

(3) $x^2+7x-18=0$

(4) $x^2-8x+7=0$

(5) $x^2+10x+16=0$

(6) $3x^2+14x-5=0$

(7) $2x^2+7x+6=0$

(8) $8x^2-2x-1=0$

(9) $6x^2-19x+15=0$

(10) $5x^2+21x+4=0$

03 다음 이차방정식을 푸시오.

(1) $x^2-9x=10$

(2) $x^2+7x=x-5$

(3) $4x^2=x^2-5x+12$

(4) $3x^2-8x+3=x^2+x-6$

04 다음 이차방정식을 푸시오.

(1) $x^2+14x+49=0$

(2) $x^2-x+\dfrac{1}{4}=0$

(3) $4x^2+20x+25=0$

(4) $x^2+3x=5x-1$

05 다음 이차방정식이 중근을 가질 때, 상수 k의 값을 구하시오.

(1) $x^2+10x+k=0$

(2) $x^2-2x+k+3=0$

(3) $x^2-3x+2k=0$

(4) $x^2+kx+16=0$

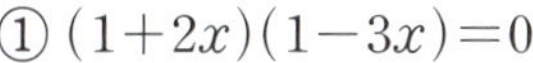

▶ 정답 및 풀이 46쪽

01 다음 이차방정식 중 해가 나머지 넷과 <u>다른</u> 하나는?

① $(1+2x)(1-3x)=0$ ② $(2x+1)(3x-1)=0$

③ $(1-2x)(1+3x)=0$ ④ $\left(x+\dfrac{1}{2}\right)\left(x-\dfrac{1}{3}\right)=0$

⑤ $(4x+2)(6x-2)=0$

> $AB=0$
> ➡ $A=0$ 또는 $B=0$

02 이차방정식 $x^2-2x=15$의 근을 $x=a$ 또는 $x=b$라 할 때, 이차방정식 $ax^2+bx-2=0$을 푸시오. (단, $a>b$)

03 이차방정식 $x^2+ax-28=0$의 한 근이 $x=4$이고 다른 한 근을 $x=b$라 할 때, $a-b$의 값을 구하시오. (단, a는 상수이다.)

> 먼저 $x=4$를 이차방정식에 대입하여 a의 값을 구한다.

04 두 이차방정식 $x^2-4x-21=0$, $3x^2+8x-3=0$의 공통인 근이 이차방정식 $x^2+7x+k=0$의 한 근일 때, 상수 k의 값을 구하시오.

> 두 이차방정식의 공통인 근을 구한 후 $x^2+7x+k=0$에 대입한다.

05 다음 이차방정식 중 중근을 갖는 것을 모두 고르면? (정답 2개)

① $x^2-49=0$ ② $x^2+4x+4=4$ ③ $x^2+36=-12x$

④ $2x^2-9x+10=0$ ⑤ $16x^2-8x+1=0$

> (완전제곱식)$=0$의 꼴로 나타낼 수 있는 것을 찾는다.

06 이차방정식 $x^2-6x+k=0$이 중근을 가질 때, 이차방정식 $x^2+(k-4)x-14=0$의 두 근의 합을 구하시오. (단, k는 상수이다.)

03 제곱근을 이용한 이차방정식의 풀이

개념원리 이해

1 제곱근을 이용하여 이차방정식을 어떻게 푸는가?

◉ 핵심문제 01, 02

(1) 이차방정식 $x^2=q\,(q\geq0)$의 해 ← x는 q의 제곱근이다.
  ➡ $x=\pm\sqrt{q}$
  예 $x^2=3$에서 $x=\pm\sqrt{3}$

(2) 이차방정식 $(x+p)^2=q\,(q\geq0)$의 해 ← $x+p$는 q의 제곱근이다.
  ➡ $x+p=\pm\sqrt{q}$ ∴ $x=-p\pm\sqrt{q}$
  예 $(x-2)^2=5$에서 $x-2=\pm\sqrt{5}$
     ∴ $x=2\pm\sqrt{5}$

참고 이차방정식 $(x+p)^2=q$에서
  ① 서로 다른 두 근을 가질 조건은 $q>0$ ⎤ 근을 가질 조건은 $q\geq0$
  ② 중근을 가질 조건은 $q=0$
  ③ 근을 갖지 않을 조건은 $q<0$

2 완전제곱식을 이용하여 이차방정식을 어떻게 푸는가?

◉ 핵심문제 03, 04

이차방정식 $ax^2+bx+c=0$의 좌변이 인수분해되지 않을 때에는 다음과 같이 $(x+p)^2=q$의 꼴로 고쳐서 제곱근을 이용하여 해를 구한다.

❶ x^2의 계수로 양변을 나누어 x^2의 계수를 1로 만든다.

❷ 상수항을 우변으로 이항한다.

❸ 양변에 $\left(\dfrac{x\text{의 계수}}{2}\right)^2$을 더한다.

❹ 좌변을 완전제곱식으로 만들어 $(x+p)^2=q$의 꼴로 고친다.

❺ 제곱근을 이용하여 해를 구한다.

예 이차방정식 $2x^2-7x+4=0$을 풀어 보자.

$$2x^2-7x+4=0$$
❶ x^2의 계수로 양변을 나눈다.

$$x^2-\frac{7}{2}x+2=0$$
❷ 상수항을 우변으로 이항한다.

$$x^2-\frac{7}{2}x=-2$$
❸ 양변에 $\left(\dfrac{x\text{의 계수}}{2}\right)^2$을 더한다.

$$x^2-\frac{7}{2}x+\left(-\frac{7}{4}\right)^2=-2+\left(-\frac{7}{4}\right)^2$$
❹ $(x+p)^2=q$의 꼴로 고친다.

$$\left(x-\frac{7}{4}\right)^2=\frac{17}{16}$$

$$x-\frac{7}{4}=\pm\frac{\sqrt{17}}{4}$$
❺ 제곱근을 이용하여 해를 구한다.

$$\therefore x=\frac{7\pm\sqrt{17}}{4}$$

▶ 정답 및 풀이 47쪽

III-1

이차방정식의 풀이

01 다음 이차방정식을 제곱근을 이용하여 푸시오.

(1) $x^2=10$

(2) $3x^2=27$

(3) $2x^2-48=0$

(4) $(x-5)^2=49$

(5) $5(x+3)^2=15$

(6) $(4x-1)^2-7=0$

○ 제곱근을 이용한 이차방정식의 풀이는?

02 다음은 이차방정식 $x^2-8x+3=0$을 $(x+p)^2=q$의 꼴로 나타내는 과정이다. □ 안에 알맞은 수를 써넣으시오.

$$x^2-8x+3=0 \text{에서} \qquad x^2-8x=-3$$
$$x^2-8x+\boxed{}=-3+\boxed{} \qquad \therefore (x-\boxed{})^2=\boxed{}$$

03 다음 이차방정식을 $(x+p)^2=q$의 꼴로 나타내시오.

(1) $x^2-4x-1=0$

(2) $2x^2+4x-5=0$

04 다음은 완전제곱식을 이용하여 이차방정식 $3x^2+12x+7=0$을 푸는 과정이다. □ 안에 알맞은 수를 써넣으시오.

$$3x^2+12x+7=0 \text{에서} \qquad x^2+4x+\frac{7}{3}=0$$
$$x^2+4x=-\frac{7}{3}, \qquad x^2+4x+\boxed{}=-\frac{7}{3}+\boxed{}$$
$$(x+\boxed{})^2=\boxed{}, \qquad x+\boxed{}=\pm\boxed{} \qquad \therefore x=\boxed{}$$

○ 완전제곱식을 이용한 이차방정식의 풀이는?

05 다음 이차방정식을 완전제곱식을 이용하여 푸시오.

(1) $x^2+6x-2=0$

(2) $4x^2-20x+5=0$

01 제곱근을 이용한 이차방정식의 풀이
● 더 다양한 문제는 RPM 3-1 101쪽

이차방정식 $6-3(x-1)^2=0$의 해가 $x=a\pm\sqrt{b}$일 때, 유리수 a, b에 대하여 $a+b$의 값을 구하시오.

풀이 $6-3(x-1)^2=0$에서 $(x-1)^2=2$, $x-1=\pm\sqrt{2}$
$\therefore x=1\pm\sqrt{2}$
따라서 $a=1$, $b=2$이므로 $a+b=1+2=3$ **답** 3

> **KEY POINT**
> ① $x^2=q\ (q\geq0)$의 해
> $\Rightarrow x=\pm\sqrt{q}$
> ② $(x+p)^2=q\ (q\geq0)$의 해
> $\Rightarrow x=-p\pm\sqrt{q}$

확인 1 다음 중 이차방정식과 그 해가 바르게 짝 지어지지 <u>않은</u> 것은?

① $x^2-13=0 \Rightarrow x=\pm\sqrt{13}$

② $9-16x^2=0 \Rightarrow x=\pm\dfrac{3}{4}$

③ $(x+5)^2=10 \Rightarrow x=-5\pm\sqrt{10}$

④ $2(x+2)^2=50 \Rightarrow x=-7$ 또는 $x=3$

⑤ $3(2x-3)^2-15=0 \Rightarrow x=3\pm\sqrt{5}$

02 이차방정식 $(x+p)^2=q$가 근을 가질 조건
● 더 다양한 문제는 RPM 3-1 102쪽

x에 대한 이차방정식 $(x-p)^2=q+1$이 근을 가질 조건은? (단, p, q는 상수이다.)

① $p\geq0$ ② $p>0$ ③ $q\geq-1$
④ $q<-1$ ⑤ $p>0,\ q<-1$

> **KEY POINT**
> 이차방정식 $(x+p)^2=q$에서
> ① $q>0 \Rightarrow$ 서로 다른 두 근
> ② $q=0 \Rightarrow$ 중근
> ③ $q<0 \Rightarrow$ 근이 없다.

풀이 $(x-p)^2=q+1$이 근을 가지려면
$q+1\geq0$ $\therefore q\geq-1$ **답** ③

확인 2 다음 중 이차방정식 $(x+1)^2=2-k$가 근을 갖도록 하는 상수 k의 값으로 알맞지 <u>않은</u> 것은?

① -1 ② 0 ③ 1
④ 2 ⑤ 3

03 완전제곱식의 꼴로 나타내기

● 더 다양한 문제는 RPM 3–1 102쪽

다음 이차방정식을 $(x+p)^2=q$의 꼴로 나타낼 때, 상수 p, q의 값을 구하시오.

(1) $x^2-2x-4=0$
(2) $4x^2+12x-1=0$

KEY POINT

❶ x^2의 계수를 1로 만든다.
❷ 상수항을 우변으로 이항한다.
❸ 양변에 $\left(\dfrac{x의\ 계수}{2}\right)^2$을 더한다.
❹ $(x+p)^2=q$의 꼴로 나타낸다.

풀이 (1) $x^2-2x-4=0$에서　$x^2-2x=4$
$x^2-2x+1=4+1$,　$(x-1)^2=5$
$\therefore p=-1,\ q=5$

(2) $4x^2+12x-1=0$에서　$x^2+3x-\dfrac{1}{4}=0$
$x^2+3x=\dfrac{1}{4}$,　$x^2+3x+\dfrac{9}{4}=\dfrac{1}{4}+\dfrac{9}{4}$,　$\left(x+\dfrac{3}{2}\right)^2=\dfrac{5}{2}$
$\therefore p=\dfrac{3}{2},\ q=\dfrac{5}{2}$

답 (1) $p=-1,\ q=5$　(2) $p=\dfrac{3}{2},\ q=\dfrac{5}{2}$

확인 ❸ 이차방정식 $1+2x^2=x^2-6x$를 $(x+p)^2=q$의 꼴로 나타낼 때, 상수 p, q에 대하여 $p+q$의 값을 구하시오.

04 완전제곱식을 이용한 이차방정식의 풀이

● 더 다양한 문제는 RPM 3–1 103쪽

다음 이차방정식을 푸시오.

(1) $x^2+8x+13=0$
(2) $2x^2-4x-7=0$

KEY POINT

❶ 주어진 이차방정식을 $(x+p)^2=q$의 꼴로 나타낸다.
❷ 이차방정식의 해는
$x=-p\pm\sqrt{q}$

풀이 (1) $x^2+8x+13=0$에서　$x^2+8x=-13$
$x^2+8x+16=-13+16$,　$(x+4)^2=3$
$x+4=\pm\sqrt{3}$　$\therefore x=-4\pm\sqrt{3}$

(2) $2x^2-4x-7=0$에서　$x^2-2x-\dfrac{7}{2}=0$
$x^2-2x=\dfrac{7}{2}$,　$x^2-2x+1=\dfrac{7}{2}+1$,　$(x-1)^2=\dfrac{9}{2}$
$x-1=\pm\dfrac{3\sqrt{2}}{2}$　$\therefore x=\dfrac{2\pm3\sqrt{2}}{2}$

답 (1) $x=-4\pm\sqrt{3}$　(2) $x=\dfrac{2\pm3\sqrt{2}}{2}$

확인 ❹ 이차방정식 $3x^2-12x-k=0$의 해가 $x=2\pm\sqrt{5}$일 때, 상수 k의 값을 구하시오.

01 다음 이차방정식을 푸시오.

(1) $x^2=7$

(2) $x^2-15=0$

(3) $2x^2=8$

(4) $9x^2=2$

(5) $3x^2-15=0$

(6) $25x^2-3=0$

02 다음 이차방정식을 푸시오.

(1) $(x+1)^2=6$

(2) $\left(x-\dfrac{3}{4}\right)^2=\dfrac{81}{16}$

(3) $5(x+7)^2=60$

(4) $3(x-4)^2=6$

(5) $4(x+6)^2-20=0$

(6) $(2x+1)^2=49$

(7) $(5x-3)^2=10$

(8) $2(3x-2)^2-28=0$

03 다음 이차방정식을 $(x+p)^2=q$의 꼴로 나타내시오.

(1) $x^2+6x+3=0$

(2) $x^2-4x+2=0$

(3) $x^2+x-5=0$

(4) $2x^2-4x-1=0$

(5) $3x^2+24x+8=0$

(6) $5x^2-15x-3=0$

04 다음 이차방정식을 푸시오.

(1) $x^2+2x-4=0$

(2) $x^2-10x+19=0$

(3) $x^2+8x+5=0$

(4) $x^2-3x-1=0$

(5) $4x^2+8x-3=0$

(6) $2x^2-12x+9=0$

(7) $5x^2+5x+1=0$

(8) $3x^2-4x-1=0$

01 이차방정식 $7(x+4)^2-35=0$의 두 근의 차는?

① 4 　　　② $2\sqrt{5}$ 　　　③ $4\sqrt{2}$

④ $2\sqrt{10}$ 　　　⑤ 8

02 이차방정식 $3(x-2)^2=k+1$이 중근 $x=a$를 가질 때, $k+a$의 값을 구하시오.

(단, k는 상수이다.)

이차방정식 $a(x+p)^2=q$가 중근
을 가질 조건
➡ $q=0$

03 이차방정식 $3x^2-4x=2(x+1)^2$을 $(x+p)^2=q$의 꼴로 나타낼 때, 상수 p, q에 대하여 $p-q$의 값을 구하시오.

04 다음은 완전제곱식을 이용하여 이차방정식 $2x^2+6x-3=0$을 푸는 과정이다. 상수 A, B, C에 대하여 $A+2B+C$의 값을 구하시오.

$$2x^2+6x-3=0 \text{에서} \quad x^2+3x=\frac{3}{2}$$

$$x^2+3x+A=\frac{3}{2}+A, \quad (x+B)^2=C$$

$$x+B=\pm\sqrt{C} \quad \therefore x=-B\pm\sqrt{C}$$

x^2의 계수로 양변을 나눈다.

↓

상수항을 우변으로 이항한다.

↓

양변에 $\left(\dfrac{x의\ 계수}{2}\right)^2$을 더한다.

↓

$(x+p)^2=q$의 꼴로 나타낸다.

↓

제곱근을 이용하여 해를 구한다.

05 이차방정식 $x^2-10x+22=0$의 해가 $x=a\pm\sqrt{b}$일 때, 유리수 a, b에 대하여 ab의 값을 구하시오.

01 다음 중 이차방정식인 것을 모두 고르면? (정답 2개)

① $2x^2=0$
② $5x^2-4x-1$
③ $(x-3)(x+2)=x^2-2x+3$
④ $x^2+3x=2x(x-2)$
⑤ $(x-1)^2=x^2+3$

꼭나와

02 다음 이차방정식 중 $x=-3$을 해로 갖는 것은?

① $x(x-4)=0$　　② $x^2+7x+10=0$
③ $x^2+2x-2=0$　　④ $4x^2+11x-3=0$
⑤ $6x^2-x-1=0$

03 이차방정식 $3x^2-2ax+a+9=0$의 한 근이 $x=2$일 때, 상수 a의 값을 구하시오.

04 다음 이차방정식 중 해가 $x=-\dfrac{1}{4}$ 또는 $x=\dfrac{2}{3}$인 것은?

① $(x+4)(2x-3)=0$
② $(x-4)(3x+2)=0$
③ $(4x+1)(2x-3)=0$
④ $(4x+1)(3x-2)=0$
⑤ $(4x-1)(3x+2)=0$

05 이차방정식 $6x^2-17x+5=0$의 두 근을 $x=a$ 또는 $x=b$라 할 때, $a-b$의 값은? (단, $a>b$)

① $\dfrac{11}{6}$　　② 2　　③ $\dfrac{13}{6}$
④ $\dfrac{7}{3}$　　⑤ $\dfrac{5}{2}$

꼭나와

06 다음 두 이차방정식의 공통인 근을 구하시오.

$$x^2+3x-10=0, \qquad 2x^2+7x-15=0$$

꼭나와

07 다음 이차방정식 중 중근을 갖는 것을 모두 고르면? (정답 2개)

① $3x^2=9$　　　　② $x^2-2x+1=0$

③ $x^2-10x+9=0$　　④ $4x^2+12x+9=0$

⑤ $(x-1)^2=25$

08 이차방정식 $x^2-12x+36=0$의 근이 이차방정식 $2x^2-ax-6=0$의 한 근일 때, 상수 a의 값과 다른 한 근을 구하시오.

09 이차방정식 $3(2x-1)^2=9$를 풀면?

① $x=\dfrac{-1\pm\sqrt{3}}{2}$　　② $x=\dfrac{1\pm\sqrt{3}}{2}$

③ $x=-1\pm\sqrt{3}$　　④ $x=1\pm\sqrt{3}$

⑤ $x=-1\pm2\sqrt{3}$

10 다음 중 이차방정식 $\left(x+\dfrac{1}{2}\right)^2-k+3=0$이 근을 갖도록 하는 상수 k의 값으로 알맞지 <u>않은</u> 것은?

① 1　　　　② 3　　　　③ 5

④ 7　　　　⑤ 9

꼭나와

11 이차방정식 $2x^2-8x+5=0$을 $(x+a)^2=b$의 꼴로 나타낼 때, 상수 a, b에 대하여 ab의 값은?

① -5　　　　② -3　　　　③ -1

④ 3　　　　⑤ 5

12 이차방정식 $x^2+6x=k$의 해가 $x=-3\pm\sqrt{13}$일 때, 상수 k의 값을 구하시오.

13 $(2x+1)^2=ax^2+3x-2$가 x에 대한 이차방정식이 되도록 하는 상수 a의 조건을 구하시오.

14 이차방정식 $x^2-4x+1=0$의 한 근이 $x=\alpha$일 때, $\alpha^2+\dfrac{1}{\alpha^2}$의 값은?

① 6 ② 8 ③ 10
④ 12 ⑤ 14

15 이차방정식 $x^2+2x=8x+27$의 근이 $x=a$ 또는 $x=b$일 때, 이차방정식 $ax^2+bx-2=0$의 두 근의 차는? (단, $a>b$)

① $\dfrac{2}{3}$ ② $\dfrac{5}{6}$ ③ 1
④ $\dfrac{4}{3}$ ⑤ 2

16 x에 대한 이차방정식
$$(a-1)x^2+(a^2+1)x-4a+2=0$$
의 한 근이 $x=1$이고 다른 한 근을 $x=b$라 할 때, $a-b$의 값은? (단, a는 상수이다.)

① 6 ② 7 ③ 8
④ 9 ⑤ 10

17 두 이차방정식 $x^2+ax-14=0$, $7x^2+12x+b=0$의 공통인 근이 $x=-2$이다. 두 이차방정식에서 공통이 아닌 근을 각각 $x=p$, $x=q$라 할 때, pq의 값은? (단, a, b는 상수이다.)

① -4 ② -2 ③ 1
④ 2 ⑤ 4

18 이차방정식 $x^2+5k+1=8x$가 중근을 가질 때, 다음 두 이차방정식의 공통인 근을 구하시오.
(단, k는 상수이다.)

$$x^2+kx+2=0, \qquad 3x^2-2x+1-2k=0$$

꼭나와

19 다음 중 이차방정식 $x^2+(m-4)x+3m-5=0$ 이 중근을 갖도록 하는 상수 m의 값을 모두 고르면? (정답 2개)

① -18 ② -2 ③ 2
④ 9 ⑤ 18

20 이차방정식 $16(x-3)^2=k$의 두 근의 곱이 5일 때, 상수 k의 값을 구하시오.

21 이차방정식 $3x^2+9x+A=0$을 $(x+B)^2=\dfrac{7}{12}$의 꼴로 고친 후 해를 구하였더니 $x=\dfrac{C\pm\sqrt{21}}{6}$이었다. 이때 유리수 A, B, C에 대하여 $A+2B+C$의 값은?

① -5 ② -1 ③ 0
④ 1 ⑤ 5

STEP 3 실력 UP

22 
해설 강의

두 식 $A=x^2-3x-18$, $B=x^2-2x-15$에 대하여 $3A=2B$이고 $B\neq0$을 만족시키는 x의 값을 구하시오.

23 
해설 강의

일차함수 $y=-\dfrac{a}{2}x+2$의 그래프가 점 $(a+4,\ a^2)$을 지나고 제4사분면을 지나지 않을 때, 상수 a의 값을 구하시오.

24 
해설 강의

이차방정식 $x^2-4x+a-3=0$의 해가 모두 정수가 되도록 하는 모든 자연수 a의 값의 합을 구하시오.

예제 1

해설 강의

이차방정식 $x^2+5x-6=0$의 두 근 중 큰 근이 이차방정식 $3x^2+ax-2=0$의 한 근일 때, 상수 a의 값을 구하시오. [6점]

풀이 과정

[1단계] $x^2+5x-6=0$의 근 구하기 ·3점

$x^2+5x-6=0$에서　$(x+6)(x-1)=0$

$\therefore x=-6$ 또는 $x=1$

[2단계] a의 값 구하기 ·3점

두 근 중 큰 근이 $x=1$이므로 $x=1$을
$3x^2+ax-2=0$에 대입하면

$3\times1^2+a\times1-2=0$　$\therefore a=-1$

답 -1

유제 1

이차방정식 $10x^2-7x+1=0$의 두 근 중 작은 근이 이차방정식 $5x^2-16x+a=0$의 한 근일 때, 상수 a의 값을 구하시오. [6점]

풀이 과정

[1단계] $10x^2-7x+1=0$의 근 구하기 ·3점

[2단계] a의 값 구하기 ·3점

답

예제 2

해설 강의

이차방정식 $x^2-4x+k-2=0$이 중근을 가질 때, 이차방정식 $2(x+k)^2=14$의 두 근의 곱을 구하시오. (단, k는 상수이다.) [7점]

풀이 과정

[1단계] k의 값 구하기 ·3점

$x^2-4x+k-2=0$이 중근을 가지므로

$k-2=\left(\dfrac{-4}{2}\right)^2=4$　$\therefore k=6$

[2단계] $2(x+k)^2=14$의 두 근 구하기 ·2점

$2(x+6)^2=14$에서　$(x+6)^2=7$

$x+6=\pm\sqrt{7}$　$\therefore x=-6\pm\sqrt{7}$

[3단계] 두 근의 곱 구하기 ·2점

두 근의 곱은

$(-6+\sqrt{7})(-6-\sqrt{7})=36-7=29$

답 29

유제 2

이차방정식 $x^2+kx+25=0$이 중근을 가질 때, 이차방정식 $3-(x+k)^2=0$의 두 근의 합을 구하시오. (단, k는 양수이다.) [7점]

풀이 과정

[1단계] k의 값 구하기 ·3점

[2단계] $3-(x+k)^2=0$의 두 근 구하기 ·2점

[3단계] 두 근의 합 구하기 ·2점

답

스스로 서술하기

유제 3 이차방정식 $x^2+3x-1=0$의 한 근이 $x=p$이고, 이차방정식 $x^2-5x-2=0$의 한 근이 $x=q$일 때, $(2p^2+6p-5)(q^2-5q+2)$의 값을 구하시오.

[7점]

⟨풀이 과정⟩ ────────────────

⟨답⟩

유제 4 이차방정식 $2x^2+ax+2=0$의 한 근이 $x=-\dfrac{1}{2}$이고 다른 한 근이 이차방정식 $3x^2+2x+b=0$의 한 근일 때, 상수 a, b에 대하여 $a-b$의 값을 구하시오. [7점]

⟨풀이 과정⟩ ────────────────

⟨답⟩

유제 5 이차방정식 $x^2+(a+2)x+2a=0$에서 x의 계수와 상수항을 바꾸어 놓은 이차방정식을 풀었더니 한 근이 $x=-1$이었다. 처음 이차방정식의 해를 구하시오.

(단, a는 상수이다.) [7점]

⟨풀이 과정⟩ ────────────────

⟨답⟩

유제 6 이차방정식 $5x^2-10x=2x-3$을 완전제곱식을 이용하여 푸시오. [6점]

⟨풀이 과정⟩ ────────────────

⟨답⟩

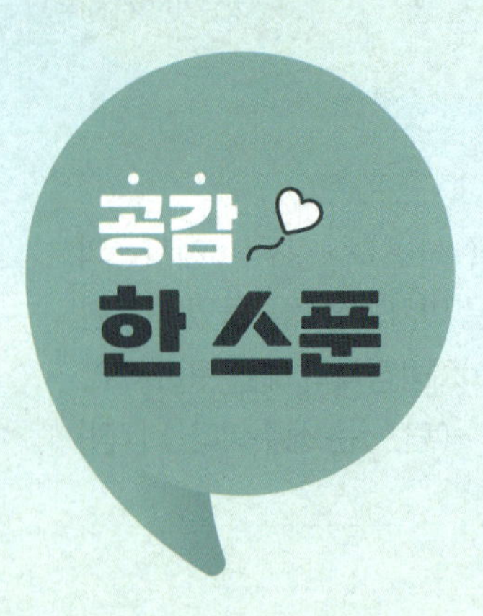

"상황에 휘둘리지 말고
나만의 선택을 해봐!"

Ⅲ-2

이차방정식의 활용

이 단원의 학습 계획을 세우고
하나하나 실천하는 습관을 기르자!!

		공부한 날		학습 완료도
01 이차방정식의 근의 공식	개념원리 이해 & 개념원리 확인하기	월	일	□□□
	핵심문제 익히기	월	일	○○○
	계산력 강화하기	월	일	○○○
	이런 문제가 시험에 나온다	월	일	○○○
02 이차방정식의 근의 개수	개념원리 이해 & 개념원리 확인하기	월	일	□□□
	핵심문제 익히기	월	일	○○○
	이런 문제가 시험에 나온다	월	일	○○○
03 이차방정식의 활용	개념원리 이해 & 개념원리 확인하기	월	일	□□□
	핵심문제 익히기	월	일	○○○
	이런 문제가 시험에 나온다	월	일	○○○
중단원 마무리하기		월	일	○○○
서술형 대비 문제		월	일	○○○

개념 학습 guide

- 개념을 이해했으면 ■□□, 개념을 문제에 적용할 수 있으면 ■■□, 개념을 친구에게 설명할 수 있으면 ■■■ 로 색칠한다.
- 부족한 부분의 개념을 반복 학습하여 ■■■ 3칸 모두 색칠하면 학습을 마친다.

문제 학습 guide

- 맞힌 문제가 전체의 50% 미만이면 ●○○, 맞힌 문제가 50% 이상 90% 미만이면 ●●○, 맞힌 문제가 90% 이상이면 ●●● 로 색칠한다.
- 틀린 문제는 왜 틀렸는지 그 이유를 파악한 후 다시 풀어 본다. 며칠 후 틀린 문제를 다시 풀어 보고, 풀이 과정과 답이 맞으면 학습을 마친다.

01 이차방정식의 근의 공식

개념원리 이해

1 이차방정식의 근의 공식이란 무엇인가?

◐ 핵심문제 01

다음과 같이 이차방정식의 근을 구하는 공식을 **근의 공식**이라 한다.

(1) 이차방정식 $ax^2+bx+c=0$의 근은

$$x=\frac{-b\pm\sqrt{b^2-4ac}}{2a}\ (단,\ b^2-4ac\geq0)$$

예 $x^2+5x-3=0$에서 $a=1$, $b=5$, $c=-3$이므로 $x=\dfrac{-5\pm\sqrt{5^2-4\times1\times(-3)}}{2\times1}=\dfrac{-5\pm\sqrt{37}}{2}$

(2) x의 계수가 짝수인 이차방정식 $ax^2+2b'x+c=0$의 근은

$$x=\frac{-b'\pm\sqrt{b'^2-ac}}{a}\ (단,\ b'^2-ac\geq0)$$

예 $3x^2+8x+2=0$에서 $a=3$, $b'=4$, $c=2$이므로 $x=\dfrac{-4\pm\sqrt{4^2-3\times2}}{3}=\dfrac{-4\pm\sqrt{10}}{3}$

▶ **이차방정식의 근의 공식 유도 과정**

$ax^2+bx+c=0\,(a\neq0)$

⟩ 양변을 x^2의 계수로 나눈다.

$x^2+\dfrac{b}{a}x+\dfrac{c}{a}=0$

⟩ 상수항을 우변으로 이항한다.

$x^2+\dfrac{b}{a}x=-\dfrac{c}{a}$

⟩ 양변에 $\left(\dfrac{x의\ 계수}{2}\right)^2$을 더한다.

$x^2+\dfrac{b}{a}x+\left(\dfrac{b}{2a}\right)^2=-\dfrac{c}{a}+\left(\dfrac{b}{2a}\right)^2$

⟩ 좌변을 완전제곱식으로 고친다.

$\left(x+\dfrac{b}{2a}\right)^2=\dfrac{b^2-4ac}{4a^2}$

⟩ 제곱근을 이용하여 해를 구한다.

$x+\dfrac{b}{2a}=\pm\dfrac{\sqrt{b^2-4ac}}{2a}$

$\therefore x=\dfrac{-b\pm\sqrt{b^2-4ac}}{2a}$

2 복잡한 이차방정식은 어떻게 푸는가?

◐ 핵심문제 02~04

다음과 같이 식을 정리한 후 인수분해 또는 근의 공식을 이용하여 해를 구한다.

(1) 괄호가 있으면 괄호를 풀고 $ax^2+bx+c=0$의 꼴로 정리한다.

예 $(x+1)(x-1)=2x$ $\xrightarrow{\ 괄호를\ 푼\ 후\ 정리하면\ }$ $x^2-2x-1=0$

(2) 계수가 소수 또는 분수이면 양변에 적당한 수를 곱하여 계수를 정수로 고친다.

① 계수가 소수 ➡ 양변에 10, 100, 1000, …을 곱한다.

② 계수가 분수 ➡ 양변에 분모의 최소공배수를 곱한다.

예 ① $0.2x^2+0.3x-1=0$ $\xrightarrow{\ 양변에\ 10을\ 곱하면\ }$ $2x^2+3x-10=0$

② $\dfrac{1}{2}x^2-x-\dfrac{5}{4}=0$ $\xrightarrow{\ 양변에\ 4를\ 곱하면\ }$ $2x^2-4x-5=0$

(3) 공통부분이 있으면 공통부분을 한 문자로 놓고 정리한다.

예 $(x+2)^2-3(x+2)+2=0$ $\xrightarrow{\ x+2=A로\ 놓으면\ }$ $A^2-3A+2=0$

01 다음은 근의 공식을 이용하여 이차방정식의 해를 구하는 과정이다. ☐ 안에 알맞은 수를 써넣으시오.

(1) $2x^2+7x+4=0$ ➡ $x=\dfrac{-7\pm\sqrt{\boxed{}^2-4\times\boxed{}\times\boxed{}}}{2\times2}=\boxed{}$

(2) $5x^2-6x-2=0$ ➡ $x=\dfrac{-(\boxed{})\pm\sqrt{(\boxed{})^2-\boxed{}\times(\boxed{})}}{5}=\boxed{}$

◐ (1) 이차방정식
$ax^2+bx+c=0$의 근
➡ $\boxed{}$

(2) 이차방정식
$ax^2+2b'x+c=0$의 근
➡ $\boxed{}$

02 다음 이차방정식을 근의 공식을 이용하여 푸시오.

(1) $x^2+3x-7=0$

(2) $3x^2-x-1=0$

(3) $x^2+4x+1=0$

(4) $2x^2-8x+5=0$

03 다음은 이차방정식의 해를 구하는 과정이다. ☐ 안에 알맞은 수를 써넣으시오.

◐ 복잡한 이차방정식의 풀이는?

(1) $(x+1)(x-3)=1$

> 괄호를 풀어 정리하면　$x^2-\boxed{}x-\boxed{}=0$　∴ $x=\boxed{}$

(2) $0.1x^2-0.8x-2=0$

> 양변에 $\boxed{}$을 곱하면　$x^2-\boxed{}x-\boxed{}=0$
> $(x+2)(x-\boxed{})=0$　∴ $x=-2$ 또는 $x=\boxed{}$

(3) $\dfrac{1}{6}x^2+\dfrac{3}{4}x+\dfrac{2}{3}=0$

> 양변에 $\boxed{}$를 곱하면　$2x^2+\boxed{}x+\boxed{}=0$　∴ $x=\boxed{}$

(4) $(x-3)^2+4(x-3)-5=0$

> $x-3=A$로 놓으면　$A^2+4A-5=0$
> $(A+5)(A-\boxed{})=0$　∴ $A=-5$ 또는 $A=\boxed{}$
> 즉 $x-3=-5$ 또는 $x-3=\boxed{}$이므로　$x=-2$ 또는 $x=\boxed{}$

01 이차방정식의 근의 공식

● 더 다양한 문제는 **RPM** 3-1 112쪽

다음 이차방정식을 근의 공식을 이용하여 푸시오.

(1) $x^2+x-11=0$

(2) $4x^2-7x+1=0$

(3) $x^2+6x+4=0$

(4) $3x^2-4x-5=0$

| KEY POINT |

(1) 이차방정식
$ax^2+bx+c=0$의 근
$$\Rightarrow x=\frac{-b\pm\sqrt{b^2-4ac}}{2a}$$

(2) 이차방정식
$ax^2+2b'x+c=0$의 근
$$\Rightarrow x=\frac{-b'\pm\sqrt{b'^2-ac}}{a}$$

풀이

(1) $x=\dfrac{-1\pm\sqrt{1^2-4\times1\times(-11)}}{2\times1}=\dfrac{-1\pm\sqrt{45}}{2}=\dfrac{-1\pm3\sqrt{5}}{2}$

(2) $x=\dfrac{-(-7)\pm\sqrt{(-7)^2-4\times4\times1}}{2\times4}=\dfrac{7\pm\sqrt{33}}{8}$

(3) $x=\dfrac{-3\pm\sqrt{3^2-1\times4}}{1}=-3\pm\sqrt{5}$

(4) $x=\dfrac{-(-2)\pm\sqrt{(-2)^2-3\times(-5)}}{3}=\dfrac{2\pm\sqrt{19}}{3}$

답 (1) $x=\dfrac{-1\pm3\sqrt{5}}{2}$ (2) $x=\dfrac{7\pm\sqrt{33}}{8}$ (3) $x=-3\pm\sqrt{5}$ (4) $x=\dfrac{2\pm\sqrt{19}}{3}$

확인 1 이차방정식 $2x^2-3x+k=0$의 근이 $x=\dfrac{3\pm\sqrt{17}}{4}$일 때, 상수 k의 값을 구하시오.

02 괄호가 있는 이차방정식의 풀이

● 더 다양한 문제는 **RPM** 3-1 112쪽

다음 이차방정식을 푸시오.

(1) $(2x+1)^2+2x=0$

(2) $(x-1)(3x-7)=2x^2-9$

| KEY POINT |

괄호가 있으면 괄호를 풀고 $ax^2+bx+c=0$의 꼴로 정리한 후 이차방정식을 푼다.

풀이

(1) 괄호를 풀면 $4x^2+4x+1+2x=0$, $4x^2+6x+1=0$

$\therefore x=\dfrac{-3\pm\sqrt{3^2-4\times1}}{4}=\dfrac{-3\pm\sqrt{5}}{4}$

(2) 괄호를 풀면 $3x^2-10x+7=2x^2-9$

$x^2-10x+16=0$, $(x-2)(x-8)=0$

$\therefore x=2$ 또는 $x=8$

답 (1) $x=\dfrac{-3\pm\sqrt{5}}{4}$ (2) $x=2$ 또는 $x=8$

확인 2 다음 이차방정식을 푸시오.

(1) $7x^2=3(x-2)^2$

(2) $(x+4)(x-1)=5x^2+x-10$

03 계수가 소수 또는 분수인 이차방정식의 풀이

● 더 다양한 문제는 RPM 3–1 112쪽

다음 이차방정식을 푸시오.

(1) $x^2-0.5x-0.1=0$

(2) $\dfrac{1}{2}x^2+\dfrac{5}{3}x-\dfrac{4}{3}=0$

풀이 (1) 양변에 10을 곱하면 $\quad 10x^2-5x-1=0$

$$\therefore x=\dfrac{-(-5)\pm\sqrt{(-5)^2-4\times10\times(-1)}}{2\times10}=\dfrac{5\pm\sqrt{65}}{20}$$

(2) 양변에 6을 곱하면 $\quad 3x^2+10x-8=0$

$$(x+4)(3x-2)=0 \quad \therefore x=-4 \text{ 또는 } x=\dfrac{2}{3}$$

답 (1) $x=\dfrac{5\pm\sqrt{65}}{20}$ (2) $x=-4$ 또는 $x=\dfrac{2}{3}$

확인 3 다음 이차방정식을 푸시오.

(1) $0.2x^2+0.7x+0.3=0$

(2) $0.3x^2-x+0.5=0$

(3) $\dfrac{1}{5}x^2+\dfrac{1}{10}x-\dfrac{1}{4}=0$

(4) $\dfrac{x^2-2}{3}+\dfrac{x-6}{2}=-\dfrac{1}{3}$

UP

04 공통부분이 있는 이차방정식의 풀이

● 더 다양한 문제는 RPM 3–1 113쪽

이차방정식 $2(x+2)^2-5(x+2)-3=0$을 푸시오.

풀이 $x+2=A$로 놓으면

$$2A^2-5A-3=0, \quad (2A+1)(A-3)=0$$

$$\therefore A=-\dfrac{1}{2} \text{ 또는 } A=3$$

즉 $x+2=-\dfrac{1}{2}$ 또는 $x+2=3$이므로

$$x=-\dfrac{5}{2} \text{ 또는 } x=1$$

답 $x=-\dfrac{5}{2}$ 또는 $x=1$

확인 4 다음 이차방정식을 푸시오.

(1) $(x-1)^2+4(x-1)-3=0$

(2) $3(x+3)^2-16(x+3)+5=0$

KEY POINT

계수가 소수 또는 분수이면 양변에 적당한 수를 곱하여 계수를 정수로 고친 후 이차방정식을 푼다.

Ⅲ-2 이차방정식의 활용

KEY POINT

공통부분이 있으면 공통부분을 한 문자로 놓고 이차방정식을 푼다.

01 다음 이차방정식을 푸시오.

(1) $x^2 + x - 1 = 0$

(2) $x^2 - 9x + 17 = 0$

(3) $3x^2 - 3x - 4 = 0$

(4) $5x^2 + 7x + 1 = 0$

(5) $2x^2 = 2 - 5x$

02 다음 이차방정식을 푸시오.

(1) $x^2 - 2x - 2 = 0$

(2) $x^2 + 10x + 5 = 0$

(3) $2x^2 - 8x + 3 = 0$

(4) $9x^2 + 12x - 2 = 0$

(5) $6x^2 - 6x + 1 = 0$

03 다음 이차방정식을 푸시오.

(1) $(x+2)(x+5) = 3x + 8$

(2) $(x+4)^2 = (2x-1)^2$

(3) $(2x-3)(3x+1) = 5(x-1)^2 + 7x$

04 다음 이차방정식을 푸시오.

(1) $0.1x^2 - 0.8x + 1.5 = 0$

(2) $0.4x^2 + x - 0.1 = 0$

(3) $0.3x^2 - 0.7x - 1 = 0$

(4) $0.1x^2 + 0.09x + 0.01 = 0$

05 다음 이차방정식을 푸시오.

(1) $\dfrac{4}{3}x^2 - x - \dfrac{5}{6} = 0$

(2) $\dfrac{3}{4}x^2 + \dfrac{1}{2}x - \dfrac{1}{3} = 0$

(3) $\dfrac{1}{5}x^2 - \dfrac{1}{2} = \dfrac{5-x}{10}$

(4) $\dfrac{x^2+x}{3} = \dfrac{2x+1}{5}$

06 다음 이차방정식을 푸시오.

(1) $x^2 - 0.2x - \dfrac{2}{5} = 0$

(2) $\dfrac{1}{6}x^2 + \dfrac{3}{2}x = 1.5$

(3) $0.5x^2 - \dfrac{2(x+1)}{3} = x - 2$

(4) $\dfrac{x(x+4)}{4} - 0.5x = \dfrac{1}{8}$

❯ 정답 및 풀이 58쪽

01 이차방정식 $2x^2-5x-1=0$의 근이 $x=\dfrac{A\pm\sqrt{B}}{4}$일 때, 유리수 A, B에 대하여 $A+B$의 값은?

① 26 ② 30 ③ 34
④ 38 ⑤ 42

이차방정식의 근의 공식을 이용한다.

02 이차방정식 $(x+2)(x-5)=3(x-3)$의 두 근의 차를 구하시오.

03 이차방정식 $0.1x^2+0.4x+0.05=0$을 풀면?

① $x=\dfrac{-4\pm\sqrt{7}}{2}$ ② $x=\dfrac{-4\pm\sqrt{14}}{2}$ ③ $x=\dfrac{-4\pm\sqrt{14}}{4}$
④ $x=\dfrac{4\pm\sqrt{7}}{2}$ ⑤ $x=\dfrac{4\pm\sqrt{14}}{2}$

계수가 소수
➡ 양변에 10, 100, 1000, …을 곱한다.

04 이차방정식 $\dfrac{1}{3}x^2-\dfrac{5}{8}=\dfrac{5x-6}{12}$의 두 근을 a, b라 할 때, 일차방정식 $ax=b$의 해를 구하시오. (단, $a<b$)

계수가 분수
➡ 양변에 분모의 최소공배수를 곱한다.

05 이차방정식 $3\left(x+\dfrac{1}{2}\right)^2-2\left(x+\dfrac{1}{2}\right)-1=0$의 두 근의 합은?

① -1 ② $-\dfrac{1}{2}$ ③ $-\dfrac{1}{3}$
④ $\dfrac{1}{3}$ ⑤ 1

공통부분을 한 문자로 놓는다.

02 이차방정식의 근의 개수

◎ 핵심문제 01~03

1 이차방정식의 근의 개수는 어떻게 결정되는가?

이차방정식 $ax^2+bx+c=0$의 근은 $x=\dfrac{-b\pm\sqrt{b^2-4ac}}{2a}$이므로 근의 개수는 b^2-4ac의 부호에 의하여 결정된다.

(1) $b^2-4ac>0$ ➡ 서로 다른 두 근을 갖는다.

(2) $b^2-4ac=0$ ➡ 중근을 갖는다.

$\quad$ $b^2-4ac\geq0$이면 근을 갖는다.

(3) $b^2-4ac<0$ ➡ 근이 없다.

▶ $x=\dfrac{-b\pm\sqrt{b^2-4ac}}{2a}$에서 $b^2-4ac<0$이면 $\sqrt{b^2-4ac}$의 값이 존재하지 않으므로 이차방정식의 근이 없다.

예 (1) 이차방정식 $2x^2-3x+1=0$은
$$b^2-4ac=(-3)^2-4\times2\times1=1>0$$
이므로 서로 다른 두 근을 갖는다.
즉 근의 개수는 2이다.

(2) 이차방정식 $x^2+2x+1=0$은
$$b^2-4ac=2^2-4\times1\times1=0$$
이므로 중근을 갖는다.
즉 근의 개수는 1이다.

(3) 이차방정식 $3x^2+x+1=0$은
$$b^2-4ac=1^2-4\times3\times1=-11<0$$
이므로 근이 없다.
즉 근의 개수는 0이다.

◎ 핵심문제 04

2 두 근이 주어졌을 때 이차방정식은 어떻게 구하는가?

(1) 두 근이 α, β이고 x^2의 계수가 a인 이차방정식은
$$a(x-\alpha)(x-\beta)=0$$

예 두 근이 -2, 1이고 x^2의 계수가 2인 이차방정식은
$$2(x+2)(x-1)=0, \qquad 2(x^2+x-2)=0$$
$$\therefore 2x^2+2x-4=0$$

(2) 중근이 α이고 x^2의 계수가 a인 이차방정식은
$$a(x-\alpha)^2=0 \quad \longleftarrow (완전제곱식)=0$$

예 중근이 2이고 x^2의 계수가 3인 이차방정식은
$$3(x-2)^2=0, \qquad 3(x^2-4x+4)=0$$
$$\therefore 3x^2-12x+12=0$$

01 다음은 이차방정식의 근의 개수를 구하는 과정이다. 표를 완성하시오.

○ 이차방정식의 근의 개수는?

$ax^2+bx+c=0$	b^2-4ac의 값	근의 개수
(1) $x^2+3x-4=0$	$3^2-4\times1\times(-4)=25$	
(2) $2x^2-5x+1=0$		
(3) $x^2-8x+20=0$		
(4) $16x^2+8x+1=0$		

Ⅲ-2 이차방정식의 활용

02 다음 이차방정식의 근의 개수를 구하시오.

(1) $x^2-6x+9=0$　　　(2) $x^2+5x+7=0$

(3) $3x^2-4x-2=0$　　　(4) $5x^2-3x+1=0$

03 다음은 두 근과 x^2의 계수가 주어질 때 이차방정식을 구하는 과정이다. □ 안에 알맞은 수를 써넣으시오.

○ 두 근이 주어졌을 때 이차방 정식을 구하는 방법은?

(1) 두 근이 -1, 4이고 x^2의 계수가 1인 이차방정식

➡ $(x+\boxed{})(x-4)=0$　　$\therefore x^2-\boxed{}x-\boxed{}=0$

(2) 중근이 5이고 x^2의 계수가 2인 이차방정식

➡ $2(x-\boxed{})^2=0$　　$\therefore 2x^2-\boxed{}x+\boxed{}=0$

04 다음 조건을 만족시키는 x에 대한 이차방정식을 $ax^2+bx+c=0$의 꼴로 나타내시오.

(1) 두 근이 3, 5이고 x^2의 계수가 1인 이차방정식

(2) 두 근이 -7, -2이고 x^2의 계수가 3인 이차방정식

(3) 중근이 -1이고 x^2의 계수가 5인 이차방정식

01 이차방정식의 근의 개수

● 더 다양한 문제는 RPM 3-1 114쪽

다음 이차방정식 중 서로 다른 두 근을 갖는 것을 모두 고르면? (정답 2개)

① $x^2-4x-1=0$　　② $x^2+3x+4=0$　　③ $2x^2-4x+5=0$

④ $3x^2+5x+1=0$　　⑤ $4x^2-12x+9=0$

풀이　① $(-4)^2-4\times1\times(-1)=20>0$이므로 서로 다른 두 근을 갖는다.

② $3^2-4\times1\times4=-7<0$이므로 근이 없다.

③ $(-4)^2-4\times2\times5=-24<0$이므로 근이 없다.

④ $5^2-4\times3\times1=13>0$이므로 서로 다른 두 근을 갖는다.

⑤ $(-12)^2-4\times4\times9=0$이므로 중근을 갖는다.

따라서 서로 다른 두 근을 갖는 것은 ①, ④이다.　　　　**답** ①, ④

확인 1　다음 이차방정식 중 근이 없는 것은?

① $x^2+x-3=0$　　② $x^2+4x+4=0$　　③ $\dfrac{1}{3}x^2-2x+2=0$

④ $5x^2+2x+1=0$　　⑤ $9x^2-6x+1=0$

KEY POINT

이차방정식 $ax^2+bx+c=0$에서

① $b^2-4ac>0$ ➡ 서로 다른 두 근

② $b^2-4ac=0$ ➡ 중근

③ $b^2-4ac<0$ ➡ 근이 없다.

02 이차방정식이 중근을 가질 조건

● 더 다양한 문제는 RPM 3-1 114쪽

이차방정식 $4x^2-4x+k-5=0$이 중근을 가질 때, 다음 물음에 답하시오.

(1) 상수 k의 값을 구하시오.

(2) 그때의 중근을 구하시오.

풀이　(1) $(-4)^2-4\times4\times(k-5)=0$이므로　$16-16k+80=0$

$-16k=-96$　　∴ $k=6$

(2) $k=6$을 $4x^2-4x+k-5=0$에 대입하면

$4x^2-4x+1=0$,　　$(2x-1)^2=0$　　∴ $x=\dfrac{1}{2}$

답 (1) 6　(2) $x=\dfrac{1}{2}$

확인 2　이차방정식 $kx^2+12x+k+5=0$이 중근을 갖도록 하는 상수 k의 값을 모두 구하시오.

KEY POINT

이차방정식 $ax^2+bx+c=0$이 중근을 갖는다.

➡ $b^2-4ac=0$

03 근을 가질 조건에 따른 미지수의 값의 범위 구하기

● 더 다양한 문제는 **RPM** 3−1 115쪽

이차방정식 $x^2+4x+2k+1=0$의 근이 다음과 같을 때, 상수 k의 값의 범위를 구하시오.

(1) 근을 갖는다.　　　　　　　　　(2) 근을 갖지 않는다.

풀이 (1) $4^2-4\times1\times(2k+1)\geq0$이므로　　$16-8k-4\geq0$

$$-8k\geq-12　　\therefore\ k\leq\frac{3}{2}$$

(2) $4^2-4\times1\times(2k+1)<0$이므로　　$16-8k-4<0$

$$-8k<-12　　\therefore\ k>\frac{3}{2}$$

답 (1) $k\leq\dfrac{3}{2}$　(2) $k>\dfrac{3}{2}$

확인 3 다음 중 이차방정식 $2x^2-6x+k-1=0$이 서로 다른 두 근을 갖도록 하는 상수 k의 값이 <u>아닌</u> 것은?

① -2　　　　　　② 0　　　　　　③ 2

④ 4　　　　　　⑤ 6

04 두 근이 주어질 때 이차방정식 구하기

● 더 다양한 문제는 **RPM** 3−1 115쪽

이차방정식 $3x^2+ax+b=0$의 두 근이 -1, $\dfrac{1}{3}$일 때, 상수 a, b에 대하여 $a-2b$의 값을 구하시오.

풀이 두 근이 -1, $\dfrac{1}{3}$이고 x^2의 계수가 3인 이차방정식은

$$3(x+1)\left(x-\frac{1}{3}\right)=0,\quad 3\left(x^2+\frac{2}{3}x-\frac{1}{3}\right)=0$$

$$\therefore\ 3x^2+2x-1=0$$

따라서 $a=2$, $b=-1$이므로

$$a-2b=2-2\times(-1)=4$$

답 4

확인 4 이차방정식 $x^2-ax+b=0$의 두 근이 1, 3일 때, a, b를 두 근으로 하고 x^2의 계수가 2인 이차방정식은? (단, a, b는 상수이다.)

① $2x^2-14x+12=0$　　② $2x^2-14x+24=0$　　③ $2x^2+2x-24=0$

④ $2x^2+2x-12=0$　　⑤ $2x^2+5x-6=0$

KEY POINT

이차방정식 $ax^2+bx+c=0$이
① 근을 갖는다.
→ $b^2-4ac\geq0$
② 근을 갖지 않는다.
→ $b^2-4ac<0$

Ⅲ-2
이차방정식의 활용

KEY POINT

두 근이 α, β이고 x^2의 계수가 a인 이차방정식
→ $a(x-\alpha)(x-\beta)=0$

❯ 정답 및 풀이 60쪽

01 다음 이차방정식 중 근의 개수가 나머지 넷과 <u>다른</u> 하나는?

① $x^2 - x + 1 = 0$ ② $x^2 + 6x + 10 = 0$ ③ $2x^2 + 3x - 5 = 0$
④ $4x^2 - 4x + 3 = 0$ ⑤ $5x^2 + 9x + 5 = 0$

이차방정식 $ax^2 + bx + c = 0$에서 $b^2 - 4ac$의 부호를 조사한다.

02 이차방정식 $x^2 + 2kx + 4k - 3 = 0$이 중근을 갖도록 하는 모든 상수 k의 값의 합을 구하시오.

03 이차방정식 $4x^2 - 3x - k = 0$의 근이 존재하지 않도록 하는 상수 k의 값 중 가장 큰 정수를 구하시오.

04 이차방정식 $2x^2 + ax + b = 0$이 중근 -1을 가질 때, 상수 a, b에 대하여 ab의 값은?

① -8 ② -4 ③ 4
④ 8 ⑤ 12

중근이 α이고 x^2의 계수가 a인 이차방정식
➡ $a(x-\alpha)^2 = 0$

05 이차방정식 $x^2 - 3x + 2 = 0$의 두 근을 α, β라 할 때, $\alpha+1$, $\beta+1$을 두 근으로 하고 x^2의 계수가 3인 이차방정식은?

① $3x^2 - 21x + 36 = 0$ ② $3x^2 - 15x + 18 = 0$ ③ $3x^2 - 9x + 6 = 0$
④ $3x^2 + 9x + 6 = 0$ ⑤ $3x^2 + 15x + 18 = 0$

먼저 이차방정식 $x^2 - 3x + 2 = 0$을 푼다.

03 이차방정식의 활용

개념원리 이해

1 이차방정식의 활용 문제는 어떻게 푸는가?

◎ 핵심문제 01~06

이차방정식의 활용 문제는 다음과 같은 순서로 해결한다.
❶ 미지수 정하기 ➡ 문제의 뜻을 파악하고 구하려는 것을 미지수 x로 놓는다.
❷ 방정식 세우기 ➡ 문제의 뜻에 맞게 x에 대한 이차방정식을 세운다.
❸ 방정식 풀기 ➡ 이차방정식을 푼다.
❹ 확인하기 ➡ 구한 해가 문제의 뜻에 맞는지 확인한다.

주의 이차방정식의 모든 해가 문제의 답이 되는 것은 아니므로 문제의 뜻에 맞는지 반드시 확인한다.

참고 길이, 넓이, 부피, 시간, 속력, 거리 등은 양수가 되어야 하고, 개수, 나이 등은 자연수가 되어야 한다.

2 이차방정식의 활용 문제는 어떤 것이 있는가?

◎ 핵심문제 01~06

(1) **식이 주어진 문제**

주어진 식을 이용하여 이차방정식을 세운다.

① 자연수 1부터 n까지의 합: $\dfrac{n(n+1)}{2}$

② n각형의 대각선의 개수: $\dfrac{n(n-3)}{2}$

(2) **수에 대한 문제**

연속하는 수에 대한 문제는 다음과 같이 미지수를 정하고 이차방정식을 세운다.

① 연속하는 두 정수 ➡ x, $x+1$ 또는 $x-1$, x
② 연속하는 세 정수 ➡ $x-1$, x, $x+1$ 또는 x, $x+1$, $x+2$
③ 연속하는 두 홀수(짝수) ➡ x, $x+2$ 또는 $x-2$, x
④ 연속하는 세 홀수(짝수) ➡ $x-2$, x, $x+2$ 또는 x, $x+2$, $x+4$

(3) **도형에 대한 문제**

① (삼각형의 넓이)$=\dfrac{1}{2}\times$(밑변의 길이)$\times$(높이)

② (직사각형의 넓이)$=$(가로의 길이)$\times$(세로의 길이)

③ (사다리꼴의 넓이)$=\dfrac{1}{2}\times\{$(윗변의 길이)$+$(아랫변의 길이)$\}\times$(높이)

④ (원의 넓이)$=\pi\times$(반지름의 길이)^2

⑤ 직사각형 모양의 땅에 폭이 일정한 길을 만드는 경우 다음 그림의 세 직사각형에서 색칠한 부분의 넓이는 모두 같음을 이용한다.

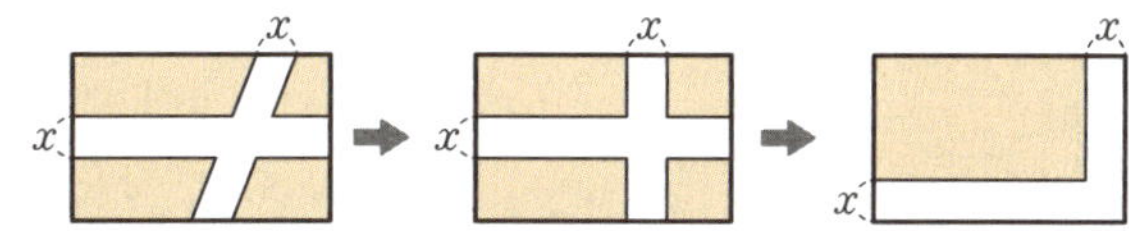

01 자연수 1부터 n까지의 합은 $\dfrac{n(n+1)}{2}$이다. 다음은 합이 210이 되려면 1부터 얼마까지의 자연수를 더해야 하는지 구하는 과정이다. □ 안에 알맞은 수를 써넣으시오.

> $\dfrac{n(n+1)}{2}=\boxed{}$에서
>
> $n^2+n-\boxed{}=0,\qquad (n+21)(n-\boxed{})=0$
>
> $\therefore n=-21$ 또는 $n=\boxed{}$
>
> 그런데 n은 자연수이므로 $\qquad n=\boxed{}$
>
> 따라서 합이 210이 되려면 1부터 $\boxed{}$까지의 자연수를 더해야 한다.

◉ 이차방정식의 활용 문제 푸는 순서

$\boxed{}$ 정하기

↓

방정식 세우기

↓

방정식 풀기

↓

확인하기

02 어떤 수를 제곱한 수는 어떤 수의 5배보다 36만큼 크다고 한다. 다음 물음에 답하시오.

(1) 어떤 수를 x라 할 때, x에 대한 이차방정식을 세우시오.

(2) 이차방정식을 풀어 어떤 수를 구하시오.

03 현진이가 수학책을 펼친 후 두 면의 쪽수를 곱하였더니 110이었다. 다음 물음에 답하시오.

(1) 펼친 두 면의 쪽수를 x, $x+1$이라 할 때, x에 대한 이차방정식을 세우시오.

(2) 이차방정식을 풀어 펼친 두 면의 쪽수를 구하시오.

04 길이가 28 m인 철사를 구부려 넓이가 48 m²인 직사각형 모양을 만들려고 한다. 다음 물음에 답하시오. (단, 철사의 두께는 생각하지 않는다.)

(1) 가로의 길이를 x m라 할 때, 세로의 길이를 x에 대한 식으로 나타내시오.

(2) 넓이가 48 m²임을 이용하여 x에 대한 이차방정식을 세우시오.

(3) 이차방정식을 풀어 직사각형의 가로의 길이를 구하시오.
(단, 가로의 길이가 세로의 길이보다 길다.)

01 식이 주어진 문제

● 더 다양한 문제는 **RPM** 3–1 116쪽

n각형의 대각선의 개수는 $\dfrac{n(n-3)}{2}$ 이다. 대각선의 개수가 27인 다각형은 몇 각형인지 구하시오.

풀이 $\dfrac{n(n-3)}{2}=27$에서 $n(n-3)=54$

$n^2-3n-54=0$, $(n+6)(n-9)=0$

$\therefore n=-6$ 또는 $n=9$

그런데 $n>3$이므로 $n=9$

따라서 구하는 다각형은 구각형이다. **답** 구각형

확인 ① n명이 한 사람도 빠짐없이 서로 한 번씩 악수를 할 때, 악수를 한 총횟수는 $\dfrac{n(n-1)}{2}$ 이다. 어느 동호회 회원들이 한 사람도 빠짐없이 서로 한 번씩 악수를 한 총횟수가 105일 때, 이 동호회의 회원은 몇 명인지 구하시오.

KEY POINT

주어진 식을 이용하여 이차방정식을 세운다.

---

02 수에 대한 문제

● 더 다양한 문제는 **RPM** 3–1 116쪽

연속하는 세 자연수가 있다. 가장 큰 수의 제곱은 다른 두 수의 제곱의 합과 같을 때, 이 세 수를 구하시오.

풀이 연속하는 세 자연수를 $x-1$, x, $x+1$이라 하면

$(x+1)^2=(x-1)^2+x^2$, $x^2+2x+1=x^2-2x+1+x^2$

$x^2-4x=0$, $x(x-4)=0$

$\therefore x=0$ 또는 $x=4$

그런데 $x>1$이므로 $x=4$

따라서 구하는 세 수는 3, 4, 5이다. **답** 3, 4, 5

확인 ② 어떤 자연수와 그 수의 제곱의 합이 72일 때, 어떤 자연수를 구하시오.

확인 ③ 연속하는 두 홀수의 곱이 143일 때, 이 두 수를 구하시오.

KEY POINT

연속하는 세 자연수
➡ $x-1$, x, $x+1$ 또는 x, $x+1$, $x+2$로 놓는다.

03 실생활에 대한 문제

● 더 다양한 문제는 **RPM** 3-1 117쪽

아버지와 아들의 나이의 차는 24살이고, 아들의 나이의 제곱은 아버지의 나이의 4배와 같다고 한다. 이때 아들의 나이를 구하시오.

풀이 아들의 나이를 x살이라 하면 아버지의 나이는 $(x+24)$살이므로

$$x^2=4(x+24), \qquad x^2=4x+96$$

$$x^2-4x-96=0, \qquad (x+8)(x-12)=0$$

$$\therefore x=-8 \ 또는 \ x=12$$

그런데 $x>0$이므로 $\qquad x=12$

따라서 아들의 나이는 12살이다.

답 12살

확인 4 사탕 84개를 남김없이 학생들에게 똑같이 나누어 주려고 한다. 한 학생이 갖게 되는 사탕의 개수가 학생 수보다 5만큼 작을 때, 한 학생이 갖게 되는 사탕의 개수를 구하시오.

04 쏘아 올린 물체에 대한 문제

● 더 다양한 문제는 **RPM** 3-1 117쪽

지면에서 초속 30 m로 똑바로 위로 쏘아 올린 물체의 t초 후의 높이는 $(30t-5t^2)$ m라 한다. 다음 물음에 답하시오.

(1) 이 물체의 높이가 40 m가 되는 것은 쏘아 올린 지 몇 초 후인지 모두 구하시오.

(2) 이 물체가 지면에 떨어지는 것은 쏘아 올린 지 몇 초 후인지 구하시오.

풀이 (1) $30t-5t^2=40$에서 $\qquad -5t^2+30t-40=0$

$$t^2-6t+8=0, \qquad (t-2)(t-4)=0$$

$$\therefore t=2 \ 또는 \ t=4$$

따라서 물체의 높이가 40 m가 되는 것은 쏘아 올린 지 2초 후 또는 4초 후이다.

(2) 물체가 지면에 떨어지는 것은 높이가 0 m일 때이므로

$$30t-5t^2=0, \qquad t^2-6t=0, \qquad t(t-6)=0$$

$$\therefore t=0 \ 또는 \ t=6$$

그런데 $t>0$이므로 $\qquad t=6$

따라서 물체가 지면에 떨어지는 것은 쏘아 올린 지 6초 후이다.

답 (1) 2초, 4초 (2) 6초

확인 5 지면으로부터 30 m의 높이에서 초속 25 m로 똑바로 위로 쏘아 올린 물체의 t초 후의 높이는 $(30+25t-5t^2)$ m라 한다. 다음 물음에 답하시오.

(1) 이 물체의 높이가 50 m가 되는 것은 쏘아 올린 지 몇 초 후인지 모두 구하시오.

(2) 이 물체가 지면에 떨어지는 것은 쏘아 올린 지 몇 초 후인지 구하시오.

05 도형에 대한 문제 (1)

● 더 다양한 문제는 RPM 3–1 118쪽

● 더 다양한 문제는 RPM 3–1 118쪽

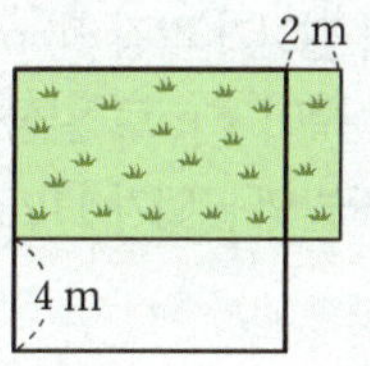

오른쪽 그림과 같이 정사각형 모양의 잔디밭을 가로의 길이는 2 m만큼 늘이고 세로의 길이는 4 m만큼 줄였더니 넓이가 72 m²인 직사각형 모양의 잔디밭이 되었다. 처음 정사각형 모양의 잔디밭의 한 변의 길이를 구하시오.

KEY POINT

처음 잔디밭의 한 변의 길이를 x m로 놓고, 새로 만든 잔디밭의 가로, 세로의 길이를 x에 대한 식으로 나타낸다.

풀이 처음 잔디밭의 한 변의 길이를 x m라 하면 새로 만든 잔디밭의 가로, 세로의 길이는 각각 $(x+2)$ m, $(x-4)$ m이므로

$$(x+2)(x-4)=72, \qquad x^2-2x-8=72$$
$$x^2-2x-80=0, \qquad (x+8)(x-10)=0$$
$$\therefore x=-8 \text{ 또는 } x=10$$

그런데 $x>4$이므로 $\qquad x=10$

따라서 처음 잔디밭의 한 변의 길이는 10 m이다. **🖹 10 m**

확인 6 둘레의 길이가 24 cm이고 넓이가 35 cm²인 직사각형이 있다. 가로의 길이가 세로의 길이보다 길 때, 가로의 길이를 구하시오.

확인 7 미나는 가로, 세로의 길이가 각각 18 cm, 15 cm인 직사각형 모양의 사진을 잘라 수학 신문에 넣으려고 한다. 이 사진의 가로, 세로의 길이를 각각 x cm씩 줄이면 그 넓이가 처음 사진의 넓이의 $\dfrac{2}{3}$배가 될 때, x의 값을 구하시오.

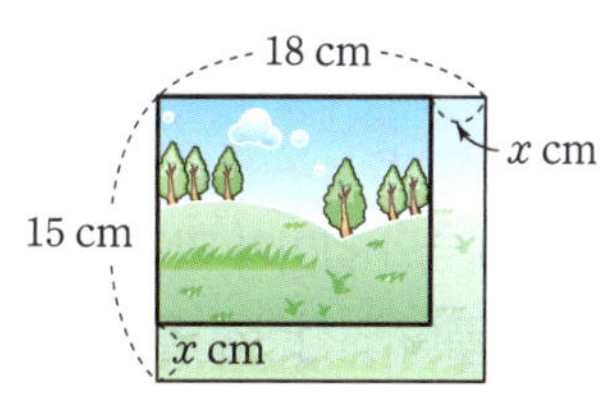

확인 8 오른쪽 그림과 같은 두 정사각형의 넓이의 합이 13 cm²일 때, 큰 정사각형의 한 변의 길이를 구하시오.

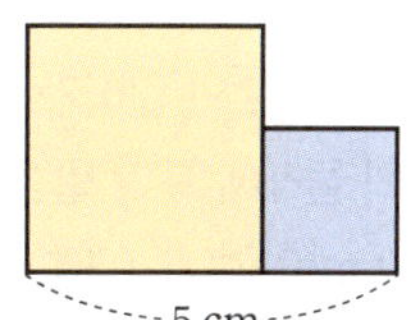

06 도형에 대한 문제 (2)

● 더 다양한 문제는 RPM 3-1 118쪽

오른쪽 그림과 같이 가로, 세로의 길이가 각각 16 m, 10 m인 직사각형 모양의 꽃밭에 폭이 x m로 일정한 통로를 만들었더니 통로를 제외한 꽃밭의 넓이가 112 m²가 되었다. 이때 x의 값을 구하시오.

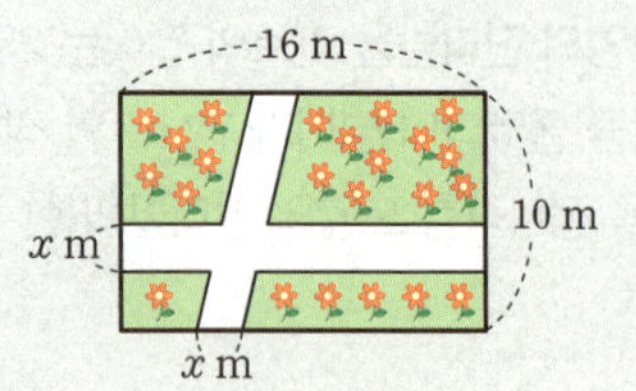

풀이 오른쪽 그림에서

$$(16-x)(10-x)=112$$
$$x^2-26x+48=0$$
$$(x-2)(x-24)=0$$
$$\therefore x=2 \ \text{또는} \ x=24$$

그런데 $0<x<10$이므로 $x=2$

답 2

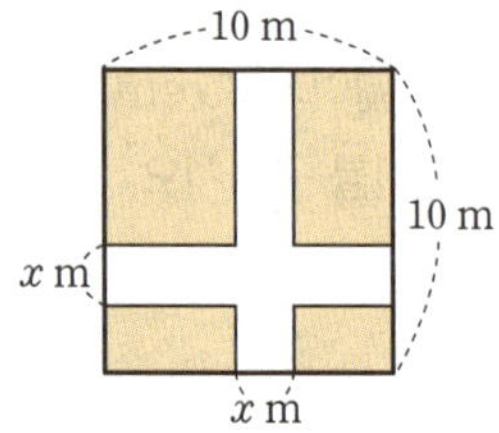

확인 9 오른쪽 그림과 같이 한 변의 길이가 10 m인 정사각형 모양의 땅에 폭이 x m로 일정한 도로를 만들었더니 도로를 제외한 땅의 넓이가 64 m²이었다. 이때 x의 값을 구하시오.

확인 10 오른쪽 그림과 같이 가로, 세로의 길이가 각각 15 m, 12 m인 직사각형 모양의 정원에 폭이 일정한 길을 만들었더니 길을 제외한 정원의 넓이가 108 m²가 되었다. 이때 길의 폭은 몇 m인지 구하시오.

확인 11 오른쪽 그림과 같이 가로, 세로의 길이가 각각 5 m, 3 m인 직사각형 모양의 연못의 둘레에 폭이 일정한 꽃밭을 만들었더니 꽃밭의 넓이가 20 m²이었다. 이때 꽃밭의 폭은 몇 m인지 구하시오.

KEY POINT

다음의 세 직사각형에서 색칠한 부분의 넓이는 모두 같다.

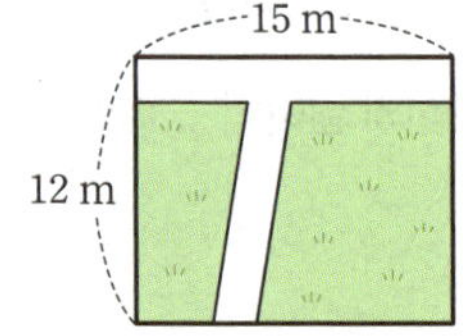

01 연속하는 두 짝수의 제곱의 합이 164일 때, 이 두 수 중에서 큰 수를 구하시오.

연속하는 두 짝수
➡ x, $x+2$ 또는 $x-2$, x로 놓는다.

02 사과 130개를 남김없이 학생들에게 똑같이 나누어 주려고 한다. 한 학생에게 돌아가는 사과의 개수가 학생 수보다 3만큼 작을 때, 학생 수를 구하시오.

03 지면에서 초속 40 m로 똑바로 위로 쏘아 올린 물로켓의 t초 후의 높이는 $(40t-5t^2)$ m라 한다. 이 물로켓이 지면에 떨어지는 것은 쏘아 올린 지 몇 초 후인지 구하시오.

물로켓이 지면에 떨어질 때의 높이가 0 m임을 이용한다.

04 오른쪽 그림과 같이 가로, 세로의 길이가 각각 20 cm, 16 cm인 직사각형 ABCD에서 가로의 길이는 매초 1 cm씩 줄어들고 세로의 길이는 매초 2 cm씩 늘어나고 있다. 이 직사각형의 넓이가 처음 직사각형의 넓이와 같아지는 데 걸리는 시간은 몇 초인지 구하시오.

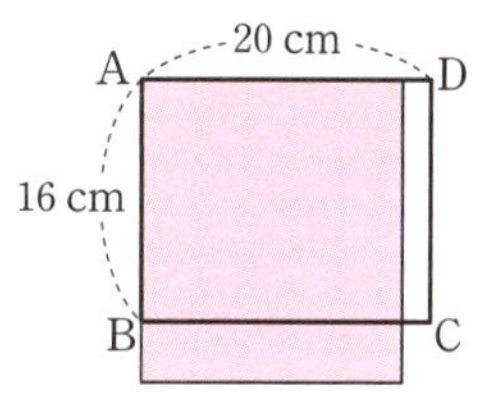

길이가 매초 ▲만큼 늘어나면 x초 후의 길이는
➡ (처음 길이)$+$▲x
길이가 매초 ●만큼 줄어들면 x초 후의 길이는
➡ (처음 길이)$-$●x

05 오른쪽 그림과 같이 가로의 길이가 세로의 길이보다 3 cm 더 긴 직사각형 모양의 골판지가 있다. 이 골판지의 네 귀퉁이에서 한 변의 길이가 2 cm인 정사각형을 각각 잘라 낸 후, 나머지를 접어서 뚜껑이 없는 상자를 만들었더니 상자의 부피가 36 cm³가 되었다. 이때 처음 골판지의 가로의 길이를 구하시오.

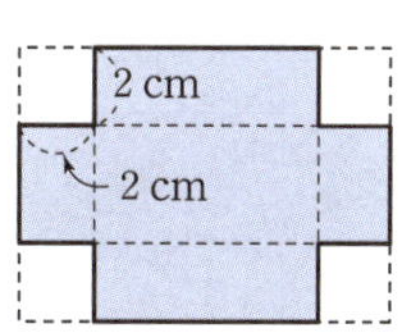

(직육면체의 부피)
$=$(가로의 길이)
$\times$(세로의 길이)$\times$(높이)

STEP **1** 기본 문제

01 이차방정식 $2x^2+5x-5=0$을 풀면?

① $x=-5\pm\sqrt{65}$ ② $x=5\pm\sqrt{65}$

③ $x=\dfrac{-5\pm\sqrt{65}}{4}$ ④ $x=\dfrac{5\pm\sqrt{65}}{4}$

⑤ $x=\dfrac{-5\pm\sqrt{65}}{2}$

꼭나와

02 이차방정식 $3x^2-8x+m=0$의 근이 $x=\dfrac{4\pm\sqrt{10}}{3}$일 때, 상수 m의 값은?

① 1   ② 2   ③ 3

④ 4   ⑤ 5

03 이차방정식 $0.1x^2=0.2(x+3)$의 두 근의 곱을 구하시오.

04 다음 이차방정식을 푸시오.

$$\dfrac{x^2+7}{8}=0.5x+\dfrac{3}{2}$$

05 다음 이차방정식 중 근이 없는 것을 모두 고르면?

(정답 2개)

① $x^2-8x+13=0$ ② $x^2-2x+2=0$

③ $2x^2-x-4=0$ ④ $4x^2+4x+1=0$

⑤ $3x^2+7x+5=0$

꼭나와

06 이차방정식 $9x^2-6x+k-2=0$이 중근 $x=a$를 가질 때, ak의 값은? (단, k는 상수이다.)

① -2 ② -1 ③ $\dfrac{1}{2}$

④ 1   ⑤ 2

07 이차방정식 $x^2+(3-2k)x+k^2+1=0$이 근을 가질 때, 다음 중 상수 k의 값이 될 수 <u>없는</u> 것은?

① $-\dfrac{3}{4}$ ② $-\dfrac{1}{2}$ ③ $-\dfrac{1}{4}$

④ $\dfrac{1}{4}$ ⑤ $\dfrac{1}{2}$

꼭나와

08 이차방정식 $2x^2+px+q=0$의 두 근이 $\dfrac{3}{2}$, 2일 때, p, q를 두 근으로 하고 x^2의 계수가 1인 이차방정식은? (단, p, q는 상수이다.)

① $x^2-13x+42=0$ ② $x^2-x-42=0$
③ $x^2+x-30=0$ ④ $x^2+x-42=0$
⑤ $x^2+13x+42=0$

09 n명 중 대표 2명을 뽑는 경우의 수는 $\dfrac{n(n-1)}{2}$이다. 어느 반 학생 중 2명의 대표를 뽑는 경우의 수가 190일 때, 이 반 학생은 모두 몇 명인지 구하시오.

10 어떤 자연수를 제곱해야 할 것을 잘못하여 4배 하였더니 제곱한 것보다 32만큼 작았다. 이때 어떤 자연수는?

① 6 ② 7 ③ 8
④ 9 ⑤ 10

11 가은이와 오빠의 나이의 차는 3살이고 두 사람의 나이의 곱은 180일 때, 오빠의 나이는?

① 12살 ② 13살 ③ 14살
④ 15살 ⑤ 16살

꼭나와

12 어느 피자집에서 반지름의 길이가 9 cm인 원 모양의 피자 반죽을 만들었다. 이 반죽의 반지름의 길이를 늘여서 새로운 원 모양의 반죽을 만들었더니 넓이가 63π cm^{2}만큼 늘어났을 때, 새로 만든 반죽의 반지름의 길이를 구하시오.

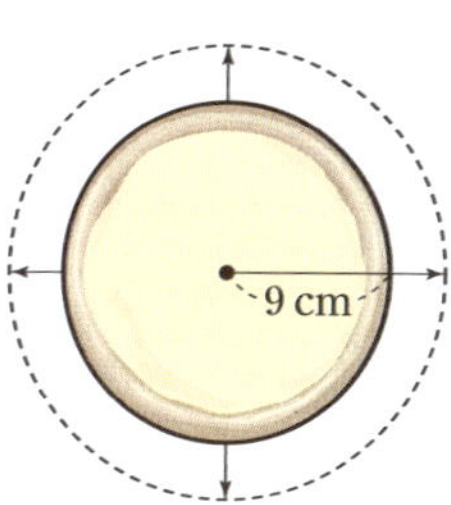

13 이차방정식 $\dfrac{1}{4}x^2 - 2x + \dfrac{5}{3} = -\dfrac{7}{12}$ 의 두 근 사이에 있는 정수의 개수는?

① 3 ② 4 ③ 5
④ 6 ⑤ 7

14 이차방정식 $\dfrac{x(x-3)}{3} = \dfrac{(x+1)(x-2)}{2} + a$ 의 근이 $x = \dfrac{b \pm \sqrt{21}}{2}$ 일 때, 유리수 a, b에 대하여 $2a - b$의 값은?

① 1 ② 2 ③ 3
④ 4 ⑤ 5

꼭나와
15 두 수 x, y가 $(x-y)(x-y-6) = 16$을 만족시킬 때, $x-y$의 값을 구하시오. (단, $x > y$)

꼭나와
16 이차방정식 $3x^2 - 2x + k - 1 = 0$은 서로 다른 두 근을 갖고, 이차방정식 $x^2 + kx + 3 = 0$은 중근을 갖도록 하는 상수 k의 값을 구하시오.

17 이차방정식 $x^2 + 12x + k = 0$의 한 근이 다른 근의 2배일 때, 상수 k의 값은?

① 8 ② 12 ③ 18
④ 24 ⑤ 32

18 x^2의 계수가 1인 이차방정식을 푸는데 서윤이는 x의 계수를 잘못 보고 풀어서 해를 $x = -4$ 또는 $x = 7$로 구하였고, 현우는 상수항을 잘못 보고 풀어서 해를 $x = -9$ 또는 $x = -3$으로 구하였다. 처음 이차방정식의 해는?

① $x = -14$ 또는 $x = -2$
② $x = -14$ 또는 $x = 2$
③ $x = -12$ 또는 $x = 3$
④ $x = -3$ 또는 $x = 12$
⑤ $x = -2$ 또는 $x = 14$

19 오른쪽 그림은 어느 해 5월의 달력이다. 위아래로 이웃하는 두 날짜를 각각 제곱하여 더한 값이 205일 때, 두 날짜를 구하시오.

꼭나와

20 지면으로부터 높이가 70 m인 건물의 꼭대기에서 초속 25 m로 똑바로 위로 던진 공의 t초 후의 높이는 $(25t - 5t^2 + 70)$ m라 한다. 공이 지면으로부터 높이가 90 m 이상인 지점을 지나는 것은 몇 초 동안인가?

① 2초 ② 3초 ③ 4초
④ 5초 ⑤ 6초

21 오른쪽 그림과 같이 가로, 세로의 길이가 각각 30 m, 24 m인 직사각형 모양의 공원에 폭이 일정한 산책로를 만들었다. 산책로를 제외한 공원의 넓이가 416 m²일 때, 산책로의 폭은?

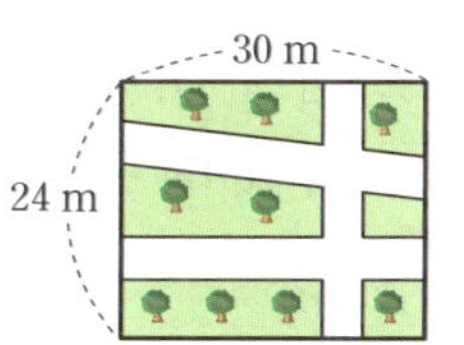

① 4 m ② $\dfrac{9}{2}$ m ③ 5 m
④ $\dfrac{11}{2}$ m ⑤ 6 m

22 한 개의 주사위를 두 번 던져서 첫 번째 나온 눈의 수를 a, 두 번째 나온 눈의 수를 b라 할 때, 이차방정식 $ax^2 - 4x + b = 0$이 중근을 가질 확률을 구하시오.

해설 강의

23 1인당 입장료가 2000원인 고궁에 하루 평균 500명이 입장한다고 한다. 1인당 입장료를 x원 올렸더니 입장객 수는 이전보다 하루 평균 $\dfrac{x}{5}$명 감소했지만 입장료 총수입은 변함이 없었다고 한다. 이때 양수 x의 값을 구하시오.

해설 강의

24 오른쪽 그림과 같이 $\overline{AB} = 15$ cm, $\overline{BC} = 12$ cm인 직각삼각형 ABC에서 세 변 BC, AC, AB 위에 각각 점 D, E, F를 잡아서 만든 직사각형 BDEF의 넓이가 40 cm²일 때, △EDC의 넓이를 구하시오. (단, $\overline{BD} < \overline{DC}$)

해설 강의

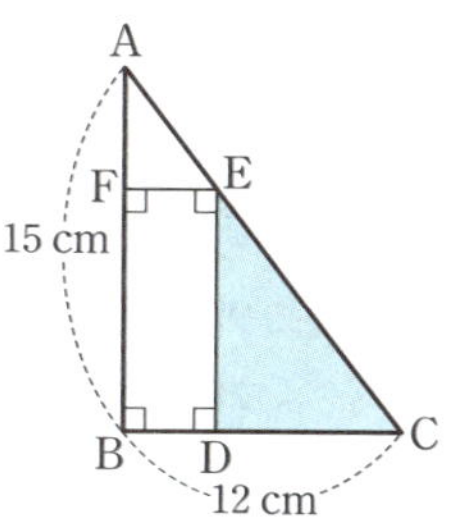

예제 1

이차방정식 $10x^2+ax+b=0$의 두 근이 $-\dfrac{1}{5}$, $\dfrac{1}{2}$일 때, 이차방정식 $bx^2+ax+2=0$의 두 근의 합을 구하시오. (단, a, b는 상수이다.) [7점]

풀이 과정

1단계 a, b의 값 구하기 ・3점

두 근이 $-\dfrac{1}{5}$, $\dfrac{1}{2}$이고 x^2의 계수가 10인 이차방정식은

$$10\left(x+\dfrac{1}{5}\right)\left(x-\dfrac{1}{2}\right)=0 \qquad \therefore 10x^2-3x-1=0$$

$$\therefore a=-3,\ b=-1$$

2단계 $bx^2+ax+2=0$의 두 근 구하기 ・3점

$bx^2+ax+2=0$에서 $\qquad -x^2-3x+2=0$

$$x^2+3x-2=0 \qquad \therefore x=\dfrac{-3\pm\sqrt{17}}{2}$$

3단계 두 근의 합 구하기 ・1점

두 근의 합은 $\qquad \dfrac{-3+\sqrt{17}}{2}+\dfrac{-3-\sqrt{17}}{2}=-3$

답 -3

유제 1

이차방정식 $3x^2+ax+b=0$의 두 근이 $-\dfrac{1}{3}$, 2일 때, 이차방정식 $bx^2+ax-3=0$의 두 근의 곱을 구하시오. (단, a, b는 상수이다.) [7점]

풀이 과정

1단계 a, b의 값 구하기 ・3점

2단계 $bx^2+ax-3=0$의 두 근 구하기 ・3점

3단계 두 근의 곱 구하기 ・1점

답

예제 2

오른쪽 그림과 같이 크기가 다른 세 원으로 이루어진 도형에서 색칠한 부분의 넓이가 $36\pi \ \text{cm}^2$일 때, 가장 작은 원의 반지름의 길이를 구하시오. [8점]

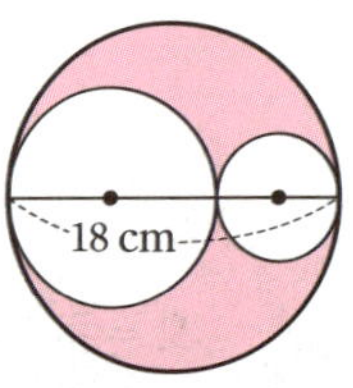

풀이 과정

1단계 이차방정식 세우기 ・4점

가장 작은 원의 반지름의 길이를 x cm라 하면 내부에 있는 나머지 원의 반지름의 길이는 $(9-x)$ cm이므로

$$\pi\times9^2-\pi\times(9-x)^2-\pi\times x^2=36\pi$$

2단계 이차방정식 풀기 ・3점

$$x^2-9x+18=0, \qquad (x-3)(x-6)=0$$

$$\therefore x=3 \ \text{또는} \ x=6$$

3단계 가장 작은 원의 반지름의 길이 구하기 ・1점

$0<x<\dfrac{9}{2}$이므로 $\qquad x=3$

따라서 가장 작은 원의 반지름의 길이는 3 cm이다.

답 3 cm

유제 2

오른쪽 그림과 같이 세 개의 반원으로 이루어진 도형이 있다. $\overline{AB}=20 \ \text{cm}$이고 색칠한 부분의 넓이가 $21\pi \ \text{cm}^2$일 때, $\overline{AC}$의 길이를 구하시오. (단, $\overline{AC}>\overline{CB}$) [8점]

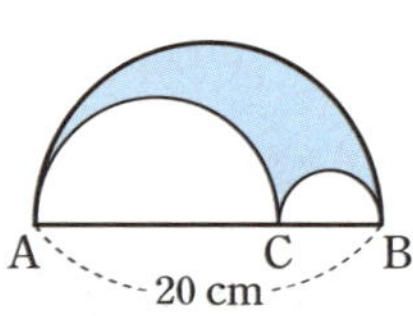

풀이 과정

1단계 이차방정식 세우기 ・4점

2단계 이차방정식 풀기 ・3점

3단계 $\overline{AC}$의 길이 구하기 ・1점

답

스스로 서술하기

유제 3 이차방정식 $-0.1x + \dfrac{x^2+1}{2} = 0.4 - \dfrac{4}{5}x$의 근이 $x = \dfrac{p \pm \sqrt{q}}{10}$일 때, 유리수 p, q에 대하여 $p+q$의 값을 구하시오. [7점]

풀이 과정 ─────────────

답

유제 5 이차방정식 $x^2 + kx - 6 = 0$의 한 근이 1일 때, k, 2를 두 근으로 하고 x^2의 계수가 3인 이차방정식을 $ax^2 + bx + c = 0$의 꼴로 나타내시오.
(단, k는 상수이다.) [6점]

풀이 과정 ─────────────

답

유제 4 이차방정식 $3x^2 - 6x - k = 0$은 근을 갖지 않고, 이차방정식 $x^2 + (k-1)x + 9 = 0$은 중근을 가질 때, 상수 k의 값을 구하시오. [7점]

풀이 과정 ─────────────

답

유제 6 연속하는 세 홀수가 있다. 가장 큰 수와 가장 작은 수의 곱이 나머지 수의 8배보다 11만큼 작을 때, 이 세 홀수의 합을 구하시오. [8점]

풀이 과정 ─────────────

답

IV

이차함수

이 단원에서는 이차함수의 개념을 이해해 보자.
또 이차함수의 그래프를 그려 보고, 그 성질을 설명해 보자.

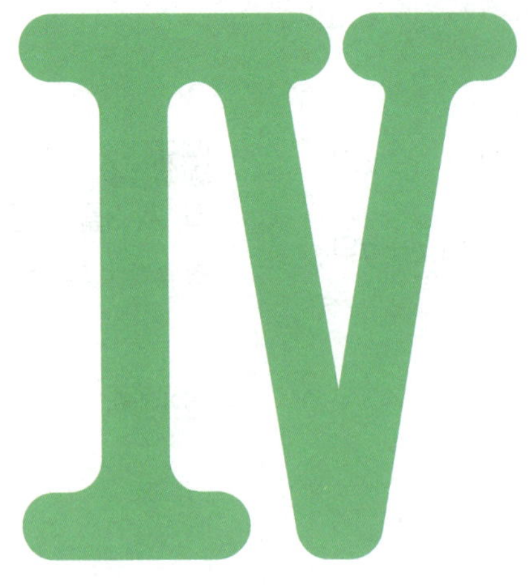

IV-1

이차함수의 그래프 (1)

이 단원의 학습 계획을 세우고
하나하나 실천하는 습관을 기르자!!

		공부한 날		학습 완료도
01 이차함수 $y=ax^2$의 그래프	개념원리 이해 & 개념원리 확인하기	월	일	□□□
	핵심문제 익히기	월	일	○○○
	이런 문제가 시험에 나온다	월	일	○○○
02 이차함수 $y=ax^2+q$, $y=a(x-p)^2$ 의 그래프	개념원리 이해 & 개념원리 확인하기	월	일	□□□
	핵심문제 익히기	월	일	○○○
	이런 문제가 시험에 나온다	월	일	○○○
03 이차함수 $y=a(x-p)^2+q$ 의 그래프	개념원리 이해 & 개념원리 확인하기	월	일	□□□
	핵심문제 익히기	월	일	○○○
	이런 문제가 시험에 나온다	월	일	○○○
중단원 마무리하기		월	일	○○○
서술형 대비 문제		월	일	○○○

개념 학습 guide

- 개념을 이해했으면 ■□□, 개념을 문제에 적용할 수 있으면 ■■□, 개념을 친구에게 설명할 수 있으면 ■■■ 로 색칠한다.

- 부족한 부분의 개념을 반복 학습하여 ■■■ 3칸 모두 색칠하면 학습을 마친다.

문제 학습 guide

- 맞힌 문제가 전체의 50% 미만이면 ●○○, 맞힌 문제가 50% 이상 90% 미만이면 ●●○, 맞힌 문제가 90% 이상이면 ●●● 로 색칠한다.

- 틀린 문제는 왜 틀렸는지 그 이유를 파악한 후 다시 풀어 본다. 며칠 후 틀린 문제를 다시 풀어 보고, 풀이 과정과 답이 맞으면 학습을 마친다.

이차함수 $y=ax^2$의 그래프

1 이차함수란 무엇인가?

◐ 핵심문제 01, 02

이차함수: 함수 $y=f(x)$에서

$$y=ax^2+bx+c \ (a,\ b,\ c\text{는 상수},\ a\neq 0)$$

와 같이 y가 x에 대한 이차식으로 나타내어질 때, 이 함수를 x에 대한 이차함수라 한다.

예 $y=3x^2,\ y=-x^2-1,\ y=x^2+4x+3$ ➡ 이차함수이다.

$y=x-2,\ y=5,\ y=\dfrac{1}{x^2}$ ➡ 이차함수가 아니다.

주의 $y=ax^2+bx+c$가 이차함수가 되려면 b와 c는 0이어도 되지만 a는 반드시 0이 아니어야 한다.

참고 $a,\ b,\ c$는 상수이고 $a\neq 0$일 때

① ax^2+bx+c ➡ 이차식

② $ax^2+bx+c=0$ ➡ 이차방정식

③ $y=ax^2+bx+c$ ➡ 이차함수

2 이차함수 $y=x^2,\ y=-x^2$의 그래프에는 어떤 성질이 있는가?

(1) **이차함수 $y=x^2$의 그래프**

① 원점 $\mathrm{O}(0,\ 0)$을 지나고, 아래로 볼록한 곡선이다.

② y축에 대하여 대칭이다.

③ $x<0$일 때, x의 값이 증가하면 y의 값은 감소한다.

$x>0$일 때, x의 값이 증가하면 y의 값도 증가한다.

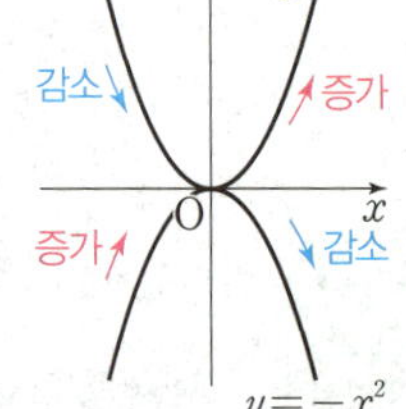

(2) **이차함수 $y=-x^2$의 그래프**

이차함수 $y=-x^2$의 그래프는 $y=x^2$의 그래프와 x축에 대하여 대칭이다.

설명 이차함수 $y=x^2$에 대하여 x의 값이 $-3,\ -2,\ -1,\ 0,\ 1,\ 2,\ 3$일 때 y의 값을 구하고, 이를 이용하여 x의 값의 범위가 실수 전체일 때, 이차함수 $y=x^2$의 그래프를 좌표평면 위에 그리면 오른쪽 그림과 같다.

x	…	-3	-2	-1	0	1	2	3	…
y	…	9	4	1	0	1	4	9	…

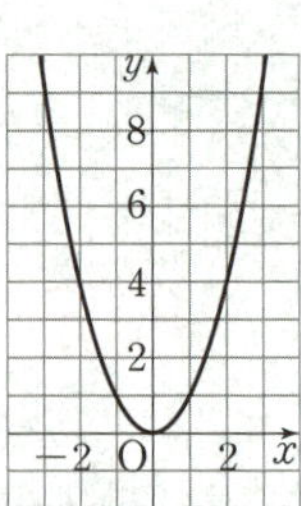

참고 y축에 대하여 대칭 ➡ y축을 접는 선으로 하여 접었을 때 [그림 1]과 같이 완전히 포개어진다.

x축에 대하여 대칭 ➡ x축을 접는 선으로 하여 접었을 때 [그림 2]와 같이 완전히 포개어진다.

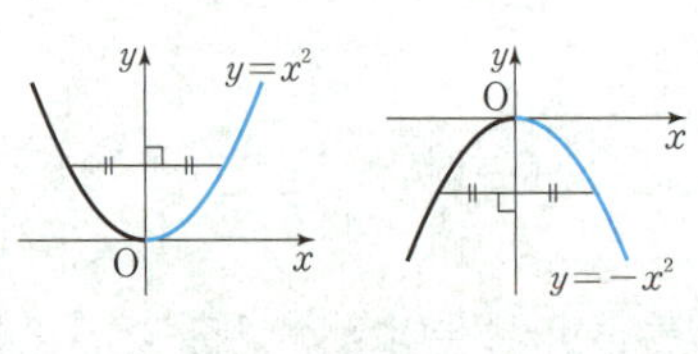

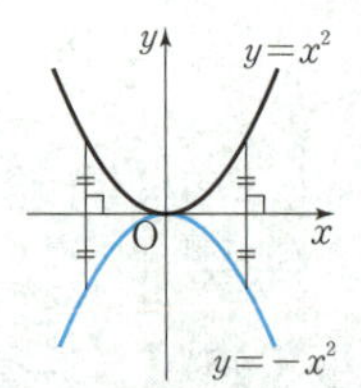

[그림 1]   [그림 2]

3 포물선이란 무엇인가?

이차함수 $y=x^2$, $y=-x^2$의 그래프와 같은 모양의 곡선을 **포물선**이라 한다.

(1) **축**: 포물선은 선대칭도형으로 그 대칭축을 포물선의 축이라 한다.

(2) **꼭짓점**: 포물선과 축의 교점을 포물선의 꼭짓점이라 한다.

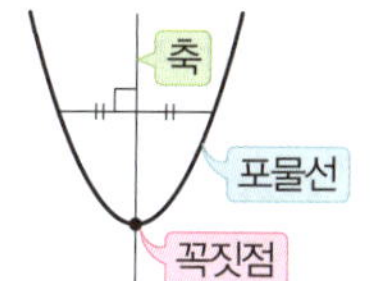

예 이차함수 $y=x^2$, $y=-x^2$의 그래프에서

(1) 축의 방정식: $x=0$ (y축)

(2) 꼭짓점의 좌표: $(0, 0)$

4 이차함수 $y=ax^2$의 그래프에는 어떤 성질이 있는가?

◉ 핵심문제 03~07

(1) 원점 $O(0, 0)$을 꼭짓점으로 하는 포물선이다.

(2) y축에 대하여 대칭이다.

➡ 축의 방정식: $x=0$ (y축)

(3) a의 부호에 따라 그래프의 모양이 달라진다.

① $a>0$일 때, 아래로 볼록하다.

② $a<0$일 때, 위로 볼록하다.

(4) a의 절댓값이 클수록 그래프의 폭이 좁아진다.

(5) $y=-ax^2$의 그래프와 x축에 대하여 대칭이다.

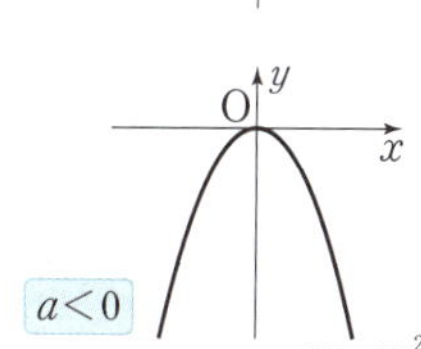

▶ 이차함수 $y=ax^2$의 그래프에서

a의 부호 ➡ 그래프의 모양 결정, a의 절댓값 ➡ 그래프의 폭 결정

참고 이차함수 $y=ax^2$ $(a>0)$의 그래프는 $y=x^2$의 그래프 위의 각 점에 대하여 y좌표를 a배로 하는 점을 잡아서 그린 것이다.

설명 (1), (2) 오른쪽 그림과 같이 a의 값이 -2, -1, $-\dfrac{1}{2}$, $\dfrac{1}{2}$, 1, 2일 때,
$y=ax^2$의 그래프를 그려 보면 모두 y축에 대하여 대칭이면서 원점을 꼭짓점으로 하는 포물선이다.

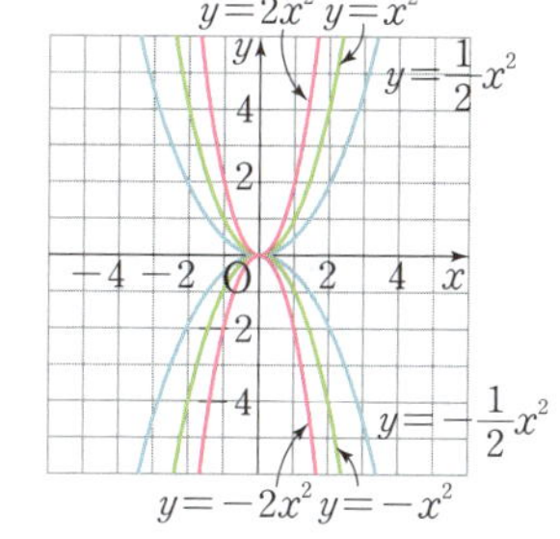

(3) $y=ax^2$의 그래프는 a의 값이 $\dfrac{1}{2}$, 1, 2일 때 아래로 볼록하고, -2, -1, $-\dfrac{1}{2}$일 때 위로 볼록하다.

즉 $a>0$일 때 아래로 볼록하고, $a<0$일 때 위로 볼록하다.

(4) $y=ax^2$의 그래프에서 폭이 넓은 것부터 차례대로 a의 절댓값을 나열하면 $\dfrac{1}{2}$, 1, 2이다.

즉 a의 절댓값이 클수록 그래프의 폭이 좁아진다.

(5) $y=2x^2$과 $y=-2x^2$의 그래프, $y=x^2$과 $y=-x^2$의 그래프, $y=\dfrac{1}{2}x^2$과 $y=-\dfrac{1}{2}x^2$의 그래프는 x축에 대하여 대칭이다.

즉 $y=ax^2$과 $y=-ax^2$의 그래프는 x축에 대하여 대칭이다.

01 다음 중 y가 x에 대한 이차함수인 것은 ○, 이차함수가 아닌 것은 ×를 (   ) 안에 써넣으시오.

(1) $y=\dfrac{1}{3}x^2-1$　　　(　　)　　(2) $y=2x-4$　　　(　　)

(3) $y=-x^2+6x+1$　　(　　)　　(4) $y=x^2-x(x+1)$　　(　　)

◎ y가 x에 대한 이차함수
➡ $y=(x$에 대한 ⬚)

02 이차함수 $f(x)=x^2-5x+3$에 대하여 다음 함숫값을 구하시오.

(1) $f(0)$　　　　　　　　　　(2) $f(3)$

(3) $f(-1)$　　　　　　　　　(4) $f\left(\dfrac{1}{2}\right)$

03 다음 물음에 답하시오.

(1) 아래 표를 완성하시오.

x	⋯	-3	-2	-1	0	1	2	3	⋯
$y=\dfrac{3}{2}x^2$	⋯				0				⋯
$y=-\dfrac{3}{2}x^2$	⋯				0				⋯

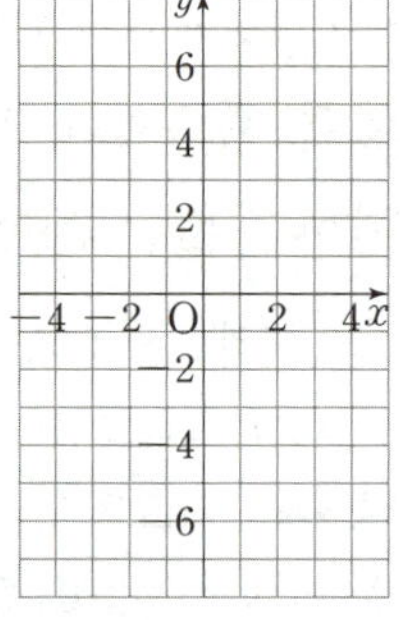

(2) (1)을 이용하여 x의 값의 범위가 실수 전체일 때, 이차함수 $y=\dfrac{3}{2}x^2$, $y=-\dfrac{3}{2}x^2$의 그래프를 오른쪽 좌표평면 위에 그리시오.

◎ 이차함수 $y=ax^2$의 그래프는?

04 **보기**의 이차함수에 대하여 다음 물음에 답하시오.

ㄱ. $y=3x^2$　　　ㄴ. $y=-5x^2$　　　ㄷ. $y=-\dfrac{1}{3}x^2$　　　ㄹ. $y=5x^2$

(1) 그래프가 아래로 볼록한 것을 모두 고르시오.

(2) 그래프의 폭이 가장 넓은 것을 고르시오.

(3) 그래프가 x축에 대하여 대칭인 것끼리 짝 지으시오.

◎ 이차함수 $y=ax^2$의 그래프의 성질은?

▶ 정답 및 풀이 67쪽

01 이차함수의 뜻

● 더 다양한 문제는 RPM 3-1 130쪽

KEY POINT

y가 x에 대한 이차함수
➡ $y=ax^2+bx+c$
(단, a, b, c는 상수, $a\neq0$)

다음 중 y가 x에 대한 이차함수인 것은?

① $y=x+3$　　　　② $y=\dfrac{1}{x^2}-3x$　　　　③ $y=3x^3+4x^2-1$

④ $y=2x^2-(x-1)^2$　　　⑤ $y=(x+1)(x+2)-x^2$

풀이　① $y=x+3$ ➡ 일차함수

② $y=\dfrac{1}{x^2}-3x$ ➡ 이차함수가 아니다.

③ $y=3x^3+4x^2-1$ ➡ 이차함수가 아니다.

④ $y=2x^2-(x-1)^2=x^2+2x-1$ ➡ 이차함수

⑤ $y=(x+1)(x+2)-x^2=3x+2$ ➡ 일차함수

따라서 y가 x에 대한 이차함수인 것은 ④이다.　　　　**답** ④

확인 ①　다음 **보기** 중 y가 x에 대한 이차함수인 것을 모두 고르시오.

> **보기**
>
> ㄱ. $y=2$　　　　　　　　ㄴ. $y=x(5-x)$
>
> ㄷ. $y=x^2-(3x-x^2)$　　　　ㄹ. $y=4x^2-(2x+1)^2$

확인 ②　다음 중 y가 x에 대한 이차함수인 것을 모두 고르면? (정답 2개)

① 한 변의 길이가 x cm인 정삼각형의 둘레의 길이 y cm

② 연속한 두 자연수 x, $x+1$의 곱 y

③ 자동차가 시속 60 km로 x시간 동안 달린 거리 y km

④ 한 모서리의 길이가 x cm인 정육면체의 부피 y cm^3

⑤ 반지름의 길이가 x cm인 원의 넓이 y cm^2

확인 ③　다음 중 $y=2x^2-x(ax+5)+8$이 x에 대한 이차함수가 되기 위한 상수 a의 조건은?

① $a\neq-2$　　　　② $a\neq-1$　　　　③ $a\neq0$

④ $a\neq1$　　　　⑤ $a\neq2$

02 이차함수의 함숫값

● 더 다양한 문제는 **RPM** 3–1 131쪽

이차함수 $f(x)=2x^2-3x+5$에서 $f(-1)+f(1)$의 값을 구하시오.

풀이 $f(x)=2x^2-3x+5$에서

$f(-1)=2\times(-1)^2-3\times(-1)+5=10$

$f(1)=2\times1^2-3\times1+5=4$

$\therefore f(-1)+f(1)=10+4=14$

답 14

확인 ❹ 이차함수 $f(x)=-3x^2+ax-7$에서 $f(2)=-11$일 때, 상수 a의 값을 구하시오.

---

03 이차함수 $y=ax^2$의 그래프

● 더 다양한 문제는 **RPM** 3–1 131쪽

다음 이차함수 중 그 그래프가 아래로 볼록하면서 폭이 가장 넓은 것은?

① $y=-2x^2$ ② $y=-\dfrac{1}{3}x^2$ ③ $y=\dfrac{1}{2}x^2$

④ $y=x^2$ ⑤ $y=3x^2$

풀이 그래프가 아래로 볼록하므로 x^2의 계수가 양수이어야 한다.

또 x^2의 계수의 절댓값이 작을수록 그래프의 폭이 넓어진다.

즉 x^2의 계수가 양수인 이차함수의 x^2의 계수의 절댓값의 대소를 비교하면

$$\left|\frac{1}{2}\right|<|1|<|3|$$

따라서 그래프가 아래로 볼록하면서 폭이 가장 넓은 것은 ③이다.

답 ③

확인 ❺ 다음 **보기**의 이차함수를 그 그래프의 폭이 좁은 것부터 차례대로 나열하시오.

보기

ㄱ. $y=-x^2$ ㄴ. $y=\dfrac{1}{2}x^2$ ㄷ. $y=-\dfrac{2}{3}x^2$

ㄹ. $y=2x^2$ ㅁ. $y=-\dfrac{1}{4}x^2$

▶ 정답 및 풀이 67쪽

04 두 이차함수 $y=ax^2$, $y=-ax^2$의 그래프의 관계

● 더 다양한 문제는 RPM 3-1 132쪽

다음 이차함수 중 그 그래프가 이차함수 $y=\dfrac{4}{5}x^2$의 그래프와 x축에 대하여 대칭인 것은?

① $y=-\dfrac{5}{4}x^2$ ② $y=-\dfrac{4}{5}x^2$ ③ $y=-\dfrac{1}{5}x^2$

④ $y=x^2$ ⑤ $y=\dfrac{5}{4}x^2$

KEY POINT

두 이차함수 $y=ax^2$과 $y=-ax^2$의 그래프는 x축에 대하여 대칭이다.

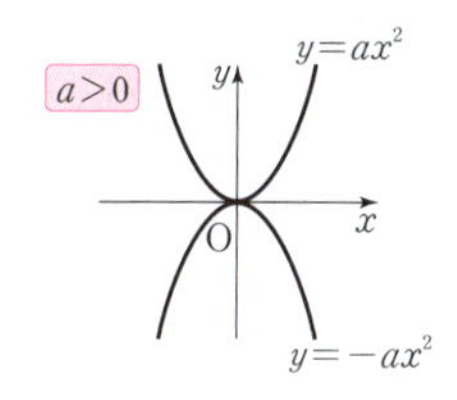

풀이 이차함수 $y=ax^2$의 그래프는 이차함수 $y=-ax^2$의 그래프와 x축에 대하여 대칭이다.

따라서 $y=\dfrac{4}{5}x^2$의 그래프와 x축에 대하여 대칭인 것은 $y=-\dfrac{4}{5}x^2$의 그래프이다.

답 ②

확인 6 이차함수 $y=ax^2$의 그래프는 이차함수 $y=-6x^2$의 그래프와 x축에 대하여 대칭이고, 이차함수 $y=bx^2$의 그래프는 이차함수 $y=\dfrac{5}{2}x^2$의 그래프와 x축에 대하여 대칭이다. 이때 상수 a, b에 대하여 ab의 값을 구하시오.

05 이차함수 $y=ax^2$의 그래프의 성질

● 더 다양한 문제는 RPM 3-1 132쪽

다음 중 이차함수 $y=3x^2$의 그래프에 대한 설명으로 옳지 <u>않은</u> 것은?

① 꼭짓점의 좌표는 $(0,\ 0)$이다.
② 축의 방정식은 $x=0$이다.
③ 아래로 볼록한 포물선이다.
④ $y=x^2$의 그래프보다 폭이 좁다.
⑤ $x<0$일 때, x의 값이 증가하면 y의 값도 증가한다.

KEY POINT

이차함수 $y=ax^2$의 그래프의 성질
① 원점을 꼭짓점으로 하는 포물선이다.
② y축에 대하여 대칭이다.
③ $a>0$이면 아래로 볼록하고, $a<0$이면 위로 볼록하다.
④ a의 절댓값이 클수록 그래프의 폭이 좁아진다.

풀이 ④ $|3|>|1|$이므로 $y=3x^2$의 그래프는 $y=x^2$의 그래프보다 폭이 좁다.
⑤ $x<0$일 때, x의 값이 증가하면 y의 값은 감소한다.
따라서 옳지 않은 것은 ⑤이다.

답 ⑤

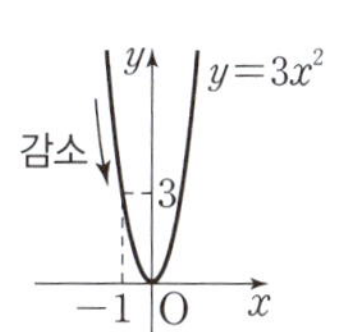

확인 7 다음 **보기** 중 이차함수 $y=-\dfrac{1}{2}x^2$의 그래프에 대한 설명으로 옳은 것을 모두 고르시오.

보기

ㄱ. 아래로 볼록한 포물선이다.
ㄴ. $y=-x^2$의 그래프보다 폭이 넓다.
ㄷ. 제1사분면과 제2사분면을 지난다.
ㄹ. $x>0$일 때, x의 값이 증가하면 y의 값은 감소한다.

06 이차함수 $y=ax^2$의 그래프 위의 점

● 더 다양한 문제는 RPM 3-1 133쪽

이차함수 $y=ax^2$의 그래프가 두 점 $(2, -8)$, $(-1, b)$를 지날 때, $a+b$의 값을 구하시오. (단, a는 상수이다.)

풀이 $y=ax^2$의 그래프가 점 $(2, -8)$을 지나므로
$$-8=a\times 2^2, \quad 4a=-8$$
$$\therefore a=-2$$
즉 $y=-2x^2$의 그래프가 점 $(-1, b)$를 지나므로
$$b=-2\times(-1)^2=-2$$
$$\therefore a+b=-2+(-2)=-4$$

답 -4

확인 8 이차함수 $y=\dfrac{1}{3}x^2$의 그래프가 두 점 $(-3, a)$, $(6, b)$를 지날 때, $b-a$의 값을 구하시오.

07 이차함수의 식 구하기; $y=ax^2$

● 더 다양한 문제는 RPM 3-1 133쪽

오른쪽 그림과 같이 원점을 꼭짓점으로 하고 점 $(-1, -3)$을 지나는 포물선을 그래프로 하는 이차함수의 식을 구하시오.

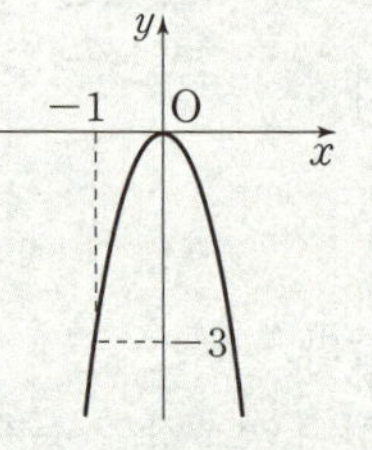

풀이 원점을 꼭짓점으로 하는 포물선이므로 구하는 이차함수의 식을 $y=ax^2$으로 놓으면 이 그래프가 점 $(-1, -3)$을 지나므로
$$-3=a\times(-1)^2 \quad \therefore a=-3$$
따라서 구하는 이차함수의 식은
$$y=-3x^2$$

답 $y=-3x^2$

확인 9 오른쪽 그림과 같이 원점을 꼭짓점으로 하고 점 $(2, 3)$을 지나는 포물선을 그래프로 하는 이차함수의 식을 구하시오.

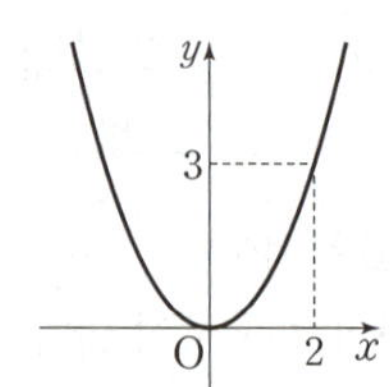

▶ 정답 및 풀이 68쪽

01 다음 **보기** 중 y가 x에 대한 이차함수인 것을 모두 고르시오.

> **보기**
> ㄱ. 한 개에 x원인 사탕 $(x+10)$개의 가격 y원
> ㄴ. 반지름의 길이가 x cm인 구의 부피 y cm^3
> ㄷ. 한 모서리의 길이가 x cm인 정육면체의 겉넓이 y cm^2

$y=(x$에 대한 이차식)의 꼴로 나타낼 수 있는 것을 찾는다.

02 세 이차함수 $y=x^2$, $y=ax^2$, $y=\dfrac{1}{4}x^2$의 그래프가 오른쪽 그림과 같을 때, 다음 중 상수 a의 값이 될 수 있는 것을 모두 고르면? (정답 2개)

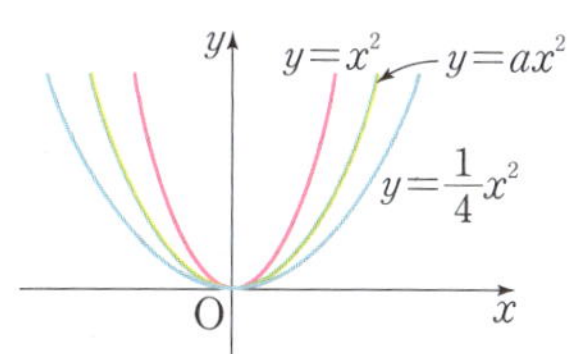

① $\dfrac{1}{5}$ ② $\dfrac{1}{2}$ ③ $\dfrac{2}{3}$

④ $\dfrac{3}{2}$ ⑤ 2

03 다음 중 이차함수 $y=ax^2$의 그래프에 대한 설명으로 옳지 <u>않은</u> 것은?
(단, a는 상수이다.)

① 원점을 꼭짓점으로 하는 포물선이다.
② a의 절댓값이 클수록 y축에 가까워진다.
③ 이차함수 $y=-ax^2$의 그래프와 x축에 대하여 대칭이다.
④ $a>0$이면 아래로 볼록하고, $a<0$이면 위로 볼록하다.
⑤ $a<0$, $x>0$일 때, x의 값이 증가하면 y의 값도 증가한다.

04 이차함수 $y=ax^2$의 그래프가 이차함수 $y=\dfrac{1}{4}x^2$의 그래프와 x축에 대하여 대칭이고 점 $(6, b)$를 지날 때, $4ab$의 값을 구하시오. (단, a는 상수이다.)

먼저 두 이차함수의 그래프가 x축에 대하여 대칭임을 이용하여 a의 값을 구한다.

05 원점을 꼭짓점으로 하는 포물선이 두 점 $(-2, 6)$, $(4, k)$를 지날 때, k의 값을 구하시오.

원점을 꼭짓점으로 하는 포물선
➡ 이차함수의 식을 $y=ax^2$으로 놓는다.

02 이차함수 $y=ax^2+q$, $y=a(x-p)^2$의 그래프

개념원리
이해

1 이차함수 $y=ax^2+q$의 그래프에는 어떤 성질이 있는가?

◎ 핵심문제 01~03

(1) 이차함수 $y=ax^2+q$의 그래프는 이차함수 $y=ax^2$의 그래프를 y축의 방향으로 q만큼 평행이동한 것이다.

① $q>0$이면 y축의 양의 방향(위쪽)으로 평행이동
② $q<0$이면 y축의 음의 방향(아래쪽)으로 평행이동

(2) **꼭짓점의 좌표**: $(0, q)$

(3) **축의 방정식**: $x=0$ (y축)

▶ 이차함수의 그래프를 평행이동하면 그래프의 모양과 폭은 변하지 않고 위치만 바뀐다.

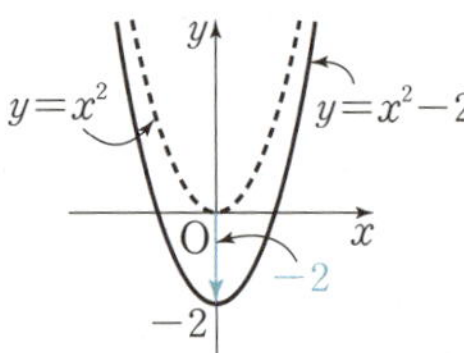

예 (1) 이차함수 $y=x^2-2$의 그래프

① $y=x^2$의 그래프를 y축의 방향으로 -2만큼 평행이동한 것이다.
② 꼭짓점의 좌표: $(0, -2)$
③ 축의 방정식: $x=0$ (y축)

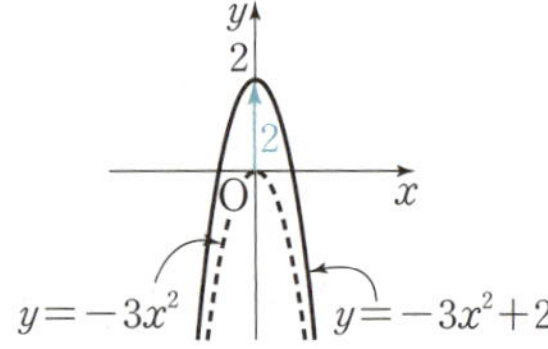

(2) 이차함수 $y=-3x^2+2$의 그래프

① $y=-3x^2$의 그래프를 y축의 방향으로 2만큼 평행이동한 것이다.
② 꼭짓점의 좌표: $(0, 2)$
③ 축의 방정식: $x=0$ (y축)

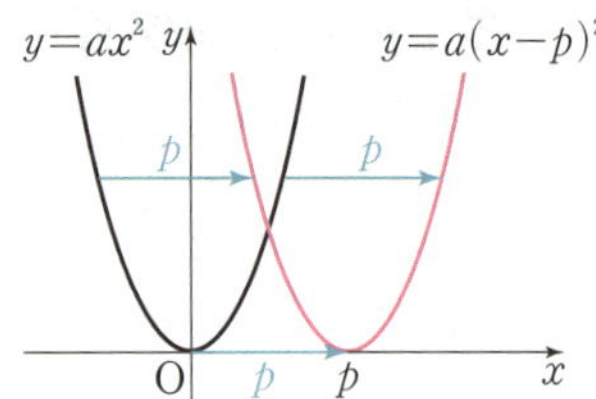

2 이차함수 $y=a(x-p)^2$의 그래프에는 어떤 성질이 있는가?

◎ 핵심문제 04~06

(1) 이차함수 $y=a(x-p)^2$의 그래프는 이차함수 $y=ax^2$의 그래프를 x축의 방향으로 p만큼 평행이동한 것이다.

① $p>0$이면 x축의 양의 방향(오른쪽)으로 평행이동
② $p<0$이면 x축의 음의 방향(왼쪽)으로 평행이동

(2) **꼭짓점의 좌표**: $(p, 0)$

(3) **축의 방정식**: $x=p$

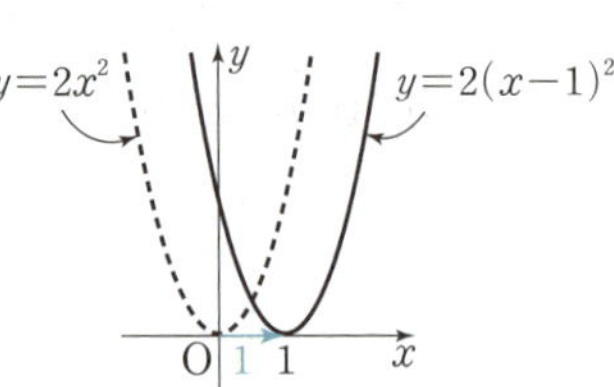

예 (1) 이차함수 $y=2(x-1)^2$의 그래프

① $y=2x^2$의 그래프를 x축의 방향으로 1만큼 평행이동한 것이다.
② 꼭짓점의 좌표: $(1, 0)$
③ 축의 방정식: $x=1$

(2) 이차함수 $y=-3(x+1)^2$의 그래프

① $y=-3x^2$의 그래프를 x축의 방향으로 -1만큼 평행이동한 것이다.
② 꼭짓점의 좌표: $(-1, 0)$
③ 축의 방정식: $x=-1$

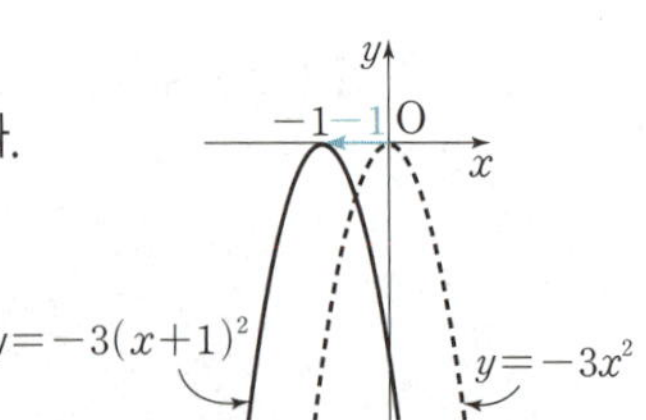

01 다음 물음에 답하시오.

(1) 아래 표를 완성하고, 이를 이용하여 x의 값의 범위가 실수 전체일 때, 이차함수 $y=x^2+3$의 그래프를 오른쪽 좌표평면 위에 그리시오.

x	$\cdots$	-3	-2	-1	0	1	2	3	$\cdots$
$y=x^2$	$\cdots$	9	4	1	0	1	4	9	$\cdots$
$y=x^2+3$	$\cdots$	12							$\cdots$

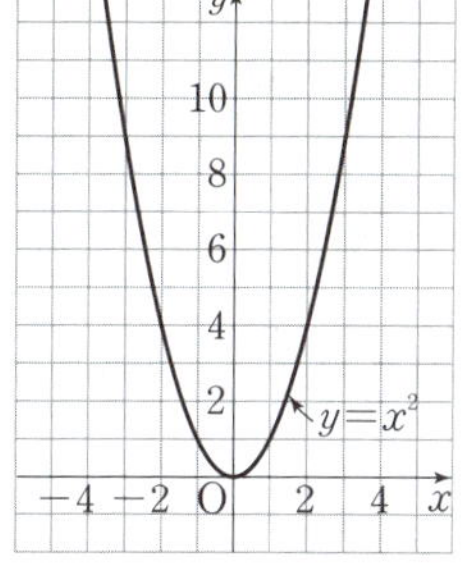

(2) 이차함수 $y=x^2+3$의 그래프의 꼭짓점의 좌표와 축의 방정식을 차례대로 구하시오.

◎ 이차함수 $y=ax^2+q$의 그래프
➡ 이차함수 $y=ax^2$의 그래프를 □축의 방향으로 □만큼 평행이동한 것이다.

02 다음 이차함수의 그래프를 y축의 방향으로 [　] 안의 수만큼 평행이동한 그래프의 식을 구하고, 꼭짓점의 좌표와 축의 방정식을 차례대로 구하시오.

(1) $y=-\dfrac{1}{2}x^2$　[1]　　　　(2) $y=x^2$　[−4]

03 다음 물음에 답하시오.

(1) 아래 표를 완성하고, 이를 이용하여 x의 값의 범위가 실수 전체일 때, 이차함수 $y=(x-2)^2$의 그래프를 오른쪽 좌표평면 위에 그리시오.

x	$\cdots$	-3	-2	-1	0	1	2	3	$\cdots$
$y=x^2$	$\cdots$	9	4	1	0	1	4	9	$\cdots$
$y=(x-2)^2$	$\cdots$		16						$\cdots$

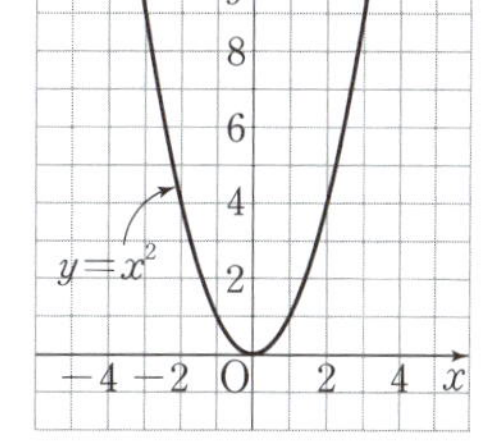

(2) 이차함수 $y=(x-2)^2$의 그래프의 꼭짓점의 좌표와 축의 방정식을 차례대로 구하시오.

◎ 이차함수 $y=a(x-p)^2$의 그래프
➡ 이차함수 $y=ax^2$의 그래프를 □축의 방향으로 □만큼 평행이동한 것이다.

04 다음 이차함수의 그래프를 x축의 방향으로 [　] 안의 수만큼 평행이동한 그래프의 식을 구하고, 꼭짓점의 좌표와 축의 방정식을 차례대로 구하시오.

(1) $y=-4x^2$　[3]　　　　(2) $y=\dfrac{2}{3}x^2$　[−5]

01 이차함수 $y=ax^2+q$의 그래프

● 더 다양한 문제는 RPM 3–1 134쪽

이차함수 $y=4x^2$의 그래프를 y축의 방향으로 -7만큼 평행이동한 그래프가 점 $(2, k)$를 지날 때, k의 값을 구하시오.

풀이 $y=4x^2$의 그래프를 y축의 방향으로 -7만큼 평행이동한 그래프의 식은

$$y=4x^2-7$$

이 그래프가 점 $(2, k)$를 지나므로

$$k=4\times 2^2-7=9$$

답 9

확인 1 이차함수 $y=-\dfrac{1}{2}x^2+q$의 그래프가 점 $(-4, -13)$을 지날 때, 이 그래프의 꼭짓점의 좌표를 구하시오. (단, q는 상수이다.)

02 이차함수 $y=ax^2+q$의 그래프의 성질

● 더 다양한 문제는 RPM 3–1 134쪽

다음 중 이차함수 $y=-2x^2+3$의 그래프에 대한 설명으로 옳은 것은?

① 아래로 볼록한 포물선이다.
② 축의 방정식은 $x=3$이다.
③ 꼭짓점의 좌표는 $(-2, 3)$이다.
④ $x>0$일 때, x의 값이 증가하면 y의 값도 증가한다.
⑤ $y=-2x^2$의 그래프를 y축의 방향으로 3만큼 평행이동한 것이다.

풀이 ① 위로 볼록한 포물선이다.
② 축의 방정식은 $x=0$이다.
③ 꼭짓점의 좌표는 $(0, 3)$이다.
④ $x>0$일 때, x의 값이 증가하면 y의 값은 감소한다.
따라서 옳은 것은 ⑤이다.

답 ⑤

확인 2 다음 중 이차함수 $y=\dfrac{2}{3}x^2-1$의 그래프에 대한 설명으로 옳지 <u>않은</u> 것은?

① 꼭짓점의 좌표는 $(0, -1)$이다.
② y축에 대하여 대칭이다.
③ 제3사분면과 제4사분면을 지나지 않는다.
④ $x<0$일 때, x의 값이 증가하면 y의 값은 감소한다.
⑤ $y=\dfrac{2}{3}x^2$의 그래프를 y축의 방향으로 -1만큼 평행이동한 것이다.

03 이차함수의 식 구하기; $y=ax^2+q$

● 더 다양한 문제는 RPM 3-1 135쪽

오른쪽 그림과 같이 꼭짓점의 좌표가 $(0, 2)$이고 점 $(4, 8)$을 지나는 포물선을 그래프로 하는 이차함수의 식을 구하시오.

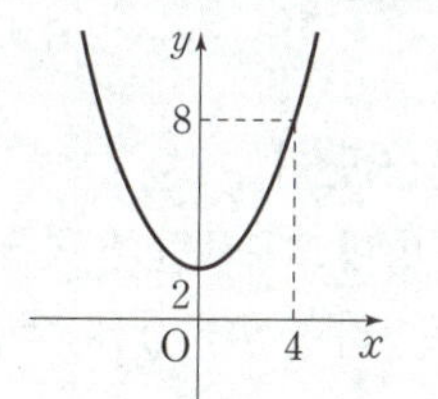

KEY POINT

꼭짓점의 좌표가 $(0, q)$인 포물선을 그래프로 하는 이차함수의 식
➡ $y=ax^2+q$로 놓는다.

풀이 꼭짓점의 좌표가 $(0, 2)$이므로 구하는 이차함수의 식을 $y=ax^2+2$로 놓으면 이 그래프가 점 $(4, 8)$을 지나므로

$$8=a\times 4^2+2, \qquad 16a=6 \qquad \therefore a=\frac{3}{8}$$

따라서 구하는 이차함수의 식은 $\qquad y=\frac{3}{8}x^2+2$

답 $y=\frac{3}{8}x^2+2$

확인 3 오른쪽 그림과 같이 꼭짓점의 좌표가 $(0, -2)$이고 점 $(3, -5)$를 지나는 포물선을 그래프로 하는 이차함수의 식을 구하시오.

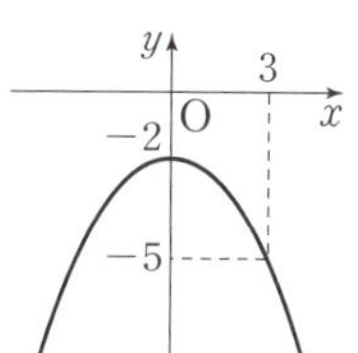

04 이차함수 $y=a(x-p)^2$의 그래프

● 더 다양한 문제는 RPM 3-1 135쪽

이차함수 $y=-2x^2$의 그래프를 x축의 방향으로 4만큼 평행이동한 그래프의 꼭짓점의 좌표를 (p, q), 축의 방정식을 $x=m$이라 할 때, $p+q+m$의 값을 구하시오.

KEY POINT

이차함수 $y=ax^2$의 그래프를 x축의 방향으로 p만큼 평행이동
➡ $y=a(x-p)^2$
① 꼭짓점의 좌표: $(p, 0)$
② 축의 방정식: $x=p$

풀이 $y=-2x^2$의 그래프를 x축의 방향으로 4만큼 평행이동한 그래프의 식은
$$y=-2(x-4)^2$$
따라서 $y=-2(x-4)^2$의 그래프의 꼭짓점의 좌표는 $(4, 0)$, 축의 방정식은 $x=4$이므로
$$p=4, q=0, m=4$$
$$\therefore p+q+m=4+0+4=8$$

답 8

확인 4 이차함수 $y=\frac{1}{5}x^2$의 그래프를 x축의 방향으로 -6만큼 평행이동한 그래프가 점 $(-1, k)$를 지날 때, k의 값을 구하시오.

05 이차함수 $y=a(x-p)^2$의 그래프의 성질

● 더 다양한 문제는 RPM 3-1 136쪽

다음 중 이차함수 $y=3(x+1)^2$의 그래프에 대한 설명으로 옳은 것은?

① 꼭짓점의 좌표는 $(0, -1)$이다.
② 축의 방정식은 $x=1$이다.
③ 제1사분면과 제2사분면을 지난다.
④ $y=3x^2$의 그래프를 x축의 방향으로 1만큼 평행이동한 것이다.
⑤ $x>-1$일 때, x의 값이 증가하면 y의 값은 감소한다.

이차함수 $y=a(x-p)^2$의 그래프에서 증가, 감소의 범위
➡ 축 $x=p$를 기준으로 바뀐다.
① $a>0$일 때
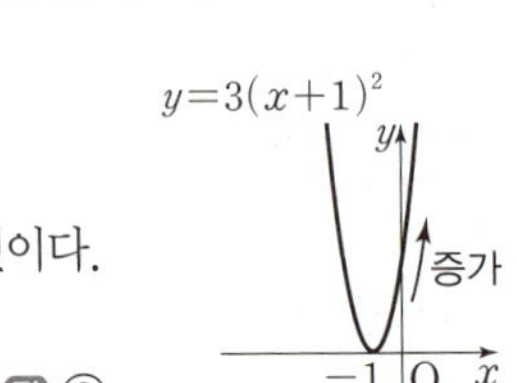

② $a<0$일 때
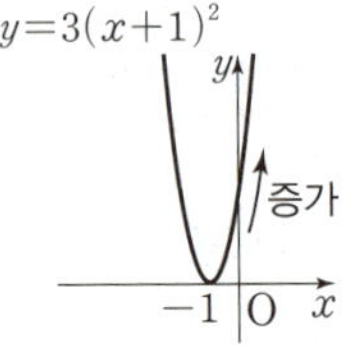

풀이 ① 꼭짓점의 좌표는 $(-1, 0)$이다.
② 축의 방정식은 $x=-1$이다.
④ $y=3x^2$의 그래프를 x축의 방향으로 -1만큼 평행이동한 것이다.
⑤ $x>-1$일 때, x의 값이 증가하면 y의 값도 증가한다.
따라서 옳은 것은 ③이다. **답** ③

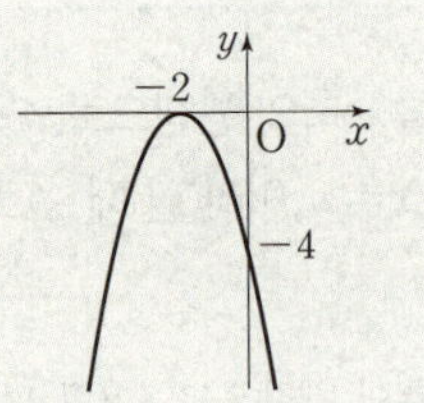

확인 5 다음 중 이차함수 $y=-\dfrac{3}{4}(x-2)^2$의 그래프에 대한 설명으로 옳지 <u>않은</u> 것은?

① 위로 볼록한 포물선이다.
② 꼭짓점의 좌표는 $(2, 0)$이다.
③ 축의 방정식은 $x=2$이다.
④ $y=-\dfrac{3}{4}x^2$의 그래프를 x축의 방향으로 2만큼 평행이동한 것이다.
⑤ $x<2$일 때, x의 값이 증가하면 y의 값은 감소한다.

06 이차함수의 식 구하기; $y=a(x-p)^2$

● 더 다양한 문제는 RPM 3-1 136쪽

오른쪽 그림과 같이 꼭짓점의 좌표가 $(-2, 0)$이고 점 $(0, -4)$를 지나는 포물선을 그래프로 하는 이차함수의 식을 구하시오.

꼭짓점의 좌표가 $(p, 0)$인 포물선을 그래프로 하는 이차함수의 식
➡ $y=a(x-p)^2$으로 놓는다.

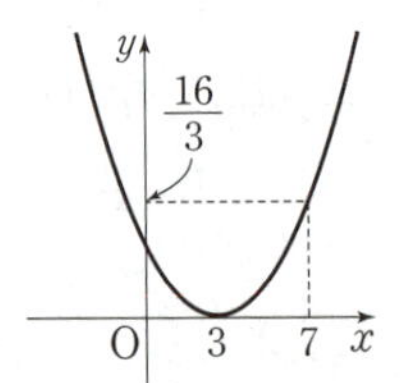

풀이 꼭짓점의 좌표가 $(-2, 0)$이므로 구하는 이차함수의 식을 $y=a(x+2)^2$으로 놓으면
이 그래프가 점 $(0, -4)$를 지나므로
$$-4=a\times(0+2)^2, \qquad 4a=-4 \qquad \therefore a=-1$$
따라서 구하는 이차함수의 식은 $y=-(x+2)^2$

답 $y=-(x+2)^2$

확인 6 오른쪽 그림과 같이 꼭짓점의 좌표가 $(3, 0)$이고 점 $\left(7, \dfrac{16}{3}\right)$을 지나는 포물선을 그래프로 하는 이차함수의 식을 구하시오.

01 이차함수 $y=-5x^2-8$의 그래프는 이차함수 $y=-5x^2$의 그래프를 y축의 방향으로 a만큼 평행이동한 것이고, 꼭짓점의 좌표는 (p, q)이다. 이때 $a+p-q$의 값을 구하시오.

$y=ax^2$
　　y축의 방향으로
　　q만큼 평행이동
$y=ax^2+q$

02 다음 중 이차함수 $y=\dfrac{1}{3}x^2+4$의 그래프에 대한 설명으로 옳은 것을 모두 고르면?

(정답 2개)

① 아래로 볼록한 포물선이다.
② 축의 방정식은 $x=4$이다.
③ 꼭짓점의 좌표는 $(4, 0)$이다.
④ $x>0$일 때, x의 값이 증가하면 y의 값도 증가한다.
⑤ 모든 사분면을 지난다.

03 이차함수 $y=2x^2$의 그래프를 x축의 방향으로 p만큼 평행이동한 그래프가 점 $(2, 18)$을 지날 때, p의 값을 모두 구하시오.

$y=ax^2$
　　x축의 방향으로
　　p만큼 평행이동
$y=a(x-p)^2$

04 다음 중 이차함수 $y=-(x+3)^2$의 그래프에 대한 설명으로 옳지 <u>않은</u> 것은?

① 꼭짓점의 좌표는 $(-3, 0)$이다.
② 축의 방정식은 $x=-3$이다.
③ $y=-2x^2$의 그래프보다 폭이 넓다.
④ 제1사분면과 제2사분면을 지난다.
⑤ $x>-3$일 때, x의 값이 증가하면 y의 값은 감소한다.

05 다음 중 오른쪽 그림과 같은 이차함수의 그래프 위에 있는 점의 좌표는?

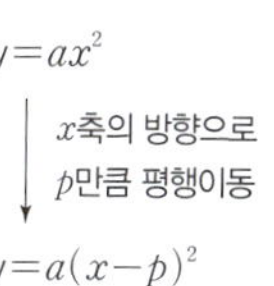

① $(-2, -16)$　　　② $\left(-1, -\dfrac{23}{2}\right)$

③ $(2, -2)$　　　④ $(6, -4)$

⑤ $(8, -10)$

이차함수의 그래프의 꼭짓점의 좌표가 $(p, 0)$
➡ 이차함수의 식을
　$y=a(x-p)^2$으로 놓는다.

03 이차함수 $y=a(x-p)^2+q$의 그래프

1 이차함수 $y=a(x-p)^2+q$의 그래프에는 어떤 성질이 있는가? ◐ 핵심문제 01～03

(1) 이차함수 $y=a(x-p)^2+q$의 그래프는 이차함수 $y=ax^2$의 그래프를 x축의 방향으로 p만큼, y축의 방향으로 q만큼 평행이동한 것이다.

(2) **꼭짓점의 좌표**: (p, q)

(3) **축의 방정식**: $x=p$

▶ $y=a(x-p)^2+q$의 꼴을 이차함수의 표준형이라 한다.

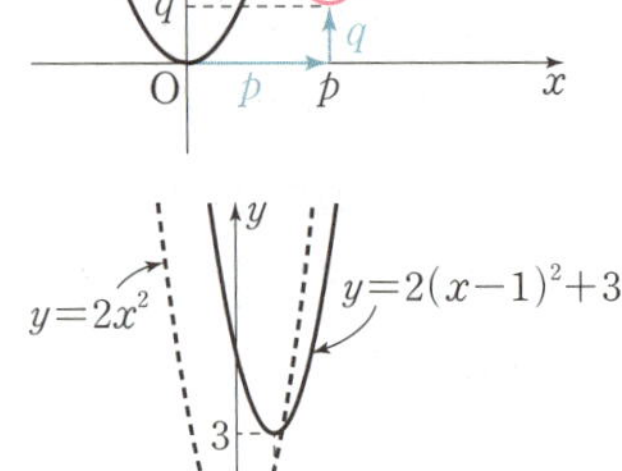

예 이차함수 $y=2(x-1)^2+3$의 그래프

(1) $y=2x^2$의 그래프를 x축의 방향으로 1만큼, y축의 방향으로 3만큼 평행이동한 것이다.

(2) 꼭짓점의 좌표: $(1, 3)$

(3) 축의 방정식: $x=1$

참고 이차함수 $y=ax^2$의 그래프의 평행이동

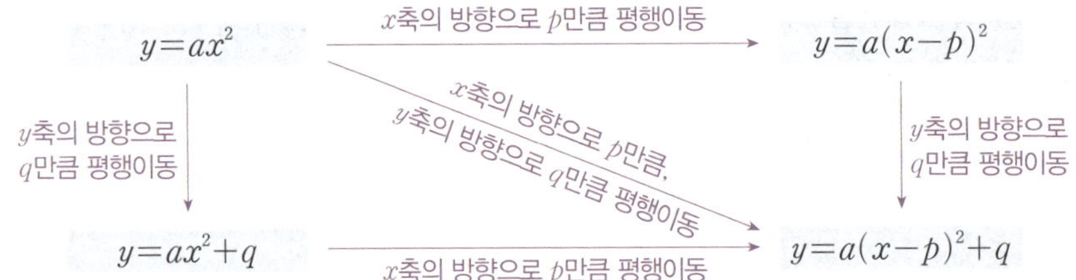

2 이차함수 $y=a(x-p)^2+q$의 그래프에서 a, p, q의 부호는 어떻게 정하는가? ◐ 핵심문제 05

(1) **a의 부호**: 그래프의 모양에 따라 결정된다.

① 아래로 볼록 ➡ $a>0$ ② 위로 볼록 ➡ $a<0$

(2) **p, q의 부호**: 꼭짓점의 위치에 따라 결정된다.

① 꼭짓점이 제1사분면 위에 있으면 ➡ $p>0$, $q>0$

② 꼭짓점이 제2사분면 위에 있으면 ➡ $p<0$, $q>0$

③ 꼭짓점이 제3사분면 위에 있으면 ➡ $p<0$, $q<0$

④ 꼭짓점이 제4사분면 위에 있으면 ➡ $p>0$, $q<0$

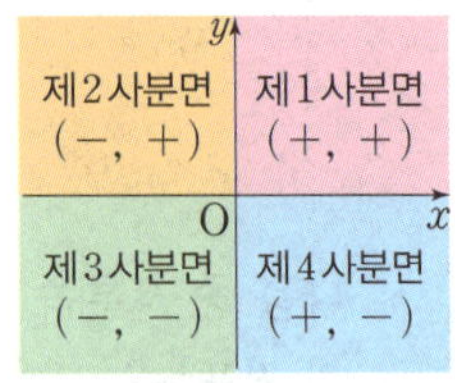

이차함수 $y=a(x-p)^2+q$의 그래프의 평행이동

이차함수 $y=a(x-p)^2+q$의 그래프를 x축의 방향으로 m만큼, y축의 방향으로 n만큼 평행이동한 그래프의 식은

$\quad\quad\quad\quad\quad\quad\quad\quad$└▶ x 대신 $x-m$, y 대신 $y-n$을 대입

$$y-n=a(x-m-p)^2+q,\ 즉\ y=a(x-m-p)^2+q+n$$

➡ 꼭짓점의 좌표: $(p+m, q+n)$, 축의 방정식: $x=p+m$

01 다음 물음에 답하시오.

(1) 아래 표를 완성하고, 이를 이용하여 x의 값의 범위가 실수 전체일 때, 이차함수 $y=(x-2)^2+1$의 그래프를 오른쪽 좌표평면 위에 그리시오.

x	$\cdots$	-3	-2	-1	0	1	2	3	$\cdots$
$y=x^2$	$\cdots$	9	4	1	0	1	4	9	$\cdots$
$y=(x-2)^2+1$	$\cdots$								$\cdots$

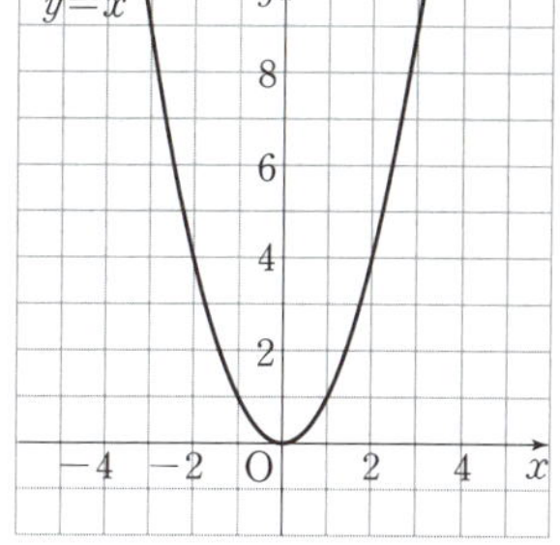

(2) 이차함수 $y=(x-2)^2+1$의 그래프의 꼭짓점의 좌표와 축의 방정식을 차례대로 구하시오.

◆ 이차함수 $y=a(x-p)^2+q$의 그래프
➡ 이차함수 $y=ax^2$의 그래프를 x축의 방향으로 ☐만큼, y축의 방향으로 ☐만큼 평행이동한 것이다.

02 다음 이차함수의 그래프를 x축의 방향으로 p만큼, y축의 방향으로 q만큼 평행이동한 그래프의 식을 구하고, 꼭짓점의 좌표와 축의 방정식을 차례대로 구하시오.

(1) $y=-2x^2$ $\ [p=2,\ q=-5]$

(2) $y=\dfrac{1}{4}x^2$ $\ [p=-1,\ q=3]$

03 다음 중 이차함수 $y=2(x+4)^2-7$의 그래프에 대한 설명으로 옳은 것은 ○, 옳지 않은 것은 ×를 ( ) 안에 써넣으시오.

(1) 위로 볼록한 포물선이다. ( )

(2) $y=2x^2$의 그래프를 x축의 방향으로 4만큼, y축의 방향으로 -7만큼 평행이동한 것이다. ( )

(3) 꼭짓점의 좌표는 $(-4,\ -7)$이다. ( )

(4) 축의 방정식은 $x=-4$이다. ( )

04 다음은 이차함수 $y=a(x-p)^2+q$의 그래프가 오른쪽 그림과 같을 때, 상수 a, p, q의 부호를 구하는 과정이다. ☐ 안에 알맞은 부등호를 써넣으시오.

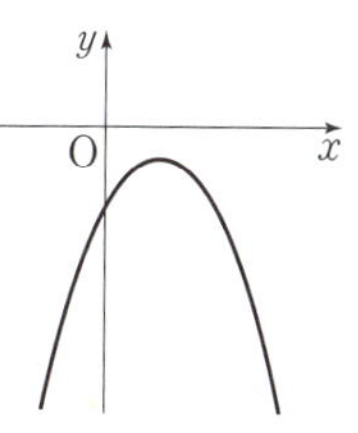

◆ 이차함수 $y=a(x-p)^2+q$의 그래프에서 a, p, q의 부호는?

> 그래프가 위로 볼록하므로 $a\ \boxed{\ }\ 0$
> 꼭짓점 $(p,\ q)$가 제4사분면 위에 있으므로 $p\ \boxed{\ }\ 0,\ q\ \boxed{\ }\ 0$

01 이차함수 $y=a(x-p)^2+q$의 그래프

● 더 다양한 문제는 RPM 3–1 137쪽

이차함수 $y=a(x+6)^2-2$의 그래프는 $y=\dfrac{3}{4}x^2$의 그래프를 x축의 방향으로 p만큼, y축의 방향으로 q만큼 평행이동한 것이다. 이때 apq의 값을 구하시오. (단, a는 상수이다.)

풀이 ▶ $y=a(x+6)^2-2$의 그래프는 $y=\dfrac{3}{4}x^2$의 그래프를 x축의 방향으로 -6만큼, y축의 방향으로 -2만큼 평행이동한 것이므로

$$a=\frac{3}{4},\ p=-6,\ q=-2 \qquad \therefore\ apq=\frac{3}{4}\times(-6)\times(-2)=9$$

답 9

확인 ① 이차함수 $y=-5x^2$의 그래프를 x축의 방향으로 1만큼, y축의 방향으로 8만큼 평행이동한 그래프의 꼭짓점의 좌표를 $(p,\ q)$, 축의 방정식을 $x=m$이라 할 때, $p-q+m$의 값을 구하시오.

02 이차함수 $y=a(x-p)^2+q$의 그래프의 성질

● 더 다양한 문제는 RPM 3–1 138쪽

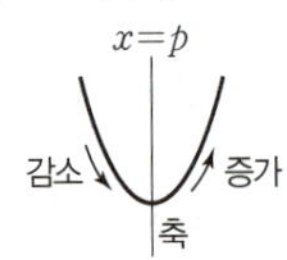

다음 중 이차함수 $y=-3(x+2)^2+4$의 그래프에 대한 설명으로 옳지 <u>않은</u> 것은?

① 꼭짓점의 좌표는 $(-2,\ 4)$이다.
② 축의 방정식은 $x=-2$이다.
③ 점 $(0,\ -8)$을 지난다.
④ 모든 사분면을 지난다.
⑤ $x<-2$일 때, x의 값이 증가하면 y의 값도 증가한다.

풀이 ▶ ③ $x=0$일 때, $y=-3\times(0+2)^2+4=-8$
　　즉 점 $(0,\ -8)$을 지난다.
④ 제1사분면을 지나지 않는다.
⑤ $x<-2$일 때, x의 값이 증가하면 y의 값도 증가한다.
따라서 옳지 않은 것은 ④이다.

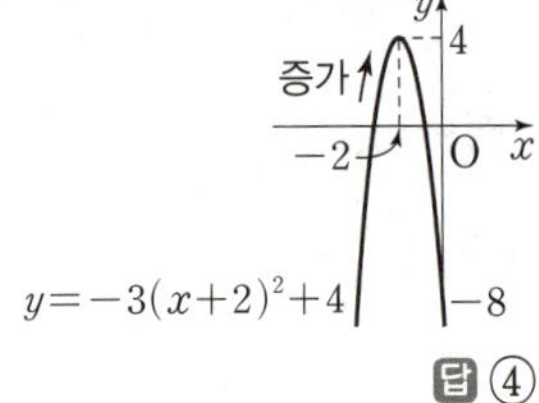

답 ④

확인 ② 다음 중 이차함수 $y=\dfrac{1}{2}(x-3)^2-1$의 그래프에 대한 설명으로 옳은 것은?

① 꼭짓점의 좌표는 $(-3,\ -1)$이다.
② 점 $(0,\ 3)$을 지난다.
③ 평행이동하면 $y=\dfrac{1}{2}x^2$의 그래프와 포개어진다.
④ 제4사분면을 지나지 않는다.
⑤ $x<3$일 때, x의 값이 증가하면 y의 값도 증가한다.

03 이차함수의 식 구하기; $y=a(x-p)^2+q$

● 더 다양한 문제는 RPM 3-1 139쪽

오른쪽 그림과 같이 꼭짓점의 좌표가 $(-1, 2)$이고 점 $(0, 5)$를
지나는 포물선을 그래프로 하는 이차함수의 식을 구하시오.

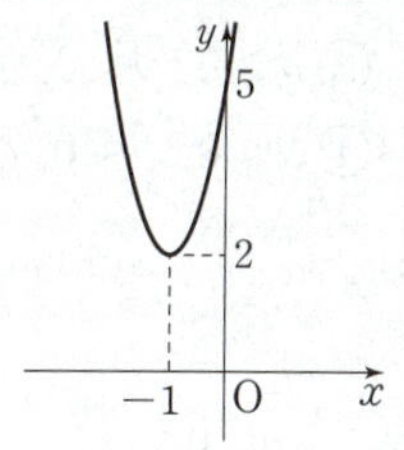

KEY POINT

꼭짓점의 좌표가 (p, q)인 포물선을 그
래프로 하는 이차함수의 식
➡ $y=a(x-p)^2+q$로 놓는다.

풀이 꼭짓점의 좌표가 $(-1, 2)$이므로 구하는 이차함수의 식을 $y=a(x+1)^2+2$로 놓으면 이
그래프가 점 $(0, 5)$를 지나므로
$$5=a\times(0+1)^2+2, \qquad 5=a+2 \qquad \therefore a=3$$
따라서 구하는 이차함수의 식은
$$y=3(x+1)^2+2$$

답 $y=3(x+1)^2+2$

확인 3 오른쪽 그림과 같은 포물선이 점 $(6, k)$를 지날 때, k의 값을 구
하시오.

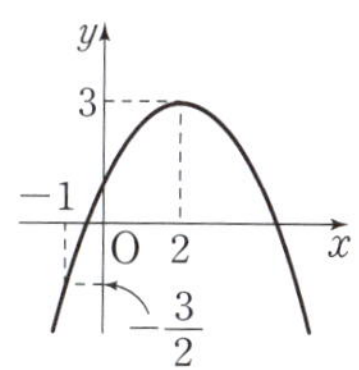

04 이차함수 $y=a(x-p)^2+q$의 그래프의 평행이동

● 더 다양한 문제는 RPM 3-1 139쪽

이차함수 $y=-(x+2)^2-1$의 그래프를 x축의 방향으로 m만큼, y축의 방향으로 n만
큼 평행이동하였더니 이차함수 $y=-(x-5)^2-3$의 그래프와 일치하였다. 이때 $m+n$
의 값을 구하시오.

KEY POINT

이차함수 $y=a(x-p)^2+q$의 그래프
를 x축의 방향으로 m만큼, y축의 방
향으로 n만큼 평행이동
➡ x 대신 $x-m$, y 대신 $y-n$을 대입
➡ $y-n=a(x-m-p)^2+q$

풀이 $y=-(x+2)^2-1$의 그래프를 x축의 방향으로 m만큼, y축의 방향으로 n만큼 평행이동
한 그래프의 식은
$$y-n=-(x-m+2)^2-1 \qquad \therefore y=-(x-m+2)^2-1+n$$
이 식이 $y=-(x-5)^2-3$과 같아야 하므로
$$-m+2=-5, \quad -1+n=-3 \qquad \therefore m=7, n=-2$$
$$\therefore m+n=7+(-2)=5$$

답 5

확인 4 이차함수 $y=2(x-4)^2+3$의 그래프를 x축의 방향으로 -8만큼, y축의 방향으로
-5만큼 평행이동한 그래프의 꼭짓점의 좌표와 축의 방정식을 차례대로 구하시오.

▶ 정답 및 풀이 71쪽

05 이차함수 $y=a(x-p)^2+q$의 그래프에서 a, p, q의 부호   ● 더 다양한 문제는 RPM 3-1 140쪽

이차함수 $y=a(x-p)^2+q$의 그래프가 오른쪽 그림과 같을 때,
상수 a, p, q의 부호는?

① $a>0$, $p>0$, $q>0$ ② $a>0$, $p<0$, $q>0$
③ $a>0$, $p<0$, $q<0$ ④ $a<0$, $p<0$, $q>0$
⑤ $a<0$, $p<0$, $q<0$

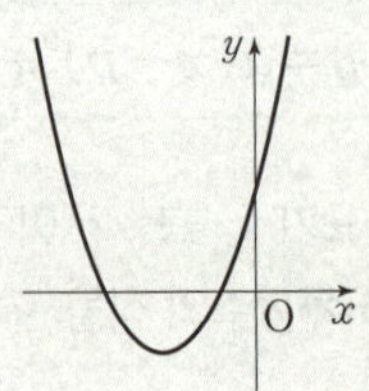

풀이 그래프가 아래로 볼록하므로 $a>0$
꼭짓점 (p, q)가 제3사분면 위에 있으므로
$$p<0, \ q<0$$

답 ③

확인 5 이차함수 $y=ax^2+q$의 그래프가 오른쪽 그림과 같을 때, 상수 a, q의 부호를 구하시오.

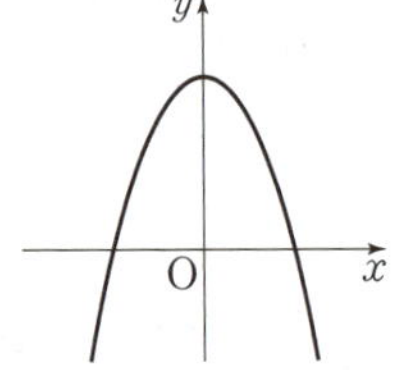

확인 6 이차함수 $y=a(x-p)^2$의 그래프가 오른쪽 그림과 같을 때, 상수 a, p의 부호를 구하시오.

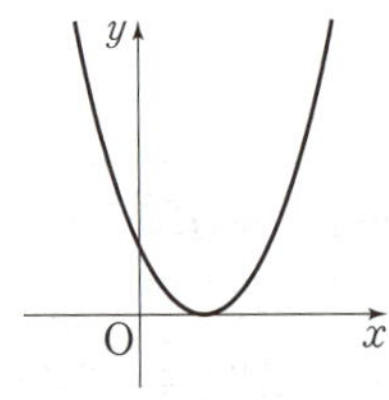

확인 7 이차함수 $y=a(x-p)^2+q$의 그래프가 오른쪽 그림과 같을 때, 상수 a, p, q의 부호를 구하시오.

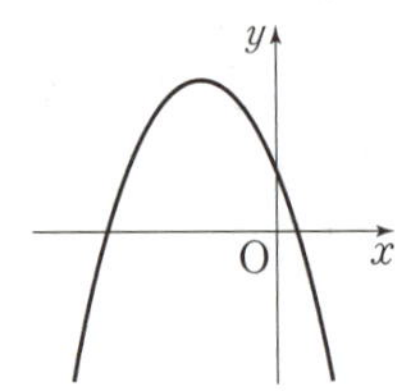

KEY POINT

이차함수 $y=a(x-p)^2+q$의 그래프
에서
① a의 부호
➡ 그래프의 모양에 따라 결정
   아래로 볼록($\smallsmile$): $a>0$
   위로 볼록($\smallfrown$): $a<0$
② p, q의 부호
➡ 꼭짓점의 위치에 따라 결정
   제1사분면: $p>0$, $q>0$
   제2사분면: $p<0$, $q>0$
   제3사분면: $p<0$, $q<0$
   제4사분면: $p>0$, $q<0$

01 다음 중 이차함수 $y=-\dfrac{1}{2}(x+1)^2-2$의 그래프에 대한 설명으로 옳은 것을 모두 고르면? (정답 2개)

① 직선 $x=-1$을 축으로 하는 아래로 볼록한 포물선이다.

② 꼭짓점의 좌표는 $(1,\ -2)$이다.

③ $y=-\dfrac{1}{2}x^2$의 그래프를 x축의 방향으로 -1만큼, y축의 방향으로 -2만큼 평행이동한 것이다.

④ $x<-1$일 때, x의 값이 증가하면 y의 값은 감소한다.

⑤ 제3사분면과 제4사분면을 지난다.

02 이차함수 $y=a(x-p)^2+q$의 그래프가 오른쪽 그림과 같을 때, 상수 a, p, q에 대하여 apq의 값을 구하시오.

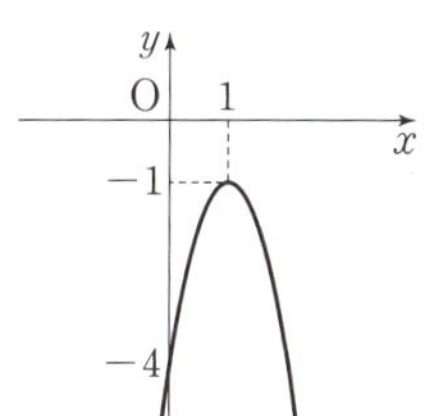

03 이차함수 $y=5(x-2)^2+7$의 그래프를 x축의 방향으로 -3만큼, y축의 방향으로 1만큼 평행이동한 그래프가 점 $(-2,\ k)$를 지날 때, k의 값을 구하시오.

먼저 평행이동한 그래프의 식을 구한다.

04 이차함수 $y=a(x-p)^2+q$의 그래프가 오른쪽 그림과 같을 때, 다음 중 이차함수 $y=p(x-a)^2+q$의 그래프로 알맞은 것은?
(단, a, p, q는 상수이다.)

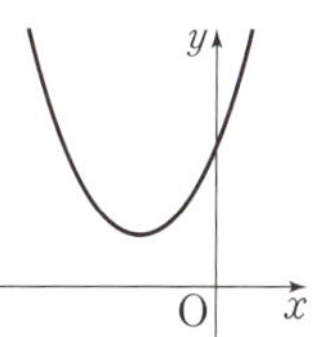

주어진 그래프에서 a, p, q의 부호를 구한다.

① 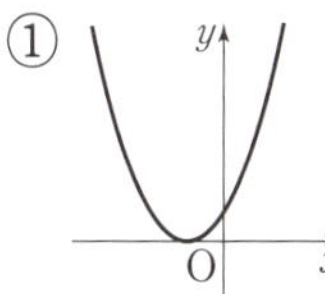 ② 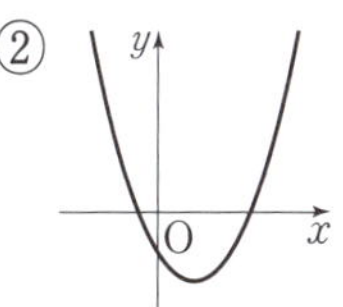 ③ 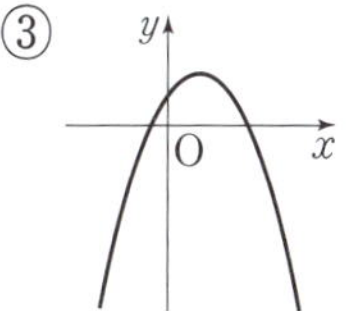

④ 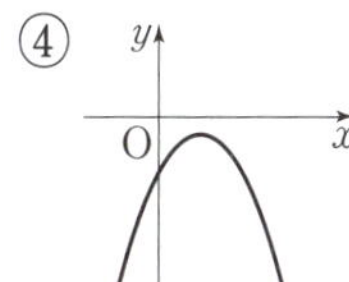 ⑤ 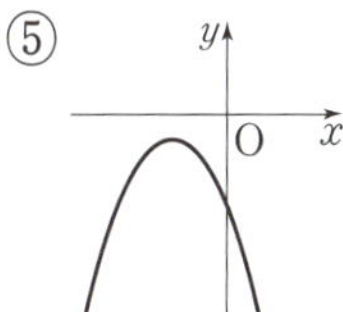

STEP 1 기본 문제

01 다음 중 y가 x에 대한 이차함수인 것은?

① $y=2x+3$

② $y=x-\dfrac{1}{x^2}+5$

③ $y=x(x+4)-4x$

④ $y=x^2-(x-2)(x+3)$

⑤ $y=(x+2)^2-(x-1)^2$

02 $y=ax^2+x(x-1)-4$가 x에 대한 이차함수일 때, 다음 중 상수 a의 값이 될 수 <u>없는</u> 것은?

① -3　　② -1　　③ 1

④ 2　　⑤ 3

03 이차함수 $f(x)=3x^2-2x+a$에서 $f(-2)=15$일 때, $f(3)$의 값을 구하시오. (단, a는 상수이다.)

04 세 이차함수 $y=ax^2$, $y=-3x^2$, $y=-\dfrac{1}{2}x^2$의 그래프가 오른쪽 그림과 같을 때, 다음 중 상수 a의 값이 될 수 있는 것을 모두 고르면? (정답 2개)

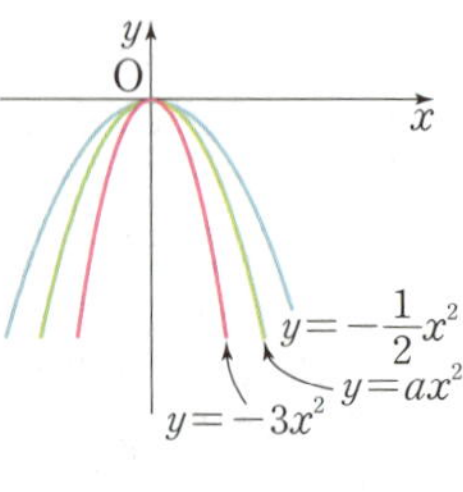

① -4　　② $-\dfrac{7}{2}$　　③ $-\dfrac{5}{2}$

④ -1　　⑤ $-\dfrac{1}{3}$

05 이차함수 $y=\dfrac{3}{4}x^2$의 그래프를 y축의 방향으로 k만큼 평행이동한 그래프가 점 $(2, 1)$을 지날 때, k의 값은?

① -4　　② -2　　③ -1

④ 2　　⑤ 4

06 $a>0$, $q<0$일 때, 오른쪽 그림의 ㉮~㉭ 중 이차함수 $y=-ax^2+q$의 그래프로 알맞은 것을 고르시오. (단, a, q는 상수이다.)

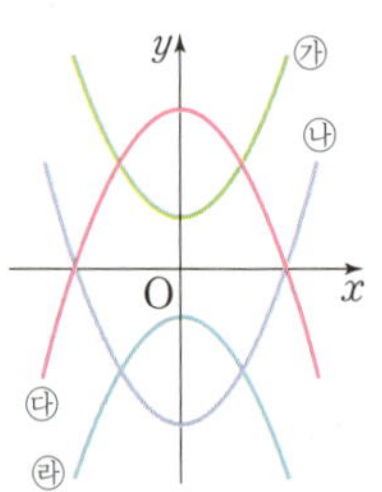

07 이차함수 $y=2(x+7)^2$의 그래프는 이차함수 $y=2x^2$의 그래프를 x축의 방향으로 a만큼 평행이동한 것이고, 꼭짓점의 좌표는 $(p,\ q)$이다. 이때 $a-p+q$의 값은?

① -14 ② -7 ③ 0
④ 7 ⑤ 14

08 다음 이차함수 중 그 그래프의 축이 y축이 <u>아닌</u> 것은?

① $y=5x^2$ ② $y=-5x^2+1$
③ $y=3x^2-2$ ④ $y=-3(x^2+1)$
⑤ $y=(x-1)^2$

09 다음 중 이차함수 $y=-\dfrac{1}{3}(x-2)^2-1$의 그래프로 알맞은 것은?

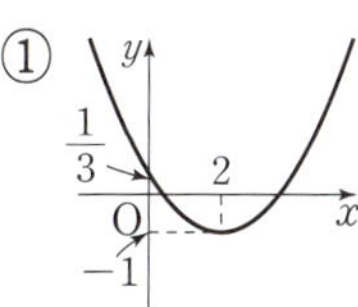
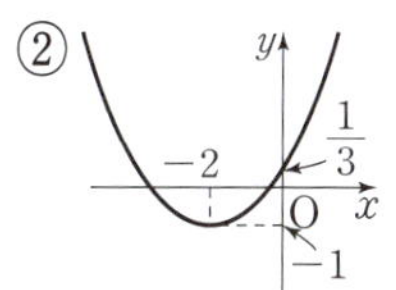
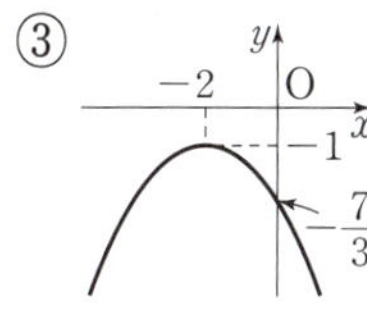
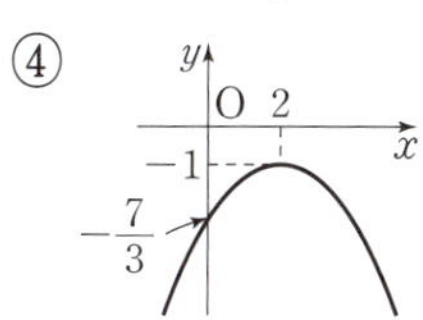
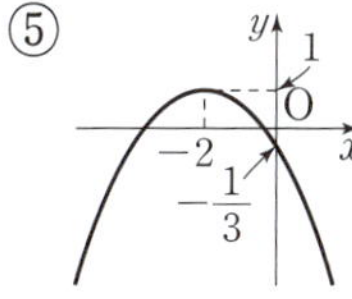

꼭나와

10 다음 중 이차함수 $y=\dfrac{1}{4}(x+2)^2-3$의 그래프에 대한 설명으로 옳지 <u>않은</u> 것은?

① 아래로 볼록한 포물선이다.
② 꼭짓점의 좌표는 $(-2,\ -3)$이다.
③ y축과의 교점의 좌표는 $(0,\ -2)$이다.
④ $x>-2$일 때, x의 값이 증가하면 y의 값은 감소한다.
⑤ $y=\dfrac{1}{4}x^2$의 그래프를 x축의 방향으로 -2만큼, y축의 방향으로 -3만큼 평행이동한 것이다.

11 이차함수 $y=-2(x-3)^2+5$의 그래프를 x축의 방향으로 2만큼, y축의 방향으로 -1만큼 평행이동한 그래프를 나타내는 이차함수의 식을 $y=a(x-p)^2+q$라 할 때, 상수 a, p, q에 대하여 $a+p+q$의 값을 구하시오.

12 이차함수 $y=a(x+p)^2+q$의 그래프가 오른쪽 그림과 같을 때, 다음 중 옳은 것은? (단, a, p, q는 상수이다.)

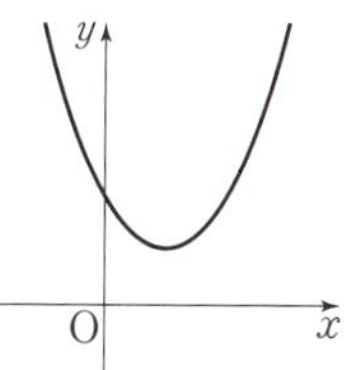

① $a<0$ ② $p>0$
③ $q<0$ ④ $ap>0$
⑤ $p-q<0$

13 오른쪽 그림에서 이차함수 $y=ax^2$과 $y=bx^2$, $y=cx^2$과 $y=dx^2$의 그래프는 각각 x축에 대하여 대칭이다. 다음 **보기** 중 옳은 것을 모두 고른 것은? (단, a, b, c, d는 상수이다.)

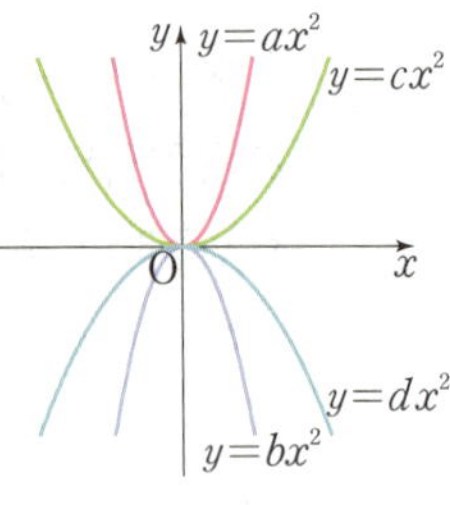

보기

ㄱ. $a+b=0$ ㄴ. $|b|>|d|$
ㄷ. $a>c>b>d$

① ㄱ   ② ㄱ, ㄴ   ③ ㄱ, ㄷ
④ ㄴ, ㄷ   ⑤ ㄱ, ㄴ, ㄷ

꼭나와

14 오른쪽 그림과 같이 직선 $y=4$가 y축과 만나는 점을 A, 두 이차함수 $y=ax^2$, $y=\dfrac{1}{2}x^2$의 그래프와 제1사분면에서 만나는 점을 각각 B, C라 하자. $\overline{AB}=\overline{BC}$일 때, 상수 a의 값을 구하시오.

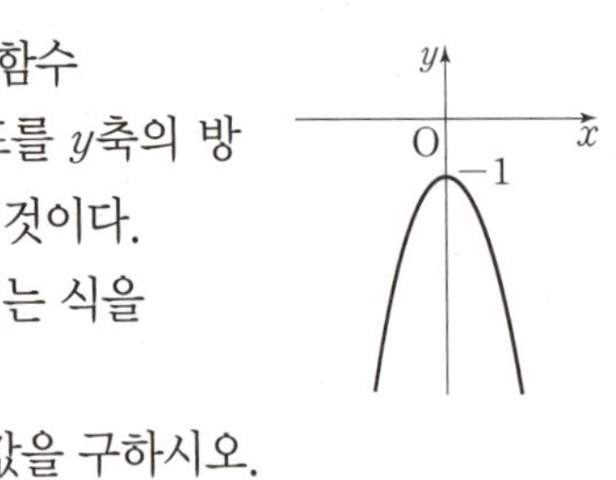

15 오른쪽 그림은 이차함수 $y=-3x^2$의 그래프를 y축의 방향으로 평행이동한 것이다. 이 그래프를 나타내는 식을 $y=f(x)$라 할 때, $f(-1)-f(2)$의 값을 구하시오.

16 다음 중 아래 조건을 만족시키는 포물선을 그래프로 하는 이차함수의 식은?

⑺ 꼭짓점의 좌표가 $(-2, 0)$이다.
⑼ $y=x^2$의 그래프보다 폭이 좁다.
⑾ 제1사분면과 제2사분면을 지나지 않는다.

① $y=\dfrac{1}{2}(x-2)^2$ ② $y=2(x+2)^2$

③ $y=-\dfrac{1}{2}(x+2)^2$ ④ $y=-3(x-2)^2$

⑤ $y=-4(x+2)^2$

17 오른쪽 그림과 같이 두 이차함수 $y=a(x-b)^2$, $y=x^2+c$의 그래프가 서로의 꼭짓점을 지날 때, 상수 a, b, c에 대하여 abc의 값을 구하시오.

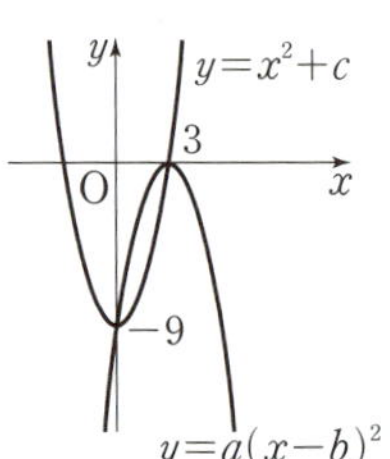

꼭나와

18 다음 이차함수 중 그 그래프가 모든 사분면을 지나는 것은?

① $y=\dfrac{1}{4}x^2+2$
② $y=-(x-4)^2$
③ $y=-(x-1)^2+2$
④ $y=2(x-3)^2-1$
⑤ $y=3(x-2)^2+1$

19 이차함수 $y=a(x-p)^2+q$의 그래프는 직선 $x=-3$을 축으로 하고 꼭짓점의 y좌표가 -7이다. 이 그래프가 점 $(0,\ 2)$를 지날 때, 상수 $a,\ p,\ q$에 대하여 $a+p-q$의 값은?

① -11 ② -4 ③ 0
④ 5 ⑤ 11

20 이차함수 $y=-2x^2+1$의 그래프를 x축의 방향으로 k만큼, y축의 방향으로 $k+1$만큼 평행이동한 그래프의 꼭짓점이 직선 $y=-2x+8$ 위에 있을 때, k의 값을 구하시오.

꼭나와

21 일차함수 $y=ax+b$의 그래프가 오른쪽 그림과 같을 때, 다음 중 이차함수 $y=a(x+b)^2$의 그래프로 알맞은 것은?
(단, $a,\ b$는 상수이다.)

① 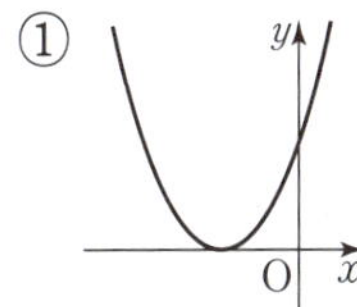 ② 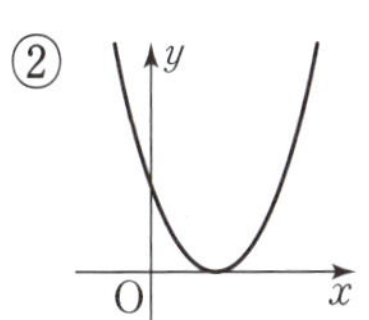

③ 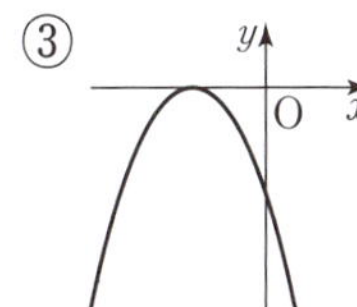 ④ 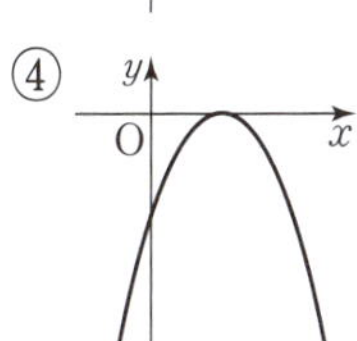

⑤ 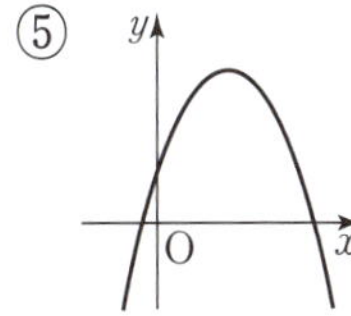

22 오른쪽 그림과 같이 두 이차함수 $y=\dfrac{1}{2}x^2$, $y=-x^2$의 그래프 위에 있는 네 점 A, B, C, D를 꼭짓점으로 하는 □ABCD가 정사각형일 때, 점 D의 x좌표를 구하시오.
(단, □ABCD의 각 변은 x축 또는 y축에 평행하다.)

해설 강의

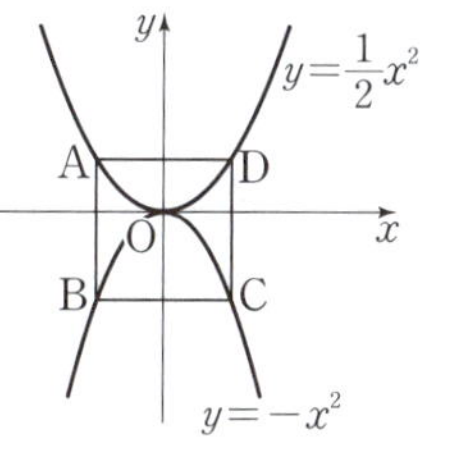

23 다음 그림과 같이 두 이차함수 $y=\dfrac{1}{2}x^2+2$, $y=\dfrac{1}{2}x^2-1$의 그래프와 두 직선 $x=-1$, $x=2$로 둘러싸인 부분의 넓이를 구하시오.

해설 강의

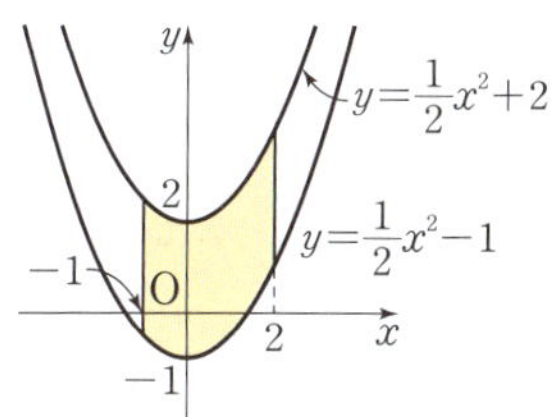

24 다음 중 이차함수 $y=a(x-2)^2+5$의 그래프가 모든 사분면을 지나도록 하는 상수 a의 값이 될 수 있는 것은?

해설 강의

① -2 ② $-\dfrac{7}{4}$ ③ $-\dfrac{1}{2}$
④ $\dfrac{1}{2}$ ⑤ 1

예제 1

해설 강의

원점을 꼭짓점으로 하고 점 $(-3, -6)$을 지나는 이차함수의 그래프를 x축의 방향으로 2만큼, y축의 방향으로 -1만큼 평행이동한 그래프가 점 $(5, k)$를 지날 때, k의 값을 구하시오. [7점]

풀이 과정

1단계 처음 주어진 이차함수의 식 구하기 · 3점

이차함수의 식을 $y = ax^2$으로 놓으면

$$-6 = a \times (-3)^2 \qquad \therefore a = -\frac{2}{3}$$

$$\therefore y = -\frac{2}{3}x^2$$

2단계 평행이동한 그래프의 식 구하기 · 2점

평행이동한 그래프의 식은 $\quad y = -\dfrac{2}{3}(x-2)^2 - 1$

3단계 k의 값 구하기 · 2점

이 그래프가 점 $(5, k)$를 지나므로

$$k = -\frac{2}{3} \times (5-2)^2 - 1 = -7$$

답 -7

유제 1

원점을 꼭짓점으로 하고 점 $\left(\dfrac{1}{2}, 1\right)$을 지나는 이차함수의 그래프를 x축의 방향으로 1만큼, y축의 방향으로 p만큼 평행이동한 그래프가 점 $(2, 7)$을 지날 때, p의 값을 구하시오. [7점]

풀이 과정

1단계 처음 주어진 이차함수의 식 구하기 · 3점

2단계 평행이동한 그래프의 식 구하기 · 2점

3단계 p의 값 구하기 · 2점

답

예제 2

해설 강의

이차함수 $y = a(x-p)^2 + q$의 그래프가 오른쪽 그림과 같을 때, 이차함수 $y = q(x+a)^2 - p$의 그래프가 지나는 사분면을 모두 구하시오.

(단, a, p, q는 상수이다.) [8점]

풀이 과정

1단계 a, p, q의 부호 구하기 · 4점

그래프가 아래로 볼록하므로 $\quad a > 0$

꼭짓점 (p, q)가 제4사분면 위에 있으므로

$$p > 0, \ q < 0$$

2단계 그래프가 지나는 사분면 구하기 · 4점

$y = q(x+a)^2 - p$의 그래프에서

$q < 0$이므로 위로 볼록한 포물선이다.

또 $-a < 0$, $-p < 0$이므로 꼭짓점

$(-a, -p)$는 제3사분면 위에 있다.

따라서 이 그래프가 지나는 사분면은

제3사분면, 제4사분면이다.

답 제3사분면, 제4사분면

유제 2

이차함수 $y = a(x+p)^2 + q$의 그래프가 오른쪽 그림과 같을 때, 이차함수 $y = -p(x-q)^2 - a$의 그래프가 지나는 사분면을 모두 구하시오.

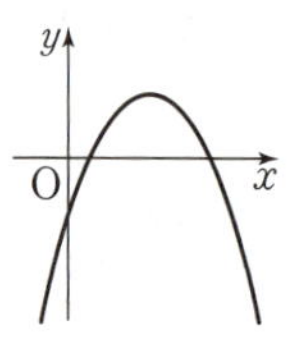

(단, a, p, q는 상수이다.) [8점]

풀이 과정

1단계 a, p, q의 부호 구하기 · 4점

2단계 그래프가 지나는 사분면 구하기 · 4점

답

스스로 서술하기

유제 3 이차함수 $f(x)=x^2+ax+b$에 대하여 $f(-1)=7$, $f(3)=-1$일 때, $f(-2)$의 값을 구하시오. (단, a, b는 상수이다.) [6점]

풀이 과정

답

유제 5 이차함수 $y=ax^2$의 그래프를 x축의 방향으로 p만큼 평행이동한 그래프의 축의 방정식이 $x=5$이다. 평행이동한 그래프가 점 $(2,\ 3)$을 지날 때, $p-6a$의 값을 구하시오. (단, a는 상수이다.) [7점]

풀이 과정

답

유제 4 이차함수 $y=-\dfrac{3}{5}x^2$의 그래프는 점 $(-5,\ a)$를 지나고, 이차함수 $y=bx^2$의 그래프와 x축에 대하여 대칭일 때, ab의 값을 구하시오. (단, b는 상수이다.) [6점]

풀이 과정

답

유제 6 이차함수 $y=a(x+p)^2+q$의 그래프가 오른쪽 그림과 같을 때, 상수 a, p, q에 대하여 apq의 값을 구하시오. [7점]

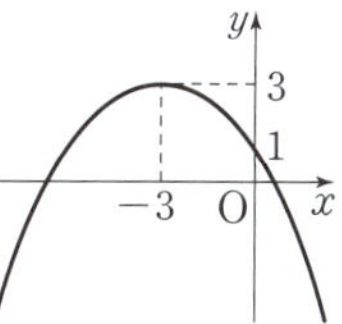

풀이 과정

답

공감
한 스푼

"그냥 나는 게 아니고 비상하는 거야.
널 짓누르고 있는 것들이
널 날아오르게 만들어 줄 거야!"
그림 정인(@jeong_jinn_)

IV-2

이차함수의 그래프 (2)

이 단원의 학습 계획을 세우고
하나하나 실천하는 습관을 기르자!!

		공부한 날		학습 완료도
01 이차함수 $y=ax^2+bx+c$ 의 그래프	개념원리 이해 & 개념원리 확인하기	월	일	□□□
	핵심문제 익히기	월	일	○○○
	이런 문제가 시험에 나온다	월	일	○○○
02 이차함수의 식 구하기	개념원리 이해 & 개념원리 확인하기	월	일	□□□
	핵심문제 익히기	월	일	○○○
	이런 문제가 시험에 나온다	월	일	○○○
03 이차함수의 최댓값과 최솟값	개념원리 이해 & 개념원리 확인하기	월	일	□□□
	핵심문제 익히기	월	일	○○○
	이런 문제가 시험에 나온다	월	일	○○○
04 이차함수의 활용	개념원리 이해 & 개념원리 확인하기	월	일	□□□
	핵심문제 익히기	월	일	○○○
	이런 문제가 시험에 나온다	월	일	○○○
중단원 마무리하기		월	일	○○○
서술형 대비 문제		월	일	○○○

개념 학습 guide

- 개념을 이해했으면 ■■■, 개념을 문제에 적용할 수 있으면 ■■■, 개념을 친구에게 설명할 수 있으면 ■■■ 로 색칠한다.

- 부족한 부분의 개념을 반복 학습하여 ■■■ 3칸 모두 색칠하면 학습을 마친다.

문제 학습 guide

- 맞힌 문제가 전체의 50% 미만이면 ●●●, 맞힌 문제가 50% 이상 90% 미만이면 ●●●, 맞힌 문제가 90% 이상이면 ●●● 로 색칠한다.

- 틀린 문제는 왜 틀렸는지 그 이유를 파악한 후 다시 풀어 본다. 며칠 후 틀린 문제를 다시 풀어 보고, 풀이 과정과 답이 맞으면 학습을 마친다.

01 이차함수 $y=ax^2+bx+c$의 그래프

1 이차함수 $y=ax^2+bx+c$의 그래프는 어떻게 그리는가?　　◇ 핵심문제 01~07

이차함수 $y=ax^2+bx+c$의 그래프는 $y=a(x-p)^2+q$의 꼴로 고쳐서 그린다.

$$\begin{aligned} y&=ax^2+bx+c \\ &=a\left(x^2+\frac{b}{a}x\right)+c \\ &=a\left\{x^2+\frac{b}{a}x+\left(\frac{b}{2a}\right)^2-\left(\frac{b}{2a}\right)^2\right\}+c \\ &=a\left\{x^2+\frac{b}{a}x+\left(\frac{b}{2a}\right)^2\right\}-a\times\left(\frac{b}{2a}\right)^2+c \\ &=a\left(x+\frac{b}{2a}\right)^2-\frac{b^2-4ac}{4a} \end{aligned}$$

상수항을 제외한 나머지 항을 x^2의 계수 a로 묶는다.

괄호 안에 $\left(\dfrac{x의 계수}{2}\right)^2$을 더하고 뺀다.

완전제곱식이 되는 식을 제외한 수를 괄호 밖으로 뺀다.

$y=($완전제곱식$)+($상수$)$의 꼴로 정리한다.

(1) **꼭짓점의 좌표**: $\left(-\dfrac{b}{2a},\ -\dfrac{b^2-4ac}{4a}\right)$

(2) **축의 방정식**: $x=-\dfrac{b}{2a}$

(3) **y축과의 교점의 좌표**: $(0,\ c)$

▶ $y=ax^2+bx+c$의 꼴을 이차함수의 일반형이라 하고, $y=a(x-p)^2+q$의 꼴을 이차함수의 표준형이라 한다.

(예) 이차함수 $y=3x^2+6x-1$의 그래프의 꼭짓점의 좌표, 축의 방정식, y축과의 교점의 좌표를 구하고, 그래프를 그려 보자.

$$\begin{aligned} y&=3x^2+6x-1 \\ &=3(x^2+2x)-1 \\ &=3(x^2+2x+1-1)-1 \\ &=3(x+1)^2-3-1 \\ &=3(x+1)^2-4 \end{aligned}$$

상수항을 제외한 나머지 항을 x^2의 계수 3으로 묶는다.

괄호 안에 $\left(\dfrac{x의 계수}{2}\right)^2$을 더하고 뺀다.

완전제곱식이 되는 식을 제외한 수를 괄호 밖으로 뺀다.

$y=($완전제곱식$)+($상수$)$의 꼴로 정리한다.

이때 이차함수 $y=3x^2+6x-1$의 그래프의 꼭짓점의 좌표는 $(-1,\ -4)$, 축의 방정식은 $x=-1$이다.
또 $x=0$일 때 $y=-1$이므로 y축과의 교점의 좌표는 $(0,\ -1)$이다.
따라서 이차함수 $y=3x^2+6x-1$의 그래프는 오른쪽 그림과 같다.

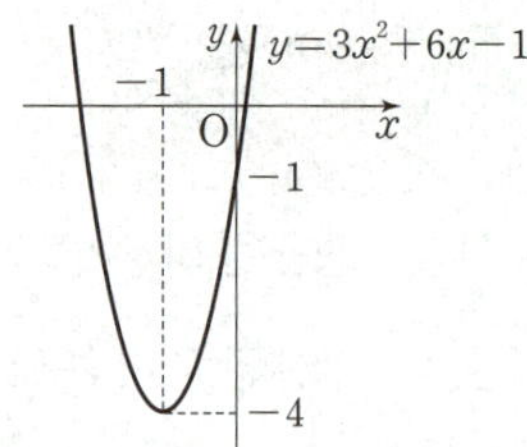

(참고) **이차함수 $y=ax^2+bx+c$의 그래프와 x축, y축과의 교점**

(1) x축과의 교점의 좌표: $y=0$일 때의 x의 값을 구한다.

(2) y축과의 교점의 좌표: $x=0$일 때의 y의 값을 구한다.

(예) 이차함수 $y=x^2-7x-8$의 그래프에서

(1) $y=0$을 대입하면　$x^2-7x-8=0$,　$(x+1)(x-8)=0$
　　$\therefore x=-1$ 또는 $x=8$
따라서 x축과의 교점의 좌표는 $(-1,\ 0)$, $(8,\ 0)$이다.

(2) $x=0$을 대입하면　$y=-8$
따라서 y축과의 교점의 좌표는 $(0,\ -8)$이다.

2 이차함수 $y=ax^2+bx+c$의 그래프에서 a, b, c의 부호는 어떻게 정하는가?

(1) a의 부호: 그래프의 모양에 따라 결정된다.

① 아래로 볼록 ➡ $a>0$

② 위로 볼록 ➡ $a<0$

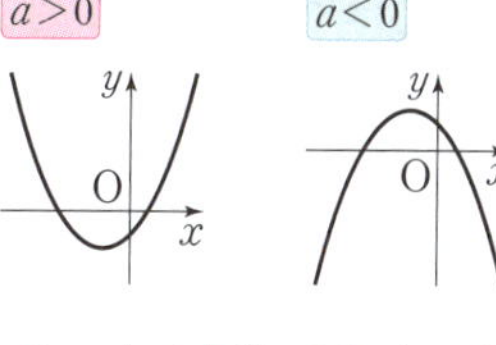

(2) b의 부호: 축의 위치에 따라 결정된다.

① 축이 y축의 왼쪽에 위치 ➡ $ab>0$ (a, b는 같은 부호)

② 축이 y축의 오른쪽에 위치 ➡ $ab<0$ (a, b는 다른 부호)

③ 축이 y축과 일치 ➡ $b=0$

참고 이차함수 $y=ax^2+bx+c$의 그래프의 축의 방정식은 $x=-\dfrac{b}{2a}$이므로

① 축이 y축의 왼쪽에 위치 ➡ $-\dfrac{b}{2a}<0$ ∴ $ab>0$

➡ a, b는 같은 부호

② 축이 y축의 오른쪽에 위치 ➡ $-\dfrac{b}{2a}>0$ ∴ $ab<0$

➡ a, b는 다른 부호

(3) c의 부호: y축과의 교점의 위치에 따라 결정된다.

① y축과의 교점이 x축의 위쪽에 위치 ➡ $c>0$

② y축과의 교점이 x축의 아래쪽에 위치 ➡ $c<0$

③ y축과의 교점이 원점과 일치 ➡ $c=0$

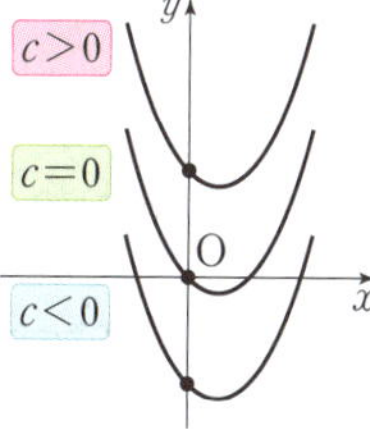

예 다음 그림과 같은 이차함수 $y=ax^2+bx+c$의 그래프에서 a, b, c의 부호를 구해 보자.

(1) 그래프가 아래로 볼록하므로 $a>0$

축이 y축의 오른쪽에 있으므로

$\quad ab<0$ ∴ $b<0$

y축과의 교점이 x축의 위쪽에 있으므로 $c>0$

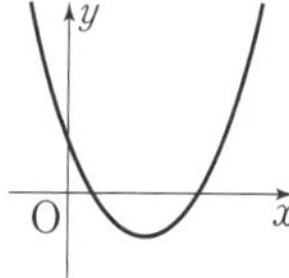

(2) 그래프가 위로 볼록하므로 $a<0$

축이 y축의 왼쪽에 있으므로

$\quad ab>0$ ∴ $b<0$

y축과의 교점이 x축의 아래쪽에 있으므로 $c<0$

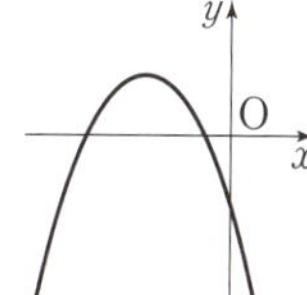

보충학습 이차함수 $y=ax^2+bx+c$의 그래프의 평행이동

이차함수 $y=ax^2+bx+c$의 그래프를 x축의 방향으로 m만큼, y축의 방향으로 n만큼 평행이동한 그래프의 식은 다음과 같은 순서로 구한다.

❶ $y=ax^2+bx+c$를 $y=a(x-p)^2+q$의 꼴로 고친다.

❷ x 대신 $x-m$, y 대신 $y-n$을 대입한다.

➡ $y-n=a(x-m-p)^2+q$, 즉 $y=a(x-m-p)^2+q+n$

01 다음 □ 안에 알맞은 수를 써넣고, 이차함수의 그래프를 좌표평면 위에 그리시오.

○ 이차함수 $y=ax^2+bx+c$의 그래프
➡ $y=a(x-p)^2+q$의 꼴로 고쳐서 그린다.

(1) $y=2x^2-8x+3$
$=2(x^2-4x+\square-\square)+3$
$=2(x-\square)^2-\square$
➡ 꼭짓점의 좌표: $(\square, \square)$
축의 방정식: $x=\square$
y축과의 교점의 좌표: $(\square, \square)$

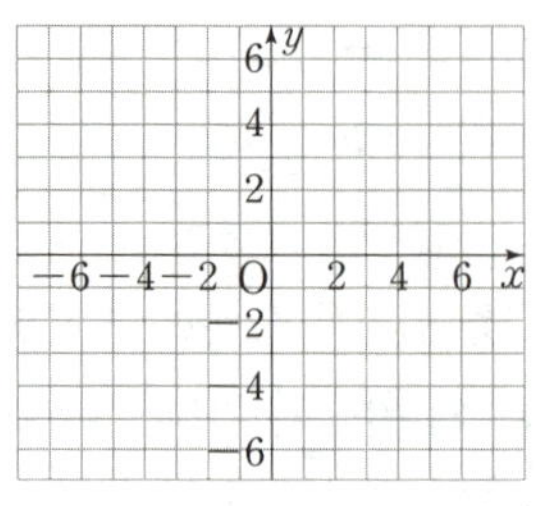

(2) $y=-x^2-6x-5$
$=-(x^2+6x+\square-\square)-5$
$=-(x+\square)^2+\square$
➡ 꼭짓점의 좌표: $(\square, \square)$
축의 방정식: $x=\square$
y축과의 교점의 좌표: $(\square, \square)$

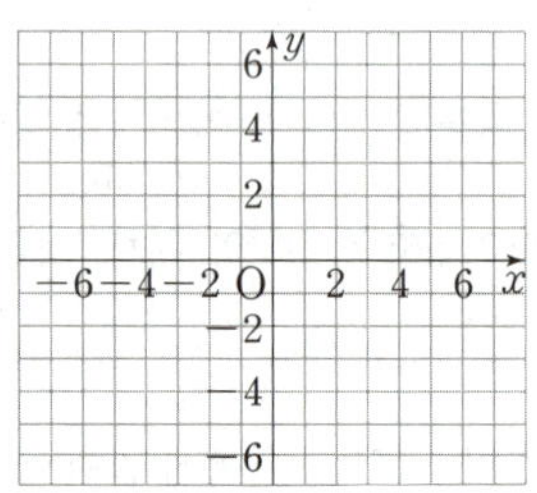

02 다음 이차함수를 $y=a(x-p)^2+q$의 꼴로 나타내시오.

(1) $y=x^2-8x+10$
(2) $y=-3x^2+12x-1$

03 다음 이차함수의 그래프의 꼭짓점의 좌표와 축의 방정식을 차례대로 구하시오.

(1) $y=5x^2+10x-3$
(2) $y=-\dfrac{1}{2}x^2+4x+1$

04 다음은 이차함수 $y=ax^2+bx+c$의 그래프가 오른쪽 그림과 같을 때, 상수 a, b, c의 부호를 구하는 과정이다. □ 안에 알맞은 부등호를 써넣으시오.

○ 이차함수 $y=ax^2+bx+c$의 그래프에서 a, b, c의 부호는?

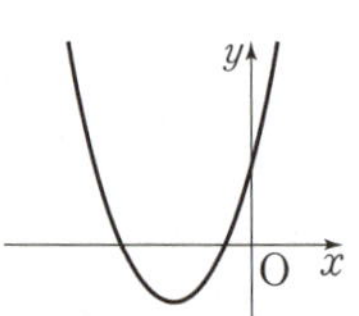

그래프가 아래로 볼록하므로　$a \square 0$
축이 y축의 왼쪽에 있으므로　$ab \square 0$　　$\therefore b \square 0$
y축과의 교점이 x축의 위쪽에 있으므로　$c \square 0$

01 이차함수 $y=ax^2+bx+c$의 그래프의 꼭짓점과 축 ● 더 다양한 문제는 RPM 3-1 150쪽

이차함수 $y=-2x^2+kx-5$의 그래프가 점 $(-1, -11)$을 지날 때, 이 그래프의 꼭짓점의 좌표와 축의 방정식을 차례대로 구하시오. (단, k는 상수이다.)

풀이 $y=-2x^2+kx-5$의 그래프가 점 $(-1, -11)$을 지나므로
$$-11=-2-k-5 \qquad \therefore k=4$$
따라서 $y=-2x^2+4x-5=-2(x^2-2x+1-1)-5=-2(x-1)^2-3$이므로 이 그래프의 꼭짓점의 좌표는 $(1, -3)$, 축의 방정식은 $x=1$이다.

답 $(1, -3)$, $x=1$

확인 ① 두 이차함수 $y=-x^2-4x+7$, $y=x^2-2ax+b$의 그래프의 꼭짓점이 일치할 때, 상수 a, b에 대하여 $a+b$의 값을 구하시오.

KEY POINT

이차함수 $y=ax^2+bx+c$의 그래프의 꼭짓점의 좌표, 축의 방정식
➡ $y=a(x-p)^2+q$의 꼴로 고친 후 구한다.

02 이차함수 $y=ax^2+bx+c$의 그래프 그리기 ● 더 다양한 문제는 RPM 3-1 151쪽

다음 중 이차함수 $y=\dfrac{1}{2}x^2+2x+3$의 그래프는?

① 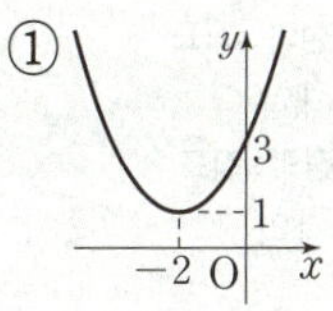 ② 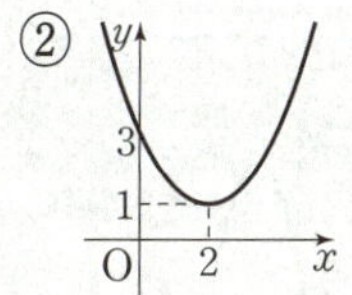 ③ 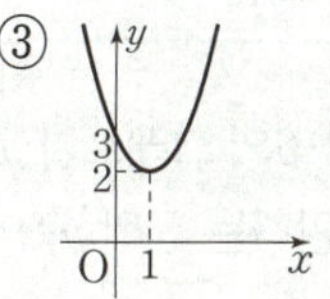

④ 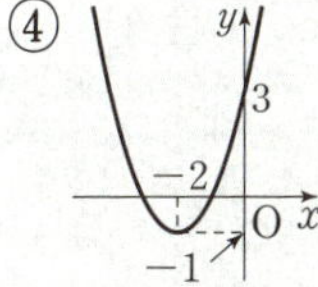 ⑤ 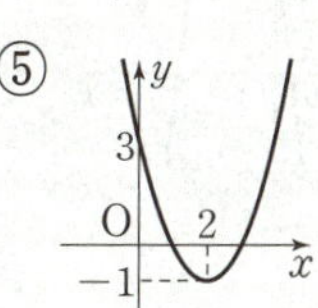

풀이 $y=\dfrac{1}{2}x^2+2x+3=\dfrac{1}{2}(x^2+4x+4-4)+3=\dfrac{1}{2}(x+2)^2+1$
따라서 꼭짓점의 좌표는 $(-2, 1)$, y축과의 교점의 좌표는 $(0, 3)$이고 아래로 볼록하므로 주어진 이차함수의 그래프는 ①이다.

답 ①

확인 ② 이차함수 $y=-x^2+6x-5$의 그래프가 지나지 <u>않는</u> 사분면은?

① 제1사분면 　② 제2사분면 　③ 제3사분면
④ 제4사분면 　⑤ 제3사분면, 제4사분면

KEY POINT

이차함수 $y=ax^2+bx+c$의 그래프
➡ $y=a(x-p)^2+q$의 꼴로 고친 후 꼭짓점의 좌표, y축과의 교점의 좌표, a의 부호에 따른 그래프의 모양을 이용하여 그린다.

03 이차함수 $y=ax^2+bx+c$의 증가, 감소

● 더 다양한 문제는 RPM 3–1 152쪽

이차함수 $y=3x^2+6x+2$에서 x의 값이 증가할 때 y의 값은 감소하는 x의 값의 범위는?

① $x>-2$ ② $x<-1$ ③ $x>-1$
④ $x<1$ ⑤ $x>1$

풀이 $y=3x^2+6x+2=3(x+1)^2-1$
따라서 $y=3x^2+6x+2$의 그래프는 오른쪽 그림과 같으므로
$x<-1$에서 x의 값이 증가할 때 y의 값은 감소한다.

답 ②

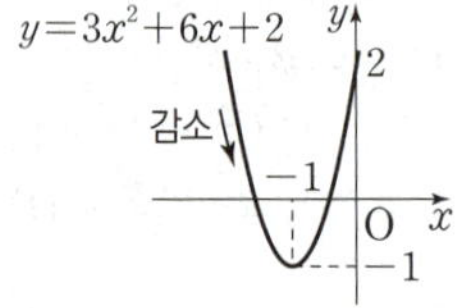

확인 ③ 이차함수 $y=-\dfrac{1}{2}x^2+ax-4$에서 $x<3$이면 x의 값이 증가할 때 y의 값도 증가하고, $x>3$이면 x의 값이 증가할 때 y의 값은 감소한다. 이때 상수 a의 값을 구하시오.

04 이차함수의 그래프와 x축, y축과의 교점

● 더 다양한 문제는 RPM 3–1 152쪽

오른쪽 그림과 같이 이차함수 $y=-x^2+5x+6$의 그래프가 x축과 만나는 두 점의 x좌표가 각각 p, q이고, y축과 만나는 점의 y좌표가 r일 때, $p-q+r$의 값을 구하시오. (단, $p<q$)

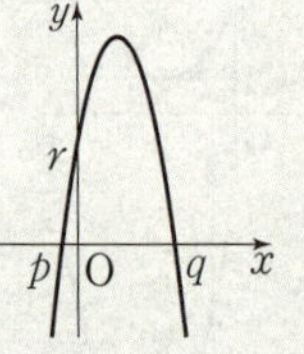

풀이 $y=-x^2+5x+6$에 $y=0$을 대입하면 $\quad -x^2+5x+6=0$
$x^2-5x-6=0$, $\quad (x+1)(x-6)=0$ $\quad \therefore x=-1$ 또는 $x=6$
이때 $p<q$이므로 $\quad p=-1,\ q=6$
$y=-x^2+5x+6$에 $x=0$을 대입하면 $\quad y=6$ $\quad \therefore r=6$
$\therefore p-q+r=-1-6+6=-1$

답 -1

확인 ④ 이차함수 $y=x^2-6x+8$의 그래프가 x축과 두 점 A, B에서 만날 때, $\overline{AB}$의 길이를 구하시오.

❯ 정답 및 풀이 77쪽

05 이차함수 $y=ax^2+bx+c$의 그래프의 성질

● 더 다양한 문제는 **RPM** 3–1 153쪽

다음 중 이차함수 $y=-3x^2+12x-2$의 그래프에 대한 설명으로 옳지 <u>않은</u> 것은?

① 꼭짓점의 좌표는 $(2,\ 10)$이다.
② y축과의 교점의 y좌표는 -2이다.
③ 위로 볼록한 포물선이다.
④ x축과 서로 다른 두 점에서 만난다.
⑤ $x<2$일 때, x의 값이 증가하면 y의 값은 감소한다.

풀이 $y=-3x^2+12x-2=-3(x-2)^2+10$
즉 $y=-3x^2+12x-2$의 그래프는 오른쪽 그림과 같다.
⑤ $x<2$일 때, x의 값이 증가하면 y의 값도 증가한다.
따라서 옳지 않은 것은 ⑤이다.　　　**답** ⑤

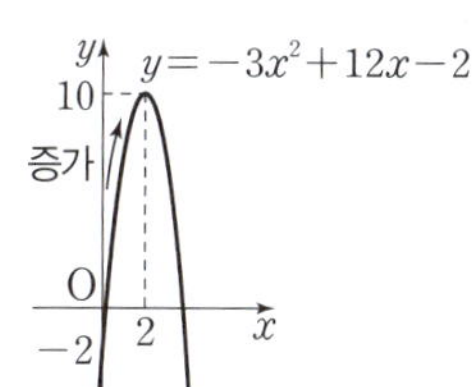

확인 ⑤ 다음 중 이차함수 $y=\dfrac{1}{2}x^2+3x+8$의 그래프에 대한 설명으로 옳은 것은?

① 축의 방정식은 $x=3$이다.
② y축과의 교점의 y좌표는 16이다.
③ 제1사분면과 제2사분면을 지난다.
④ $y=\dfrac{1}{2}x^2$의 그래프를 x축의 방향으로 3만큼, y축의 방향으로 $\dfrac{7}{2}$만큼 평행이동
　한 것이다.
⑤ $x>-3$일 때, x의 값이 증가하면 y의 값은 감소한다.

06 이차함수 $y=ax^2+bx+c$의 그래프의 평행이동

● 더 다양한 문제는 **RPM** 3–1 153쪽

이차함수 $y=2x^2-8x+4$의 그래프를 x축의 방향으로 a만큼, y축의 방향으로 b만큼 평행이동하면 이차함수 $y=2x^2+12x+17$의 그래프와 일치할 때, $a+b$의 값을 구하시오.

풀이 $y=2x^2-8x+4=2(x-2)^2-4$
이 그래프를 x축의 방향으로 a만큼, y축의 방향으로 b만큼 평행이동한 그래프의 식은
　　$y-b=2(x-a-2)^2-4$　　∴ $y=2(x-a-2)^2-4+b$
이 그래프가 $y=2x^2+12x+17=2(x+3)^2-1$의 그래프와 일치하므로
　　$-a-2=3,\ -4+b=-1$　　∴ $a=-5,\ b=3$
　　∴ $a+b=-5+3=-2$　　　**답** -2

확인 ⑥ 이차함수 $y=-\dfrac{1}{3}x^2-2x+1$의 그래프를 x축의 방향으로 6만큼, y축의 방향으로 -2만큼 평행이동한 그래프의 꼭짓점의 좌표와 축의 방정식을 차례대로 구하시오.

07 이차함수의 그래프와 삼각형의 넓이

● 더 다양한 문제는 RPM 3-1 154쪽

오른쪽 그림과 같이 이차함수 $y=x^2-2x-3$의 그래프와 x축과
의 두 교점을 각각 A, B라 하고, 꼭짓점을 C라 할 때, $\triangle ABC$의
넓이를 구하시오.

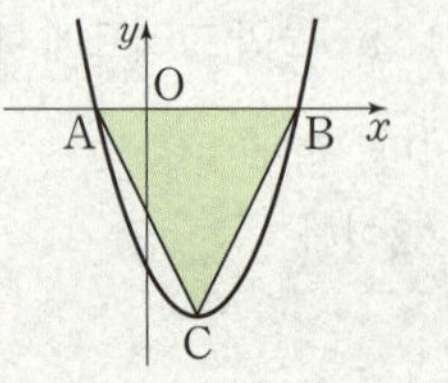

KEY POINT

x축과의 교점과 꼭짓점의 좌표를 구하
여 삼각형의 넓이를 구한다.

➡ $\triangle ABC = \dfrac{1}{2} \times \overline{AB}$

$\times |($점 C의 y좌표$)|$

풀이 $y=x^2-2x-3$에 $y=0$을 대입하면 $x^2-2x-3=0$
$(x+1)(x-3)=0$ ∴ $x=-1$ 또는 $x=3$
따라서 A$(-1,\ 0)$, B$(3,\ 0)$이므로 $\overline{AB}=3-(-1)=4$
또 $y=x^2-2x-3=(x-1)^2-4$이므로 C$(1,\ -4)$

∴ $\triangle ABC = \dfrac{1}{2} \times 4 \times 4 = 8$

답 8

확인 7 오른쪽 그림과 같이 이차함수 $y=-x^2+x+2$의 그래프와 x
축과의 두 교점을 각각 A, B라 하고, y축과의 교점을 C라 할
때, $\triangle ABC$의 넓이를 구하시오.

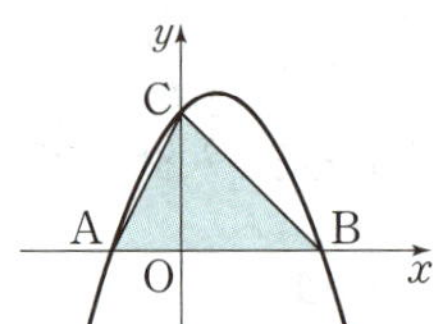

08 이차함수 $y=ax^2+bx+c$의 그래프에서 $a,\ b,\ c$의 부호

● 더 다양한 문제는 RPM 3-1 154쪽

이차함수 $y=ax^2+bx+c$의 그래프가 오른쪽 그림과 같을 때,
상수 $a,\ b,\ c$의 부호는?

① $a>0,\ b>0,\ c>0$ ② $a>0,\ b<0,\ c<0$
③ $a<0,\ b>0,\ c>0$ ④ $a<0,\ b<0,\ c>0$
⑤ $a<0,\ b<0,\ c<0$

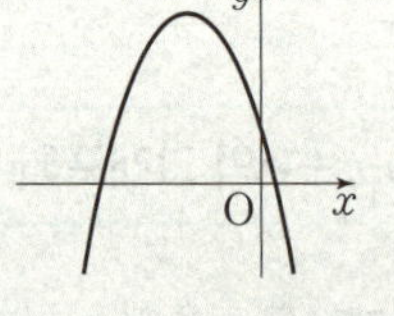

KEY POINT

이차함수 $y=ax^2+bx+c$의 그래프에서
① $\vee$ ➡ $a>0$
　$\wedge$ ➡ $a<0$
② 축이 y축의 왼쪽에 위치
　➡ $ab>0$
　축이 y축의 오른쪽에 위치
　➡ $ab<0$
③ y축과의 교점이 x축의 위쪽에 위치
　➡ $c>0$
　y축과의 교점이 x축의 아래쪽에 위치
　➡ $c<0$

풀이 그래프가 위로 볼록하므로 $a<0$
축이 y축의 왼쪽에 있으므로 $ab>0$ ∴ $b<0$
y축과의 교점이 x축의 위쪽에 있으므로 $c>0$

답 ④

확인 8 이차함수 $y=ax^2+bx+c$의 그래프가 오른쪽 그림과 같을 때,
상수 $a,\ b,\ c$의 부호를 구하시오.

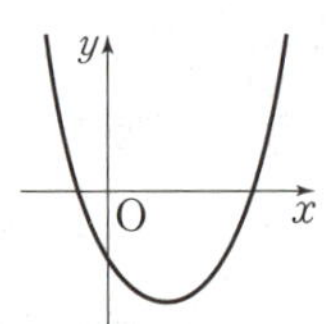

❯ 정답 및 풀이 77쪽

01 이차함수 $y=2x^2+4x+1$의 그래프와 이차함수 $y=2(x-p)^2+q$의 그래프가 일치할 때, 상수 p, q에 대하여 pq의 값은?

① -2　　　　　② -1　　　　　③ 1
④ 2　　　　　⑤ 4

02 이차함수 $y=-\dfrac{1}{2}x^2+2x+k$의 그래프의 꼭짓점의 좌표가 $(p, 3)$일 때, $k+p$의 값을 구하시오. (단, k는 상수이다.)

먼저 주어진 이차함수의 식을 $y=a(x-p)^2+q$의 꼴로 고친다.

03 다음 중 이차함수 $y=\dfrac{2}{3}x^2-4x+2$의 그래프는?

① 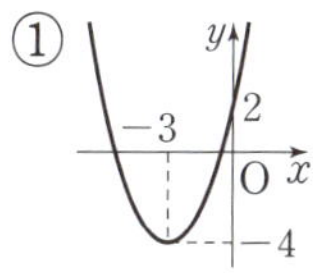

② 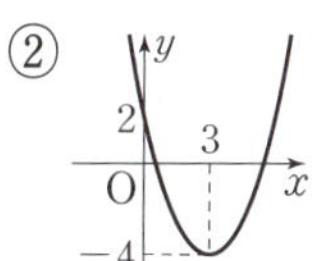

③ 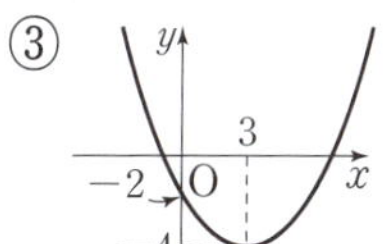

④ 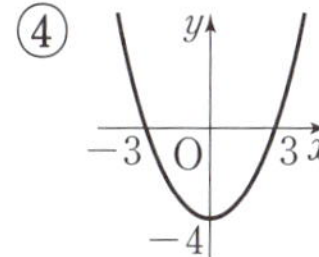

⑤ 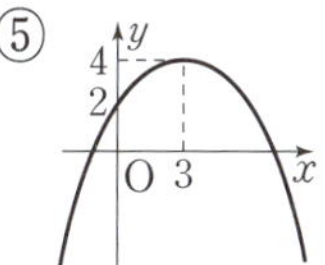

04 이차함수 $y=ax^2-3x+7$의 그래프는 x축과 서로 다른 두 점에서 만난다. 두 교점 중 한 점의 좌표가 $(2, 0)$일 때, 다른 한 점의 좌표를 구하시오.

(단, a는 상수이다.)

x축과의 교점의 x좌표
➡ $y=0$을 대입한다.

05 다음 중 이차함수 $y=-x^2-10x-15$의 그래프에 대한 설명으로 옳지 <u>않은</u> 것은?

① 꼭짓점의 좌표는 $(-5,\ 10)$이다.
② 축의 방정식은 $x=-5$이다.
③ y축과의 교점의 y좌표는 -15이다.
④ $x<-5$일 때, x의 값이 증가하면 y의 값도 증가한다.
⑤ 모든 사분면을 지난다.

06 이차함수 $y=\dfrac{1}{3}x^2+2x-4$의 그래프를 x축의 방향으로 3만큼, y축의 방향으로 -1만큼 평행이동한 그래프가 점 $(3,\ n)$을 지난다. 이때 n의 값을 구하시오.

주어진 이차함수의 식을 $y=a(x-p)^2+q$의 꼴로 고친 후 x 대신 $x-3$, y 대신 $y-(-1)$을 대입한다.

07 오른쪽 그림과 같이 이차함수 $y=\dfrac{1}{4}x^2-x-3$의 그래프와 y축과의 교점을 A, 꼭짓점을 B라 할 때, $\triangle OAB$의 넓이를 구하시오. (단, O는 원점이다.)

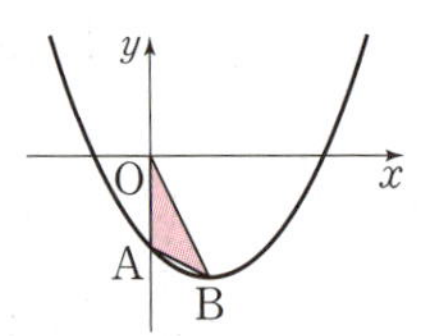

08 이차함수 $y=ax^2+bx+c$의 그래프가 오른쪽 그림과 같을 때, 다음 **보기** 중 옳은 것을 모두 고른 것은?
(단, $a,\ b,\ c$는 상수이다.)

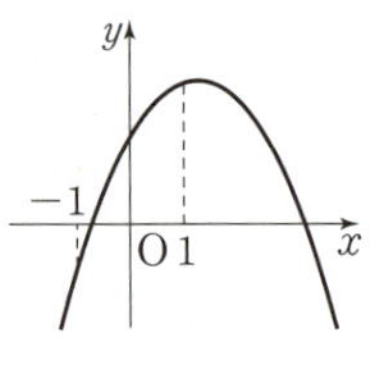

그래프의 모양, 축의 위치, y축과의 교점의 위치에 따라 $a,\ b,\ c$의 부호를 구한다.

보기
ㄱ. $b<0$ ㄴ. $c<0$
ㄷ. $a+b+c>0$ ㄹ. $a-b+c<0$

① ㄱ, ㄴ　　　② ㄱ, ㄷ　　　③ ㄴ, ㄹ
④ ㄷ, ㄹ　　　⑤ ㄱ, ㄷ, ㄹ

02 이차함수의 식 구하기

1 꼭짓점과 다른 한 점을 알 때, 이차함수의 식은 어떻게 구하는가?　　◐ 핵심문제 01

꼭짓점 (p, q)와 그래프 위의 다른 한 점 (x_1, y_1)을 알 때

❶ 이차함수의 식을 $y=a(x-p)^2+q$로 놓는다.

❷ ❶의 식에 점 (x_1, y_1)의 좌표를 대입하여 a의 값을 구한다.

（참고） 꼭짓점의 좌표에 따라 이차함수의 식을 다음과 같이 놓을 수 있다.

　　① $(0, 0)$ ➡ $y=ax^2$

　　② $(0, q)$ ➡ $y=ax^2+q$

　　③ $(p, 0)$ ➡ $y=a(x-p)^2$

　　④ (p, q) ➡ $y=a(x-p)^2+q$

2 축의 방정식과 두 점을 알 때, 이차함수의 식은 어떻게 구하는가?　　◐ 핵심문제 02

축의 방정식 $x=p$와 그래프 위의 두 점 (x_1, y_1), (x_2, y_2)를 알 때

❶ 이차함수의 식을 $y=a(x-p)^2+q$로 놓는다.

❷ ❶의 식에 두 점 (x_1, y_1), (x_2, y_2)의 좌표를 각각 대입하여 a, q의 값을 구한다.

（참고） 축의 방정식에 따라 이차함수의 식을 다음과 같이 놓을 수 있다.

　　① $x=0$ ➡ $y=ax^2+q$

　　② $x=p$ ➡ $y=a(x-p)^2+q$

3 서로 다른 세 점을 알 때, 이차함수의 식은 어떻게 구하는가?　　◐ 핵심문제 03

그래프 위의 세 점 (x_1, y_1), (x_2, y_2), (x_3, y_3)을 알 때

❶ 이차함수의 식을 $y=ax^2+bx+c$로 놓는다.

❷ ❶의 식에 세 점 (x_1, y_1), (x_2, y_2), (x_3, y_3)의 좌표를 각각 대입하여 a, b, c의 값을 구한다.

4 x축과의 두 교점과 다른 한 점을 알 때, 이차함수의 식은 어떻게 구하는가?　　◐ 핵심문제 04

x축과의 두 교점 $(\alpha, 0)$, $(\beta, 0)$과 그래프 위의 다른 한 점 (x_1, y_1)을 알 때

❶ 이차함수의 식을 $y=a(x-\alpha)(x-\beta)$로 놓는다.

❷ ❶의 식에 점 (x_1, y_1)의 좌표를 대입하여 a의 값을 구한다.

› 정답 및 풀이 78쪽

01 다음은 꼭짓점의 좌표가 $(-1, 3)$이고 점 $(1, 11)$을 지나는 포물선을 그래프로 하는 이차함수의 식을 $y=ax^2+bx+c$의 꼴로 나타내는 과정이다. □ 안에 알맞은 것을 써넣으시오.

> 구하는 이차함수의 식을 $y=a(x+1)^2+\square$으로 놓자.
> 이 그래프가 점 $(1, 11)$을 지나므로 $\square=4a+\square$ $\quad\therefore a=\square$
> 따라서 구하는 이차함수의 식은 $y=\boxed{}$

꼭짓점과 다른 한 점을 알 때, 이차함수의 식을 구하는 방법은?

02 다음은 축의 방정식이 $x=4$이고 두 점 $(0, -7)$, $(3, 8)$을 지나는 포물선을 그래프로 하는 이차함수의 식을 $y=ax^2+bx+c$의 꼴로 나타내는 과정이다. □ 안에 알맞은 것을 써넣으시오.

> 구하는 이차함수의 식을 $y=a(x-\square)^2+q$로 놓자.
> 이 그래프가 점 $(0, -7)$을 지나므로 $\quad -7=\square a+q \quad$ …… ㉠
> 또 이 그래프가 점 $(3, 8)$을 지나므로 $\quad \square=a+q \quad$ …… ㉡
> ㉠, ㉡을 연립하여 풀면 $\quad a=\square,\ q=\square$
> 따라서 구하는 이차함수의 식은 $y=\boxed{}$

축의 방정식과 두 점을 알 때, 이차함수의 식을 구하는 방법은?

03 다음은 세 점 $(0, 4)$, $(2, 0)$, $(1, -2)$를 지나는 포물선을 그래프로 하는 이차함수의 식을 $y=ax^2+bx+c$의 꼴로 나타내는 과정이다. □ 안에 알맞은 것을 써넣으시오.

> 구하는 이차함수의 식을 $y=ax^2+bx+c$로 놓자.
> 이 그래프가 점 $(0, 4)$를 지나므로 $\quad c=\square$
> 즉 $y=ax^2+bx+\square$의 그래프가 점 $(2, 0)$을 지나므로
> $\qquad 0=4a+2b+\square \qquad$ …… ㉠
> 또 이 그래프가 점 $(1, -2)$를 지나므로 $\quad \square=a+b+\square \quad$ …… ㉡
> ㉠, ㉡을 연립하여 풀면 $\quad a=\square,\ b=\square$
> 따라서 구하는 이차함수의 식은 $y=\boxed{}$

서로 다른 세 점을 알 때, 이차함수의 식을 구하는 방법은?

04 다음은 x축과 두 점 $(2, 0)$, $(3, 0)$에서 만나고 점 $(0, -12)$를 지나는 포물선을 그래프로 하는 이차함수의 식을 $y=ax^2+bx+c$의 꼴로 나타내는 과정이다. □ 안에 알맞은 것을 써넣으시오.

> 구하는 이차함수의 식을 $y=a(x-2)(x-\square)$으로 놓자.
> 이 그래프가 점 $(0, -12)$를 지나므로 $\quad -12=\square a \quad \therefore a=\square$
> 따라서 구하는 이차함수의 식은 $y=\boxed{}$

x축과의 두 교점과 다른 한 점을 알 때, 이차함수의 식을 구하는 방법은?

01 꼭짓점과 다른 한 점을 알 때

● 더 다양한 문제는 RPM 3–1 155쪽

오른쪽 그림과 같이 꼭짓점의 좌표가 $(-2, 3)$이고 점 $(1, -6)$을 지나는 포물선을 그래프로 하는 이차함수의 식은?

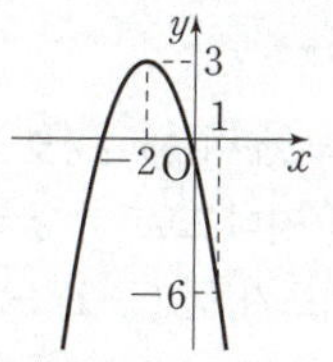

① $y=-2x^2-8x-1$ ② $y=-2x^2-8x-2$
③ $y=-2x^2+8x-1$ ④ $y=-x^2-4x-1$
⑤ $y=-x^2+4x-2$

풀이 구하는 이차함수의 식을 $y=a(x+2)^2+3$으로 놓으면 이 그래프가 점 $(1, -6)$을 지나므로

$$-6=9a+3, \quad 9a=-9 \quad \therefore a=-1$$

따라서 구하는 이차함수의 식은 $y=-(x+2)^2+3=-x^2-4x-1$ **답** ④

확인 1 다음을 만족시키는 포물선을 그래프로 하는 이차함수의 식을 $y=ax^2+bx+c$의 꼴로 나타내시오.

(1) 꼭짓점의 좌표가 $(2, -7)$이고 점 $(0, 5)$를 지난다.

(2) 꼭짓점의 좌표가 $(-1, 5)$이고 점 $(-3, -3)$을 지난다.

> **KEY POINT**
>
> 꼭짓점 (p, q)와 다른 한 점을 알 때
> ➡ 이차함수의 식을
> $$y=a(x-p)^2+q$$
> 로 놓고 다른 한 점의 좌표를 대입하여 a의 값을 구한다.

---

02 축의 방정식과 두 점을 알 때

● 더 다양한 문제는 RPM 3–1 155쪽

직선 $x=-1$을 축으로 하고 두 점 $(-3, 0)$, $(2, 5)$를 지나는 포물선을 그래프로 하는 이차함수의 식은?

① $y=-x^2-2x+3$ ② $y=-x^2-2x+5$ ③ $y=x^2+2x-7$
④ $y=x^2+2x-5$ ⑤ $y=x^2+2x-3$

풀이 구하는 이차함수의 식을 $y=a(x+1)^2+q$로 놓자.
이 그래프가 점 $(-3, 0)$을 지나므로 $0=4a+q$ …… ㉠
또 이 그래프가 점 $(2, 5)$를 지나므로 $5=9a+q$ …… ㉡
㉠, ㉡을 연립하여 풀면 $a=1, q=-4$
따라서 구하는 이차함수의 식은 $y=(x+1)^2-4=x^2+2x-3$ **답** ⑤

확인 2 다음을 만족시키는 포물선을 그래프로 하는 이차함수의 식을 $y=ax^2+bx+c$의 꼴로 나타내시오.

(1) 축의 방정식이 $x=3$이고 두 점 $(-1, -11)$, $(4, 4)$를 지난다.

(2) 축의 방정식이 $x=-4$이고 두 점 $(-6, 1)$, $(2, 17)$을 지난다.

> **KEY POINT**
>
> 축의 방정식 $x=p$와 두 점을 알 때
> ➡ 이차함수의 식을
> $$y=a(x-p)^2+q$$
> 로 놓고 두 점의 좌표를 대입하여 a, q의 값을 구한다.

❯ 정답 및 풀이 79쪽

03 서로 다른 세 점을 알 때

● 더 다양한 문제는 RPM 3-1 156쪽

KEY POINT

서로 다른 세 점을 알 때
➡ 이차함수의 식을
$$y=ax^2+bx+c$$
로 놓고 세 점의 좌표를 대입하여
a, b, c의 값을 구한다.

세 점 $(0, -2)$, $(-1, -13)$, $(2, 2)$를 지나는 포물선을 그래프로 하는 이차함수의 식을 구하시오.

풀이 구하는 이차함수의 식을 $y=ax^2+bx+c$로 놓자.

이 그래프가 점 $(0, -2)$를 지나므로 $\quad c=-2$

즉 $y=ax^2+bx-2$의 그래프가 점 $(-1, -13)$을 지나므로

$$-13=a-b-2 \quad \cdots\cdots ㉠$$

또 이 그래프가 점 $(2, 2)$를 지나므로

$$2=4a+2b-2 \quad \cdots\cdots ㉡$$

㉠, ㉡을 연립하여 풀면 $\quad a=-3, b=8$

따라서 구하는 이차함수의 식은

$$y=-3x^2+8x-2$$

답 $y=-3x^2+8x-2$

확인 3 다음 세 점을 지나는 포물선을 그래프로 하는 이차함수의 식을 $y=ax^2+bx+c$의 꼴로 나타내시오.

(1) $(0, 1)$, $(1, 2)$, $(-1, 6)$　　　　(2) $(0, -5)$, $(2, -3)$, $(4, -9)$

04 x축과의 두 교점과 다른 한 점을 알 때

● 더 다양한 문제는 RPM 3-1 156쪽

KEY POINT

x축과의 두 교점 $(\alpha, 0)$, $(\beta, 0)$과 다른 한 점을 알 때
➡ 이차함수의 식을
$$y=a(x-\alpha)(x-\beta)$$
로 놓고 다른 한 점의 좌표를 대입하여 a의 값을 구한다.

오른쪽 그림과 같은 포물선을 그래프로 하는 이차함수의 식은?

① $y=x^2+3x-4$　　　② $y=x^2+5x+4$

③ $y=x^2+7x+4$　　　④ $y=2x^2+5x+4$

⑤ $y=2x^2+10x+8$

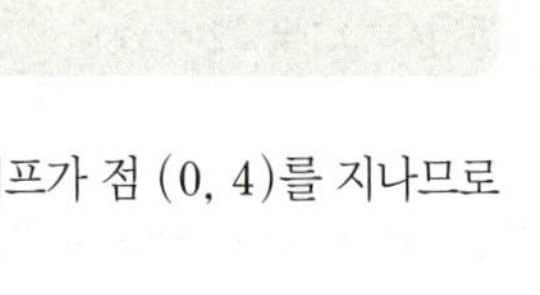

풀이 구하는 이차함수의 식을 $y=a(x+4)(x+1)$로 놓으면 이 그래프가 점 $(0, 4)$를 지나므로

$$4=4a \quad \therefore a=1$$

따라서 구하는 이차함수의 식은

$$y=(x+4)(x+1)=x^2+5x+4$$

답 ②

확인 4 다음을 만족시키는 포물선을 그래프로 하는 이차함수의 식을 $y=ax^2+bx+c$의 꼴로 나타내시오.

(1) x축과 두 점 $(1, 0)$, $(3, 0)$에서 만나고 점 $(0, -15)$를 지난다.

(2) x축과 두 점 $(-2, 0)$, $(4, 0)$에서 만나고 점 $(3, -10)$을 지난다.

❯ 정답 및 풀이 80쪽

01 꼭짓점의 좌표가 $(-1, -2)$이고 y축과의 교점의 y좌표가 3인 포물선을 그래프로 하는 이차함수의 식은?

① $y=2x^2-4x+3$ ② $y=2x^2+4x+3$ ③ $y=3x^2+6x+3$

④ $y=5x^2-10x+3$ ⑤ $y=5x^2+10x+3$

y축과의 교점의 y좌표가 k이다.
➡ 점 $(0, k)$를 지난다.

02 오른쪽 그림은 직선 $x=2$를 축으로 하는 이차함수 $y=ax^2+bx+c$의 그래프이다. 이때 상수 a, b, c에 대하여 abc의 값은?

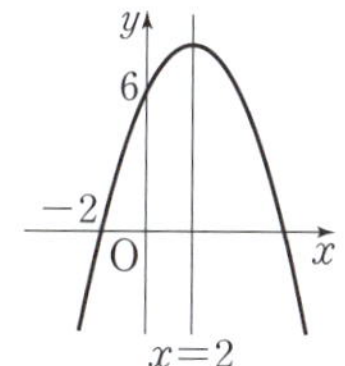

① -9 ② -6 ③ -3

④ 6 ⑤ 9

03 세 점 $(0, 3)$, $(-1, 10)$, $(2, -5)$를 지나는 이차함수의 그래프의 꼭짓점의 좌표를 구하시오.

이차함수의 식을 $y=ax^2+bx+c$ 로 놓고 세 점의 좌표를 대입한다.

04 x축과 두 점 $(-5, 0)$, $(2, 0)$에서 만나고 점 $(-4, 12)$를 지나는 이차함수의 그래프가 점 $(3, k)$를 지날 때, k의 값은?

① -20 ② -18 ③ -16

④ -14 ⑤ -12

03 이차함수의 최댓값과 최솟값

개념원리 이해

1 함수의 최댓값과 최솟값이란 무엇인가?

(1) **최댓값**: 어떤 함수의 모든 x의 값에 대한 함숫값 중에서 가장 큰 값

(2) **최솟값**: 어떤 함수의 모든 x의 값에 대한 함숫값 중에서 가장 작은 값

2 이차함수의 최댓값과 최솟값은 어떻게 구하는가?

핵심문제 01~04

이차함수 $y=ax^2+bx+c$를 $y=a(x-p)^2+q$의 꼴로 고쳐서 최댓값 또는 최솟값을 구할 수 있다.

즉 이차함수 $y=a(x-p)^2+q$에서

(1) $a>0$이면 $x=p$일 때 최솟값 q를 갖고, 최댓값은 없다.

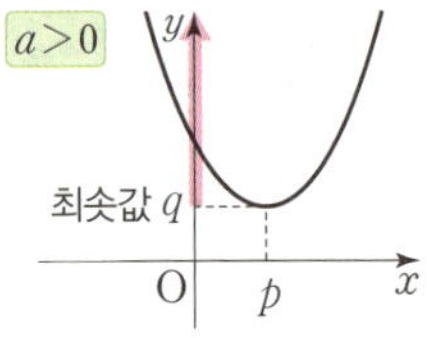

(2) $a<0$이면 $x=p$일 때 최댓값 q를 갖고, 최솟값은 없다.

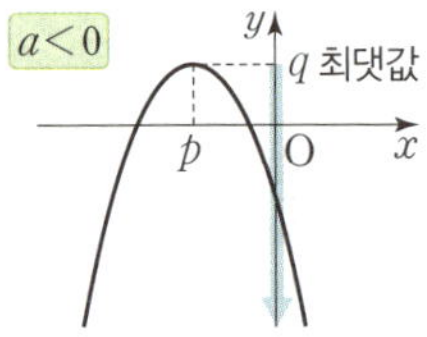

▶ $a>0$이면 이차함수의 최솟값은 그래프의 꼭짓점의 y좌표와 같고,
$a<0$이면 이차함수의 최댓값은 그래프의 꼭짓점의 y좌표와 같다.

예 다음 이차함수의 최댓값과 최솟값을 구해 보자.

(1) $y=x^2+4x+2=(x+2)^2-2$

➡ 그래프는 오른쪽 그림과 같이 아래로 볼록하고 꼭짓점의 좌표가 $(-2,\ -2)$인 포물선이다.
따라서 이차함수 $y=x^2+4x+2$는 $x=-2$일 때 최솟값 -2를 갖고, 최댓값은 없다.

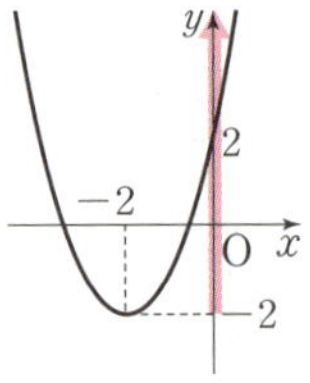

(2) $y=-x^2+4x+1=-(x-2)^2+5$

➡ 그래프는 오른쪽 그림과 같이 위로 볼록하고 꼭짓점의 좌표가 $(2,\ 5)$인 포물선이다.
따라서 이차함수 $y=-x^2+4x+1$은 $x=2$일 때 최댓값 5를 갖고, 최솟값은 없다.

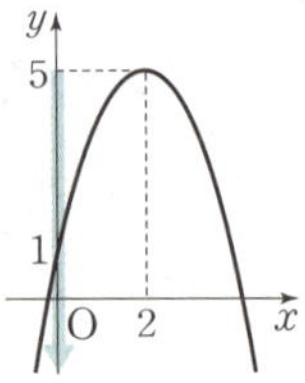

참고 **최댓값 또는 최솟값이 주어진 이차함수의 식**

$x=p$에서 최댓값(최솟값)이 q이고 x^2의 계수가 a인 이차함수의 식

➡ $y=a(x-p)^2+q$로 놓는다.

예 $x=-1$에서 최댓값이 4이고 x^2의 계수가 -2인 이차함수의 식은

$y=-2(x+1)^2+4$

01 어떤 이차함수의 그래프가 다음과 같이 주어졌을 때, □ 안에 알맞은 것을 써넣으시오.

(1) 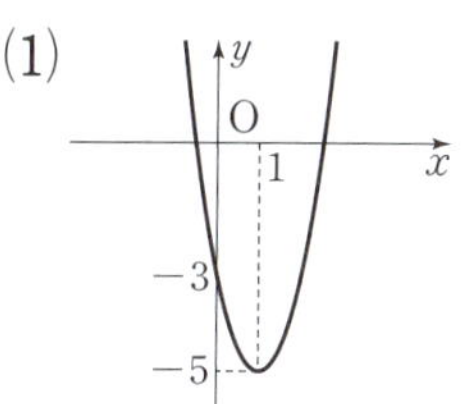

➡ 꼭짓점의 좌표: □

➡ 이 이차함수의 최댓값은 없고,
　 최솟값은 □이다.

(2) 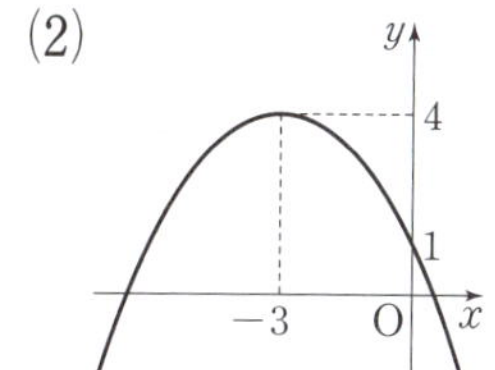

➡ 꼭짓점의 좌표: □

➡ 이 이차함수의 최댓값은 □이고,
　 최솟값은 없다.

○ 최댓값이란?
　최솟값이란?

IV-2
이차함수의 그래프 (2)

02 다음 이차함수의 최댓값 또는 최솟값과 그때의 x의 값을 구하시오.

(1) $y=x^2-7$

(2) $y=-5(x-3)^2$

(3) $y=3(x-4)^2+2$

(4) $y=-2(x+1)^2-3$

○ 이차함수 $y=a(x-p)^2+q$에서
① $a>0$
➡ $x=$□일 때 최솟값
　 □를 갖는다.
② $a<0$
➡ $x=$□일 때 최댓값
　 □를 갖는다.

03 다음은 이차함수의 최댓값 또는 최솟값을 구하는 과정이다. □ 안에 알맞은 수를 써넣으시오.

(1) $y=\dfrac{1}{2}x^2+2x+5$

$$y=\dfrac{1}{2}x^2+2x+5=\dfrac{1}{2}(x+\square)^2+3$$

따라서 $x=$□일 때 최솟값 □을 갖는다.

(2) $y=-3x^2+6x-7$

$$y=-3x^2+6x-7=-3(x-\square)^2-4$$

따라서 $x=$□일 때 최댓값 □를 갖는다.

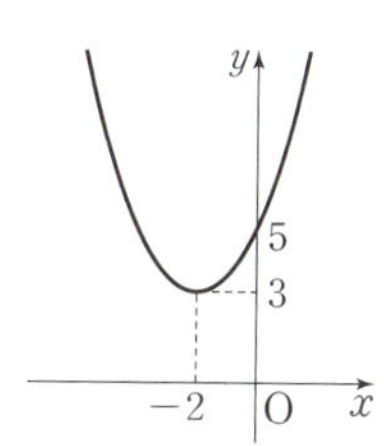

01 이차함수의 최댓값과 최솟값

● 더 다양한 문제는 **RPM** 3-1 157쪽

다음 이차함수의 최댓값 또는 최솟값과 그때의 x의 값을 구하시오.

(1) $y=2x^2-8x+5$ (2) $y=-x^2-6x-4$

KEY POINT

이차함수 $y=ax^2+bx+c$를
$y=a(x-p)^2+q$의 꼴로 고친다.
이때 이차함수 $y=a(x-p)^2+q$에서
① $a>0$ ➡ 최솟값 q를 갖는다.
② $a<0$ ➡ 최댓값 q를 갖는다.

풀이 (1) $y=2x^2-8x+5=2(x-2)^2-3$
따라서 $x=2$일 때 최솟값 -3을 갖는다.

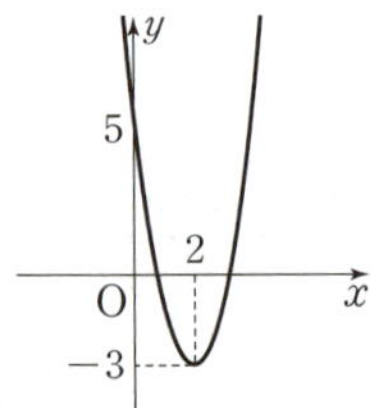

(2) $y=-x^2-6x-4=-(x+3)^2+5$
따라서 $x=-3$일 때 최댓값 5를 갖는다.

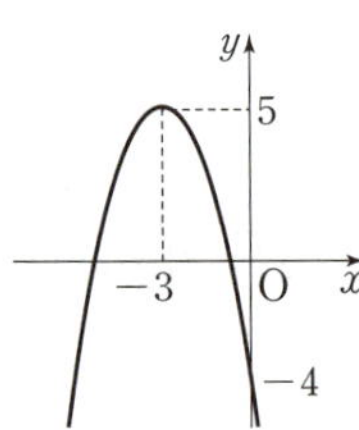

답 (1) 최솟값: -3, $x=2$ (2) 최댓값: 5, $x=-3$

확인 1 다음 이차함수의 최댓값 또는 최솟값과 그때의 x의 값을 구하시오.

(1) $y=3x^2+6x+4$ (2) $y=-\dfrac{1}{2}x^2+2x-6$

02 최댓값 또는 최솟값이 주어질 때 미지수의 값 구하기 (1)

● 더 다양한 문제는 **RPM** 3-1 157쪽

이차함수 $y=-x^2+8x+2a-1$의 최댓값이 3일 때, 상수 a의 값을 구하시오.

KEY POINT

이차함수의 최댓값 또는 최솟값이 주어지면
➡ $y=a(x-p)^2+q$의 꼴로 고친다.

풀이 $y=-x^2+8x+2a-1=-(x-4)^2+2a+15$
따라서 $x=4$일 때 최댓값 $2a+15$를 가지므로
$2a+15=3$, $2a=-12$ $\therefore a=-6$

답 -6

확인 2 이차함수 $y=2x^2-12x+a+7$의 최솟값이 -1일 때, 상수 a의 값을 구하시오.

03 최댓값 또는 최솟값이 주어질 때 미지수의 값 구하기 (2) ● 더 다양한 문제는 RPM 3–1 158쪽

KEY POINT

$x=p$에서 최댓값(최솟값)이 q이고 x^2의 계수가 a인 이차함수의 식
➡ $y=a(x-p)^2+q$

이차함수 $y=x^2+ax+b$가 $x=-1$일 때 최솟값 4를 갖는다. 이때 상수 a, b에 대하여 $a+b$의 값을 구하시오.

풀이 $y=x^2+ax+b$가 $x=-1$일 때 최솟값 4를 가지므로
$$y=(x+1)^2+4=x^2+2x+5$$
따라서 $a=2$, $b=5$이므로
$$a+b=2+5=7$$

답 7

확인 3 이차함수 $y=-3x^2+ax+b$가 $x=2$일 때 최댓값 6을 갖는다. 이때 상수 a, b에 대하여 $b-a$의 값을 구하시오.

UP 04 최댓값의 최솟값 또는 최솟값의 최댓값 ● 더 다양한 문제는 RPM 3–1 160쪽

KEY POINT

최댓값의 최솟값 또는 최솟값의 최댓값
➡ 주어진 이차함수의 그래프의 꼭짓점의 y좌표를 구한다.

이차함수 $y=-x^2+2kx-4k+1$의 최댓값을 M이라 할 때, 다음 물음에 답하시오.
(단, k는 상수이다.)

(1) M을 k에 대한 식으로 나타내시오.

(2) M의 최솟값을 구하시오.

풀이 $(1)\ y=-x^2+2kx-4k+1=-(x-k)^2+k^2-4k+1$
$$\therefore M=k^2-4k+1$$
$(2)\ M=k^2-4k+1=(k-2)^2-3$
따라서 $k=2$일 때 M은 최솟값 -3을 갖는다.

답 $(1)\ M=k^2-4k+1$ $(2)\ -3$

확인 4 이차함수 $y=x^2-4kx+8k-3$의 최솟값을 m이라 할 때, m의 최댓값을 구하시오.
(단, k는 상수이다.)

01 다음 이차함수 중 최댓값이 -2인 것은?

① $y=-2x^2+2$　　② $y=x^2-2$　　③ $y=-(x+2)^2$

④ $y=(x+2)^2+2$　　⑤ $y=-(x-2)^2-2$

02 이차함수 $y=3x^2+12x$의 최솟값을 m, 이차함수 $y=-\dfrac{1}{3}x^2+2x+1$의 최댓값을 M이라 할 때, $M-m$의 값을 구하시오.

주어진 이차함수의 식을 각각 $y=a(x-p)^2+q$의 꼴로 고친다.

03 이차함수 $y=-2x^2+4x+k$의 최댓값이 5일 때, 상수 k의 값을 구하시오.

04 이차함수 $y=\dfrac{1}{2}x^2+ax+b$가 $x=2$일 때 최솟값 $-\dfrac{3}{2}$을 갖는다. 이때 상수 a, b에 대하여 ab의 값은?

① -4　　② -2　　③ -1

④ 1　　⑤ 2

$x=p$에서 최솟값이 q이고 x^2의 계수가 a인 이차함수의 식
➡ $y=a(x-p)^2+q$

UP
05 이차함수 $y=-x^2-6kx+18k-5$의 최댓값을 M이라 할 때, M의 최솟값을 구하시오. (단, k는 상수이다.)

먼저 주어진 이차함수의 그래프의 꼭짓점의 y좌표를 구한다.

04 이차함수의 활용

개념원리 이해

1 이차함수의 활용 문제는 어떻게 푸는가?　　　　　◆ 핵심문제 01~03

이차함수의 최댓값, 최솟값에 대한 활용 문제는 다음과 같은 순서로 푼다.

❶ 변수 정하기　　　　　➡ 문제의 뜻을 파악하고 두 변수 x, y를 정한다.

❷ 이차함수의 식 세우기 ➡ 변수 x, y 사이의 관계를 식으로 나타낸다.

❸ 답 구하기　　　　　　➡ 이차함수의 최댓값 또는 최솟값을 구한다.

❹ 확인하기　　　　　　➡ 구한 답이 문제의 조건에 맞는지 확인한다.

[주의] 시간, 높이, 길이에 해당하는 수는 0보다 커야 한다.

[참고] **여러 가지 이차함수의 활용 문제**

(1) 수에 대한 문제

① 합이 a인 두 수 ➡ 두 수를 x, $a-x$로 놓는다.

② 차가 a인 두 수 ➡ 두 수를 x, $x+a$ 또는 x, $x-a$로 놓는다.

(2) 도형에 대한 문제

① (삼각형의 넓이)$=\dfrac{1}{2}\times$(밑변의 길이)$\times$(높이)

② (직사각형의 넓이)$=$(가로의 길이)$\times$(세로의 길이)

③ (사다리꼴의 넓이)$=\dfrac{1}{2}\times\{$(윗변의 길이)$+$(아랫변의 길이)$\}\times$(높이)

④ (원의 넓이)$=\pi\times$(반지름의 길이)^2

[예] (1) 차가 6인 두 수의 곱의 최솟값과 그때의 두 수를 구해 보자.

❶ 변수 정하기　　　　　➡ 두 수 중 작은 수를 x라 하면 큰 수는 $x+6$이고, 두 수의 곱을 y라 하자.

❷ 이차함수의 식 세우기 ➡ $y=x(x+6)$

❸ 답 구하기　　　　　　➡ $y=x(x+6)=x^2+6x=(x+3)^2-9$

　　　　　　　　　　　　 즉 $x=-3$일 때 y는 최솟값 -9를 갖는다.

　　　　　　　　　　　　 따라서 두 수의 곱의 최솟값은 -9이고, 그때의 두 수는 -3, 3이다.

(2) 길이가 36 cm인 끈으로 만들 수 있는 직사각형의 최대 넓이와 그때의 가로의 길이, 세로의 길이를 구해 보자.

❶ 변수 정하기　　　　　➡ 직사각형의 가로의 길이를 x cm라 하면 세로의 길이는 $(18-x)$ cm이고, 직사각형의 넓이를 y cm²라 하자.

❷ 이차함수의 식 세우기 ➡ $y=x(18-x)$

❸ 답 구하기　　　　　　➡ $y=x(18-x)=-x^2+18x=-(x-9)^2+81$

　　　　　　　　　　　　 즉 $x=9$일 때 y는 최댓값 81을 갖는다.

　　　　　　　　　　　　 따라서 직사각형의 최대 넓이는 81 cm²이고, 그때의 가로의 길이와 세로의 길이는 각각 9 cm, 9 cm이다.

❯ 정답 및 풀이 82쪽

01 다음은 합이 16인 두 수의 곱의 최댓값과 그때의 두 수를 구하는 과정이다. □ 안에 알맞은 것을 써넣으시오.

❶ 변수 정하기	두 수 중 한 수를 x라 하면 다른 수는 □이고, 두 수의 곱을 y라 하자.
❷ 이차함수의 식 세우기	$y=x(\boxed{})$
❸ 답 구하기	$y=x(\boxed{})=-(x-\boxed{})^2+\boxed{}$ 즉 $x=\boxed{}$일 때 y는 최댓값 $\boxed{}$를 갖는다. 따라서 두 수의 곱의 최댓값은 $\boxed{}$이고, 그때의 두 수는 $\boxed{}$, $\boxed{}$이다.

◉ 이차함수의 활용
➡ 변수를 정하고 문제의 뜻에 맞게 이차함수의 식을 세운다.

02 차가 4인 두 수의 곱의 최솟값과 그때의 두 수를 구하려고 한다. 다음 물음에 답하시오.

(1) 두 수 중 작은 수를 x, 두 수의 곱을 y라 할 때, y를 x에 대한 식으로 나타내시오.

(2) 두 수의 곱의 최솟값을 구하시오.

(3) 곱이 최소일 때의 두 수를 구하시오.

03 둘레의 길이가 20 cm인 직사각형의 최대 넓이와 그때의 가로의 길이와 세로의 길이를 구하려고 한다. 다음 물음에 답하시오.

(1) 직사각형의 가로의 길이를 x cm, 넓이를 y cm^{2}라 할 때, y를 x에 대한 식으로 나타내시오.

(2) 직사각형의 최대 넓이를 구하시오.

(3) 넓이가 최대일 때의 가로의 길이와 세로의 길이를 구하시오.

▶ 정답 및 풀이 82쪽

01 합 또는 차가 일정한 두 수의 곱

● 더 다양한 문제는 **RPM** 3-1 158쪽

합이 20인 두 수의 곱의 최댓값과 그때의 두 수를 구하시오.

풀이▶ 두 수 중 한 수를 x라 하면 다른 수는 $20-x$이고, 두 수의 곱을 y라 하면
$$y=x(20-x)=-x^2+20x=-(x-10)^2+100$$
즉 $x=10$일 때 y는 최댓값 100을 갖는다.
따라서 두 수의 곱의 최댓값은 100이고, 그때의 두 수는 10, 10이다.

답 100, 10, 10

확인 1 차가 8인 두 수의 곱이 최소가 될 때, 두 수를 구하시오.

━ **KEY POINT** ━
① 합이 a인 두 수
➡ 두 수를 x, $a-x$로 놓는다.
② 차가 a인 두 수
➡ 두 수를 x, $x+a$ 또는 x, $x-a$로 놓는다.

02 쏘아 올린 물체

● 더 다양한 문제는 **RPM** 3-1 159쪽

지면으로부터 120 m의 높이에서 초속 50 m로 똑바로 위로 던져 올린 물체의 t초 후의 높이를 h m라 하면 $h=-5t^2+50t+120$인 관계가 성립한다. 이 물체가 최고 높이에 도달할 때까지 걸린 시간과 그때의 높이를 구하시오.

풀이▶ $h=-5t^2+50t+120=-5(t-5)^2+245$
즉 $t=5$일 때 h는 최댓값 245를 갖는다.
따라서 최고 높이에 도달할 때까지 걸린 시간은 5초이고, 그때의 높이는 245 m이다.

답 5초, 245 m

확인 2 지면에서 초속 30 m로 똑바로 위로 쏘아 올린 물체의 x초 후의 높이를 y m라 하면 $y=30x-5x^2$인 관계가 성립한다. 이 물체가 최고 높이에 도달할 때까지 걸린 시간과 그때의 높이를 구하시오.

━ **KEY POINT** ━
주어진 이차함수의 식을
$y=a(x-p)^2+q$의 꼴로 고친 후 최댓값을 구한다.

▶ 정답 및 풀이 82쪽

03   도형의 넓이

● 더 다양한 문제는 **RPM** 3–1 159쪽

오른쪽 그림과 같이 가로의 길이가 9 cm, 세로의 길이가 5 cm인 직사각형의 가로의 길이를 x cm만큼 줄이고 세로의 길이를 x cm만큼 늘여서 새로운 직사각형을 만들었다. 이때 새로운 직사각형의 최대 넓이와 그때의 x의 값을 구하시오.

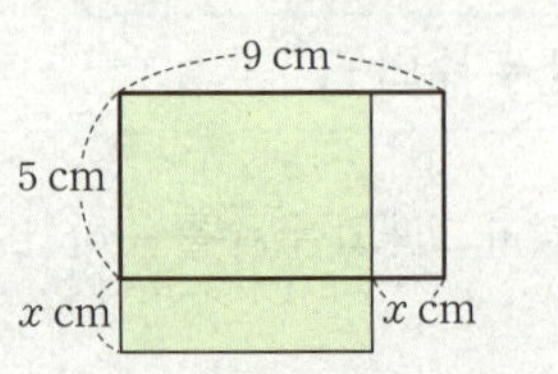

풀이   새로운 직사각형의 가로의 길이는 $(9-x)$ cm, 세로의 길이는 $(5+x)$ cm이므로 새로운 직사각형의 넓이를 y cm²라 하면

$$y=(9-x)(5+x)=-x^2+4x+45=-(x-2)^2+49$$

즉 $x=2$일 때 y는 최댓값 49를 갖는다.

따라서 새로운 직사각형의 최대 넓이는 49 cm²이고, 그때의 x의 값은 2이다.

답 49 cm², 2

확인 3   밑변의 길이와 높이의 합이 12 cm인 삼각형의 최대 넓이를 구하시오.

확인 4   오른쪽 그림과 같이 한쪽 벽면에 길이가 28 m인 철망으로 직사각형 모양의 울타리를 만들려고 한다. 담벽에는 철망을 치지 않을 때, 울타리 내부의 최대 넓이를 구하시오.

(단, 철망의 두께는 생각하지 않는다.)

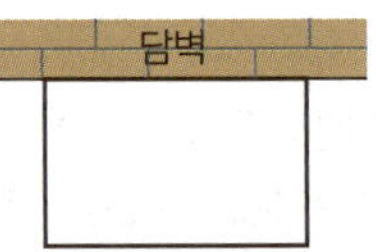

확인 5   길이가 20 cm인 철사를 구부려서 부채꼴을 만들려고 한다. 부채꼴의 넓이가 최대가 될 때, 부채꼴의 반지름의 길이를 구하시오.

▶ 정답 및 풀이 82쪽

01 두 수 x, y에 대하여 $x+y=32$일 때, xy의 최댓값은?

① 192 ② 220 ③ 252
④ 256 ⑤ 288

주어진 조건을 이용하여 xy를 x에 대한 이차식으로 나타낸다.

02 지면으로부터 높이가 30 m인 건물의 옥상에서 공을 초속 20 m로 똑바로 위로 던졌을 때, x초 후 지면으로부터의 공의 높이를 y m라 하면 $y=-5x^2+20x+30$인 관계가 성립한다. 이 공이 가장 높이 올라가는 데 걸린 시간은 몇 초인지 구하시오.

03 다음 그림과 같이 너비가 40 cm인 철판의 양쪽을 x cm씩 수직으로 접어 올려 단면이 직사각형인 물받이를 만들려고 한다. 이때 빗금친 단면의 넓이가 최대가 되도록 하는 x의 값을 구하시오.

먼저 단면인 직사각형의 가로의 길이를 x에 대한 식으로 나타낸다.

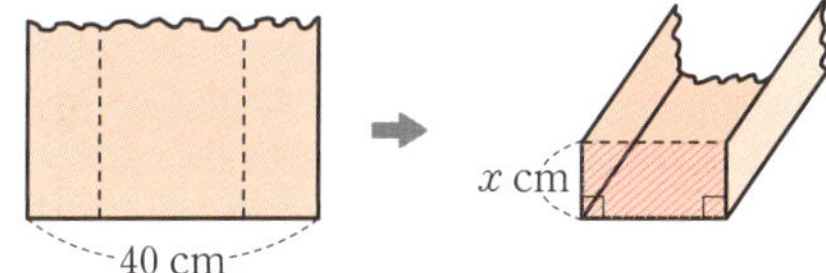

04 오른쪽 그림과 같이 길이가 8 cm인 선분 AB 위에 한 점 P를 잡아 $\overline{AP}$와 $\overline{BP}$를 각각 한 변으로 하는 두 정사각형을 만들려고 한다. 이때 두 정사각형의 넓이의 합의 최솟값을 구하시오.

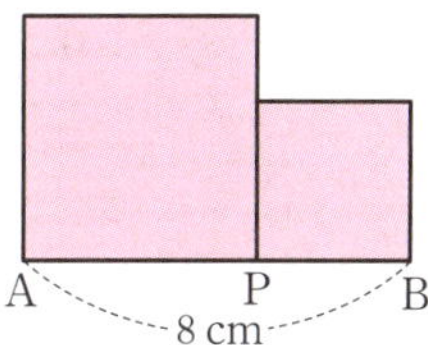

05 오른쪽 그림과 같이 직선 $y=-2x+8$ 위의 한 점 P에서 x축, y축에 내린 수선의 발을 각각 Q, R라 할 때, 직사각형 OQPR의 넓이의 최댓값을 구하시오.

(단, 점 O는 원점이고, 점 P는 제1사분면 위의 점이다.)

점 P가 직선 위의 점임을 이용하여 점 P의 좌표를 정한다.

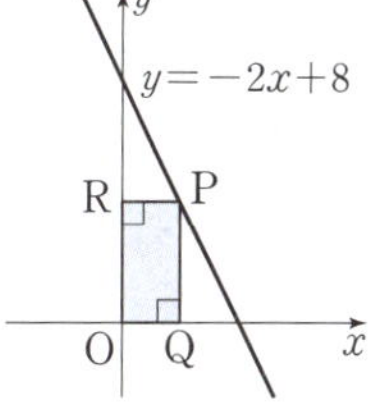

01 다음 이차함수 중 그래프의 축이 가장 왼쪽에 있는 것은?

① $y=3x^2-2$ ② $y=-2(x+1)^2$
③ $y=x^2-2x-1$ ④ $y=4x^2+16x+15$
⑤ $y=\dfrac{1}{5}x^2+x+2$

꼭나와

02 두 이차함수 $y=2x^2-4x$, $y=-x^2+ax+b$의 그래프의 꼭짓점이 일치할 때, 상수 a, b에 대하여 $a-b$의 값을 구하시오.

03 이차함수 $y=\dfrac{1}{2}x^2-x+3$의 그래프에서 x의 값이 증가할 때 y의 값도 증가하는 x의 값의 범위는?

① $x<-1$ ② $x>-1$ ③ $x>0$
④ $x<1$ ⑤ $x>1$

04 이차함수 $y=-x^2+x+6$의 그래프가 x축과 만나는 두 점의 x좌표를 각각 p, q라 하고, y축과 만나는 점의 y좌표를 r라 할 때, $p-q+r$의 값을 구하시오. (단, $p<q$)

05 이차함수 $y=3x^2+12x+8$의 그래프를 x축의 방향으로 m만큼, y축의 방향으로 n만큼 평행이동하면 이차함수 $y=3x^2-18x+13$의 그래프와 일치한다. 이때 $m+n$의 값은?

① -5 ② -3 ③ -1
④ 3 ⑤ 5

꼭나와

06 오른쪽 그림과 같이 이차함수 $y=-\dfrac{3}{4}x^2+3x$의 그래프의 꼭짓점을 A라 하고, x축과의 두 교점을 각각 O, B라 할 때, $\triangle AOB$의 넓이는? (단, 점 O는 원점이다.)

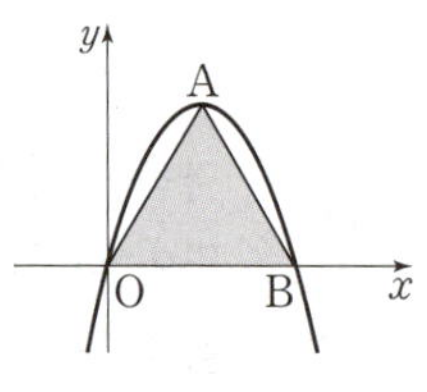

① 4 ② 6 ③ 8
④ 10 ⑤ 12

07 이차함수 $y=ax^2+bx+c$의 그래프가 다음 조건을 만족시킬 때, 상수 a, b, c에 대하여 abc의 값을 구하시오.

> (개) 축의 방정식은 $x=-1$이다.
> (내) 꼭짓점이 x축 위에 있다.
> (대) 점 $(1, -4)$를 지난다.

08 오른쪽 그림과 같은 포물선을 그래프로 하는 이차함수의 식은?

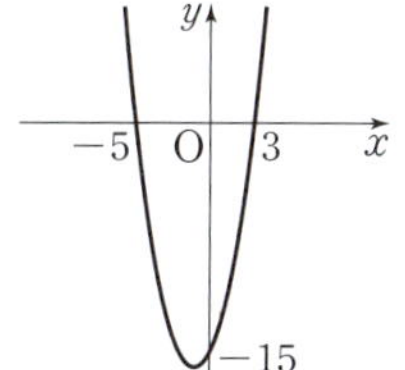

① $y=x^2-2x-15$
② $y=x^2+2x-15$
③ $y=x^2-2x+15$
④ $y=x^2+2x+15$
⑤ $y=2x^2+4x-15$

09 다음 이차함수 중 최솟값이 가장 작은 것은?

① $y=\dfrac{1}{2}(x-3)^2-2$　　② $y=3(x+2)^2+1$

③ $y=x^2-4x+1$　　④ $y=\dfrac{1}{4}x^2+x$

⑤ $y=\dfrac{3}{2}x^2+3x-4$

꼭나와

10 이차함수 $y=-x^2+2ax$의 최댓값이 36일 때, 양수 a의 값을 구하시오.

11 $x=6$일 때 최솟값 -9를 갖고, 이차함수 $y=\dfrac{1}{3}x^2$의 그래프와 모양이 같은 포물선을 그래프로 하는 이차함수의 식이 $y=ax^2+bx+c$일 때, 상수 a, b, c에 대하여 $ac+b$의 값은?

① -3　　② -2　　③ -1
④ 2　　⑤ 3

꼭나와

12 차가 18인 두 수의 곱이 최소가 되도록 하는 두 수 중 작은 수를 구하시오.

13 오른쪽 그림과 같이 길이가 10 m인 철망으로 직사각형 모양의 닭장을 만들려고 한다. 담벽에는 철망을 치지 않을 때, 닭장의 넓이의 최댓값은?
（단, 철망의 두께는 생각하지 않는다.）

① $16\ \text{m}^2$　　② $21\ \text{m}^2$　　③ $25\ \text{m}^2$
④ $28\ \text{m}^2$　　⑤ $30\ \text{m}^2$

14 일차함수 $y=ax+b$의 그래프가 오른쪽 그림과 같을 때, 이차함수 $y=ax^2+bx+1$의 그래프의 꼭짓점의 좌표를 구하시오.

(단, a, b는 상수이다.)

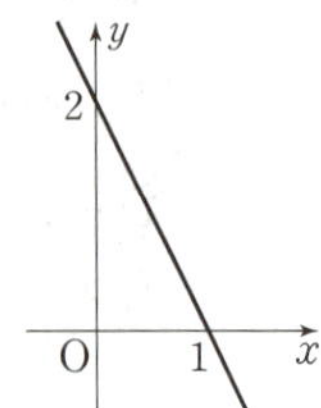

15 이차함수 $y=-x^2+4x+c$의 그래프가 모든 사분면을 지나도록 하는 상수 c의 값의 범위는?

① $c>-4$　② $c>-3$　③ $c>-2$
④ $c>-1$　⑤ $c>0$

16 이차함수 $y=ax^2+bx+c$의 그래프가 오른쪽 그림과 같을 때, 다음 중 이차함수 $y=cx^2-ax+b$의 그래프로 알맞은 것은?

(단, a, b, c는 상수이다.)

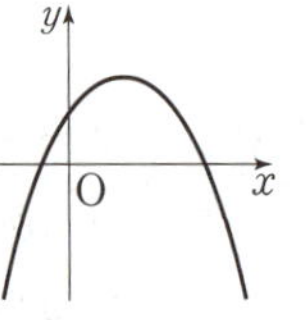

① 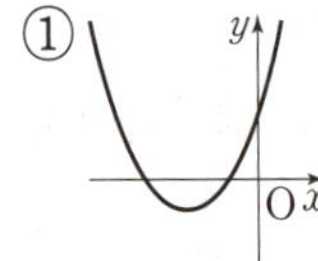　② 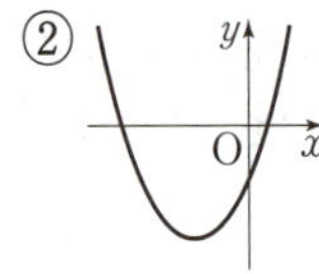　③ 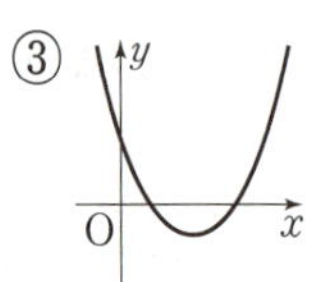

④ 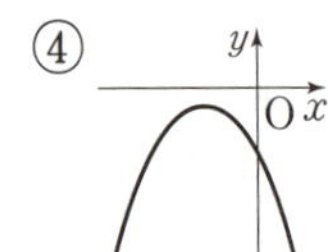　⑤ 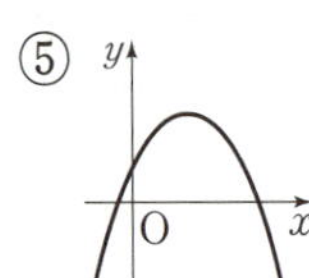

17 세 점 $(0, 5)$, $(-1, 8)$, $(2, -7)$을 지나는 포물선과 x축과의 두 교점을 A, B라 할 때, $\overline{AB}$의 길이는?

① 4　② 5　③ 6
④ 7　⑤ 8

18 이차함수 $y=\dfrac{1}{3}x^2-2x+1$의 그래프를 x축의 방향으로 -2만큼, y축의 방향으로 1만큼 평행이동한 이차함수의 최솟값을 구하시오.

19 이차함수 $y=2x^2+4kx-4k+7$의 최솟값을 m이라 할 때, m의 최댓값은? (단, k는 상수이다.)

① 3　② 5　③ 7
④ 9　⑤ 11

20 지면으로부터 75 m의 높이에서 초속 10 m로 똑바로 위로 던진 물체의 t초 후 지면으로부터의 높이를 y m라 하면 $y=-5t^2+10t+75$인 관계가 성립한다. 이 물체가 최고 높이에 도달한 지 몇 초 후에 지면에 떨어지는가?

① 1초   ② 2초   ③ 3초
④ 4초   ⑤ 5초

꼭나와

21 오른쪽 그림과 같이 지름의 길이의 합이 20 cm인 두 원이 있다. 두 원의 넓이의 합의 최솟값은?

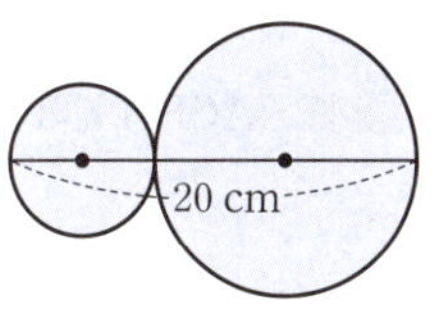

① 40π cm^2 ② 45π cm^2 ③ 50π cm^2
④ 55π cm^2 ⑤ 60π cm^2

22 오른쪽 그림과 같이 직선 $y=-4x+8$ 위의 한 점 P에서 x축, y축에 내린 수선의 발을 각각 Q, R라 할 때, △PRQ의 넓이의 최댓값을 구하시오.

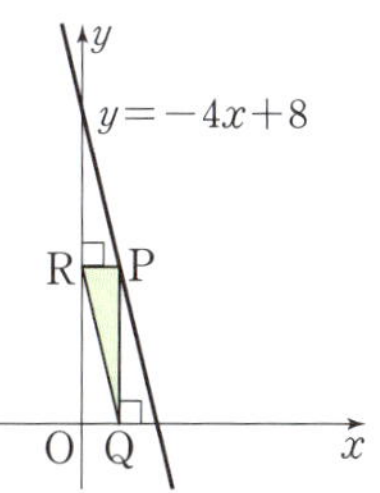

(단, 점 P는 제1사분면 위의 점이다.)

---

23 두 이차함수 $y=2x^2+12x+15$, $y=2x^2-4x-1$의 그래프가 다음 그림과 같을 때, 색칠한 부분의 넓이를 구하시오.

해설 강의

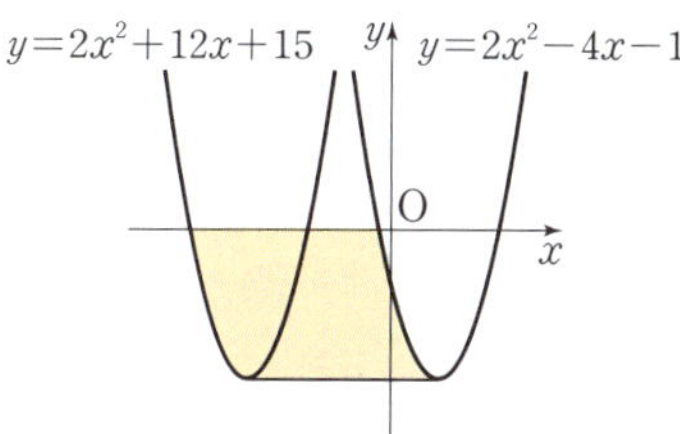

24 오른쪽 그림과 같이 이차함수 $y=-x^2+2x+8$의 그래프의 꼭짓점을 A라 하고, 이 그래프가 x축과 양의 부분에서 만나는 점을 B, y축과 만나는 점을 C라 할 때, △ACB의 넓이를 구하시오.

해설 강의

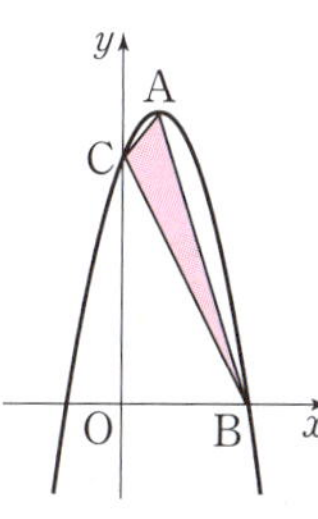

25 오른쪽 그림과 같이 이차함수 $y=\dfrac{2}{3}x^2+3x+5$의 그래프 위의 한 점 P에서 y축에 평행한 직선을 그어 직선 $y=x+2$와 만나는 점을 Q라 할 때, 선분 PQ의 길이의 최솟값을 구하시오.

해설 강의

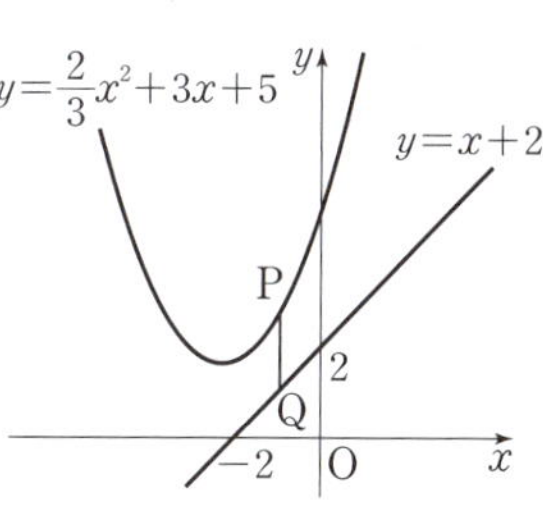

예제 1

오른쪽 그림과 같이 이차함수 $y=-x^2+4x+5$의 그래프의 꼭짓점을 A라 하고, x축과의 두 교점을 각각 B, C라 할 때, $\triangle ABC$의 넓이를 구하시오. [7점]

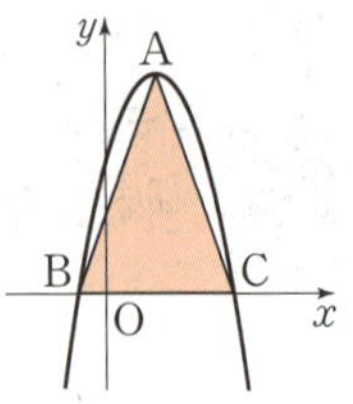

풀이 과정

1단계 점 A의 좌표 구하기 ·2점

$y=-x^2+4x+5=-(x-2)^2+9$이므로

$\quad$ A$(2,\ 9)$

2단계 두 점 B, C의 좌표 구하기 ·3점

$y=-x^2+4x+5$에 $y=0$을 대입하면

$\quad -x^2+4x+5=0, \qquad x^2-4x-5=0$

$\quad (x+1)(x-5)=0 \qquad \therefore x=-1$ 또는 $x=5$

$\quad \therefore$ B$(-1,\ 0)$, C$(5,\ 0)$

3단계 $\triangle ABC$의 넓이 구하기 ·2점

$\quad \triangle ABC=\dfrac{1}{2}\times 6\times 9=27$

답 27

유제 1

오른쪽 그림과 같이 이차함수 $y=x^2-2x-15$의 그래프와 x축과의 두 교점을 각각 A, B라 하고, 꼭짓점을 C라 할 때, $\triangle ACB$의 넓이를 구하시오. [7점]

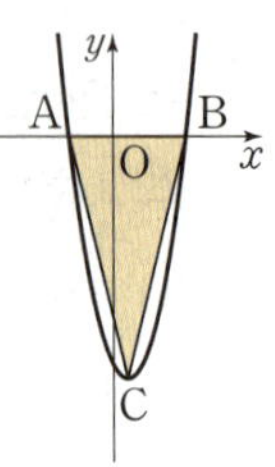

풀이 과정

1단계 두 점 A, B의 좌표 구하기 ·3점

2단계 점 C의 좌표 구하기 ·2점

3단계 $\triangle ACB$의 넓이 구하기 ·2점

답

예제 2

이차함수 $y=-3x^2+6x+2$의 최댓값과 이차함수 $y=\dfrac{1}{4}x^2+x-3k+9$의 최솟값이 같을 때, 상수 k의 값을 구하시오. [6점]

풀이 과정

1단계 $y=-3x^2+6x+2$의 최댓값 구하기 ·2점

$y=-3x^2+6x+2=-3(x-1)^2+5$

즉 $x=1$일 때 y는 최댓값 5를 갖는다.

2단계 $y=\dfrac{1}{4}x^2+x-3k+9$의 최솟값 구하기 ·2점

$y=\dfrac{1}{4}x^2+x-3k+9=\dfrac{1}{4}(x+2)^2-3k+8$

즉 $x=-2$일 때 y는 최솟값 $-3k+8$을 갖는다.

3단계 k의 값 구하기 ·2점

두 이차함수의 최댓값과 최솟값이 같으므로

$\quad 5=-3k+8 \qquad \therefore k=1$

답 1

유제 2

이차함수 $y=2x^2-12x+4k$의 최솟값과 이차함수 $y=-\dfrac{5}{2}x^2-5x+k-\dfrac{11}{2}$의 최댓값이 같을 때, 상수 k의 값을 구하시오. [6점]

풀이 과정

1단계 $y=2x^2-12x+4k$의 최솟값 구하기 ·2점

2단계 $y=-\dfrac{5}{2}x^2-5x+k-\dfrac{11}{2}$의 최댓값 구하기 ·2점

3단계 k의 값 구하기 ·2점

답

스스로 서술하기

유제 3 이차함수 $y=-\dfrac{1}{3}x^2+4x+a$의 그래프의 꼭짓점이 직선 $y=x-5$ 위에 있을 때, 상수 a의 값을 구하시오. [6점]

풀이 과정

답

유제 5 이차함수 $y=ax^2+bx+c$의 그래프가 오른쪽 그림과 같을 때, 상수 a, b, c에 대하여 $3a+b-c$의 값을 구하시오. [7점]

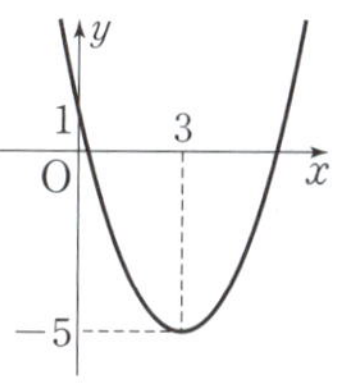

풀이 과정

답

유제 4 이차함수 $y=2x^2-8x+3$의 그래프를 x축의 방향으로 -1만큼, y축의 방향으로 -8만큼 평행이동한 그래프가 점 $(k, -5)$를 지날 때, 모든 k의 값의 합을 구하시오. [7점]

풀이 과정

답

유제 6 한 개에 200원씩 팔면 600개가 팔리는 상품의 가격을 x원씩 올리면 판매량은 $2x$개가 줄어든다고 한다. 총 판매 금액을 최대가 되도록 하려면 상품 한 개의 판매 가격을 얼마로 해야 하는지 구하시오. [8점]

풀이 과정

답

수	0	1	2	3	4	5	6	7	8	9
1.0	1.000	1.005	1.010	1.015	1.020	1.025	1.030	1.034	1.039	1.044
1.1	1.049	1.054	1.058	1.063	1.068	1.072	1.077	1.082	1.086	1.091
1.2	1.095	1.100	1.105	1.109	1.114	1.118	1.122	1.127	1.131	1.136
1.3	1.140	1.145	1.149	1.153	1.158	1.162	1.166	1.170	1.175	1.179
1.4	1.183	1.187	1.192	1.196	1.200	1.204	1.208	1.212	1.217	1.221
1.5	1.225	1.229	1.233	1.237	1.241	1.245	1.249	1.253	1.257	1.261
1.6	1.265	1.269	1.273	1.277	1.281	1.285	1.288	1.292	1.296	1.300
1.7	1.304	1.308	1.311	1.315	1.319	1.323	1.327	1.330	1.334	1.338
1.8	1.342	1.345	1.349	1.353	1.356	1.360	1.364	1.367	1.371	1.375
1.9	1.378	1.382	1.386	1.389	1.393	1.396	1.400	1.404	1.407	1.411
2.0	1.414	1.418	1.421	1.425	1.428	1.432	1.435	1.439	1.442	1.446
2.1	1.449	1.453	1.456	1.459	1.463	1.466	1.470	1.473	1.476	1.480
2.2	1.483	1.487	1.490	1.493	1.497	1.500	1.503	1.507	1.510	1.513
2.3	1.517	1.520	1.523	1.526	1.530	1.533	1.536	1.539	1.543	1.546
2.4	1.549	1.552	1.556	1.559	1.562	1.565	1.568	1.572	1.575	1.578
2.5	1.581	1.584	1.587	1.591	1.594	1.597	1.600	1.603	1.606	1.609
2.6	1.612	1.616	1.619	1.622	1.625	1.628	1.631	1.634	1.637	1.640
2.7	1.643	1.646	1.649	1.652	1.655	1.658	1.661	1.664	1.667	1.670
2.8	1.673	1.676	1.679	1.682	1.685	1.688	1.691	1.694	1.697	1.700
2.9	1.703	1.706	1.709	1.712	1.715	1.718	1.720	1.723	1.726	1.729
3.0	1.732	1.735	1.738	1.741	1.744	1.746	1.749	1.752	1.755	1.758
3.1	1.761	1.764	1.766	1.769	1.772	1.775	1.778	1.780	1.783	1.786
3.2	1.789	1.792	1.794	1.797	1.800	1.803	1.806	1.808	1.811	1.814
3.3	1.817	1.819	1.822	1.825	1.828	1.830	1.833	1.836	1.838	1.841
3.4	1.844	1.847	1.849	1.852	1.855	1.857	1.860	1.863	1.865	1.868
3.5	1.871	1.873	1.876	1.879	1.881	1.884	1.887	1.889	1.892	1.895
3.6	1.897	1.900	1.903	1.905	1.908	1.910	1.913	1.916	1.918	1.921
3.7	1.924	1.926	1.929	1.931	1.934	1.936	1.939	1.942	1.944	1.947
3.8	1.949	1.952	1.954	1.957	1.960	1.962	1.965	1.967	1.970	1.972
3.9	1.975	1.977	1.980	1.982	1.985	1.987	1.990	1.992	1.995	1.997
4.0	2.000	2.002	2.005	2.007	2.010	2.012	2.015	2.017	2.020	2.022
4.1	2.025	2.027	2.030	2.032	2.035	2.037	2.040	2.042	2.045	2.047
4.2	2.049	2.052	2.054	2.057	2.059	2.062	2.064	2.066	2.069	2.071
4.3	2.074	2.076	2.078	2.081	2.083	2.086	2.088	2.090	2.093	2.095
4.4	2.098	2.100	2.102	2.105	2.107	2.110	2.112	2.114	2.117	2.119
4.5	2.121	2.124	2.126	2.128	2.131	2.133	2.135	2.138	2.140	2.142
4.6	2.145	2.147	2.149	2.152	2.154	2.156	2.159	2.161	2.163	2.166
4.7	2.168	2.170	2.173	2.175	2.177	2.179	2.182	2.184	2.186	2.189
4.8	2.191	2.193	2.195	2.198	2.200	2.202	2.205	2.207	2.209	2.211
4.9	2.214	2.216	2.218	2.220	2.223	2.225	2.227	2.229	2.232	2.234
5.0	2.236	2.238	2.241	2.243	2.245	2.247	2.249	2.252	2.254	2.256
5.1	2.258	2.261	2.263	2.265	2.267	2.269	2.272	2.274	2.276	2.278
5.2	2.280	2.283	2.285	2.287	2.289	2.291	2.293	2.296	2.298	2.300
5.3	2.302	2.304	2.307	2.309	2.311	2.313	2.315	2.317	2.319	2.322
5.4	2.324	2.326	2.328	2.330	2.332	2.335	2.337	2.339	2.341	2.343

 제곱근표 ❷

수	0	1	2	3	4	5	6	7	8	9
5.5	2.345	2.347	2.349	2.352	2.354	2.356	2.358	2.360	2.362	2.364
5.6	2.366	2.369	2.371	2.373	2.375	2.377	2.379	2.381	2.383	2.385
5.7	2.387	2.390	2.392	2.394	2.396	2.398	2.400	2.402	2.404	2.406
5.8	2.408	2.410	2.412	2.415	2.417	2.419	2.421	2.423	2.425	2.427
5.9	2.429	2.431	2.433	2.435	2.437	2.439	2.441	2.443	2.445	2.447
6.0	2.449	2.452	2.454	2.456	2.458	2.460	2.462	2.464	2.466	2.468
6.1	2.470	2.472	2.474	2.476	2.478	2.480	2.482	2.484	2.486	2.488
6.2	2.490	2.492	2.494	2.496	2.498	2.500	2.502	2.504	2.506	2.508
6.3	2.510	2.512	2.514	2.516	2.518	2.520	2.522	2.524	2.526	2.528
6.4	2.530	2.532	2.534	2.536	2.538	2.540	2.542	2.544	2.546	2.548
6.5	2.550	2.551	2.553	2.555	2.557	2.559	2.561	2.563	2.565	2.567
6.6	2.569	2.571	2.573	2.575	2.577	2.579	2.581	2.583	2.585	2.587
6.7	2.588	2.590	2.592	2.594	2.596	2.598	2.600	2.602	2.604	2.606
6.8	2.608	2.610	2.612	2.613	2.615	2.617	2.619	2.621	2.623	2.625
6.9	2.627	2.629	2.631	2.632	2.634	2.636	2.638	2.640	2.642	2.644
7.0	2.646	2.648	2.650	2.651	2.653	2.655	2.657	2.659	2.661	2.663
7.1	2.665	2.666	2.668	2.670	2.672	2.674	2.676	2.678	2.680	2.681
7.2	2.683	2.685	2.687	2.689	2.691	2.693	2.694	2.696	2.698	2.700
7.3	2.702	2.704	2.706	2.707	2.709	2.711	2.713	2.715	2.717	2.718
7.4	2.720	2.722	2.724	2.726	2.728	2.729	2.731	2.733	2.735	2.737
7.5	2.739	2.740	2.742	2.744	2.746	2.748	2.750	2.751	2.753	2.755
7.6	2.757	2.759	2.760	2.762	2.764	2.766	2.768	2.769	2.771	2.773
7.7	2.775	2.777	2.778	2.780	2.782	2.784	2.786	2.787	2.789	2.791
7.8	2.793	2.795	2.796	2.798	2.800	2.802	2.804	2.805	2.807	2.809
7.9	2.811	2.812	2.814	2.816	2.818	2.820	2.821	2.823	2.825	2.827
8.0	2.828	2.830	2.832	2.834	2.835	2.837	2.839	2.841	2.843	2.844
8.1	2.846	2.848	2.850	2.851	2.853	2.855	2.857	2.858	2.860	2.862
8.2	2.864	2.865	2.867	2.869	2.871	2.872	2.874	2.876	2.877	2.879
8.3	2.881	2.883	2.884	2.886	2.888	2.890	2.891	2.893	2.895	2.897
8.4	2.898	2.900	2.902	2.903	2.905	2.907	2.909	2.910	2.912	2.914
8.5	2.915	2.917	2.919	2.921	2.922	2.924	2.926	2.927	2.929	2.931
8.6	2.933	2.934	2.936	2.938	2.939	2.941	2.943	2.944	2.946	2.948
8.7	2.950	2.951	2.953	2.955	2.956	2.958	2.960	2.961	2.963	2.965
8.8	2.966	2.968	2.970	2.972	2.973	2.975	2.977	2.978	2.980	2.982
8.9	2.983	2.985	2.987	2.988	2.990	2.992	2.993	2.995	2.997	2.998
9.0	3.000	3.002	3.003	3.005	3.007	3.008	3.010	3.012	3.013	3.015
9.1	3.017	3.018	3.020	3.022	3.023	3.025	3.027	3.028	3.030	3.032
9.2	3.033	3.035	3.036	3.038	3.040	3.041	3.043	3.045	3.046	3.048
9.3	3.050	3.051	3.053	3.055	3.056	3.058	3.059	3.061	3.063	3.064
9.4	3.066	3.068	3.069	3.071	3.072	3.074	3.076	3.077	3.079	3.081
9.5	3.082	3.084	3.085	3.087	3.089	3.090	3.092	3.094	3.095	3.097
9.6	3.098	3.100	3.102	3.103	3.105	3.106	3.108	3.110	3.111	3.113
9.7	3.114	3.116	3.118	3.119	3.121	3.122	3.124	3.126	3.127	3.129
9.8	3.130	3.132	3.134	3.135	3.137	3.138	3.140	3.142	3.143	3.145
9.9	3.146	3.148	3.150	3.151	3.153	3.154	3.156	3.158	3.159	3.161

수	0	1	2	3	4	5	6	7	8	9
10	3.162	3.178	3.194	3.209	3.225	3.240	3.256	3.271	3.286	3.302
11	3.317	3.332	3.347	3.362	3.376	3.391	3.406	3.421	3.435	3.450
12	3.464	3.479	3.493	3.507	3.521	3.536	3.550	3.564	3.578	3.592
13	3.606	3.619	3.633	3.647	3.661	3.674	3.688	3.701	3.715	3.728
14	3.742	3.755	3.768	3.782	3.795	3.808	3.821	3.834	3.847	3.860
15	3.873	3.886	3.899	3.912	3.924	3.937	3.950	3.962	3.975	3.987
16	4.000	4.012	4.025	4.037	4.050	4.062	4.074	4.087	4.099	4.111
17	4.123	4.135	4.147	4.159	4.171	4.183	4.195	4.207	4.219	4.231
18	4.243	4.254	4.266	4.278	4.290	4.301	4.313	4.324	4.336	4.347
19	4.359	4.370	4.382	4.393	4.405	4.416	4.427	4.438	4.450	4.461
20	4.472	4.483	4.494	4.506	4.517	4.528	4.539	4.550	4.561	4.572
21	4.583	4.593	4.604	4.615	4.626	4.637	4.648	4.658	4.669	4.680
22	4.690	4.701	4.712	4.722	4.733	4.743	4.754	4.764	4.775	4.785
23	4.796	4.806	4.817	4.827	4.837	4.848	4.858	4.868	4.879	4.889
24	4.899	4.909	4.919	4.930	4.940	4.950	4.960	4.970	4.980	4.990
25	5.000	5.010	5.020	5.030	5.040	5.050	5.060	5.070	5.079	5.089
26	5.099	5.109	5.119	5.128	5.138	5.148	5.158	5.167	5.177	5.187
27	5.196	5.206	5.215	5.225	5.235	5.244	5.254	5.263	5.273	5.282
28	5.292	5.301	5.310	5.320	5.329	5.339	5.348	5.357	5.367	5.376
29	5.385	5.394	5.404	5.413	5.422	5.431	5.441	5.450	5.459	5.468
30	5.477	5.486	5.495	5.505	5.514	5.523	5.532	5.541	5.550	5.559
31	5.568	5.577	5.586	5.595	5.604	5.612	5.621	5.630	5.639	5.648
32	5.657	5.666	5.675	5.683	5.692	5.701	5.710	5.718	5.727	5.736
33	5.745	5.753	5.762	5.771	5.779	5.788	5.797	5.805	5.814	5.822
34	5.831	5.840	5.848	5.857	5.865	5.874	5.882	5.891	5.899	5.908
35	5.916	5.925	5.933	5.941	5.950	5.958	5.967	5.975	5.983	5.992
36	6.000	6.008	6.017	6.025	6.033	6.042	6.050	6.058	6.066	6.075
37	6.083	6.091	6.099	6.107	6.116	6.124	6.132	6.140	6.148	6.156
38	6.164	6.173	6.181	6.189	6.197	6.205	6.213	6.221	6.229	6.237
39	6.245	6.253	6.261	6.269	6.277	6.285	6.293	6.301	6.309	6.317
40	6.325	6.332	6.340	6.348	6.356	6.364	6.372	6.380	6.387	6.395
41	6.403	6.411	6.419	6.427	6.434	6.442	6.450	6.458	6.465	6.473
42	6.481	6.488	6.496	6.504	6.512	6.519	6.527	6.535	6.542	6.550
43	6.557	6.565	6.573	6.580	6.588	6.595	6.603	6.611	6.618	6.626
44	6.633	6.641	6.648	6.656	6.663	6.671	6.678	6.686	6.693	6.701
45	6.708	6.716	6.723	6.731	6.738	6.745	6.753	6.760	6.768	6.775
46	6.782	6.790	6.797	6.804	6.812	6.819	6.826	6.834	6.841	6.848
47	6.856	6.863	6.870	6.877	6.885	6.892	6.899	6.907	6.914	6.921
48	6.928	6.935	6.943	6.950	6.957	6.964	6.971	6.979	6.986	6.993
49	7.000	7.007	7.014	7.021	7.029	7.036	7.043	7.050	7.057	7.064
50	7.071	7.078	7.085	7.092	7.099	7.106	7.113	7.120	7.127	7.134
51	7.141	7.148	7.155	7.162	7.169	7.176	7.183	7.190	7.197	7.204
52	7.211	7.218	7.225	7.232	7.239	7.246	7.253	7.259	7.266	7.273
53	7.280	7.287	7.294	7.301	7.308	7.314	7.321	7.328	7.335	7.342
54	7.348	7.355	7.362	7.369	7.376	7.382	7.389	7.396	7.403	7.409

수	0	1	2	3	4	5	6	7	8	9
55	7.416	7.423	7.430	7.436	7.443	7.450	7.457	7.463	7.470	7.477
56	7.483	7.490	7.497	7.503	7.510	7.517	7.523	7.530	7.537	7.543
57	7.550	7.556	7.563	7.570	7.576	7.583	7.589	7.596	7.603	7.609
58	7.616	7.622	7.629	7.635	7.642	7.649	7.655	7.662	7.668	7.675
59	7.681	7.688	7.694	7.701	7.707	7.714	7.720	7.727	7.733	7.740
60	7.746	7.752	7.759	7.765	7.772	7.778	7.785	7.791	7.797	7.804
61	7.810	7.817	7.823	7.829	7.836	7.842	7.849	7.855	7.861	7.868
62	7.874	7.880	7.887	7.893	7.899	7.906	7.912	7.918	7.925	7.931
63	7.937	7.944	7.950	7.956	7.962	7.969	7.975	7.981	7.987	7.994
64	8.000	8.006	8.012	8.019	8.025	8.031	8.037	8.044	8.050	8.056
65	8.062	8.068	8.075	8.081	8.087	8.093	8.099	8.106	8.112	8.118
66	8.124	8.130	8.136	8.142	8.149	8.155	8.161	8.167	8.173	8.179
67	8.185	8.191	8.198	8.204	8.210	8.216	8.222	8.228	8.234	8.240
68	8.246	8.252	8.258	8.264	8.270	8.276	8.283	8.289	8.295	8.301
69	8.307	8.313	8.319	8.325	8.331	8.337	8.343	8.349	8.355	8.361
70	8.367	8.373	8.379	8.385	8.390	8.396	8.402	8.408	8.414	8.420
71	8.426	8.432	8.438	8.444	8.450	8.456	8.462	8.468	8.473	8.479
72	8.485	8.491	8.497	8.503	8.509	8.515	8.521	8.526	8.532	8.538
73	8.544	8.550	8.556	8.562	8.567	8.573	8.579	8.585	8.591	8.597
74	8.602	8.608	8.614	8.620	8.626	8.631	8.637	8.643	8.649	8.654
75	8.660	8.666	8.672	8.678	8.683	8.689	8.695	8.701	8.706	8.712
76	8.718	8.724	8.729	8.735	8.741	8.746	8.752	8.758	8.764	8.769
77	8.775	8.781	8.786	8.792	8.798	8.803	8.809	8.815	8.820	8.826
78	8.832	8.837	8.843	8.849	8.854	8.860	8.866	8.871	8.877	8.883
79	8.888	8.894	8.899	8.905	8.911	8.916	8.922	8.927	8.933	8.939
80	8.944	8.950	8.955	8.961	8.967	8.972	8.978	8.983	8.989	8.994
81	9.000	9.006	9.011	9.017	9.022	9.028	9.033	9.039	9.044	9.050
82	9.055	9.061	9.066	9.072	9.077	9.083	9.088	9.094	9.099	9.105
83	9.110	9.116	9.121	9.127	9.132	9.138	9.143	9.149	9.154	9.160
84	9.165	9.171	9.176	9.182	9.187	9.192	9.198	9.203	9.209	9.214
85	9.220	9.225	9.230	9.236	9.241	9.247	9.252	9.257	9.263	9.268
86	9.274	9.279	9.284	9.290	9.295	9.301	9.306	9.311	9.317	9.322
87	9.327	9.333	9.338	9.343	9.349	9.354	9.359	9.365	9.370	9.375
88	9.381	9.386	9.391	9.397	9.402	9.407	9.413	9.418	9.423	9.429
89	9.434	9.439	9.445	9.450	9.455	9.460	9.466	9.471	9.476	9.482
90	9.487	9.492	9.497	9.503	9.508	9.513	9.518	9.524	9.529	9.534
91	9.539	9.545	9.550	9.555	9.560	9.566	9.571	9.576	9.581	9.586
92	9.592	9.597	9.602	9.607	9.612	9.618	9.623	9.628	9.633	9.638
93	9.644	9.649	9.654	9.659	9.664	9.670	9.675	9.680	9.685	9.690
94	9.695	9.701	9.706	9.711	9.716	9.721	9.726	9.731	9.737	9.742
95	9.747	9.752	9.757	9.762	9.767	9.772	9.778	9.783	9.788	9.793
96	9.798	9.803	9.808	9.813	9.818	9.823	9.829	9.834	9.839	9.844
97	9.849	9.854	9.859	9.864	9.869	9.874	9.879	9.884	9.889	9.894
98	9.899	9.905	9.910	9.915	9.920	9.925	9.930	9.935	9.940	9.945
99	9.950	9.955	9.960	9.965	9.970	9.975	9.980	9.985	9.990	9.995

함께 만드는 개념원리

개념원리는

선생님이
가르치기 쉽고

학생이
배우기 쉬운

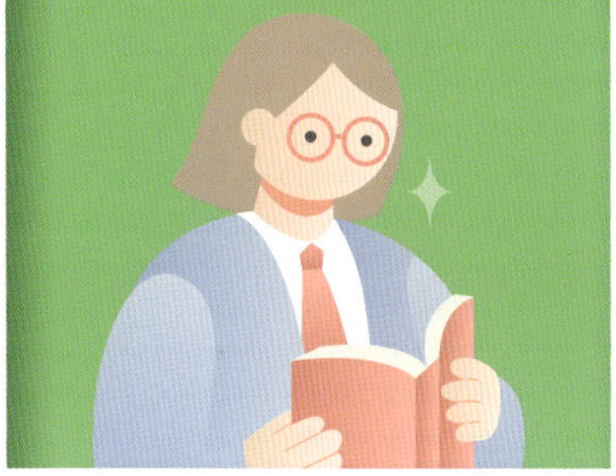

교육 콘텐츠를
만듭니다.

전국 360명 선생님이 교재 개발 참여

총 4,805명 학생의 실사용 의견 청취

(2017년도~2025년 교재 VOC 누적)

NEW

2022 개정 도서

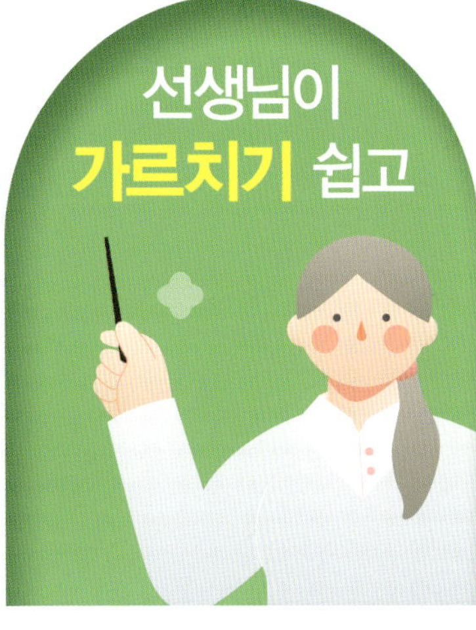

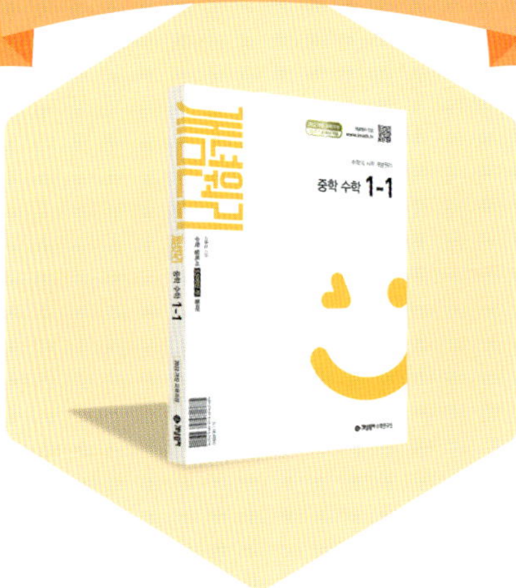

5,500 만

누적 5천5백만의
인정을 받은 **신뢰성**

(2003년도~2022년도
매출 수량 누적)

1/2

학생 2명 중 1명이
선택하는 **대중성**

(고등학생 수 대비
개념원리 판매기준)

10

10차례 검토
과정을 마친 **정확성**

SINCE 1991

35년 이상
축적된 **전문성**

개념원리 교재 체험단 모집

수학공부 혼자하기 힘드신가요?

개념원리 **물개** 챌린지로 즐겁게 공부해요!!

수학공부는 물론 개념원리라는 뜻!

목표

수학 공부 습관 형성

교재 한 권 완독

수학 성적 올리기

미션

주 3회 이상 개념원리/
RPM/RPM Pro로 공부

공부 내용 인스타그램 또는
블로그에 인증 (5분 소요)

진행일정

개념원리
1월, 7월 방학기간 진행

RPM/RPM Pro
3월, 9월 학기 중 진행

혜택

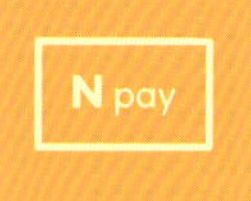

N pay
네이버 페이
참여할수록 높아지는 상품 금액

질의 응답방
문제, 공부법 질문이 가능한 카톡방 운영

다양한 선물
노트 등 다양한 홍보물 제공

학습 지원 자료 / 동기부여
학습 플래너, 동기부여 명언 등 제공

* 홍보물 제공 내용은 본사 재고 상황에 따라 달라질 수 있습니다.

수학공부, **친구들**과 함께 **선물** 받으면서 하자!

QR을 통해 물개 챌린지 모집 알림 받기를 신청하세요!
※ 자세한 챌린지 내용, 혜택, 일정을 안내해 드립니다.

개념원리 중학 수학 **3-1**

중학 수학 **3-1**

정답 및 풀이

개념원리 수학연구소

개념원리 중학 수학 3-1

정답 및 풀이

 **친절한 풀이** 정확하고 이해하기 쉬운 친절한 풀이 제시

 **다른 풀이** 수학적 사고력을 키우는 다양한 해결 방법 제시

 **개념 더하기** 문제와 연관된 중요개념과 보충설명 제공

 **해결 전략** 중단원 마무리 문제 해결의 실마리 제시

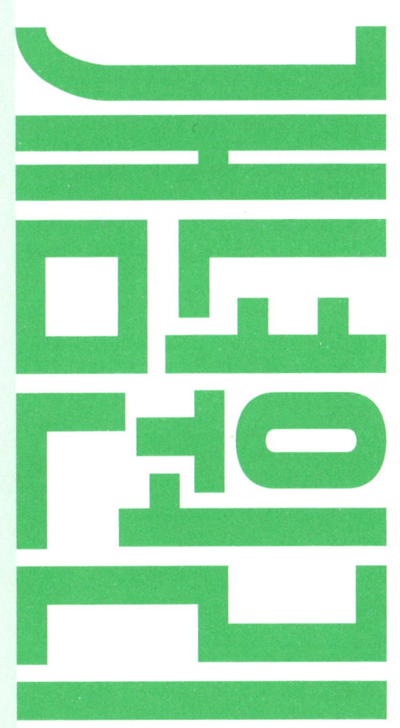

수학의 시작 개념원리

중학 수학 **3-1**

정답 및 풀이

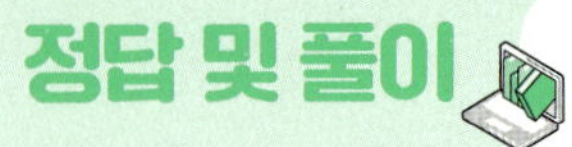

정답 및 풀이

Ⅰ-1 제곱근과 실수

01 제곱근의 뜻과 표현

개념원리 확인하기 ▶본문 11쪽

01 (1) $7,\ -7,\ 7,\ -7$ (2) 0 (3) 없다

02 (1) $5,\ -5$ (2) $0.1,\ -0.1$ (3) $\dfrac{2}{3},\ -\dfrac{2}{3}$ (4) $8,\ -8$

03 (1) $\pm\sqrt{5}$ (2) $\pm\sqrt{14}$ (3) $\pm\sqrt{0.3}$ (4) $\pm\sqrt{\dfrac{3}{2}}$

04 (1) $\pm\sqrt{6}$ (2) $\sqrt{10}$ (3) $-\sqrt{\dfrac{5}{7}}$ (4) $\sqrt{0.2}$

05 (1) 4 (2) -12 (3) ±0.9 (4) $\dfrac{11}{6}$

---

01 (1) 제곱하여 49가 되는 수는 $\boxed{7}$, $\boxed{-7}$이므로 49의 제곱근 은 $\boxed{7}$, $\boxed{-7}$이다.

　(2) 0의 제곱근은 $\boxed{0}$이다.

　(3) 제곱하여 -9가 되는 수는 없으므로 -9의 제곱근은 $\boxed{없다}$.

$$\text{답}\ (1)\ 7,\ -7,\ 7,\ -7\quad(2)\ 0\quad(3)\ 없다$$

02 (1) $5^2=25$, $(-5)^2=25$이므로 25의 제곱근은 $5,\ -5$이다.

　(2) $0.1^2=0.01$, $(-0.1)^2=0.01$이므로 0.01의 제곱근은 $0.1,\ -0.1$이다.

　(3) $\left(\dfrac{2}{3}\right)^2=\dfrac{4}{9}$, $\left(-\dfrac{2}{3}\right)^2=\dfrac{4}{9}$이므로 $\dfrac{4}{9}$의 제곱근은 $\dfrac{2}{3},\ -\dfrac{2}{3}$이다.

　(4) $8^2=64$이고 $8^2=64$, $(-8)^2=64$이므로 8^2의 제곱근은 $8,\ -8$이다.

$$\text{답}\ (1)\ 5,\ -5\quad(2)\ 0.1,\ -0.1\quad(3)\ \dfrac{2}{3},\ -\dfrac{2}{3}\quad(4)\ 8,\ -8$$

03 (1) 5의 제곱근은 $\pm\sqrt{5}$이다.

　(2) 14의 제곱근은 $\pm\sqrt{14}$이다.

　(3) 0.3의 제곱근은 $\pm\sqrt{0.3}$이다.

　(4) $\dfrac{3}{2}$의 제곱근은 $\pm\sqrt{\dfrac{3}{2}}$이다.

$$\text{답}\ (1)\ \pm\sqrt{5}\quad(2)\ \pm\sqrt{14}\quad(3)\ \pm\sqrt{0.3}\quad(4)\ \pm\sqrt{\dfrac{3}{2}}$$

04 (1) 6의 제곱근은 $\pm\sqrt{6}$이다.

　(2) 10의 양의 제곱근은 $\sqrt{10}$이다.

　(3) $\dfrac{5}{7}$의 음의 제곱근은 $-\sqrt{\dfrac{5}{7}}$이다.

　(4) 제곱은 0.2는 $\sqrt{0.2}$이다.

$$\text{답}\ (1)\ \pm\sqrt{6}\quad(2)\ \sqrt{10}\quad(3)\ -\sqrt{\dfrac{5}{7}}\quad(4)\ \sqrt{0.2}$$

05 (1) $\sqrt{16}=4$

　(2) $-\sqrt{144}=-12$

　(3) $\pm\sqrt{0.81}=\pm0.9$

　(4) $\sqrt{\dfrac{121}{36}}=\dfrac{11}{6}$

$$\text{답}\ (1)\ 4\quad(2)\ -12\quad(3)\ \pm0.9\quad(4)\ \dfrac{11}{6}$$

핵심문제 익히기 ▶본문 12~13쪽

1 21	2 ②	3 3개
4 5	5 6	

1 $x^2=8$, $y^2=13$이므로
$$x^2+y^2=8+13=21$$
　$\text{답}\ 21$

2 ㄱ. 0의 제곱근은 0의 1개이다.

　ㄷ. 제곱근 1.4는 $\sqrt{1.4}$이다.

　이상에서 옳은 것은 ㄱ, ㄴ이다.　$\text{답}\ ②$

3 $\pm\sqrt{400}=\pm20$

　$\sqrt{0.01}=0.1$

　$-\sqrt{\dfrac{169}{4}}=-\dfrac{13}{2}$

　따라서 근호를 사용하지 않고 나타낼 수 있는 것은 $\pm\sqrt{400},\ \sqrt{0.01},\ -\sqrt{\dfrac{169}{4}}$의 3개이다.　$\text{답}\ 3개$

4 제곱근 $\dfrac{49}{25}$는 $\sqrt{\dfrac{49}{25}}=\dfrac{7}{5}$이므로
$$A=\dfrac{7}{5}$$

　$\sqrt{16}=4$의 음의 제곱근은 -2이므로
$$B=-2$$
$$\therefore\ 5A+B=5\times\dfrac{7}{5}+(-2)=5$$
　$\text{답}\ 5$

5 $14^2=196$의 제곱근은 ±14이고 $a>b$이므로
$$a=14,\ b=-14$$
$$\therefore\ a-b+8=14-(-14)+8=36$$
　따라서 36의 양의 제곱근은 6이다.　$\text{답}\ 6$

이런 문제가 시험에 나온다 ▶본문 14쪽

01 ①, ③　　02 ③　　03 ④　　04 1

05 $\sqrt{65}$ cm

---

01 x가 양수 a의 제곱근이므로
$$x^2=a\ \text{또는}\ x=\pm\sqrt{a}$$
　따라서 옳은 것은 ①, ③이다.　$\text{답}\ ①,\ ③$

02
① $x^2=16$을 만족시키는 x의 값은 ±4이다.
② 16의 제곱근은 ±4이다.
③ 제곱근 16은 $\sqrt{16}=4$이다.
④ $\sqrt{256}=16$의 제곱근은 ±4이다.
⑤ $(-4)^2=16$의 제곱근은 ±4이다.
따라서 그 값이 나머지 넷과 다른 하나는 ③이다.

답 ③

03
① 18의 제곱근은 $\pm\sqrt{18}$이다.
② 0.1의 제곱근은 $\pm\sqrt{0.1}$이다.
③ $\dfrac{4}{3}$의 제곱근은 $\pm\sqrt{\dfrac{4}{3}}$이다.
④ 1.69의 제곱근은 $\pm\sqrt{1.69}=\pm1.3$이다.
⑤ $\dfrac{5}{81}$의 제곱근은 $\pm\sqrt{\dfrac{5}{81}}$이다.
따라서 제곱근을 근호를 사용하지 않고 나타낼 수 있는 것은 ④이다.

답 ④

04
$\dfrac{25}{4}$의 양의 제곱근은 $\dfrac{5}{2}$이므로 $A=\dfrac{5}{2}$
$(-0.3)^2=0.09$의 음의 제곱근은 -0.3이므로
$$B=-0.3$$
$$\therefore A+5B=\dfrac{5}{2}+5\times(-0.3)=1$$

답 1

05
$\triangle\mathrm{ADC}$에서 $\overline{\mathrm{AD}}=\sqrt{5^2-3^2}=4\ (\mathrm{cm})$
따라서 $\triangle\mathrm{ABD}$에서
$$\overline{\mathrm{AB}}=\sqrt{7^2+4^2}=\sqrt{65}\ (\mathrm{cm})$$

답 $\sqrt{65}$ cm

02
(1) $(\sqrt{7})^2+(-\sqrt{5})^2=7+5=12$
(2) $\sqrt{169}-\sqrt{(-8)^2}=13-8=5$
(3) $\left(-\sqrt{\dfrac{4}{5}}\right)^2\times\sqrt{20^2}=\dfrac{4}{5}\times20=16$
(4) $\sqrt{(-3)^2}\div(\sqrt{0.6})^2=3\div0.6=5$

답 (1) 12   (2) 5   (3) 16   (4) 5

03
(1) $a>0$일 때, $2a>0$이므로
$$\sqrt{(2a)^2}=2a$$
(2) $a>0$일 때, $-6a<0$이므로
$$\sqrt{(-6a)^2}=-(-6a)=6a$$
(3) $a<0$일 때, $7a<0$이므로
$$\sqrt{(7a)^2}=-7a$$
(4) $a<0$일 때, $-3a>0$이므로
$$\sqrt{(-3a)^2}=-3a$$

답 (1) $2a$ (2) $6a$ (3) $-7a$ (4) $-3a$

04
(1) $10<13$이므로 $\sqrt{10}\boxed{<}\sqrt{13}$
(2) $\dfrac{2}{3}=\dfrac{4}{6}$, $\dfrac{3}{2}=\dfrac{9}{6}$이므로 $\dfrac{2}{3}<\dfrac{3}{2}$
$$\therefore \sqrt{\dfrac{2}{3}}\boxed{<}\sqrt{\dfrac{3}{2}}$$
(3) $5<7$이므로 $\sqrt{5}<\sqrt{7}$
$$\therefore -\sqrt{5}\boxed{>}-\sqrt{7}$$
(4) $6=\sqrt{36}$이고 $40>36$이므로 $\sqrt{40}\boxed{>}6$
(5) $\dfrac{1}{8}=\sqrt{\dfrac{1}{64}}$이고 $\dfrac{1}{64}<\dfrac{1}{8}$이므로 $\dfrac{1}{8}\boxed{<}\sqrt{\dfrac{1}{8}}$
(6) $2=\sqrt{4}$이고 $4<6$이므로 $2<\sqrt{6}$
$$\therefore -2\boxed{>}-\sqrt{6}$$

답 (1) <   (2) <   (3) >   (4) >   (5) <   (6) >

02 제곱근의 성질

개념원리 확인하기 ▶ 본문 16쪽

01 (1) 3   (2) 10   (3) -0.5 (4) 8   (5) 6   (6) $-\dfrac{2}{7}$
02 (1) 12   (2) 5   (3) 16   (4) 5
03 (1) $2a$ (2) $6a$ (3) $-7a$ (4) $-3a$
04 (1) <   (2) <   (3) >   (4) >   (5) <   (6) >

01
(1) $(\sqrt{3})^2=3$
(2) $(-\sqrt{10})^2=10$
(3) $-(-\sqrt{0.5})^2=-0.5$
(4) $\sqrt{8^2}=8$
(5) $\sqrt{(-6)^2}=6$
(6) $-\sqrt{\left(-\dfrac{2}{7}\right)^2}=-\dfrac{2}{7}$

답 (1) 3   (2) 10   (3) -0.5 (4) 8   (5) 6   (6) $-\dfrac{2}{7}$

핵심문제 익히기 ▶ 본문 17～20쪽

1 ②   **2** (1) 15   (2) -1 (3) 3   (4) -17
3 ㄴ, ㄹ   **4** (1) $9a$ (2) $-2a$
5 (1) 15   (2) 7   **6** ④   **7** ⑤
8 (1) 3, 4   (2) 4, 5, 6, 7

1
① $-\sqrt{64}=-8$
② $\sqrt{(-8)^2}=8$
③ $-(\sqrt{8})^2=-8$
④ $-(-\sqrt{8})^2=-8$
⑤ $-\sqrt{8^2}=-8$
따라서 그 값이 나머지 넷과 다른 하나는 ②이다.

답 ②

2
(1) $(\sqrt{17})^2-\sqrt{(-8)^2}+(-\sqrt{6})^2=17-8+6=15$

(2) $\sqrt{(-3)^2}\times\sqrt{4}-(\sqrt{7})^2=3\times2-7=-1$

(3) $\sqrt{9^2}+\sqrt{(-5)^2}\div\sqrt{\dfrac{25}{16}}-(-\sqrt{10})^2$

$\quad=9+5\div\dfrac{5}{4}-10$

$\quad=9+5\times\dfrac{4}{5}-10=3$

(4) $\sqrt{225}\div(-\sqrt{3})^2-\sqrt{(-11)^2}\times(\sqrt{2})^2$

$\quad=15\div3-11\times2$

$\quad=5-22=-17$

답 (1) 15　(2) -1　(3) 3　(4) -17

3
ㄱ. $a<0$이므로　$\sqrt{a^2}=-a$

$\qquad\qquad\therefore -\sqrt{a^2}=-(-a)=a$

ㄴ. $3a<0$이므로

$\qquad\sqrt{(3a)^2}=-3a$

ㄷ. $-2a>0$이므로

$\qquad\sqrt{(-2a)^2}=-2a$

ㄹ. $\sqrt{16a^2}=\sqrt{(4a)^2}$이고 $4a<0$이므로

$\qquad\sqrt{16a^2}=-4a$

$\qquad\therefore -\sqrt{16a^2}=-(-4a)=4a$

이상에서 옳은 것은 ㄴ, ㄹ이다.　답 ㄴ, ㄹ

4
(1) $a>0$에서 $-4a<0$, $5a>0$이므로

$\qquad\sqrt{(-4a)^2}=-(-4a)=4a$

$\qquad\sqrt{25a^2}=\sqrt{(5a)^2}=5a$

$\qquad\therefore \sqrt{(-4a)^2}+\sqrt{25a^2}=4a+5a=9a$

(2) $-1<a<1$에서 $a-1<0$, $a+1>0$이므로

$\qquad\sqrt{(a-1)^2}=-(a-1)=-a+1$

$\qquad\sqrt{(a+1)^2}=a+1$

$\qquad\therefore \sqrt{(a-1)^2}-\sqrt{(a+1)^2}$

$\qquad\qquad=-a+1-(a+1)$

$\qquad\qquad=-a+1-a-1$

$\qquad\qquad=-2a$

답 (1) $9a$　(2) $-2a$

5
(1) $\sqrt{60x}=\sqrt{2^2\times3\times5\times x}$가 자연수가 되려면

$\quad x=3\times5\times(\text{자연수})^2$의 꼴이어야 한다.

$\quad$따라서 가장 작은 자연수 x의 값은

$\qquad 3\times5=15$

(2) $\sqrt{\dfrac{112}{x}}=\sqrt{\dfrac{2^4\times7}{x}}$이 자연수가 되려면 x는 112의 약수

$\quad$이면서 $7\times(\text{자연수})^2$의 꼴이어야 한다.

$\quad$따라서 가장 작은 자연수 x의 값은 7이다.

답 (1) 15　(2) 7

6 $\sqrt{30-x}$가 자연수가 되려면 $30-x$는 $(\text{자연수})^2$의 꼴이어

야 한다.

이때 x는 자연수이므로 $30-x<30$에서

$\qquad 30-x=1,\ 4,\ 9,\ 16,\ 25$

$\qquad\therefore x=29,\ 26,\ 21,\ 14,\ 5$

따라서 자연수 x의 값이 될 수 없는 것은 ④이다.

답 ④

7
① $4=\sqrt{16}$이고 $16<20$이므로

$\qquad 4<\sqrt{20}$

② $3=\sqrt{9}$이고 $8<9$이므로

$\qquad \sqrt{8}<3$

③ $5=\sqrt{25}$이고 $27>25$이므로

$\qquad \sqrt{27}>5 \qquad \therefore -\sqrt{27}<-5$

④ $0.5=\sqrt{0.25}$이고 $0.25>0.2$이므로

$\qquad 0.5>\sqrt{0.2}$

⑤ $\dfrac{1}{3}=\sqrt{\dfrac{1}{9}}$이고 $\dfrac{1}{6}>\dfrac{1}{9}$이므로

$\qquad \sqrt{\dfrac{1}{6}}>\dfrac{1}{3} \qquad \therefore -\sqrt{\dfrac{1}{6}}<-\dfrac{1}{3}$

따라서 옳지 않은 것은 ⑤이다.　답 ⑤

8
(1) $\sqrt{5}<x<\sqrt{20}$에서 $\sqrt{5}<\sqrt{x^2}<\sqrt{20}$이므로

$\qquad 5<x^2<20$

$\quad$따라서 자연수 x는 3, 4이다.

(2) $2<\sqrt{x+1}<3$에서 $\sqrt{4}<\sqrt{x+1}<\sqrt{9}$이므로

$\qquad 4<x+1<9$

$\qquad\therefore 3<x<8$

$\quad$따라서 자연수 x는 4, 5, 6, 7이다.

답 (1) $3,\ 4$　(2) $4,\ 5,\ 6,\ 7$

개념 더하기

부등식의 기본 성질

① 부등식의 양변에 같은 수를 더하거나 양변에서 같은 수를 빼도 부등호의 방향은 바뀌지 않는다.

➡ $a<b$이면 $\quad a+c<b+c,\ a-c<b-c$

② 부등식의 양변에 같은 양수를 곱하거나 양변을 같은 양수로 나누어도 부등호의 방향은 바뀌지 않는다.

➡ $a<b,\ c>0$이면 $\quad ac<bc,\ \dfrac{a}{c}<\dfrac{b}{c}$

③ 부등식의 양변에 같은 음수를 곱하거나 양변을 같은 음수로 나누면 부등호의 방향이 바뀐다.

➡ $a<b,\ c<0$이면 $\quad ac>bc,\ \dfrac{a}{c}>\dfrac{b}{c}$

이런 문제가 **시험**에 나온다 　〉본문 21쪽

01 ⑤　　02 $2b$　　03 ②　　04 16

05 $\sqrt{5}$, 2, $\sqrt{2}$, 0, -3, $-\sqrt{10}$　　06 5

01

① $(-\sqrt{5})^2+\sqrt{19^2}=5+19=24$

② $2\times\sqrt{(-4)^2}-\sqrt{225}=2\times4-15=-7$

③ $\sqrt{(-3)^2}+\sqrt{9}-(-\sqrt{3})^2=3+3-3=3$

④ $\left(-\sqrt{\dfrac{3}{2}}\right)^2\times\sqrt{64}\div(\sqrt{6})^2=\dfrac{3}{2}\times8\div6=2$

⑤ $\sqrt{(-7)^2}-\sqrt{81}+\sqrt{144}\div(-\sqrt{4^2})$

$\qquad=7-9+12\div(-4)$

$\qquad=7-9-3=-5$

따라서 옳은 것은 ⑤이다.　　　　　**답** ⑤

02

$a<0$, $b>0$에서 $-a>0$, $a-b<0$, $3b>0$이므로

$\sqrt{(-a)^2}=-a$, $\sqrt{(a-b)^2}=-(a-b)=-a+b$,

$\sqrt{9b^2}=\sqrt{(3b)^2}=3b$

$\therefore \sqrt{(-a)^2}-\sqrt{(a-b)^2}+\sqrt{9b^2}$

$\qquad=-a-(-a+b)+3b$

$\qquad=-a+a-b+3b$

$\qquad=2b$　　　　　**답** $2b$

03

$\sqrt{2^3\times3^2\times x}$가 자연수가 되려면 $x=2\times(자연수)^2$의 꼴이어야 한다.

① $2=2\times1^2$　　② $6=2\times3$　　③ $8=2\times2^2$

④ $18=2\times3^2$　　⑤ $50=2\times5^2$

따라서 x의 값으로 옳지 않은 것은 ②이다.　　　　　**답** ②

04

$\sqrt{25-x}$가 정수가 되려면 $25-x$는 $(자연수)^2$의 꼴 또는 0이어야 한다.

이때 x는 자연수이므로 $25-x<25$에서

$\qquad 25-x=0, 1, 4, 9, 16$

$\qquad \therefore x=25, 24, 21, 16, 9$

따라서 $A=25$, $B=9$이므로

$\qquad A-B=25-9=16$　　　　　**답** 16

05

$2=\sqrt{4}$이므로 $\sqrt{2}$, $\sqrt{5}$, 2의 대소를 비교하면

$\qquad \sqrt{5}>2>\sqrt{2}$

$-3=-\sqrt{9}$이므로 $-\sqrt{10}$, -3의 대소를 비교하면

$\qquad -3>-\sqrt{10}$

따라서 주어진 수를 큰 것부터 차례대로 나열하면

$\qquad \sqrt{5}, 2, \sqrt{2}, 0, -3, -\sqrt{10}$

답 $\sqrt{5}, 2, \sqrt{2}, 0, -3, -\sqrt{10}$

06

$-4\leq-\sqrt{3x-2}<-1$에서

$\qquad 1<\sqrt{3x-2}\leq4$

즉 $\sqrt{1}<\sqrt{3x-2}\leq\sqrt{16}$이므로

$\qquad 1<3x-2\leq16$

$\qquad 3<3x\leq18$

$\qquad \therefore 1<x\leq6$

따라서 자연수 x는 $2, 3, 4, 5, 6$의 5개이다.　　　**답** 5

---

03 무리수와 실수

▶ 본문 24~25쪽

개념원리 확인하기

01 (1) 유　(2) 무　(3) 유　(4) 유　(5) 무　(6) 무

02 (1) ○　(2) ×　(3) ○　(4) ×

03 (1) $-\sqrt{9}$　(2) $-\sqrt{9}$, $0.1\dot{5}$, $-\dfrac{1}{3}$　(3) $\dfrac{\pi}{2}$, $\sqrt{3}-\sqrt{2}$

(4) $\dfrac{\pi}{2}$, $-\sqrt{9}$, $\sqrt{3}-\sqrt{2}$, $0.1\dot{5}$, $-\dfrac{1}{3}$

04 (1) $\sqrt{10}$　(2) P: $-\sqrt{10}$, Q: $\sqrt{10}$

05 (1) ○　(2) ×　(3) ×　(4) ○

06 (1) A: $-\sqrt{6}$, B: $3-\sqrt{2}$, C: $1+\sqrt{3}$

(2) $-\sqrt{6}<3-\sqrt{2}<1+\sqrt{3}$

07 (1) >　(2) <　(3) >　(4) <

08 (1) 2.347　(2) 2.394　(3) 2.412

01

(1) $\sqrt{4}=2$ ➡ 유리수

(2) $-\sqrt{7}$ ➡ 무리수

(3) $-\sqrt{0.49}=-0.7$ ➡ 유리수

(4) $0.313131\cdots=0.\dot{3}\dot{1}=\dfrac{31}{99}$ ➡ 유리수

(5) π ➡ 무리수

(6) $\sqrt{10}-1$ ➡ 무리수

답 (1) 유　(2) 무　(3) 유　(4) 유　(5) 무　(6) 무

02

(2) 무한소수 중 순환소수는 유리수이다.

(4) 무리수는 $\dfrac{(정수)}{(0이 \ 아닌 \ 정수)}$의 꼴로 나타낼 수 없다.

답 (1) ○　(2) ×　(3) ○　(4) ×

03

(1) $-\sqrt{9}=-3$이므로 정수는 $-\sqrt{9}$이다.

(2) 유리수는 $-\sqrt{9}$, $0.1\dot{5}$, $-\dfrac{1}{3}$이다.

(3) 무리수는 $\dfrac{\pi}{2}$, $\sqrt{3}-\sqrt{2}$이다.

(4) 실수는 $\dfrac{\pi}{2}$, $-\sqrt{9}$, $\sqrt{3}-\sqrt{2}$, $0.1\dot{5}$, $-\dfrac{1}{3}$이다.

답 (1) $-\sqrt{9}$　(2) $-\sqrt{9}$, $0.1\dot{5}$, $-\dfrac{1}{3}$　(3) $\dfrac{\pi}{2}$, $\sqrt{3}-\sqrt{2}$

(4) $\dfrac{\pi}{2}$, $-\sqrt{9}$, $\sqrt{3}-\sqrt{2}$, $0.1\dot{5}$, $-\dfrac{1}{3}$

04

(1) $\triangle$OAB에서　$\overline{OB}=\sqrt{1^2+3^2}=\sqrt{10}$

(2) 점 P에 대응하는 수는 $-\sqrt{10}$이고 점 Q에 대응하는 수는 $\sqrt{10}$이다.

답 (1) $\sqrt{10}$　(2) P: $-\sqrt{10}$, Q: $\sqrt{10}$

05

(2) $\sqrt{3}$과 $\sqrt{5}$ 사이에는 무수히 많은 유리수가 있다.

(3) $1+\sqrt{2}$는 무리수이고, 무리수에 대응하는 점은 수직선 위에 나타낼 수 있다.

답 (1) ○　(2) ×　(3) ×　(4) ○

06 (1) $\sqrt{4}<\sqrt{6}<\sqrt{9}$에서 $2<\sqrt{6}<3$이므로
$$-3<-\sqrt{6}<-2$$
$\sqrt{1}<\sqrt{3}<\sqrt{4}$에서 $1<\sqrt{3}<2$이므로
$$2<1+\sqrt{3}<3$$
$\sqrt{1}<\sqrt{2}<\sqrt{4}$에서 $1<\sqrt{2}<2$이므로
$$-2<-\sqrt{2}<-1$$
$$\therefore\ 1<3-\sqrt{2}<2$$
따라서 세 점 A, B, C에 대응하는 수는 각각
$$-\sqrt{6},\ 3-\sqrt{2},\ 1+\sqrt{3}$$
(2) 세 수의 대소를 비교하면
$$-\sqrt{6}<3-\sqrt{2}<1+\sqrt{3}$$

답 (1) A: $-\sqrt{6}$, B: $3-\sqrt{2}$, C: $1+\sqrt{3}$
　　(2) $-\sqrt{6}<3-\sqrt{2}<1+\sqrt{3}$

07 (1) $(\sqrt{7}-1)-(\sqrt{5}-1)=\sqrt{7}-\sqrt{5}>0$
$$\therefore\ \sqrt{7}-1\ \boxed{>}\ \sqrt{5}-1$$
(2) $(3+\sqrt{6})-6=\sqrt{6}-3=\sqrt{6}-\sqrt{9}<0$
$$\therefore\ 3+\sqrt{6}\ \boxed{<}\ 6$$
(3) $(4-\sqrt{2})-2=2-\sqrt{2}=\sqrt{4}-\sqrt{2}>0$
$$\therefore\ 4-\sqrt{2}\ \boxed{>}\ 2$$
(4) $(\sqrt{3}+\sqrt{15})-(\sqrt{3}+4)=\sqrt{15}-4=\sqrt{15}-\sqrt{16}<0$
$$\therefore\ \sqrt{3}+\sqrt{15}\ \boxed{<}\ \sqrt{3}+4$$

답 (1) $>$　(2) $<$　(3) $>$　(4) $<$

08 (1) $\sqrt{5.51}=2.347$
(2) $\sqrt{5.73}=2.394$
(3) $\sqrt{5.82}=2.412$

답 (1) 2.347　(2) 2.394　(3) 2.412

핵심문제 익히기 ＞본문 26∼28쪽

| 1 4 | 2 ⑤ | 3 P: $2-\sqrt{5}$, Q: $2+\sqrt{5}$ |
| 4 ㄴ, ㄹ | 5 $c<a<b$ | 6 4752 |

1 $\sqrt{1.21}=1.1$ ➡ 유리수
$(-\sqrt{0.5})^2=0.5$ ➡ 유리수
$\sqrt{0.\dot{4}}=\sqrt{\dfrac{4}{9}}=\dfrac{2}{3}$ ➡ 유리수
따라서 순환소수가 아닌 무한소수, 즉 무리수인 것은
$\sqrt{2}+1,\ \sqrt{\dfrac{1}{2}},\ \sqrt{48},\ \pi$의 4개이다.　**답** 4

2 ⑤ $\sqrt{6}$은 무리수이므로 기약분수로 나타낼 수 없다.
따라서 옳지 않은 것은 ⑤이다.　**답** ⑤

3 △ABC에서
$$\overline{AC}=\sqrt{2^2+1^2}=\sqrt{5}$$
이때 $\overline{AP}=\overline{AC}=\sqrt{5}$이므로 점 P에 대응하는 수는 $2-\sqrt{5}$
이다.
△ADE에서
$$\overline{AE}=\sqrt{1^2+2^2}=\sqrt{5}$$
이때 $\overline{AQ}=\overline{AE}=\sqrt{5}$이므로 점 Q에 대응하는 수는 $2+\sqrt{5}$
이다.　**답** P: $2-\sqrt{5}$, Q: $2+\sqrt{5}$

4 ㄱ. $\dfrac{1}{3}$과 $\dfrac{1}{2}$ 사이에는 무수히 많은 무리수가 있다.
ㄷ. 서로 다른 두 무리수 사이에는 무수히 많은 유리수와
무리수가 있다.
이상에서 옳은 것은 ㄴ, ㄹ이다.　**답** ㄴ, ㄹ

5 $a-b=(1-\sqrt{8})-(1-\sqrt{6})=\sqrt{6}-\sqrt{8}<0$
$$\therefore\ a<b$$
$a-c=(1-\sqrt{8})-(-2)=3-\sqrt{8}=\sqrt{9}-\sqrt{8}>0$
$$\therefore\ a>c$$
$$\therefore\ c<a<b$$　**답** $c<a<b$

6 $\sqrt{20.5}=4.528$이므로
$$x=4.528$$
$\sqrt{22.4}=4.733$이므로
$$y=22.4$$
$$\therefore\ 1000x+10y=1000\times4.528+10\times22.4$$
$$=4528+224=4752$$

답 4752

| 01 ③, ⑤ | 02 점 A | 03 ④ | 04 ③ |
| 05 7 | | | |

01 ① $0.1\dot{2}=\dfrac{11}{90}$ ➡ 유리수
② $-\sqrt{0.04}=-0.2$ ➡ 유리수
④ $\dfrac{\sqrt{25}}{3}=\dfrac{5}{3}$ ➡ 유리수
따라서 무리수인 것은 ③, ⑤이다.　**답** ③, ⑤

02 한 변의 길이가 1인 정사각형의 대각선의 길이는
$$\sqrt{1^2+1^2}=\sqrt{2}$$
따라서 $2-\sqrt{2}$는 2에 대응하는 점에서 왼쪽으로 $\sqrt{2}$만큼
떨어진 점 A에 대응한다.　**답** 점 A

03 ④ 1에 가장 가까운 무리수는 알 수 없다.

따라서 옳지 않은 것은 ④이다. 답 ④

04 ① $(\sqrt{3}+1)-3=\sqrt{3}-2=\sqrt{3}-\sqrt{4}<0$

$\therefore \sqrt{3}+1\boxed{<}3$

② $(\sqrt{2}-5)-(\sqrt{3}-5)=\sqrt{2}-\sqrt{3}<0$

$\therefore \sqrt{2}-5\boxed{<}\sqrt{3}-5$

③ $(-4+\sqrt{15})-(-1)=\sqrt{15}-3=\sqrt{15}-\sqrt{9}>0$

$\therefore -4+\sqrt{15}\boxed{>}-1$

④ $(\sqrt{7}+4)-(\sqrt{7}+\sqrt{17})=4-\sqrt{17}=\sqrt{16}-\sqrt{17}<0$

$\therefore \sqrt{7}+4\boxed{<}\sqrt{7}+\sqrt{17}$

⑤ $(\sqrt{20}-\sqrt{10})-(5-\sqrt{10})=\sqrt{20}-5=\sqrt{20}-\sqrt{25}<0$

$\therefore \sqrt{20}-\sqrt{10}\boxed{<}5-\sqrt{10}$

따라서 □ 안에 알맞은 부등호의 방향이 나머지 넷과 다른 하나는 ③이다. 답 ③

05 $\sqrt{77.5}=8.803$이므로

$a=77.5$

$\sqrt{76.8}=8.764$이므로

$b=76.8$

$\therefore 10(a-b)=10\times(77.5-76.8)=7$

답 7

중단원 **마무리하기** ❯ 본문 30～33쪽

01 ③	**02** ②, ⑤	**03** 1	**04** 11
05 ④	**06** ①	**07** 10	**08** ④
09 ④	**10** P$(-1-\sqrt{5})$, Q$(1+\sqrt{2})$	**11** ①, ⑤	
12 A: $-\sqrt{8}$, B: $-\sqrt{3}$, C: $3-\sqrt{2}$, D: $\sqrt{2}+1$, $-\sqrt{8}<-\sqrt{3}<3-\sqrt{2}<\sqrt{2}+1$			
13 ⑤	**14** 2.474	**15** ②	**16** -6
17 0	**18** 260	**19** ③	**20** 0
21 ④	**22** ③, ⑤	**23** $-3-\sqrt{13}$	**24** Q
25 ③	**26** 36	**27** 54	**28** 89

01 전략 음수의 제곱근은 없다.

① 4는 16의 양의 제곱근이다.

② 제곱근 36은 $\sqrt{36}=6$이다.

③ $\left(-\dfrac{1}{2}\right)^3=-\dfrac{1}{8}$은 음수이므로 제곱근이 없다.

④ $\sqrt{(-16)^2}=16$의 제곱근은 ±4이다.

⑤ -5는 음수이므로 제곱근이 없다.

따라서 옳은 것은 ③이다. 답 ③

02 전략 근호 안의 수가 어떤 수의 제곱이면 근호를 사용하지 않고 나타낼 수 있다.

① 10의 제곱근은 $\pm\sqrt{10}$이다.

② $\dfrac{121}{25}$의 제곱근은 $\pm\dfrac{11}{5}$이다.

③ 0.4의 제곱근은 $\pm\sqrt{0.4}$이다.

④ $\sqrt{225}=15$의 제곱근은 $\pm\sqrt{15}$이다.

⑤ $1.\dot{7}=\dfrac{16}{9}$의 제곱근은 $\pm\dfrac{4}{3}$이다.

따라서 제곱근을 근호를 사용하지 않고 나타낼 수 있는 것은 ②, ⑤이다. 답 ②, ⑤

03 전략 $a>0$일 때, a의 음의 제곱근은 $-\sqrt{a}$, 제곱근 a는 $\sqrt{a}$임을 이용한다.

$\sqrt{(-49)^2}=49$의 음의 제곱근은 -7이므로

$A=-7$

제곱근 64는 $\sqrt{64}=8$이므로

$B=8$

$\therefore A+B=-7+8=1$ 답 1

04 전략 제곱근의 성질을 이용하여 주어진 식을 계산한다.

$\sqrt{\dfrac{4}{9}}\times\sqrt{81}+\sqrt{(-2)^2}\div\sqrt{\left(\dfrac{2}{5}\right)^2}$

$=\dfrac{2}{3}\times9+2\div\dfrac{2}{5}$

$=\dfrac{2}{3}\times9+2\times\dfrac{5}{2}$

$=6+5=11$ 답 11

05 전략 $a\geq0$일 때 $\sqrt{a^2}=a$, $a<0$일 때 $\sqrt{a^2}=-a$임을 이용한다.

① $2a>0$이므로

$-\sqrt{(2a)^2}=-2a$

② $-5a<0$이므로

$\sqrt{(-5a)^2}=-(-5a)=5a$

③ $-a<0$이므로

$\sqrt{(-a)^2}=-(-a)=a$

④ $3a>0$이므로

$-\sqrt{9a^2}=-\sqrt{(3a)^2}=-3a$

⑤ $-8a<0$이므로

$-\sqrt{(-8a)^2}=-\{-(-8a)\}=-8a$

따라서 옳지 않은 것은 ④이다. 답 ④

06 전략 먼저 $a-2$, $a+3$의 부호를 알아본다.

$-3<a<2$에서 $a-2<0$, $a+3>0$이므로

$\sqrt{(a-2)^2}-\sqrt{(a+3)^2}=-(a-2)-(a+3)$

$=-a+2-a-3$

$=-2a-1$ 답 ①

07 18을 소인수분해 한 후 근호 안의 모든 소인수의 지수가 짝수가 되도록 하는 가장 작은 자연수 x의 값을 구한다.

$\sqrt{\dfrac{18}{5}x} = \sqrt{\dfrac{2 \times 3^2}{5} \times x}$이므로 가장 작은 자연수 x의 값은

$2 \times 5 = 10$

답 10

08 근호가 없는 수는 근호를 사용하여 나타낸 후 대소를 비교한다.

① $4 = \sqrt{16}$이고 $16 > 13$이므로

$4 \boxed{>} \sqrt{13}$

② $\sqrt{7} < \sqrt{10}$이므로

$-\sqrt{7} \boxed{>} -\sqrt{10}$

③ $0.1 = \sqrt{0.01}$이고 $0.1 > 0.01$이므로

$\sqrt{0.1} \boxed{>} 0.1$

④ $\dfrac{1}{3} = \sqrt{\dfrac{1}{9}}$이고 $\dfrac{1}{9} < \dfrac{2}{9}$이므로

$\dfrac{1}{3} \boxed{<} \sqrt{\dfrac{2}{9}}$

⑤ $5 = \sqrt{25}$이고 $21 < 25$이므로

$\sqrt{21} < 5$ $\therefore -\sqrt{21} \boxed{>} -5$

따라서 □ 안에 알맞은 부등호의 방향이 나머지 넷과 다른 하나는 ④이다.

답 ④

09 □ 안에 해당하는 수를 알아본다.

□ 안의 수는 무리수이다.

① 3.7 ➡ 유리수

② $0.2\dot{3} = \dfrac{21}{90} = \dfrac{7}{30}$ ➡ 유리수

③ $\sqrt{144} = 12$ ➡ 유리수

⑤ $\sqrt{(-6)^2} = 6$ ➡ 유리수

따라서 □ 안의 수에 해당하는 것은 ④이다.

답 ④

10 피타고라스 정리를 이용하여 $\overline{AD}$, $\overline{EF}$의 길이를 구한다.

$\overline{AD} = \sqrt{1^2 + 2^2} = \sqrt{5}$이므로

$\overline{AP} = \overline{AD} = \sqrt{5}$

$\therefore P(-1-\sqrt{5})$

$\overline{EF} = \sqrt{1^2 + 1^2} = \sqrt{2}$이므로

$\overline{EQ} = \overline{EF} = \sqrt{2}$

$\therefore Q(1+\sqrt{2})$

답 $P(-1-\sqrt{5})$, $Q(1+\sqrt{2})$

11 무리수와 실수의 성질에 대하여 생각해 본다.

② $\sqrt{2}$는 무리수이므로 기약분수로 나타낼 수 없다.

③ 수직선은 무리수에 대응하는 점들로 완전히 메울 수 없다.

④ $\sqrt{5}$와 $\sqrt{7}$ 사이에는 무수히 많은 무리수가 있다.

따라서 옳은 것은 ①, ⑤이다.

답 ①, ⑤

12 네 수의 범위를 각각 구한다.

$\sqrt{1} < \sqrt{3} < \sqrt{4}$에서 $1 < \sqrt{3} < 2$이므로

$-2 < -\sqrt{3} < -1$

$\sqrt{1} < \sqrt{2} < \sqrt{4}$에서 $1 < \sqrt{2} < 2$이므로

$2 < \sqrt{2} + 1 < 3$

$\sqrt{4} < \sqrt{8} < \sqrt{9}$에서 $2 < \sqrt{8} < 3$이므로

$-3 < -\sqrt{8} < -2$

$1 < \sqrt{2} < 2$에서 $-2 < -\sqrt{2} < -1$이므로

$1 < 3 - \sqrt{2} < 2$

따라서 네 점 A, B, C, D에 대응하는 수는 각각

$-\sqrt{8}, \ -\sqrt{3}, \ 3-\sqrt{2}, \ \sqrt{2}+1$

이고 네 수의 대소를 비교하면

$-\sqrt{8} < -\sqrt{3} < 3-\sqrt{2} < \sqrt{2}+1$

답 A: $-\sqrt{8}$, B: $-\sqrt{3}$, C: $3-\sqrt{2}$, D: $\sqrt{2}+1$,

$-\sqrt{8} < -\sqrt{3} < 3-\sqrt{2} < \sqrt{2}+1$

13 두 수의 차를 이용하여 두 수의 대소를 비교한다.

① $3 - (\sqrt{3}+1) = 2 - \sqrt{3} = \sqrt{4} - \sqrt{3} > 0$

$\therefore 3 > \sqrt{3}+1$

② $4 - (-\sqrt{2}+5) = -1 + \sqrt{2} = -\sqrt{1} + \sqrt{2} > 0$

$\therefore 4 > -\sqrt{2}+5$

③ $(\sqrt{17}+\sqrt{2}) - (4+\sqrt{2}) = \sqrt{17}-4 = \sqrt{17} - \sqrt{16} > 0$

$\therefore \sqrt{17}+\sqrt{2} > 4+\sqrt{2}$

④ $(1-\sqrt{7}) - (1-\sqrt{5}) = -\sqrt{7} + \sqrt{5} < 0$

$\therefore 1-\sqrt{7} < 1-\sqrt{5}$

⑤ $(3-\sqrt{10}) - (-\sqrt{10}+\sqrt{6}) = 3 - \sqrt{6} = \sqrt{9} - \sqrt{6} > 0$

$\therefore 3-\sqrt{10} > -\sqrt{10}+\sqrt{6}$

따라서 옳지 않은 것은 ⑤이다.

답 ⑤

14 제곱근표를 이용하여 a, b의 값을 구한다.

$\sqrt{6.01} = 2.452$이므로

$a = 6.01$

$\sqrt{6.23} = 2.496$이므로

$b = 6.23$

$\therefore \sqrt{\dfrac{a+b}{2}} = \sqrt{\dfrac{6.01+6.23}{2}} = \sqrt{6.12} = 2.474$

답 2.474

15 먼저 두 정사각형의 넓이의 합을 구한다.

두 정사각형의 넓이의 합은

$3^2 + 5^2 = 34 \ (\text{cm}^2)$

새로 만든 정사각형의 한 변의 길이를 x cm라 하면

$x^2 = 34$

$\therefore x = \sqrt{34} \ (\because x > 0)$

따라서 새로 만든 정사각형의 한 변의 길이는 $\sqrt{34}$ cm이다.

답 ②

16 전략 제곱근의 성질을 이용하여 A, B의 값을 구한다.

$$A=13-0.5\div\frac{1}{50}=13-\frac{1}{2}\times50=13-25=-12$$

$$B=-6+4\times3=-6+12=6$$

$$\therefore A+B=-12+6=-6$$

답 -6

17 전략 먼저 $a-\dfrac{1}{a}$, $a+\dfrac{1}{a}$, $-2a$의 부호를 알아본다.

$0<a<1$에서 $\dfrac{1}{a}>1$이므로

$$a-\frac{1}{a}<0,\ a+\frac{1}{a}>0,\ -2a<0$$

$$\therefore\ \sqrt{\left(a-\frac{1}{a}\right)^2}-\sqrt{\left(a+\frac{1}{a}\right)^2}+\sqrt{(-2a)^2}$$

$$=-\left(a-\frac{1}{a}\right)-\left(a+\frac{1}{a}\right)-(-2a)$$

$$=-a+\frac{1}{a}-a-\frac{1}{a}+2a$$

$$=0$$

답 0

18 전략 200을 소인수분해 한 후 근호 안의 모든 소인수의 지수가 짝수가 되도록 하는 자연수 x의 값을 구한다.

$\sqrt{\dfrac{200}{x}}=\sqrt{\dfrac{2^3\times5^2}{x}}$이 자연수가 되려면 x는 200의 약수이면서 $2\times($자연수$)^2$의 꼴이어야 한다.

즉 자연수 x는

$$2,\ 2^3=8,\ 2\times5^2=50,\ 2^3\times5^2=200$$

따라서 모든 자연수 x의 값의 합은

$$2+8+50+200=260$$

답 260

19 전략 $\sqrt{58+a}$가 자연수가 되기 위한 조건을 생각해 본다.

$\sqrt{58+a}$가 자연수가 되려면 $58+a$는 $($자연수$)^2$의 꼴이어야 한다.

a는 자연수이므로 $58+a>58$에서

$$58+a=64,\ 81,\ 100,\ \cdots$$

이때 a는 두 번째로 작은 자연수이므로

$$58+a=81\qquad\therefore a=23$$

따라서 $b=\sqrt{58+23}=\sqrt{81}=9$이므로

$$a-b=23-9=14$$

답 ③

20 전략 제곱근의 대소 관계를 이용하여 $\sqrt{15}-4$, $4-\sqrt{15}$의 부호를 알아본다.

$4=\sqrt{16}$이고 $15<16$이므로 $\sqrt{15}<4$

즉 $\sqrt{15}-4<0$, $4-\sqrt{15}>0$이므로

$$\sqrt{(\sqrt{15}-4)^2}-\sqrt{(4-\sqrt{15})^2}$$

$$=-(\sqrt{15}-4)-(4-\sqrt{15})$$

$$=-\sqrt{15}+4-4+\sqrt{15}$$

$$=0$$

답 0

21 전략 $a<\sqrt{x}<b$이면 $\sqrt{a^2}<\sqrt{x}<\sqrt{b^2}$임을 이용한다.

$2<\sqrt{\dfrac{x}{5}}<\dfrac{5}{2}$에서 $\sqrt{4}<\sqrt{\dfrac{x}{5}}<\sqrt{\dfrac{25}{4}}$이므로

$$4<\frac{x}{5}<\frac{25}{4}\qquad\therefore 20<x<\frac{125}{4}$$

따라서 자연수 x는 21, 22, 23, $\cdots$, 30, 31의 11개이다.

답 ④

22 전략 (유리수)$\pm$(무리수)$=$(무리수)임을 이용한다.

① (유리수)$+$(유리수)$=$(유리수)이므로 $a+1$은 유리수이다.

② (유리수)$\times$(유리수)$=$(유리수)이므로 $3a$는 유리수이다.

③ (유리수)$-$(무리수)$=$(무리수)이므로 $a-\sqrt{5}$는 무리수이다.

④ $a=0$일 때, $\sqrt{2}a=0$이므로 $\sqrt{2}a$는 유리수가 될 수도 있다.

⑤ (유리수)$+$(무리수)$=$(무리수)이므로 $a+\sqrt{7}$은 무리수이다.

따라서 항상 무리수인 것은 ③, ⑤이다.

답 ③, ⑤

23 전략 $\overline{AC}$의 길이를 구한 후 $\overline{AQ}=\overline{AC}$임을 이용하여 점 A에 대응하는 수를 구한다.

$\triangle ABC$에서 $\overline{AC}=\sqrt{2^2+3^2}=\sqrt{13}$

$\overline{AQ}=\overline{AC}=\sqrt{13}$이고 점 Q에 대응하는 수가 $\sqrt{13}-3$이므로 점 A에 대응하는 수는 -3이다.

$\overline{AP}=\overline{AC}=\sqrt{13}$이므로 점 P에 대응하는 수는 $-3-\sqrt{13}$이다.

답 $-3-\sqrt{13}$

24 전략 세 수 3, $\sqrt{7}+1$, $\sqrt{23}-2$의 대소를 비교해 본다.

$$(\sqrt{7}+1)-3=\sqrt{7}-2=\sqrt{7}-\sqrt{4}>0$$

$$\therefore\ \sqrt{7}+1>3$$

$$3-(\sqrt{23}-2)=5-\sqrt{23}=\sqrt{25}-\sqrt{23}>0$$

$$\therefore\ 3>\sqrt{23}-2$$

따라서 $\sqrt{7}+1>3>\sqrt{23}-2$이므로 원 Q의 반지름의 길이가 가장 길다.

즉 넓이가 가장 큰 원은 Q이다.

답 Q

25 전략 $\sqrt{2}$와 $\sqrt{15}$에 가까운 정수를 이용하여 주어진 수가 $\sqrt{2}$와 $\sqrt{15}$ 사이의 수인지 확인한다.

$\sqrt{1}<\sqrt{2}<\sqrt{4}$에서 $1<\sqrt{2}<2$

$\sqrt{9}<\sqrt{15}<\sqrt{16}$에서 $3<\sqrt{15}<4$

③ $1<\sqrt{2}<2$에서 $4<\sqrt{2}+3<5$이므로 $\sqrt{2}+3$은 $\sqrt{2}$와 $\sqrt{15}$ 사이에 있는 수가 아니다.

따라서 $\sqrt{2}$와 $\sqrt{15}$ 사이에 있는 수가 아닌 것은 ③이다.

답 ③

두 실수 사이의 수
① 두 자연수 a, b 사이에 $\sqrt{c}$가 있으면 $\sqrt{a^2} < \sqrt{c} < \sqrt{b^2}$이 성립한다.
② 두 무리수 $\sqrt{a}$, $\sqrt{b}$ 사이에 c가 있으면 $\sqrt{a} < \sqrt{c^2} < \sqrt{b}$가 성립한다.

26 **전략** 넓이가 a인 정사각형의 한 변의 길이는 $\sqrt{a}$임을 이용한다.

A, B의 넓이가 각각 $15n$, $24-n$이므로 A, B의 한 변의 길이는 각각 $\sqrt{15n}$, $\sqrt{24-n}$이다.

이때 각 변의 길이가 자연수이므로 $\sqrt{15n} = \sqrt{3 \times 5 \times n}$에서 $n = 3 \times 5 \times ($자연수$)^2$의 꼴이어야 한다.

$$\therefore n = \text{⑮}, 60, 135, \cdots \qquad \cdots\cdots \text{㉠}$$

또 $24-n$은 24보다 작은 $($자연수$)^2$의 꼴이어야 한다.

즉 $24-n=1, 4, 9, 16$에서
$$n = 23, 20, \text{⑮}, 8 \qquad \cdots\cdots \text{㉡}$$

㉠, ㉡에서 자연수 n의 값은 15이다.

따라서 A의 한 변의 길이는
$$\sqrt{15n} = \sqrt{15 \times 15} = 15$$

B의 한 변의 길이는
$$\sqrt{24-n} = \sqrt{24-15} = \sqrt{9} = 3$$

이므로 C의 넓이는
$$(15-3) \times 3 = 12 \times 3 = 36$$

답 36

27 **전략** x와 가장 가까운 $($자연수$)^2$의 꼴인 수를 찾는다.

$\sqrt{1}=1$, $\sqrt{4}=2$, $\sqrt{9}=3$, $\sqrt{16}=4$이므로
$$N(1) = N(2) = N(3) = 1$$
$$N(4) = N(5) = N(6) = N(7) = N(8) = 2$$
$$N(9) = N(10) = N(11) = \cdots = N(15) = 3$$
$$N(16) = N(17) = N(18) = N(19) = N(20) = 4$$
$$\therefore N(1) + N(2) + N(3) + \cdots + N(20)$$
$$= 1 \times 3 + 2 \times 5 + 3 \times 7 + 4 \times 5$$
$$= 3 + 10 + 21 + 20$$
$$= 54$$

답 54

28 **전략** $\sqrt{2n}$, $\sqrt{5n}$이 각각 유리수가 되도록 하는 n의 개수를 구한다.

(i) $\sqrt{2n}$이 유리수가 되도록 하는 자연수 n은
$$2 \times 1^2, 2 \times 2^2, \cdots, 2 \times 7^2 \text{의 7개}$$

(ii) $\sqrt{5n}$이 유리수가 되도록 하는 자연수 n은
$$5 \times 1^2, 5 \times 2^2, 5 \times 3^2, 5 \times 4^2 \text{의 4개}$$

(i), (ii)에서 겹치는 경우는 없으므로 $\sqrt{2n}$, $\sqrt{5n}$이 모두 무리수가 되도록 하는 자연수 n의 개수는
$$100 - (7+4) = 89$$

답 89

---

1 $8a$	**2** $-1+\sqrt{8}$	**3** -3
4 21	**5** 5	**6** 9

1 **1단계** $a-b>0$, $\dfrac{a}{b}<0$이므로
$$a>0, b<0$$

2단계 $a>0$, $b<0$이므로
$$4a>0, -b>0, b-4a<0$$

3단계 $\sqrt{16a^2} - \sqrt{(-b)^2} + \sqrt{(b-4a)^2}$
$$= \sqrt{(4a)^2} - \sqrt{(-b)^2} + \sqrt{(b-4a)^2}$$
$$= 4a - (-b) - (b-4a)$$
$$= 4a + b - b + 4a$$
$$= 8a$$

답 $8a$

2 **1단계** $\overline{CP} = \overline{CA} = \sqrt{2^2+2^2} = \sqrt{8}$이고 점 P에 대응하는 수가 $1-\sqrt{8}$이므로 점 C에 대응하는 수는 1이다.

2단계 정사각형 ABCD의 한 변의 길이가 2이므로 점 B에 대응하는 수는 -1이다.

3단계 $\overline{BQ} = \overline{BD} = \sqrt{2^2+2^2} = \sqrt{8}$이므로 점 Q에 대응하는 수는 $-1+\sqrt{8}$이다.

답 $-1+\sqrt{8}$

3 **1단계** $\sqrt{256} = 16$의 음의 제곱근은 -4이므로
$$A = -4$$

2단계 $\left(-\sqrt{\dfrac{9}{16}}\right)^2 = \dfrac{9}{16}$의 양의 제곱근은 $\dfrac{3}{4}$이므로
$$B = \dfrac{3}{4}$$

3단계 $AB = (-4) \times \dfrac{3}{4} = -3$

답 -3

단계	채점 요소	배점
1	A의 값 구하기	2점
2	B의 값 구하기	2점
3	AB의 값 구하기	2점

4 **1단계** $\sqrt{28x} = \sqrt{2^2 \times 7 \times x}$가 자연수가 되려면
$$x = 7 \times (\text{자연수})^2 \text{의 꼴이어야 한다.}$$
이때 x는 가장 작은 자연수이므로 $\quad x = 7$

2단계 $y = \sqrt{28x} = \sqrt{28 \times 7} = \sqrt{196} = 14$

3단계 $x + y = 7 + 14 = 21$

답 21

단계	채점 요소	배점
1	x의 값 구하기	3점
2	y의 값 구하기	2점
3	$x+y$의 값 구하기	1점

5 **1단계** $-6<-\sqrt{4-3x}<-4$에서
$$4<\sqrt{4-3x}<6$$
즉 $\sqrt{16}<\sqrt{4-3x}<\sqrt{36}$이므로
$$16<4-3x<36$$
$$12<-3x<32$$
$$\therefore -\frac{32}{3}<x<-4$$

2단계 주어진 부등식을 만족시키는 정수 x 중에서 가장 큰 수는 -5, 가장 작은 수는 -10이므로
$$A=-5,\ B=-10$$

3단계 $A-B=-5-(-10)=5$

답 5

단계	채점 요소	배점
1	x의 값의 범위 구하기	4점
2	A, B의 값 구하기	2점
3	$A-B$의 값 구하기	1점

6 **1단계** $\sqrt{9}<\sqrt{10}<\sqrt{16}$, 즉 $3<\sqrt{10}<4$이므로
$$-2<\sqrt{10}-5<-1$$

2단계 $3<\sqrt{10}<4$에서 $-4<-\sqrt{10}<-3$이므로
$$4<8-\sqrt{10}<5$$

3단계 $\sqrt{10}-5$와 $8-\sqrt{10}$ 사이에 있는 정수는 -1, 0, 1, 2, 3, 4이므로 구하는 합은
$$-1+0+1+2+3+4=9$$

답 9

단계	채점 요소	배점
1	$\sqrt{10}-5$의 값의 범위 구하기	2점
2	$8-\sqrt{10}$의 값의 범위 구하기	2점
3	모든 정수의 합 구하기	3점

I-2 근호를 포함한 식의 계산

01 제곱근의 곱셈과 나눗셈

개념원리 확인하기 > 본문 39쪽

01 (1) $\sqrt{21}$ (2) $\sqrt{70}$ (3) $-\sqrt{2}$ (4) $15\sqrt{6}$

02 (1) $\sqrt{5}$ (2) $2\sqrt{6}$ (3) $4\sqrt{5}$ (4) $\sqrt{3}$

03 (1) $2\sqrt{7}$ (2) $3\sqrt{5}$ (3) $3\sqrt{6}$ (4) $-7\sqrt{2}$
  (5) $\dfrac{\sqrt{7}}{6}$ (6) $-\dfrac{\sqrt{11}}{10}$

04 (1) $\sqrt{63}$ (2) $-\sqrt{48}$ (3) $\sqrt{\dfrac{8}{3}}$ (4) $\sqrt{\dfrac{2}{25}}$

05 (1) $\dfrac{2\sqrt{3}}{3}$ (2) $\dfrac{\sqrt{10}}{2}$ (3) $-\dfrac{\sqrt{15}}{3}$ (4) $\dfrac{3\sqrt{6}}{4}$

01 (1) $\sqrt{3}\sqrt{7}=\sqrt{3\times7}=\sqrt{21}$
  (2) $\sqrt{2}\sqrt{5}\sqrt{7}=\sqrt{2\times5\times7}=\sqrt{70}$
  (3) $-\sqrt{\dfrac{10}{9}}\times\sqrt{\dfrac{9}{5}}=-\sqrt{\dfrac{10}{9}\times\dfrac{9}{5}}=-\sqrt{2}$
  (4) $3\sqrt{2}\times5\sqrt{3}=(3\times5)\times\sqrt{2\times3}=15\sqrt{6}$

답 (1) $\sqrt{21}$ (2) $\sqrt{70}$ (3) $-\sqrt{2}$ (4) $15\sqrt{6}$

02 (1) $\dfrac{\sqrt{30}}{\sqrt{6}}=\sqrt{\dfrac{30}{6}}=\sqrt{5}$
  (2) $2\sqrt{42}\div\sqrt{7}=\dfrac{2\sqrt{42}}{\sqrt{7}}=2\sqrt{\dfrac{42}{7}}=2\sqrt{6}$
  (3) $24\sqrt{10}\div6\sqrt{2}=\dfrac{24\sqrt{10}}{6\sqrt{2}}=4\sqrt{\dfrac{10}{2}}=4\sqrt{5}$
  (4) $\dfrac{\sqrt{15}}{\sqrt{2}}\div\dfrac{\sqrt{5}}{\sqrt{2}}=\dfrac{\sqrt{15}}{\sqrt{2}}\times\dfrac{\sqrt{2}}{\sqrt{5}}$
    $=\sqrt{\dfrac{15}{2}\times\dfrac{2}{5}}=\sqrt{3}$

답 (1) $\sqrt{5}$ (2) $2\sqrt{6}$ (3) $4\sqrt{5}$ (4) $\sqrt{3}$

03 (1) $\sqrt{28}=\sqrt{2^2\times7}=2\sqrt{7}$
  (2) $\sqrt{45}=\sqrt{3^2\times5}=3\sqrt{5}$
  (3) $\sqrt{54}=\sqrt{3^2\times6}=3\sqrt{6}$
  (4) $-\sqrt{98}=-\sqrt{7^2\times2}=-7\sqrt{2}$
  (5) $\sqrt{\dfrac{7}{36}}=\sqrt{\dfrac{7}{6^2}}=\dfrac{\sqrt{7}}{6}$
  (6) $-\sqrt{0.11}=-\sqrt{\dfrac{11}{100}}=-\sqrt{\dfrac{11}{10^2}}=-\dfrac{\sqrt{11}}{10}$

답 (1) $2\sqrt{7}$ (2) $3\sqrt{5}$ (3) $3\sqrt{6}$
  (4) $-7\sqrt{2}$ (5) $\dfrac{\sqrt{7}}{6}$ (6) $-\dfrac{\sqrt{11}}{10}$

04 (1) $3\sqrt{7}=\sqrt{3^2\times7}=\sqrt{63}$
  (2) $-4\sqrt{3}=-\sqrt{4^2\times3}=-\sqrt{48}$

(3) $2\sqrt{\dfrac{2}{3}}=\sqrt{2^2\times\dfrac{2}{3}}=\sqrt{\dfrac{8}{3}}$

(4) $\dfrac{\sqrt{2}}{5}=\sqrt{\dfrac{2}{5^2}}=\sqrt{\dfrac{2}{25}}$

$\quad$ 답 (1) $\sqrt{63}$ (2) $-\sqrt{48}$ (3) $\sqrt{\dfrac{8}{3}}$ (4) $\sqrt{\dfrac{2}{25}}$

05 (1) $\dfrac{2}{\sqrt{3}}=\dfrac{2\times\sqrt{3}}{\sqrt{3}\times\sqrt{3}}=\dfrac{2\sqrt{3}}{3}$

(2) $\dfrac{\sqrt{5}}{\sqrt{2}}=\dfrac{\sqrt{5}\times\sqrt{2}}{\sqrt{2}\times\sqrt{2}}=\dfrac{\sqrt{10}}{2}$

(3) $-\dfrac{5}{\sqrt{15}}=-\dfrac{5\times\sqrt{15}}{\sqrt{15}\times\sqrt{15}}=-\dfrac{5\sqrt{15}}{15}=-\dfrac{\sqrt{15}}{3}$

(4) $\dfrac{9}{2\sqrt{6}}=\dfrac{9\times\sqrt{6}}{2\sqrt{6}\times\sqrt{6}}=\dfrac{9\sqrt{6}}{12}=\dfrac{3\sqrt{6}}{4}$

$\quad$ 답 (1) $\dfrac{2\sqrt{3}}{3}$ (2) $\dfrac{\sqrt{10}}{2}$ (3) $-\dfrac{\sqrt{15}}{3}$ (4) $\dfrac{3\sqrt{6}}{4}$

핵심문제 익히기 ▶본문 40～43쪽

1 ④	2 ㄱ, ㄷ	3 2
4 ⑤	5 ②	6 ①, ⑤
7 8	8 $4\sqrt{15}$ cm	

1 ① $\sqrt{3}\times\sqrt{12}=\sqrt{3\times12}=\sqrt{36}=6$

② $2\sqrt{2}\times\sqrt{11}=2\sqrt{2\times11}=2\sqrt{22}$

③ $\sqrt{\dfrac{7}{2}}\times\left(-\sqrt{\dfrac{6}{7}}\right)=-\sqrt{\dfrac{7}{2}\times\dfrac{6}{7}}=-\sqrt{3}$

④ $5\sqrt{6}\times2\sqrt{\dfrac{2}{3}}=(5\times2)\times\sqrt{6\times\dfrac{2}{3}}$

$\qquad\qquad\qquad =10\sqrt{4}=20$

⑤ $(-\sqrt{10})\times3\sqrt{3}\times\sqrt{\dfrac{1}{6}}=-3\sqrt{10\times3\times\dfrac{1}{6}}=-3\sqrt{5}$

따라서 옳지 않은 것은 ④이다. $\quad$ 답 ④

2 ㄱ. $24\sqrt{40}\div6\sqrt{8}=\dfrac{24\sqrt{40}}{6\sqrt{8}}=4\sqrt{\dfrac{40}{8}}=4\sqrt{5}$

ㄴ. $\dfrac{\sqrt{15}}{\sqrt{6}}\div\dfrac{\sqrt{5}}{\sqrt{18}}=\dfrac{\sqrt{15}}{\sqrt{6}}\times\dfrac{\sqrt{18}}{\sqrt{5}}$

$\qquad\qquad\qquad =\sqrt{\dfrac{15}{6}\times\dfrac{18}{5}}$

$\qquad\qquad\qquad =\sqrt{9}=3$

ㄷ. $2\sqrt{7}\div\left(-\sqrt{\dfrac{5}{2}}\right)\div\left(-\dfrac{1}{\sqrt{15}}\right)$

$\qquad =2\sqrt{7}\times\left(-\dfrac{\sqrt{2}}{\sqrt{5}}\right)\times(-\sqrt{15})$

$\qquad =2\sqrt{7\times\dfrac{2}{5}\times15}=2\sqrt{42}$

이상에서 옳은 것은 ㄱ, ㄷ이다. $\quad$ 답 ㄱ, ㄷ

3 $\sqrt{72}=\sqrt{6^2\times2}=6\sqrt{2}$이므로

$\qquad a=6$

$\dfrac{\sqrt{3}}{3}=\sqrt{\dfrac{3}{3^2}}=\sqrt{\dfrac{3}{9}}=\sqrt{\dfrac{1}{3}}$이므로

$\qquad b=\dfrac{1}{3}$

$\therefore ab=6\times\dfrac{1}{3}=2$ $\quad$ 답 2

4 ① $\sqrt{623}=\sqrt{6.23\times100}=10\sqrt{6.23}$

$\qquad\quad =10\times2.496=24.96$

② $\sqrt{6230}=\sqrt{62.3\times100}=10\sqrt{62.3}$

$\qquad\quad =10\times7.893=78.93$

③ $\sqrt{0.0623}=\sqrt{\dfrac{6.23}{100}}=\dfrac{\sqrt{6.23}}{10}$

$\qquad\quad =\dfrac{2.496}{10}=0.2496$

④ $\sqrt{0.00623}=\sqrt{\dfrac{62.3}{10000}}=\dfrac{\sqrt{62.3}}{100}$

$\qquad\quad =\dfrac{7.893}{100}=0.07893$

⑤ $\sqrt{62300}=\sqrt{6.23\times10000}=100\sqrt{6.23}$

$\qquad\quad =100\times2.496=249.6$

따라서 옳지 않은 것은 ⑤이다. $\quad$ 답 ⑤

5 $\sqrt{315}=\sqrt{3^2\times5\times7}=3\times\sqrt{5}\times\sqrt{7}=3ab$ $\quad$ 답 ②

6 ① $\dfrac{1}{\sqrt{7}}=\dfrac{\sqrt{7}}{\sqrt{7}\times\sqrt{7}}=\dfrac{\sqrt{7}}{7}$

② $\dfrac{10}{\sqrt{5}}=\dfrac{10\times\sqrt{5}}{\sqrt{5}\times\sqrt{5}}=\dfrac{10\sqrt{5}}{5}=2\sqrt{5}$

③ $\dfrac{11}{2\sqrt{11}}=\dfrac{11\times\sqrt{11}}{2\sqrt{11}\times\sqrt{11}}=\dfrac{11\sqrt{11}}{22}=\dfrac{\sqrt{11}}{2}$

④ $\dfrac{\sqrt{2}}{4\sqrt{3}}=\dfrac{\sqrt{2}\times\sqrt{3}}{4\sqrt{3}\times\sqrt{3}}=\dfrac{\sqrt{6}}{12}$

⑤ $\dfrac{6\sqrt{3}}{\sqrt{8}}=\dfrac{6\sqrt{3}}{2\sqrt{2}}=\dfrac{3\sqrt{3}}{\sqrt{2}}=\dfrac{3\sqrt{3}\times\sqrt{2}}{\sqrt{2}\times\sqrt{2}}=\dfrac{3\sqrt{6}}{2}$

따라서 옳은 것은 ①, ⑤이다. $\quad$ 답 ①, ⑤

7 $2\sqrt{2}\div\sqrt{6}\times\sqrt{27}=2\sqrt{2}\times\dfrac{1}{\sqrt{6}}\times3\sqrt{3}$

$\qquad\qquad\qquad =6\sqrt{2\times\dfrac{1}{6}\times3}=6$

$\qquad \therefore a=6$

$\dfrac{4}{\sqrt{3}}\times\dfrac{\sqrt{15}}{\sqrt{8}}\div\dfrac{\sqrt{5}}{\sqrt{6}}=\dfrac{4}{\sqrt{3}}\times\dfrac{\sqrt{15}}{2\sqrt{2}}\times\dfrac{\sqrt{6}}{\sqrt{5}}$

$\qquad\qquad\qquad =2\sqrt{\dfrac{1}{3}\times\dfrac{15}{2}\times\dfrac{6}{5}}=2\sqrt{3}$

$\qquad \therefore b=2$

$\qquad \therefore a+b=6+2=8$ $\quad$ 답 8

8 원뿔의 높이를 h cm라 하면

$$\frac{1}{3}\times\pi\times(\sqrt{27})^2\times h=36\sqrt{15}\pi$$

$$9\pi h=36\sqrt{15}\pi$$

$$\therefore h=\frac{36\sqrt{15}\pi}{9\pi}=4\sqrt{15}$$

따라서 원뿔의 높이는 $4\sqrt{15}$ cm이다.

답 $4\sqrt{15}$ cm

계산력 강화하기 ❯ 본문 44쪽

01 (1) $\sqrt{55}$ (2) $12\sqrt{21}$ (3) $-2\sqrt{6}$ (4) $15\sqrt{14}$

02 (1) $\sqrt{13}$ (2) $2\sqrt{3}$ (3) -4 (4) $-5\sqrt{35}$

03 (1) $2\sqrt{11}$ (2) $5\sqrt{5}$ (3) $-8\sqrt{3}$ (4) $\dfrac{\sqrt{5}}{8}$

(5) $-\dfrac{\sqrt{7}}{4}$ (6) $\dfrac{3\sqrt{2}}{10}$

04 (1) $\sqrt{52}$ (2) $\sqrt{150}$ (3) $-\sqrt{108}$ (4) $\sqrt{\dfrac{3}{25}}$

(5) $-\sqrt{\dfrac{20}{9}}$ (6) $\sqrt{\dfrac{18}{7}}$

05 (1) $\dfrac{5\sqrt{7}}{7}$ (2) $\dfrac{\sqrt{22}}{2}$ (3) $\dfrac{3\sqrt{5}}{10}$ (4) $\dfrac{\sqrt{3}}{5}$

06 (1) 6 (2) $6\sqrt{2}$ (3) $-3\sqrt{10}$

---

01 (1) $\sqrt{5}\times\sqrt{11}=\sqrt{5\times11}=\sqrt{55}$

(2) $4\sqrt{3}\times3\sqrt{7}=12\sqrt{3\times7}=12\sqrt{21}$

(3) $\sqrt{\dfrac{3}{7}}\times(-2\sqrt{14})=-2\sqrt{\dfrac{3}{7}\times14}=-2\sqrt{6}$

(4) $(-5\sqrt{6})\times(-3\sqrt{5})\times\sqrt{\dfrac{7}{15}}$

$=15\sqrt{6\times5\times\dfrac{7}{15}}=15\sqrt{14}$

답 (1) $\sqrt{55}$ (2) $12\sqrt{21}$ (3) $-2\sqrt{6}$ (4) $15\sqrt{14}$

02 (1) $\sqrt{39}\div\sqrt{3}=\dfrac{\sqrt{39}}{\sqrt{3}}=\sqrt{\dfrac{39}{3}}=\sqrt{13}$

(2) $10\sqrt{30}\div5\sqrt{10}=\dfrac{10\sqrt{30}}{5\sqrt{10}}=2\sqrt{\dfrac{30}{10}}=2\sqrt{3}$

(3) $\sqrt{28}\div\left(-\dfrac{\sqrt{7}}{2}\right)=\sqrt{28}\times\left(-\dfrac{2}{\sqrt{7}}\right)$

$=-2\sqrt{28\times\dfrac{1}{7}}$

$=-2\sqrt{4}=-4$

(4) $15\sqrt{6}\div\sqrt{\dfrac{3}{5}}\div\left(-\dfrac{3\sqrt{2}}{\sqrt{7}}\right)=15\sqrt{6}\times\sqrt{\dfrac{5}{3}}\times\left(-\dfrac{\sqrt{7}}{3\sqrt{2}}\right)$

$=-5\sqrt{6\times\dfrac{5}{3}\times\dfrac{7}{2}}$

$=-5\sqrt{35}$

답 (1) $\sqrt{13}$ (2) $2\sqrt{3}$ (3) -4 (4) $-5\sqrt{35}$

---

03 (1) $\sqrt{44}=\sqrt{2^2\times11}=2\sqrt{11}$

(2) $\sqrt{125}=\sqrt{5^2\times5}=5\sqrt{5}$

(3) $-\sqrt{192}=-\sqrt{8^2\times3}=-8\sqrt{3}$

(4) $\sqrt{\dfrac{5}{64}}=\sqrt{\dfrac{5}{8^2}}=\dfrac{\sqrt{5}}{8}$

(5) $-\sqrt{\dfrac{21}{48}}=-\sqrt{\dfrac{7}{16}}=-\sqrt{\dfrac{7}{4^2}}=-\dfrac{\sqrt{7}}{4}$

(6) $\sqrt{0.18}=\sqrt{\dfrac{18}{100}}=\sqrt{\dfrac{2\times3^2}{10^2}}=\dfrac{3\sqrt{2}}{10}$

답 (1) $2\sqrt{11}$ (2) $5\sqrt{5}$ (3) $-8\sqrt{3}$ (4) $\dfrac{\sqrt{5}}{8}$

(5) $-\dfrac{\sqrt{7}}{4}$ (6) $\dfrac{3\sqrt{2}}{10}$

04 (1) $2\sqrt{13}=\sqrt{2^2\times13}=\sqrt{52}$

(2) $5\sqrt{6}=\sqrt{5^2\times6}=\sqrt{150}$

(3) $-6\sqrt{3}=-\sqrt{6^2\times3}=-\sqrt{108}$

(4) $\dfrac{\sqrt{3}}{5}=\sqrt{\dfrac{3}{5^2}}=\sqrt{\dfrac{3}{25}}$

(5) $-\dfrac{2\sqrt{5}}{3}=-\sqrt{\dfrac{2^2\times5}{3^2}}=-\sqrt{\dfrac{20}{9}}$

(6) $3\sqrt{\dfrac{2}{7}}=\sqrt{3^2\times\dfrac{2}{7}}=\sqrt{\dfrac{18}{7}}$

답 (1) $\sqrt{52}$ (2) $\sqrt{150}$ (3) $-\sqrt{108}$ (4) $\sqrt{\dfrac{3}{25}}$

(5) $-\sqrt{\dfrac{20}{9}}$ (6) $\sqrt{\dfrac{18}{7}}$

05 (1) $\dfrac{5}{\sqrt{7}}=\dfrac{5\times\sqrt{7}}{\sqrt{7}\times\sqrt{7}}=\dfrac{5\sqrt{7}}{7}$

(2) $\dfrac{\sqrt{11}}{\sqrt{2}}=\dfrac{\sqrt{11}\times\sqrt{2}}{\sqrt{2}\times\sqrt{2}}=\dfrac{\sqrt{22}}{2}$

(3) $\dfrac{3}{\sqrt{20}}=\dfrac{3}{2\sqrt{5}}=\dfrac{3\times\sqrt{5}}{2\sqrt{5}\times\sqrt{5}}=\dfrac{3\sqrt{5}}{10}$

(4) $\dfrac{6}{5\sqrt{12}}=\dfrac{6}{10\sqrt{3}}=\dfrac{3}{5\sqrt{3}}=\dfrac{3\times\sqrt{3}}{5\sqrt{3}\times\sqrt{3}}=\dfrac{3\sqrt{3}}{15}=\dfrac{\sqrt{3}}{5}$

답 (1) $\dfrac{5\sqrt{7}}{7}$ (2) $\dfrac{\sqrt{22}}{2}$ (3) $\dfrac{3\sqrt{5}}{10}$ (4) $\dfrac{\sqrt{3}}{5}$

06 (1) $\sqrt{72}\div\sqrt{20}\times\sqrt{10}=6\sqrt{2}\times\dfrac{1}{2\sqrt{5}}\times\sqrt{10}$

$=3\sqrt{2\times\dfrac{1}{5}\times10}$

$=3\sqrt{4}=6$

(2) $\dfrac{4\sqrt{3}}{\sqrt{2}}\times\dfrac{2\sqrt{5}}{\sqrt{6}}\div\dfrac{\sqrt{30}}{\sqrt{27}}=\dfrac{4\sqrt{3}}{\sqrt{2}}\times\dfrac{2\sqrt{5}}{\sqrt{6}}\times\dfrac{3\sqrt{3}}{\sqrt{30}}$

$=24\sqrt{\dfrac{3}{2}\times\dfrac{5}{6}\times\dfrac{3}{30}}$

$=24\sqrt{\dfrac{1}{8}}=24\times\dfrac{1}{2\sqrt{2}}$

$=\dfrac{12}{\sqrt{2}}=\dfrac{12\times\sqrt{2}}{\sqrt{2}\times\sqrt{2}}=6\sqrt{2}$

$(3)\ \dfrac{\sqrt{15}}{\sqrt{28}}\div\sqrt{\dfrac{3}{7}}\times(-3\sqrt{8})=\dfrac{\sqrt{15}}{2\sqrt{7}}\times\dfrac{\sqrt{7}}{\sqrt{3}}\times(-6\sqrt{2})$

$$=-3\sqrt{\dfrac{15}{7}\times\dfrac{7}{3}\times 2}$$

$$=-3\sqrt{10}$$

탭 $(1)\,6$ $(2)\,6\sqrt{2}$ $(3)\,-3\sqrt{10}$

》본문 45쪽

이런 문제가 시험 에 나온다

01 ①, ④   02 12   03 ⑤   04 2
05 -8 06 $\sqrt{6}\,\mathrm{cm}$

01
① $\sqrt{6}\times\sqrt{18}=\sqrt{6\times18}=\sqrt{108}=6\sqrt{3}$

② $\sqrt{\dfrac{5}{3}}\times\sqrt{\dfrac{27}{5}}=\sqrt{\dfrac{5}{3}\times\dfrac{27}{5}}=\sqrt{9}=3$

③ $\sqrt{54}\div 2\sqrt{3}=\dfrac{\sqrt{54}}{2\sqrt{3}}=\dfrac{1}{2}\sqrt{\dfrac{54}{3}}$

$$=\dfrac{\sqrt{18}}{2}=\dfrac{3\sqrt{2}}{2}$$

④ $\sqrt{\dfrac{5}{2}}\div\sqrt{\dfrac{10}{3}}=\sqrt{\dfrac{5}{2}\times\dfrac{3}{10}}=\sqrt{\dfrac{3}{4}}=\dfrac{\sqrt{3}}{2}$

⑤ $\dfrac{\sqrt{20}}{\sqrt{3}}\div\dfrac{\sqrt{2}}{3\sqrt{15}}=\dfrac{\sqrt{20}}{\sqrt{3}}\times\dfrac{3\sqrt{15}}{\sqrt{2}}$

$$=3\sqrt{\dfrac{20}{3}\times\dfrac{15}{2}}=3\sqrt{50}=15\sqrt{2}$$

따라서 옳은 것은 ①, ④이다.   답 ①, ④

02 $4\sqrt{7}=\sqrt{4^2\times7}=\sqrt{112}$이므로

$$100+k=112 \qquad \therefore k=12$$

답 12

03
① $\sqrt{50}=\sqrt{0.5\times100}=10\sqrt{0.5}=10a$

② $\sqrt{0.005}=\sqrt{\dfrac{0.5}{100}}=\dfrac{\sqrt{0.5}}{10}=\dfrac{a}{10}$

③ $\sqrt{500}=\sqrt{5\times100}=10\sqrt{5}=10b$

④ $\sqrt{0.05}=\sqrt{\dfrac{5}{100}}=\dfrac{\sqrt{5}}{10}=\dfrac{b}{10}$

⑤ $\sqrt{0.00005}=\sqrt{\dfrac{0.5}{10000}}=\dfrac{\sqrt{0.5}}{100}=\dfrac{a}{100}$

따라서 옳지 않은 것은 ⑤이다.   답 ⑤

04
$\dfrac{2\sqrt{5}}{\sqrt{3}}=\dfrac{2\sqrt{5}\times\sqrt{3}}{\sqrt{3}\times\sqrt{3}}=\dfrac{2\sqrt{15}}{3}$

$$\therefore a=\dfrac{2}{3}$$

$\dfrac{20}{\sqrt{45}}=\dfrac{20}{3\sqrt{5}}=\dfrac{20\times\sqrt{5}}{3\sqrt{5}\times\sqrt{5}}=\dfrac{20\sqrt{5}}{15}=\dfrac{4\sqrt{5}}{3}$

$$\therefore b=\dfrac{4}{3}$$

$$\therefore a+b=\dfrac{2}{3}+\dfrac{4}{3}=2$$

답 2

05 $\dfrac{32}{\sqrt{8}}\div\dfrac{\sqrt{7}}{\sqrt{24}}\times\left(-\dfrac{\sqrt{14}}{4}\right)=\dfrac{32}{2\sqrt{2}}\times\dfrac{2\sqrt{6}}{\sqrt{7}}\times\left(-\dfrac{\sqrt{14}}{4}\right)$

$$=-8\sqrt{\dfrac{1}{2}\times\dfrac{6}{7}\times14}$$

$$=-8\sqrt{6}$$

$$\therefore k=-8$$

답 -8

06 (삼각형의 넓이)$=\dfrac{1}{2}\times\sqrt{20}\times\sqrt{18}$

$$=\dfrac{1}{2}\times2\sqrt{5}\times3\sqrt{2}=3\sqrt{10}\,(\mathrm{cm}^2)$$

직사각형의 가로의 길이를 $x\,\mathrm{cm}$라 하면

$$3\sqrt{10}=\sqrt{15}\,x$$

$$\therefore x=\dfrac{3\sqrt{10}}{\sqrt{15}}=\dfrac{3\sqrt{2}}{\sqrt{3}}=\sqrt{6}$$

따라서 직사각형의 가로의 길이는 $\sqrt{6}\,\mathrm{cm}$이다.

답 $\sqrt{6}\,\mathrm{cm}$

02 제곱근의 덧셈과 뺄셈

개념원리 확인하기
》본문 47쪽

01 $(1)\,11\sqrt{2}$ $(2)\,-2\sqrt{5}$ $(3)\,-\sqrt{3}$ $(4)\,6\sqrt{7}-4\sqrt{10}$
02 $(1)\,5\sqrt{7}$ $(2)\,-3\sqrt{3}$ $(3)\,\sqrt{5}$ $(4)\,-\sqrt{6}+2\sqrt{2}$
03 $(1)\,\sqrt{10}+\sqrt{15}$ $(2)\,2\sqrt{5}-2$ $(3)\,3\sqrt{2}+3\sqrt{6}$
    $(4)\,\sqrt{5}-\sqrt{3}$
04 $(1)\,\dfrac{\sqrt{6}+\sqrt{30}}{6}$ $(2)\,\dfrac{\sqrt{10}-4}{2}$ $(3)\,\dfrac{1+3\sqrt{6}}{2}$
    $(4)\,\dfrac{5\sqrt{2}-3\sqrt{5}}{15}$
05 $(1)\,3\sqrt{3}-3$ $(2)\,\sqrt{5}$

01
$(1)\ 8\sqrt{2}+3\sqrt{2}=(8+3)\sqrt{2}=11\sqrt{2}$
$(2)\ 7\sqrt{5}-9\sqrt{5}=(7-9)\sqrt{5}=-2\sqrt{5}$
$(3)\ 2\sqrt{3}-7\sqrt{3}+4\sqrt{3}=(2-7+4)\sqrt{3}=-\sqrt{3}$
$(4)\ \sqrt{7}+2\sqrt{10}+5\sqrt{7}-6\sqrt{10}=(1+5)\sqrt{7}+(2-6)\sqrt{10}$

$$=6\sqrt{7}-4\sqrt{10}$$

답 $(1)\,11\sqrt{2}$ $(2)\,-2\sqrt{5}$ $(3)\,-\sqrt{3}$ $(4)\,6\sqrt{7}-4\sqrt{10}$

02
$(1)\ \sqrt{28}+\sqrt{63}=2\sqrt{7}+3\sqrt{7}=5\sqrt{7}$
$(2)\ \sqrt{12}-\sqrt{75}=2\sqrt{3}-5\sqrt{3}=-3\sqrt{3}$
$(3)\ \sqrt{45}+\sqrt{20}-\sqrt{80}=3\sqrt{5}+2\sqrt{5}-4\sqrt{5}=\sqrt{5}$
$(4)\ \sqrt{24}-\sqrt{32}-\sqrt{54}+\sqrt{72}$

$$=2\sqrt{6}-4\sqrt{2}-3\sqrt{6}+6\sqrt{2}$$

$$=-\sqrt{6}+2\sqrt{2}$$

답 $(1)\,5\sqrt{7}$ $(2)\,-3\sqrt{3}$ $(3)\,\sqrt{5}$ $(4)\,-\sqrt{6}+2\sqrt{2}$

03

(1) $\sqrt{5}(\sqrt{2}+\sqrt{3})=\sqrt{5}\sqrt{2}+\sqrt{5}\sqrt{3}=\sqrt{10}+\sqrt{15}$

(2) $\sqrt{2}(\sqrt{10}-\sqrt{2})=\sqrt{2}\sqrt{10}-\sqrt{2}\sqrt{2}$
$$=\sqrt{20}-2$$
$$=2\sqrt{5}-2$$

(3) $(\sqrt{6}+3\sqrt{2})\sqrt{3}=\sqrt{6}\sqrt{3}+3\sqrt{2}\sqrt{3}$
$$=\sqrt{18}+3\sqrt{6}$$
$$=3\sqrt{2}+3\sqrt{6}$$

(4) $(\sqrt{35}-\sqrt{21})\div\sqrt{7}=(\sqrt{35}-\sqrt{21})\times\dfrac{1}{\sqrt{7}}$
$$=\sqrt{35}\times\dfrac{1}{\sqrt{7}}-\sqrt{21}\times\dfrac{1}{\sqrt{7}}$$
$$=\sqrt{5}-\sqrt{3}$$

답 (1) $\sqrt{10}+\sqrt{15}$　(2) $2\sqrt{5}-2$
　　(3) $3\sqrt{2}+3\sqrt{6}$　(4) $\sqrt{5}-\sqrt{3}$

04

(1) $\dfrac{1+\sqrt{5}}{\sqrt{6}}=\dfrac{(1+\sqrt{5})\times\sqrt{6}}{\sqrt{6}\times\sqrt{6}}=\dfrac{\sqrt{6}+\sqrt{30}}{6}$

(2) $\dfrac{\sqrt{5}-\sqrt{8}}{\sqrt{2}}=\dfrac{(\sqrt{5}-\sqrt{8})\times\sqrt{2}}{\sqrt{2}\times\sqrt{2}}=\dfrac{\sqrt{10}-4}{2}$

(3) $\dfrac{\sqrt{3}+9\sqrt{2}}{2\sqrt{3}}=\dfrac{(\sqrt{3}+9\sqrt{2})\times\sqrt{3}}{2\sqrt{3}\times\sqrt{3}}=\dfrac{1+3\sqrt{6}}{2}$

(4) $\dfrac{\sqrt{10}-3}{\sqrt{45}}=\dfrac{\sqrt{10}-3}{3\sqrt{5}}=\dfrac{(\sqrt{10}-3)\times\sqrt{5}}{3\sqrt{5}\times\sqrt{5}}=\dfrac{5\sqrt{2}-3\sqrt{5}}{15}$

답 (1) $\dfrac{\sqrt{6}+\sqrt{30}}{6}$　(2) $\dfrac{\sqrt{10}-4}{2}$
　　(3) $\dfrac{1+3\sqrt{6}}{2}$　(4) $\dfrac{5\sqrt{2}-3\sqrt{5}}{15}$

05

(1) $\sqrt{3}(2-\sqrt{3})+\sqrt{15}\div\sqrt{5}$
$$=2\sqrt{3}-3+\sqrt{3}$$
$$=3\sqrt{3}-3$$

(2) $\dfrac{\sqrt{10}+6}{\sqrt{2}}-\sqrt{3}\times\sqrt{6}$
$$=\dfrac{(\sqrt{10}+6)\times\sqrt{2}}{\sqrt{2}\times\sqrt{2}}-\sqrt{18}$$
$$=\dfrac{2\sqrt{5}+6\sqrt{2}}{2}-3\sqrt{2}$$
$$=\sqrt{5}+3\sqrt{2}-3\sqrt{2}=\sqrt{5}$$

답 (1) $3\sqrt{3}-3$　(2) $\sqrt{5}$

1

$\dfrac{\sqrt{2}}{3}+\dfrac{\sqrt{6}}{2}-\dfrac{\sqrt{2}}{2}+\dfrac{\sqrt{6}}{3}=\left(\dfrac{2}{6}-\dfrac{3}{6}\right)\sqrt{2}+\left(\dfrac{3}{6}+\dfrac{2}{6}\right)\sqrt{6}$
$$=-\dfrac{\sqrt{2}}{6}+\dfrac{5\sqrt{6}}{6}$$

따라서 $a=-\dfrac{1}{6},\ b=\dfrac{5}{6}$이므로
$$b-a=\dfrac{5}{6}-\left(-\dfrac{1}{6}\right)=1$$

답 1

2

$\sqrt{75}-\sqrt{90}+3\sqrt{40}-5\sqrt{12}$
$$=5\sqrt{3}-3\sqrt{10}+6\sqrt{10}-10\sqrt{3}$$
$$=-5\sqrt{3}+3\sqrt{10}$$

따라서 $a=-5,\ b=3$이므로
$$a+b=-5+3=-2$$

답 -2

3

(1) $\sqrt{3}(\sqrt{12}-\sqrt{30})+3\sqrt{10}$
$$=6-3\sqrt{10}+3\sqrt{10}=6$$

(2) $\sqrt{2}(\sqrt{3}+\sqrt{6})-(1-\sqrt{18})\sqrt{6}$
$$=\sqrt{6}+2\sqrt{3}-\sqrt{6}+6\sqrt{3}=8\sqrt{3}$$

답 (1) 6　(2) $8\sqrt{3}$

4

(1) $2\sqrt{5}-\dfrac{5-\sqrt{20}}{\sqrt{5}}$
$$=2\sqrt{5}-\dfrac{(5-2\sqrt{5})\times\sqrt{5}}{\sqrt{5}\times\sqrt{5}}$$
$$=2\sqrt{5}-\dfrac{5\sqrt{5}-10}{5}$$
$$=2\sqrt{5}-\sqrt{5}+2$$
$$=\sqrt{5}+2$$

(2) $\dfrac{3\sqrt{2}+\sqrt{15}}{\sqrt{3}}+\dfrac{2\sqrt{3}-\sqrt{10}}{\sqrt{2}}$
$$=\dfrac{(3\sqrt{2}+\sqrt{15})\times\sqrt{3}}{\sqrt{3}\times\sqrt{3}}+\dfrac{(2\sqrt{3}-\sqrt{10})\times\sqrt{2}}{\sqrt{2}\times\sqrt{2}}$$
$$=\dfrac{3\sqrt{6}+3\sqrt{5}}{3}+\dfrac{2\sqrt{6}-2\sqrt{5}}{2}$$
$$=\sqrt{6}+\sqrt{5}+\sqrt{6}-\sqrt{5}=2\sqrt{6}$$

답 (1) $\sqrt{5}+2$　(2) $2\sqrt{6}$

5

(1) $\sqrt{7}(1+\sqrt{7})+\dfrac{14}{\sqrt{7}}-\sqrt{63}$
$$=\sqrt{7}+7+2\sqrt{7}-3\sqrt{7}=7$$

(2) $(10-2\sqrt{5})\div\sqrt{5}-\sqrt{2}(\sqrt{10}-3)$
$$=\dfrac{10-2\sqrt{5}}{\sqrt{5}}-2\sqrt{5}+3\sqrt{2}$$
$$=\dfrac{(10-2\sqrt{5})\times\sqrt{5}}{\sqrt{5}\times\sqrt{5}}-2\sqrt{5}+3\sqrt{2}$$
$$=\dfrac{10\sqrt{5}-10}{5}-2\sqrt{5}+3\sqrt{2}$$
$$=2\sqrt{5}-2-2\sqrt{5}+3\sqrt{2}$$
$$=-2+3\sqrt{2}$$

답 (1) 7　(2) $-2+3\sqrt{2}$

핵심문제 익히기　▶본문 48~51쪽

1 1　　　　　　　　　　**2** -2

3 (1) 6　(2) $8\sqrt{3}$　　**4** (1) $\sqrt{5}+2$　(2) $2\sqrt{6}$

5 (1) 7　(2) $-2+3\sqrt{2}$　**6** -2

7 $(16+6\sqrt{15})\ \text{cm}^2$　**8** ④

6 $\sqrt{24}\left(\dfrac{1}{\sqrt{3}}-\sqrt{6}\right)-\dfrac{a}{\sqrt{2}}(\sqrt{32}-2)$

$=2\sqrt{6}\left(\dfrac{1}{\sqrt{3}}-\sqrt{6}\right)-\dfrac{a\sqrt{2}}{2}(4\sqrt{2}-2)$

$=2\sqrt{2}-12-4a+a\sqrt{2}$

$=(-12-4a)+(2+a)\sqrt{2}$

유리수가 되려면

$\qquad 2+a=0 \qquad \therefore a=-2$ 답 -2

7 (직육면체의 겉넓이)

$=2\{\sqrt{3}\times(\sqrt{3}+\sqrt{5})+\sqrt{5}\times(\sqrt{3}+\sqrt{5})+\sqrt{3}\times\sqrt{5}\}$

$=2(3+\sqrt{15}+\sqrt{15}+5+\sqrt{15})$

$=2(8+3\sqrt{15})$

$=16+6\sqrt{15}\,(\text{cm}^2)$ 답 $(16+6\sqrt{15})\ \text{cm}^2$

8 ① $2\sqrt{5}-(\sqrt{5}+2)=\sqrt{5}-2=\sqrt{5}-\sqrt{4}>0$

$\qquad\qquad \therefore 2\sqrt{5}>\sqrt{5}+2$

② $(\sqrt{7}-5)-(-\sqrt{7})=2\sqrt{7}-5=\sqrt{28}-\sqrt{25}>0$

$\qquad\qquad \therefore \sqrt{7}-5>-\sqrt{7}$

③ $(\sqrt{2}-1)-(2-\sqrt{2})=2\sqrt{2}-3=\sqrt{8}-\sqrt{9}<0$

$\qquad\qquad \therefore \sqrt{2}-1<2-\sqrt{2}$

④ $(1+\sqrt{12})-(3+\sqrt{3})=1+2\sqrt{3}-3-\sqrt{3}$

$\qquad\qquad\qquad\qquad\qquad =\sqrt{3}-2$

$\qquad\qquad\qquad\qquad\qquad =\sqrt{3}-\sqrt{4}<0$

$\qquad\qquad \therefore 1+\sqrt{12}<3+\sqrt{3}$

⑤ $(\sqrt{24}-\sqrt{18})-(\sqrt{6}-\sqrt{2})=2\sqrt{6}-3\sqrt{2}-\sqrt{6}+\sqrt{2}$

$\qquad\qquad\qquad\qquad\qquad\qquad =\sqrt{6}-2\sqrt{2}$

$\qquad\qquad\qquad\qquad\qquad\qquad =\sqrt{6}-\sqrt{8}<0$

$\qquad\qquad \therefore \sqrt{24}-\sqrt{18}<\sqrt{6}-\sqrt{2}$

따라서 옳지 않은 것은 ④이다. 답 ④

계산력 강화하기 ▶본문 52쪽

01 $(1)\,2\sqrt{2}$ $\quad(2)\,-4\sqrt{5}$ $\quad(3)\,-5\sqrt{3}+7\sqrt{7}$ $\quad(4)\,3\sqrt{6}-\sqrt{10}$

02 $(1)\,5\sqrt{3}$ $\quad(2)\,-3\sqrt{2}$ $\quad(3)\,-2\sqrt{2}-\sqrt{6}$ $\quad(4)\,-\sqrt{5}+4\sqrt{10}$

03 $(1)\,5\sqrt{2}$ $\quad(2)\,-\sqrt{5}$ $\quad(3)\,\sqrt{2}+\sqrt{3}$

04 $(1)\,5\sqrt{2}-2\sqrt{10}$ $\quad(2)\,5\sqrt{3}-6$ $\quad(3)\,-10$

$\qquad(4)\,-2\sqrt{3}+2\sqrt{6}$

05 $(1)\,\dfrac{\sqrt{14}+\sqrt{35}}{7}$ $\quad(2)\,\dfrac{\sqrt{2}-\sqrt{6}}{4}$ $\quad(3)\,\sqrt{2}$ $\quad(4)\,-\sqrt{3}+4$

06 $(1)\,\sqrt{14}$ $\quad(2)\,3\sqrt{2}+\sqrt{3}$ $\quad(3)\,8-7\sqrt{3}$ $\quad(4)\,5\sqrt{3}-\sqrt{2}$

---

01 $(1)\,3\sqrt{2}+\sqrt{2}-2\sqrt{2}=(3+1-2)\sqrt{2}=2\sqrt{2}$

$\quad(2)\,2\sqrt{5}-7\sqrt{5}+\sqrt{5}=(2-7+1)\sqrt{5}=-4\sqrt{5}$

$\quad(3)\,-\sqrt{3}+5\sqrt{7}-4\sqrt{3}+2\sqrt{7}$

$\qquad\quad =(-1-4)\sqrt{3}+(5+2)\sqrt{7}=-5\sqrt{3}+7\sqrt{7}$

$\quad(4)\,\dfrac{\sqrt{6}}{2}-\dfrac{\sqrt{10}}{3}+\dfrac{5\sqrt{6}}{2}-\dfrac{2\sqrt{10}}{3}$

$\qquad =\left(\dfrac{1}{2}+\dfrac{5}{2}\right)\sqrt{6}+\left(-\dfrac{1}{3}-\dfrac{2}{3}\right)\sqrt{10}$

$\qquad =3\sqrt{6}-\sqrt{10}$

답 $(1)\,2\sqrt{2}$ $\ (2)\,-4\sqrt{5}$ $\ (3)\,-5\sqrt{3}+7\sqrt{7}$ $\ (4)\,3\sqrt{6}-\sqrt{10}$

02 $(1)\,4\sqrt{3}-\sqrt{12}+\sqrt{27}=4\sqrt{3}-2\sqrt{3}+3\sqrt{3}=5\sqrt{3}$

$\quad(2)\,\dfrac{\sqrt{50}}{5}+\sqrt{8}-\sqrt{72}=\dfrac{5\sqrt{2}}{5}+2\sqrt{2}-6\sqrt{2}$

$\qquad\qquad\qquad\qquad\qquad =\sqrt{2}+2\sqrt{2}-6\sqrt{2}$

$\qquad\qquad\qquad\qquad\qquad =-3\sqrt{2}$

$\quad(3)\,\sqrt{98}-2\sqrt{24}-3\sqrt{18}+\sqrt{54}=7\sqrt{2}-4\sqrt{6}-9\sqrt{2}+3\sqrt{6}$

$\qquad\qquad\qquad\qquad\qquad\qquad\qquad =-2\sqrt{2}-\sqrt{6}$

$\quad(4)\,\sqrt{20}+3\sqrt{10}-\sqrt{45}+\dfrac{\sqrt{40}}{2}$

$\qquad =2\sqrt{5}+3\sqrt{10}-3\sqrt{5}+\dfrac{2\sqrt{10}}{2}$

$\qquad =2\sqrt{5}+3\sqrt{10}-3\sqrt{5}+\sqrt{10}$

$\qquad =-\sqrt{5}+4\sqrt{10}$

답 $(1)\,5\sqrt{3}$ $\ (2)\,-3\sqrt{2}$ $\ (3)\,-2\sqrt{2}-\sqrt{6}$ $\ (4)\,-\sqrt{5}+4\sqrt{10}$

03 $(1)\,7\sqrt{2}-\sqrt{32}+\dfrac{4}{\sqrt{2}}=7\sqrt{2}-4\sqrt{2}+2\sqrt{2}=5\sqrt{2}$

$\quad(2)\,-\sqrt{80}-\dfrac{15}{\sqrt{5}}+6\sqrt{5}=-4\sqrt{5}-3\sqrt{5}+6\sqrt{5}=-\sqrt{5}$

$\quad(3)\,\dfrac{3}{\sqrt{2}}+\dfrac{1}{\sqrt{3}}-\dfrac{\sqrt{2}}{2}+\dfrac{2\sqrt{3}}{3}=\dfrac{3\sqrt{2}}{2}+\dfrac{\sqrt{3}}{3}-\dfrac{\sqrt{2}}{2}+\dfrac{2\sqrt{3}}{3}$

$\qquad\qquad\qquad\qquad\qquad\qquad =\sqrt{2}+\sqrt{3}$

답 $(1)\,5\sqrt{2}$ $\ (2)\,-\sqrt{5}$ $\ (3)\,\sqrt{2}+\sqrt{3}$

04 $(1)\,\sqrt{5}(\sqrt{10}-2\sqrt{2})=5\sqrt{2}-2\sqrt{10}$

$\quad(2)\,(5-2\sqrt{3})\sqrt{3}=5\sqrt{3}-6$

$\quad(3)\,\sqrt{125}-\sqrt{5}(3+\sqrt{20})-2\sqrt{5}$

$\qquad =5\sqrt{5}-3\sqrt{5}-10-2\sqrt{5}=-10$

$\quad(4)\,\sqrt{2}(\sqrt{6}+\sqrt{3})-\sqrt{3}(4-\sqrt{2})$

$\qquad =2\sqrt{3}+\sqrt{6}-4\sqrt{3}+\sqrt{6}$

$\qquad =-2\sqrt{3}+2\sqrt{6}$

답 $(1)\,5\sqrt{2}-2\sqrt{10}$ $\ (2)\,5\sqrt{3}-6$
$(3)\,-10$ $\ (4)\,-2\sqrt{3}+2\sqrt{6}$

05 $(1)\,\dfrac{\sqrt{2}+\sqrt{5}}{\sqrt{7}}=\dfrac{(\sqrt{2}+\sqrt{5})\times\sqrt{7}}{\sqrt{7}\times\sqrt{7}}=\dfrac{\sqrt{14}+\sqrt{35}}{7}$

$\quad(2)\,\dfrac{\sqrt{3}-3}{\sqrt{24}}=\dfrac{(\sqrt{3}-3)\times\sqrt{6}}{2\sqrt{6}\times\sqrt{6}}=\dfrac{3\sqrt{2}-3\sqrt{6}}{12}=\dfrac{\sqrt{2}-\sqrt{6}}{4}$

$\quad(3)\,\sqrt{10}+\dfrac{\sqrt{20}-10}{\sqrt{10}}=\sqrt{10}+\dfrac{(2\sqrt{5}-10)\times\sqrt{10}}{\sqrt{10}\times\sqrt{10}}$

$\qquad\qquad\qquad\qquad\quad =\sqrt{10}+\dfrac{10\sqrt{2}-10\sqrt{10}}{10}$

$\qquad\qquad\qquad\qquad\quad =\sqrt{10}+\sqrt{2}-\sqrt{10}=\sqrt{2}$

$(4)\ \dfrac{2\sqrt{3}-\sqrt{6}}{\sqrt{2}}-\dfrac{3\sqrt{2}-2\sqrt{12}}{\sqrt{3}}$

$\quad=\dfrac{(2\sqrt{3}-\sqrt{6})\times\sqrt{2}}{\sqrt{2}\times\sqrt{2}}-\dfrac{(3\sqrt{2}-4\sqrt{3})\times\sqrt{3}}{\sqrt{3}\times\sqrt{3}}$

$\quad=\dfrac{2\sqrt{6}-2\sqrt{3}}{2}-\dfrac{3\sqrt{6}-12}{3}$

$\quad=\sqrt{6}-\sqrt{3}-\sqrt{6}+4$

$\quad=-\sqrt{3}+4$

답 $(1)\ \dfrac{\sqrt{14}+\sqrt{35}}{7}$　$(2)\ \dfrac{\sqrt{2}-\sqrt{6}}{4}$　$(3)\ \sqrt{2}$　$(4)\ -\sqrt{3}+4$

06 $(1)\ \sqrt{7}(1+\sqrt{2})-\sqrt{35}\div\sqrt{5}$

$\quad=\sqrt{7}+\sqrt{14}-\sqrt{7}$

$\quad=\sqrt{14}$

$(2)\ \dfrac{\sqrt{5}-\sqrt{30}}{\sqrt{10}}+\dfrac{5}{\sqrt{2}}+\sqrt{12}$

$\quad=\dfrac{(\sqrt{5}-\sqrt{30})\times\sqrt{10}}{\sqrt{10}\times\sqrt{10}}+\dfrac{5\sqrt{2}}{2}+2\sqrt{3}$

$\quad=\dfrac{5\sqrt{2}-10\sqrt{3}}{10}+\dfrac{5\sqrt{2}}{2}+2\sqrt{3}$

$\quad=\dfrac{\sqrt{2}}{2}-\sqrt{3}+\dfrac{5\sqrt{2}}{2}+2\sqrt{3}$

$\quad=3\sqrt{2}+\sqrt{3}$

$(3)\ \sqrt{3}(2\sqrt{3}-6)-\dfrac{3-2\sqrt{3}}{\sqrt{3}}$

$\quad=6-6\sqrt{3}-\dfrac{(3-2\sqrt{3})\times\sqrt{3}}{\sqrt{3}\times\sqrt{3}}$

$\quad=6-6\sqrt{3}-\dfrac{3\sqrt{3}-6}{3}$

$\quad=6-6\sqrt{3}-\sqrt{3}+2$

$\quad=8-7\sqrt{3}$

$(4)\ (9\sqrt{2}+4\sqrt{3})\div\sqrt{6}+\sqrt{3}(2-\sqrt{6})$

$\quad=\dfrac{9\sqrt{2}+4\sqrt{3}}{\sqrt{6}}+2\sqrt{3}-3\sqrt{2}$

$\quad=\dfrac{(9\sqrt{2}+4\sqrt{3})\times\sqrt{6}}{\sqrt{6}\times\sqrt{6}}+2\sqrt{3}-3\sqrt{2}$

$\quad=\dfrac{18\sqrt{3}+12\sqrt{2}}{6}+2\sqrt{3}-3\sqrt{2}$

$\quad=3\sqrt{3}+2\sqrt{2}+2\sqrt{3}-3\sqrt{2}$

$\quad=5\sqrt{3}-\sqrt{2}$

답 $(1)\ \sqrt{14}$　$(2)\ 3\sqrt{2}+\sqrt{3}$　$(3)\ 8-7\sqrt{3}$　$(4)\ 5\sqrt{3}-\sqrt{2}$

01 ⑤　　**02** $4\sqrt{6}+1$　**03** 3
04 $k=-4,\ A=11$　　**05** $(5+2\sqrt{10})\ \mathrm{cm}^2$
06 $a>b>c$

---

01 ③ $2\sqrt{45}+\sqrt{80}-\sqrt{20}=6\sqrt{5}+4\sqrt{5}-2\sqrt{5}=8\sqrt{5}$

④ $-\sqrt{8}-\sqrt{63}+5\sqrt{2}+\sqrt{7}=-2\sqrt{2}-3\sqrt{7}+5\sqrt{2}+\sqrt{7}$

$\qquad\qquad\qquad\qquad\qquad=3\sqrt{2}-2\sqrt{7}$

⑤ $\dfrac{\sqrt{24}}{2}+\dfrac{15}{\sqrt{3}}-\sqrt{3}+2\sqrt{6}=\sqrt{6}+5\sqrt{3}-\sqrt{3}+2\sqrt{6}$

$\qquad\qquad\qquad\qquad\qquad=4\sqrt{3}+3\sqrt{6}$

따라서 옳지 않은 것은 ⑤이다.　　　　답 ⑤

02 $\sqrt{2}a+\sqrt{3}b=\sqrt{2}(\sqrt{3}+2\sqrt{2})+\sqrt{3}(3\sqrt{2}-\sqrt{3})$

$\qquad\qquad=\sqrt{6}+4+3\sqrt{6}-3$

$\qquad\qquad=4\sqrt{6}+1$　　　　답 $4\sqrt{6}+1$

03 $\dfrac{\sqrt{5}-\sqrt{2}}{3\sqrt{2}}-\dfrac{2\sqrt{6}-\sqrt{15}}{\sqrt{6}}$

$\quad=\dfrac{(\sqrt{5}-\sqrt{2})\times\sqrt{2}}{3\sqrt{2}\times\sqrt{2}}-\dfrac{(2\sqrt{6}-\sqrt{15})\times\sqrt{6}}{\sqrt{6}\times\sqrt{6}}$

$\quad=\dfrac{\sqrt{10}-2}{6}-\dfrac{12-3\sqrt{10}}{6}$

$\quad=-\dfrac{7}{3}+\dfrac{2}{3}\sqrt{10}$

따라서 $a=-\dfrac{7}{3},\ b=\dfrac{2}{3}$이므로

$\qquad b-a=\dfrac{2}{3}-\left(-\dfrac{7}{3}\right)=3$　　　답 3

04 $A=3(1+k\sqrt{7})-2k+12\sqrt{7}$

$\qquad=3+3k\sqrt{7}-2k+12\sqrt{7}$

$\qquad=(3-2k)+(3k+12)\sqrt{7}$

A가 유리수가 되려면

$\qquad 3k+12=0\qquad\therefore k=-4$

$k=-4$일 때,　$A=3-2k=3-2\times(-4)=11$

답 $k=-4,\ A=11$

05 (삼각형의 넓이)$=\dfrac{1}{2}\times(\sqrt{5}+\sqrt{8})\times\sqrt{20}$

$\qquad\qquad=\dfrac{1}{2}\times(\sqrt{5}+2\sqrt{2})\times2\sqrt{5}$

$\qquad\qquad=5+2\sqrt{10}\ (\mathrm{cm}^2)$

답 $(5+2\sqrt{10})\ \mathrm{cm}^2$

06 $a-b=(2\sqrt{2}-1)-(4-2\sqrt{2})$

$\qquad=4\sqrt{2}-5$

$\qquad=\sqrt{32}-\sqrt{25}>0$

$\qquad\therefore a>b$

$b-c=(4-2\sqrt{2})-(4-\sqrt{10})$

$\qquad=-2\sqrt{2}+\sqrt{10}$

$\qquad=-\sqrt{8}+\sqrt{10}>0$

$\qquad\therefore b>c$

$\qquad\therefore a>b>c$　　　　답 $a>b>c$

중단원 마무리하기

01 ④	02 ⑤	03 $\dfrac{2}{5}$	04 ②, ③
05 ④	06 -10	07 ②	08 ③
09 2	10 9	11 ③	12 ⑤
13 ⑤	14 ⑤	15 ④	16 $3\sqrt{10}$
17 ②	18 ①, ⑤	19 20	20 $2\sqrt{5}$
21 ③	22 $4\sqrt{3}$	23 $\dfrac{1}{14}$	24 $26\sqrt{2}$ cm

01 전략 $a>0$, $b>0$일 때, $\sqrt{a}\times\sqrt{b}=\sqrt{ab}$, $\sqrt{a}\div\sqrt{b}=\sqrt{\dfrac{a}{b}}$ 임을 이용한다.

① $2\sqrt{2}\times3\sqrt{3}=6\sqrt{2\times3}=6\sqrt{6}$

② $\sqrt{\dfrac{3}{5}}\times6\sqrt{10}=6\sqrt{\dfrac{3}{5}\times10}=6\sqrt{6}$

③ $12\sqrt{42}\div2\sqrt{7}=\dfrac{12\sqrt{42}}{2\sqrt{7}}=6\sqrt{\dfrac{42}{7}}=6\sqrt{6}$

④ $5\div\dfrac{30}{\sqrt{6}}=5\times\dfrac{\sqrt{6}}{30}=\dfrac{\sqrt{6}}{6}$

⑤ $\dfrac{3\sqrt{11}}{\sqrt{5}}\div\dfrac{\sqrt{11}}{2\sqrt{30}}=\dfrac{3\sqrt{11}}{\sqrt{5}}\times\dfrac{2\sqrt{30}}{\sqrt{11}}$

$\qquad\qquad =6\sqrt{\dfrac{11}{5}\times\dfrac{30}{11}}=6\sqrt{6}$

따라서 계산 결과가 나머지 넷과 다른 하나는 ④이다.

답 ④

02 전략 $a>0$, $b>0$일 때, $\sqrt{a^2 b}=a\sqrt{b}$, $\sqrt{\dfrac{b}{a^2}}=\dfrac{\sqrt{b}}{a}$ 임을 이용한다.

① $\sqrt{54}=\sqrt{3^2\times6}=\boxed{3}\sqrt{6}$

② $-\sqrt{80}=-\sqrt{4^2\times5}=-4\sqrt{\boxed{5}}$

③ $\sqrt{98}=\sqrt{7^2\times2}=7\sqrt{\boxed{2}}$

④ $\dfrac{\sqrt{13}}{2}=\sqrt{\dfrac{13}{2^2}}=\sqrt{\dfrac{13}{\boxed{4}}}$

⑤ $\sqrt{0.24}=\sqrt{\dfrac{24}{100}}=\sqrt{\dfrac{2^2\times6}{10^2}}=\dfrac{2\sqrt{6}}{10}=\dfrac{\sqrt{\boxed{6}}}{5}$

따라서 □ 안에 알맞은 수가 가장 큰 것은 ⑤이다.

답 ⑤

03 전략 주어진 수를 $\sqrt{a}$의 꼴로 변형한 후 대소를 비교한다.

$\dfrac{2}{\sqrt{5}}=\sqrt{\dfrac{4}{5}}$, $\dfrac{\sqrt{2}}{\sqrt{5}}=\sqrt{\dfrac{2}{5}}$, $\dfrac{\sqrt{2}}{5}=\sqrt{\dfrac{2}{25}}$, $\dfrac{2}{5}=\sqrt{\dfrac{4}{25}}$

$\dfrac{4}{5}>\dfrac{2}{5}>\dfrac{4}{25}>\dfrac{2}{25}$ 이므로 큰 수부터 차례대로 나열하면

$\dfrac{2}{\sqrt{5}}$, $\dfrac{\sqrt{2}}{\sqrt{5}}$, $\dfrac{2}{5}$, $\dfrac{\sqrt{2}}{5}$

따라서 세 번째에 오는 수는 $\dfrac{2}{5}$이다.

답 $\dfrac{2}{5}$

04 전략 $\sqrt{2}$의 값을 이용할 수 있도록 근호 안의 수를 변형한다.

① $\sqrt{0.02}=\sqrt{\dfrac{2}{100}}=\dfrac{\sqrt{2}}{10}=\dfrac{1.414}{10}=0.1414$

② $\sqrt{12}=2\sqrt{3}$

③ $\sqrt{20}=2\sqrt{5}$

④ $\sqrt{32}=4\sqrt{2}=4\times1.414=5.656$

⑤ $\sqrt{20000}=\sqrt{2\times10000}=100\sqrt{2}=100\times1.414=141.4$

따라서 $\sqrt{2}$의 값을 이용하여 그 값을 구할 수 없는 것은 ②, ③이다.

답 ②, ③

05 전략 분모의 근호 안에 제곱인 인수가 있으면 제곱인 인수를 근호 밖으로 꺼낸 후 분모를 유리화한다.

① $\dfrac{1}{\sqrt{3}}=\dfrac{\sqrt{3}}{\sqrt{3}\times\sqrt{3}}=\dfrac{\sqrt{3}}{3}$

② $\dfrac{6}{\sqrt{8}}=\dfrac{6}{2\sqrt{2}}=\dfrac{3\times\sqrt{2}}{\sqrt{2}\times\sqrt{2}}=\dfrac{3\sqrt{2}}{2}$

③ $\dfrac{\sqrt{2}}{3\sqrt{5}}=\dfrac{\sqrt{2}\times\sqrt{5}}{3\sqrt{5}\times\sqrt{5}}=\dfrac{\sqrt{10}}{15}$

④ $\dfrac{3}{4\sqrt{7}}=\dfrac{3\times\sqrt{7}}{4\sqrt{7}\times\sqrt{7}}=\dfrac{3\sqrt{7}}{28}$

⑤ $\dfrac{2\sqrt{7}}{\sqrt{2}\sqrt{6}}=\dfrac{2\sqrt{7}}{\sqrt{12}}=\dfrac{2\sqrt{7}}{2\sqrt{3}}=\dfrac{\sqrt{7}\times\sqrt{3}}{\sqrt{3}\times\sqrt{3}}=\dfrac{\sqrt{21}}{3}$

따라서 옳지 않은 것은 ④이다.

답 ④

06 전략 나눗셈은 역수의 곱셈으로 고친 후 앞에서부터 차례대로 계산한다.

$\dfrac{15}{\sqrt{10}}\times(-2\sqrt{5})\div\sqrt{\dfrac{3}{2}}=\dfrac{15}{\sqrt{10}}\times(-2\sqrt{5})\times\dfrac{\sqrt{2}}{\sqrt{3}}$

$\qquad\qquad =-30\sqrt{\dfrac{1}{10}\times5\times\dfrac{2}{3}}$

$\qquad\qquad =-\dfrac{30}{\sqrt{3}}$

$\qquad\qquad =-10\sqrt{3}$

$\therefore a=-10$

답 -10

07 전략 제곱근의 덧셈과 뺄셈은 근호 안의 수가 같은 것끼리 모아서 계산한다.

ㄴ. $2\sqrt{27}-\sqrt{3}=6\sqrt{3}-\sqrt{3}=5\sqrt{3}$

ㄷ. $-5\sqrt{7}+\dfrac{14}{\sqrt{7}}-\sqrt{63}=-5\sqrt{7}+2\sqrt{7}-3\sqrt{7}=-6\sqrt{7}$

이상에서 옳은 것은 ㄱ, ㄹ이다.

답 ②

08 전략 분배법칙을 이용하여 괄호를 푼 후 계산한다.

$\sqrt{5}x+\sqrt{3}y=\sqrt{5}(2\sqrt{3}+\sqrt{5})+\sqrt{3}(3\sqrt{5}-5\sqrt{3})$

$\qquad =2\sqrt{15}+5+3\sqrt{15}-15$

$\qquad =5\sqrt{15}-10$

답 ③

09 전략 근호 안의 제곱인 인수를 근호 밖으로 꺼낸 후 분모를 유리화한다.

$$\frac{15-\sqrt{50}}{\sqrt{20}}=\frac{(15-5\sqrt{2})\times\sqrt{5}}{2\sqrt{5}\times\sqrt{5}}$$
$$=\frac{15\sqrt{5}-5\sqrt{10}}{10}$$
$$=\frac{3}{2}\sqrt{5}-\frac{1}{2}\sqrt{10}$$

따라서 $a=\dfrac{3}{2}$, $b=-\dfrac{1}{2}$이므로

$$a-b=\frac{3}{2}-\left(-\frac{1}{2}\right)=2$$

답 2

10 전략 근호 안의 제곱인 인수를 근호 밖으로 꺼낸 후 분배법칙을 이용하여 괄호를 푼다.

$$\sqrt{96}-2\sqrt{2}(\sqrt{27}-\sqrt{18})-\frac{12}{\sqrt{24}}$$
$$=4\sqrt{6}-2\sqrt{2}(3\sqrt{3}-3\sqrt{2})-\frac{12}{2\sqrt{6}}$$
$$=4\sqrt{6}-6\sqrt{6}+12-\sqrt{6}$$
$$=12-3\sqrt{6}$$

따라서 $a=12$, $b=-3$이므로
$$a+b=12+(-3)=9$$

답 9

11 전략 직사각형의 넓이 구하는 공식을 이용하여 조건에 맞는 식을 세운다.

그림의 세로의 길이를 x cm라 하면
$$10\sqrt{6}\times x=360$$
$$\therefore x=\frac{360}{10\sqrt{6}}=\frac{36}{\sqrt{6}}=6\sqrt{6}$$

따라서 구하는 둘레의 길이는
$$2\times(10\sqrt{6}+6\sqrt{6})=2\times16\sqrt{6}=32\sqrt{6}\,(\text{cm})$$

답 ③

12 전략 두 실수 a, b에 대하여 $a-b$의 부호를 조사한다.

① $(5-\sqrt{6})-\sqrt{6}=5-2\sqrt{6}=\sqrt{25}-\sqrt{24}>0$
　　　$\therefore 5-\sqrt{6}>\sqrt{6}$

② $3-(4\sqrt{5}-6)=9-4\sqrt{5}=\sqrt{81}-\sqrt{80}>0$
　　　$\therefore 3>4\sqrt{5}-6$

③ $(2\sqrt{2}+\sqrt{3})-3\sqrt{3}=2\sqrt{2}-2\sqrt{3}=\sqrt{8}-\sqrt{12}<0$
　　　$\therefore 2\sqrt{2}+\sqrt{3}<3\sqrt{3}$

④ $(5\sqrt{5}-3)-(8\sqrt{2}-3)$
　　　$=5\sqrt{5}-8\sqrt{2}=\sqrt{125}-\sqrt{128}<0$
　　　$\therefore 5\sqrt{5}-3<8\sqrt{2}-3$

⑤ $(2\sqrt{3}-3\sqrt{2})-(-\sqrt{18}+\sqrt{3})$
　　　$=2\sqrt{3}-3\sqrt{2}+3\sqrt{2}-\sqrt{3}=\sqrt{3}>0$
　　　$\therefore 2\sqrt{3}-3\sqrt{2}>-\sqrt{18}+\sqrt{3}$

따라서 옳지 않은 것은 ⑤이다.

답 ⑤

13 전략 $10=\sqrt{100}$으로 변형한 후 근호 안의 수끼리 곱한다.

$$10\times\sqrt{\frac{1}{2}}\times\sqrt{\frac{2}{3}}\times\sqrt{\frac{3}{4}}\times\cdots\times\sqrt{\frac{9}{10}}$$
$$=\sqrt{100}\times\sqrt{\frac{1}{2}}\times\sqrt{\frac{2}{3}}\times\sqrt{\frac{3}{4}}\times\cdots\times\sqrt{\frac{9}{10}}$$
$$=\sqrt{100\times\frac{1}{2}\times\frac{2}{3}\times\frac{3}{4}\times\cdots\times\frac{9}{10}}$$
$$=\sqrt{\frac{100}{10}}=\sqrt{10}$$

답 ⑤

14 전략 $2x$, $\dfrac{1}{x}$의 값을 구한 후 $2x\div\dfrac{1}{x}$을 계산한다.

$x=\sqrt{6}$이므로
$$2x\div\frac{1}{x}=2\sqrt{6}\div\frac{1}{\sqrt{6}}=2\sqrt{6}\times\sqrt{6}=12$$

따라서 $2x$는 $\dfrac{1}{x}$의 12배이다.

답 ⑤

15 전략 근호 안의 소수를 기약분수로 고친 후 분모와 분자를 각각 소인수분해 한다.

$$\sqrt{2.88}=\sqrt{\frac{288}{100}}=\sqrt{\frac{72}{25}}=\sqrt{\frac{6^2\times2}{5^2}}=\frac{6\sqrt{2}}{(\sqrt{5})^2}=\frac{6a}{b^2}$$

답 ④

16 전략 분수의 나눗셈은 역수의 곱셈으로 고쳐서 계산한다.

$\dfrac{\sqrt{6}}{\sqrt{5}}\div\dfrac{\sqrt{3}}{\sqrt{15}}\times A=6\sqrt{15}$에서

$$\frac{\sqrt{6}}{\sqrt{5}}\times\frac{\sqrt{15}}{\sqrt{3}}\times A=6\sqrt{15}$$
$$\sqrt{6}A=6\sqrt{15}$$
$$\therefore A=\frac{6\sqrt{15}}{\sqrt{6}}=\sqrt{90}=3\sqrt{10}$$

답 $3\sqrt{10}$

17 전략 먼저 $\sqrt{10}-3$, $6-2\sqrt{10}$의 부호를 조사한다.

$$\sqrt{10}-3=\sqrt{10}-\sqrt{9}>0$$
$$6-2\sqrt{10}=\sqrt{36}-\sqrt{40}<0$$
$$\therefore \sqrt{(\sqrt{10}-3)^2}-\sqrt{(6-2\sqrt{10})^2}$$
$$=\sqrt{10}-3-\{-(6-2\sqrt{10})\}$$
$$=\sqrt{10}-3+6-2\sqrt{10}$$
$$=3-\sqrt{10}$$

답 ②

18 전략 분배법칙 → 분모의 유리화 → 곱셈, 나눗셈 → 덧셈, 뺄셈의 순서로 계산한다.

① $\dfrac{4}{\sqrt{2}}(\sqrt{2}-2\sqrt{3})+\sqrt{8}(\sqrt{3}+3\sqrt{2})$
　　$=4-4\sqrt{6}+2\sqrt{6}+12$
　　$=16-2\sqrt{6}$

② $\sqrt{8}\left(\dfrac{3\sqrt{3}}{4}-\dfrac{2}{\sqrt{2}}\right)+\sqrt{3}\left(\dfrac{2}{\sqrt{3}}-\dfrac{1}{\sqrt{2}}\right)$

$\quad =\dfrac{3\sqrt{6}}{2}-4+2-\dfrac{\sqrt{6}}{2}$

$\quad =\sqrt{6}-2$

③ $\sqrt{\dfrac{3}{8}}\div\sqrt{\dfrac{1}{2}}+\sqrt{24}\times\dfrac{\sqrt{2}}{8}$

$\quad =\dfrac{\sqrt{3}}{2\sqrt{2}}\times\sqrt{2}+2\sqrt{6}\times\dfrac{\sqrt{2}}{8}$

$\quad =\dfrac{\sqrt{3}}{2}+\dfrac{\sqrt{3}}{2}=\sqrt{3}$

④ $\sqrt{32}-2\sqrt{24}-\sqrt{2}(1+2\sqrt{3})$

$\quad =4\sqrt{2}-4\sqrt{6}-\sqrt{2}-2\sqrt{6}$

$\quad =3\sqrt{2}-6\sqrt{6}$

⑤ $\sqrt{10}\left(1-\dfrac{2\sqrt{2}}{\sqrt{5}}\right)-(\sqrt{54}+2\sqrt{15})\div\sqrt{6}$

$\quad =\sqrt{10}\left(1-\dfrac{2\sqrt{10}}{5}\right)-(3\sqrt{6}+2\sqrt{15})\times\dfrac{1}{\sqrt{6}}$

$\quad =\sqrt{10}-4-3-\sqrt{10}=-7$

따라서 옳은 것은 ①, ⑤이다.　　　　　　　**답** ①, ⑤

19　**전략** p, q가 유리수이고 $\sqrt{m}$이 무리수일 때, $p+q\sqrt{m}$이 유리수가 될 조건은 $q=0$임을 이용한다.

$\sqrt{5}(4-\sqrt{5})+\dfrac{a(\sqrt{5}-2)}{2\sqrt{5}}$

$=4\sqrt{5}-5+\dfrac{a(5-2\sqrt{5})}{10}$

$=4\sqrt{5}-5+\dfrac{a}{2}-\dfrac{a\sqrt{5}}{5}$

$=\left(-5+\dfrac{a}{2}\right)+\left(4-\dfrac{a}{5}\right)\sqrt{5}$

유리수가 되려면

$\qquad 4-\dfrac{a}{5}=0 \qquad \therefore a=20$　　　　**답** 20

20　**전략** 먼저 두 점 P, Q에 대응하는 수를 각각 구한다.

$\overline{\mathrm{AP}}=\overline{\mathrm{AD}}=\sqrt{2^2+1^2}=\sqrt{5}$이므로 점 P에 대응하는 수는

$\qquad 3-\sqrt{5}$

$\overline{\mathrm{AQ}}=\overline{\mathrm{AB}}=\sqrt{1^2+2^2}=\sqrt{5}$이므로 점 Q에 대응하는 수는

$\qquad 3+\sqrt{5}$

$\qquad \therefore \overline{\mathrm{PQ}}=(3+\sqrt{5})-(3-\sqrt{5})=2\sqrt{5}$　　**답** $2\sqrt{5}$

21　**전략** (소수 부분)=(무리수)-(정수 부분)임을 이용한다.

$\sqrt{4}<\sqrt{7}<\sqrt{9}$에서 $2<\sqrt{7}<3$이므로

$\qquad 5<3+\sqrt{7}<6$

따라서 $3+\sqrt{7}$의 정수 부분은 5, 소수 부분은

$(3+\sqrt{7})-5=\sqrt{7}-2$이므로

$\qquad a=5,\ b=\sqrt{7}-2$

$\qquad \therefore 2a+5b=2\times5+5\times(\sqrt{7}-2)$

$\qquad\qquad\qquad =10+5\sqrt{7}-10=5\sqrt{7}$　　**답** ③

무리수의 정수 부분과 소수 부분

① (무리수)=(정수 부분)+(소수 부분)

② 무리수의 소수 부분은 그 수에서 정수 부분을 뺀 것과 같다. 즉 무리수 $\sqrt{a}$의 소수 부분은

$\qquad \sqrt{a}-(\sqrt{a}$의 정수 부분)

22　**전략** ab의 값을 이용할 수 있도록 근호 밖의 양수를 제곱하여 근호 안으로 넣어 간단히 한다.

$a\sqrt{\dfrac{3b}{a}}+\dfrac{1}{b}\sqrt{\dfrac{27b}{a}}=\sqrt{a^2\times\dfrac{3b}{a}}+\sqrt{\dfrac{1}{b^2}\times\dfrac{27b}{a}}$

$\qquad\qquad =\sqrt{3ab}+\sqrt{\dfrac{27}{ab}}$

$\qquad\qquad =\sqrt{3\times9}+\sqrt{\dfrac{27}{9}}$

$\qquad\qquad =3\sqrt{3}+\sqrt{3}$

$\qquad\qquad =4\sqrt{3}$　　　　　　**답** $4\sqrt{3}$

23　**전략** 규칙을 이용하여 주어진 식을 간단히 한 후 분모를 유리화하여 계산한다.

$f(7)+f(8)+f(9)+\cdots+f(27)$

$=\left(\dfrac{1}{\sqrt{7}}-\dfrac{1}{\sqrt{8}}\right)+\left(\dfrac{1}{\sqrt{8}}-\dfrac{1}{\sqrt{9}}\right)+\left(\dfrac{1}{\sqrt{9}}-\dfrac{1}{\sqrt{10}}\right)$

$\quad +\cdots+\left(\dfrac{1}{\sqrt{27}}-\dfrac{1}{\sqrt{28}}\right)$

$=\dfrac{1}{\sqrt{7}}-\dfrac{1}{\sqrt{28}}$

$=\dfrac{1}{\sqrt{7}}-\dfrac{1}{2\sqrt{7}}$

$=\dfrac{\sqrt{7}}{7}-\dfrac{\sqrt{7}}{14}=\dfrac{\sqrt{7}}{14}$

$\qquad \therefore k=\dfrac{1}{14}$　　　　　　**답** $\dfrac{1}{14}$

24　**전략** 넓이가 a인 정사각형의 한 변의 길이는 $\sqrt{a}$임을 이용한다.

넓이가 각각 $8\ \mathrm{cm}^2$, $18\ \mathrm{cm}^2$, $32\ \mathrm{cm}^2$인 정사각형의 한 변의 길이는 각각 $\sqrt{8}\ \mathrm{cm}$, $\sqrt{18}\ \mathrm{cm}$, $\sqrt{32}\ \mathrm{cm}$, 즉 $2\sqrt{2}\ \mathrm{cm}$, $3\sqrt{2}\ \mathrm{cm}$, $4\sqrt{2}\ \mathrm{cm}$이다.

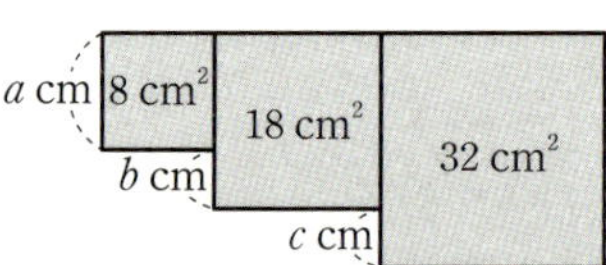

따라서 위의 그림에서 $a+b+c=4\sqrt{2}$이므로 이어 붙인 도형의 둘레의 길이는

$\qquad (a+b+c)+2\times2\sqrt{2}+2\times3\sqrt{2}+3\times4\sqrt{2}$

$\qquad =4\sqrt{2}+4\sqrt{2}+6\sqrt{2}+12\sqrt{2}$

$\qquad =26\sqrt{2}\ (\mathrm{cm})$　　　　**답** $26\sqrt{2}$ cm

1 1	**2** $\sqrt{10}-2$	**3** 20
4 18	**5** -16	**6** $14+\sqrt{2}$

1 1단계 $A=\dfrac{14}{\sqrt{2}}\div 2\sqrt{3}\times\sqrt{\dfrac{6}{7}}$

$\qquad =\dfrac{14}{\sqrt{2}}\times\dfrac{1}{2\sqrt{3}}\times\sqrt{\dfrac{6}{7}}$

$\qquad =7\sqrt{\dfrac{1}{2}\times\dfrac{1}{3}\times\dfrac{6}{7}}$

$\qquad =\dfrac{7}{\sqrt{7}}=\sqrt{7}$

2단계 $B=\dfrac{2\sqrt{2}}{3}\times\sqrt{\dfrac{2}{21}}\div\dfrac{4}{3\sqrt{3}}$

$\qquad =\dfrac{2\sqrt{2}}{3}\times\sqrt{\dfrac{2}{21}}\times\dfrac{3\sqrt{3}}{4}$

$\qquad =\dfrac{1}{2}\sqrt{2\times\dfrac{2}{21}\times 3}$

$\qquad =\dfrac{1}{\sqrt{7}}=\dfrac{\sqrt{7}}{7}$

3단계 $AB=\sqrt{7}\times\dfrac{\sqrt{7}}{7}=1$

답 1

2 1단계 $\sqrt{36}<\sqrt{40}<\sqrt{49}$에서 $6<\sqrt{40}<7$이므로

$\qquad a=\sqrt{40}-6=2\sqrt{10}-6$

2단계 $\sqrt{9}<\sqrt{10}<\sqrt{16}$에서 $3<\sqrt{10}<4$이므로

$\qquad -4<-\sqrt{10}<-3 \qquad \therefore 3<7-\sqrt{10}<4$

$\qquad \therefore b=(7-\sqrt{10})-3=4-\sqrt{10}$

3단계 $a+b=(2\sqrt{10}-6)+(4-\sqrt{10})=\sqrt{10}-2$

답 $\sqrt{10}-2$

3 1단계 $\sqrt{160}=\sqrt{4^2\times 10}=4\sqrt{10}$이므로

$\qquad a=4,\ b=10$

2단계 $\sqrt{1.25}=\sqrt{\dfrac{125}{100}}=\sqrt{\dfrac{5}{4}}=\sqrt{\dfrac{5}{2^2}}=\dfrac{\sqrt{5}}{2}$이므로

$\qquad c=\dfrac{1}{2}$

3단계 $abc=4\times 10\times\dfrac{1}{2}=20$

답 20

단계	채점 요소	배점
1	$a,\ b$의 값 구하기	3점
2	c의 값 구하기	2점
3	abc의 값 구하기	1점

4 1단계 □AEFB는 넓이가 12인 정사각형이므로 한 변의 길이는

$\qquad \sqrt{12}=2\sqrt{3}$

$\qquad \therefore \overline{AB}=2\sqrt{3}$

2단계 □ADGH는 넓이가 27인 정사각형이므로 한 변의 길이는

$\qquad \sqrt{27}=3\sqrt{3}$

$\qquad \therefore \overline{AD}=3\sqrt{3}$

3단계 (직사각형 ABCD의 넓이)

$\qquad =2\sqrt{3}\times 3\sqrt{3}=18$

답 18

단계	채점 요소	배점
1	$\overline{AB}$의 길이 구하기	2점
2	$\overline{AD}$의 길이 구하기	2점
3	직사각형 ABCD의 넓이 구하기	2점

5 1단계 $\sqrt{5}(4-\sqrt{5})-\dfrac{5(\sqrt{5}-2)}{\sqrt{5}}$

$\qquad =4\sqrt{5}-5-\dfrac{5\sqrt{5}-10}{\sqrt{5}}$

$\qquad =4\sqrt{5}-5-5+2\sqrt{5}$

$\qquad =-10+6\sqrt{5}$

2단계 $p=-10,\ q=6$

3단계 $p-q=-10-6=-16$

답 -16

단계	채점 요소	배점
1	주어진 식의 좌변을 계산하기	4점
2	$p,\ q$의 값 구하기	2점
3	$p-q$의 값 구하기	1점

6 1단계 $(2+\sqrt{32})-(11-\sqrt{8})=2+4\sqrt{2}-11+2\sqrt{2}$

$\qquad\qquad =-9+6\sqrt{2}$

$\qquad\qquad =-\sqrt{81}+\sqrt{72}<0$

$\qquad \therefore 2+\sqrt{32}<11-\sqrt{8}$

$\quad (2+\sqrt{32})-(\sqrt{18}+3)=2+4\sqrt{2}-3\sqrt{2}-3$

$\qquad\qquad =-1+\sqrt{2}$

$\qquad\qquad =-\sqrt{1}+\sqrt{2}>0$

$\qquad \therefore 2+\sqrt{32}>\sqrt{18}+3$

$\qquad \therefore \sqrt{18}+3<2+\sqrt{32}<11-\sqrt{8}$

2단계 $M=11-\sqrt{8},\ m=\sqrt{18}+3$

3단계 $M+m=(11-\sqrt{8})+(\sqrt{18}+3)$

$\qquad\qquad =11-2\sqrt{2}+3\sqrt{2}+3$

$\qquad\qquad =14+\sqrt{2}$

답 $14+\sqrt{2}$

단계	채점 요소	배점
1	세 수의 대소 비교하기	4점
2	$M,\ m$의 값 구하기	2점
3	$M+m$의 값 구하기	2점

II-1 다항식의 곱셈

01 곱셈 공식

01 (1) $xy+5x+2y+10$ (2) $2ab-3a+12b-18$
(3) $4x^2-13xy+3y^2$ (4) a^2-7a-b^2+7b
02 (1) x^2+2x+1 (2) $a^2-14a+49$
(3) $4x^2+20xy+25y^2$ (4) $16a^2-24ab+9b^2$
03 (1) a^2-1 (2) x^2-49 (3) $4b^2-9$ (4) $25x^2-4y^2$
04 (1) $a^2+8a+15$ (2) $x^2-5x-14$
(3) b^2+7b-8 (4) $y^2-10y+24$
05 (1) $4a^2+11a+7$ (2) $5x^2+2x-3$
(3) $12b^2-b-6$ (4) $6y^2-11y+4$

01 (1) $(x+2)(y+5)$
$=x\times y+x\times 5+2\times y+2\times 5$
$=xy+5x+2y+10$
(2) $(a+6)(2b-3)$
$=a\times 2b+a\times(-3)+6\times 2b+6\times(-3)$
$=2ab-3a+12b-18$
(3) $(x-3y)(4x-y)$
$=x\times 4x+x\times(-y)+(-3y)\times 4x+(-3y)\times(-y)$
$=4x^2-xy-12xy+3y^2$
$=4x^2-13xy+3y^2$
(4) $(a-b)(a+b-7)$
$=a\times a+a\times b+a\times(-7)+(-b)\times a$
$\quad+(-b)\times b+(-b)\times(-7)$
$=a^2+ab-7a-ab-b^2+7b$
$=a^2-7a-b^2+7b$
답 (1) $xy+5x+2y+10$ (2) $2ab-3a+12b-18$
(3) $4x^2-13xy+3y^2$ (4) a^2-7a-b^2+7b

02 (1) $(x+1)^2=x^2+2\times x\times 1+1^2$
$=x^2+2x+1$
(2) $(a-7)^2=a^2-2\times a\times 7+7^2$
$=a^2-14a+49$
(3) $(2x+5y)^2=(2x)^2+2\times 2x\times 5y+(5y)^2$
$=4x^2+20xy+25y^2$
(4) $(4a-3b)^2=(4a)^2-2\times 4a\times 3b+(3b)^2$
$=16a^2-24ab+9b^2$
답 (1) x^2+2x+1 (2) $a^2-14a+49$
(3) $4x^2+20xy+25y^2$ (4) $16a^2-24ab+9b^2$

03 (1) $(a+1)(a-1)=a^2-1^2=a^2-1$
(2) $(x+7)(x-7)=x^2-7^2=x^2-49$
(3) $(2b+3)(2b-3)=(2b)^2-3^2=4b^2-9$
(4) $(5x-2y)(5x+2y)=(5x)^2-(2y)^2=25x^2-4y^2$
답 (1) a^2-1 (2) x^2-49 (3) $4b^2-9$ (4) $25x^2-4y^2$

04 (1) $(a+3)(a+5)=a^2+(3+5)a+3\times 5$
$=a^2+8a+15$
(2) $(x+2)(x-7)=x^2+\{2+(-7)\}x+2\times(-7)$
$=x^2-5x-14$
(3) $(b-1)(b+8)=b^2+(-1+8)b+(-1)\times 8$
$=b^2+7b-8$
(4) $(y-6)(y-4)=y^2+\{-6+(-4)\}y+(-6)\times(-4)$
$=y^2-10y+24$
답 (1) $a^2+8a+15$ (2) $x^2-5x-14$
(3) b^2+7b-8 (4) $y^2-10y+24$

05 (1) $(a+1)(4a+7)$
$=(1\times 4)a^2+(1\times 7+1\times 4)a+1\times 7$
$=4a^2+11a+7$
(2) $(5x-3)(x+1)$
$=(5\times 1)x^2+\{5\times 1+(-3)\times 1\}x+(-3)\times 1$
$=5x^2+2x-3$
(3) $(3b+2)(4b-3)$
$=(3\times 4)b^2+\{3\times(-3)+2\times 4\}b+2\times(-3)$
$=12b^2-b-6$
(4) $(2y-1)(3y-4)$
$=(2\times 3)y^2+\{2\times(-4)+(-1)\times 3\}y$
$\quad+(-1)\times(-4)$
$=6y^2-11y+4$
답 (1) $4a^2+11a+7$ (2) $5x^2+2x-3$
(3) $12b^2-b-6$ (4) $6y^2-11y+4$

1 5 **2** ③, ④ **3** ㄱ, ㄴ
4 $-x^2-23x-25$ **5** 3 **6** $15a^2-16a+4$
7 (1) $x^2+2xy+y^2-25$ (2) $4a^2-4ab+b^2-2a+b-2$
8 11

1 $(x+4y+1)(2x-y)$
$=x\times 2x+x\times(-y)+4y\times 2x+4y\times(-y)$
$\quad+1\times 2x+1\times(-y)$
$=2x^2-xy+8xy-4y^2+2x-y$
$=2x^2+7xy-4y^2+2x-y$
따라서 $a=7$, $b=-4$, $c=2$이므로
$a+b+c=7+(-4)+2=5$ **답** 5

2 ① $(x+4)^2=x^2+2\times x\times 4+4^2=x^2+8x+16$

② $(3x+5)^2=(3x)^2+2\times 3x\times 5+5^2$
$\qquad\qquad =9x^2+30x+25$

③ $(4x-9y)^2=(4x)^2-2\times 4x\times 9y+(9y)^2$
$\qquad\qquad =16x^2-72xy+81y^2$

④ $(-x+7)^2=\{-(x-7)\}^2=(x-7)^2$
$\qquad\qquad =x^2-2\times x\times 7+7^2$
$\qquad\qquad =x^2-14x+49$

⑤ $\left(-2x-\dfrac{1}{5}\right)^2=\left\{-\left(2x+\dfrac{1}{5}\right)\right\}^2=\left(2x+\dfrac{1}{5}\right)^2$
$\qquad\qquad =(2x)^2+2\times 2x\times \dfrac{1}{5}+\left(\dfrac{1}{5}\right)^2$
$\qquad\qquad =4x^2+\dfrac{4}{5}x+\dfrac{1}{25}$

따라서 옳지 않은 것은 ③, ④이다.　　　　　답 ③, ④

3 ㄱ. $(5x+8)(5x-8)=(5x)^2-8^2=25x^2-64$

ㄴ. $(-4x+y)(4x+y)=(y-4x)(y+4x)$
$\qquad\qquad =y^2-(4x)^2$
$\qquad\qquad =y^2-16x^2$

ㄷ. $\left(-2x+\dfrac{1}{3}y\right)\left(-2x-\dfrac{1}{3}y\right)=(-2x)^2-\left(\dfrac{1}{3}y\right)^2$
$\qquad\qquad =4x^2-\dfrac{1}{9}y^2$

이상에서 옳은 것은 ㄱ, ㄴ이다.　　　　답 ㄱ, ㄴ

4 $(x+3)(x-5)-2\left(x+\dfrac{1}{2}\right)(x+10)$
$=x^2-2x-15-2\left(x^2+\dfrac{21}{2}x+5\right)$
$=x^2-2x-15-2x^2-21x-10$
$=-x^2-23x-25$　　　　답 $-x^2-23x-25$

5 $(2x+3)(5x+A)=10x^2+(2A+15)x+3A$
따라서 $2A+15=B$, $3A=-12$이므로
$\qquad A=-4$, $B=7$
$\qquad \therefore A+B=-4+7=3$　　　　답 3

6 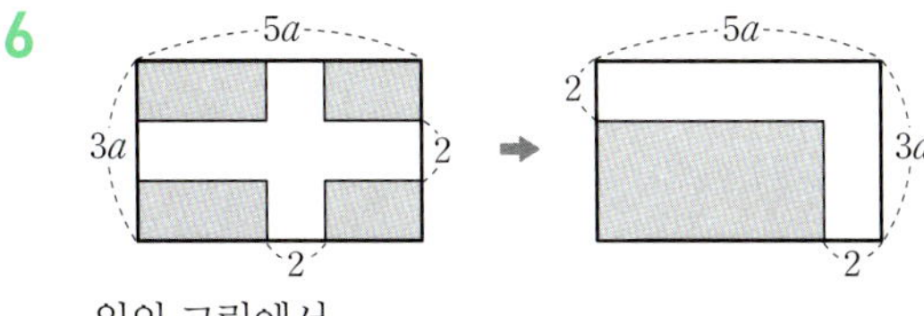
위의 그림에서
$\qquad$(길을 제외한 꽃밭의 넓이)
$\qquad =(5a-2)(3a-2)$
$\qquad =15a^2-16a+4$　　　　답 $15a^2-16a+4$

7 (1) $x+y=A$로 놓으면
$\qquad (x+y+5)(x+y-5)=(A+5)(A-5)$
$\qquad\qquad =A^2-25$
$\qquad\qquad =(x+y)^2-25$
$\qquad\qquad =x^2+2xy+y^2-25$

(2) $2a-b=A$로 놓으면
$\qquad (2a-b+1)(2a-b-2)$
$\qquad =(A+1)(A-2)=A^2-A-2$
$\qquad =(2a-b)^2-(2a-b)-2$
$\qquad =4a^2-4ab+b^2-2a+b-2$

답 (1) $x^2+2xy+y^2-25$　(2) $4a^2-4ab+b^2-2a+b-2$

8 $(x+3)(x-2)(x+1)(x-4)$
$=\{(x+3)(x-4)\}\{(x-2)(x+1)\}$
$=(x^2-x-12)(x^2-x-2)$
이때 $x^2-x=A$로 놓으면
$\qquad$(주어진 식)$=(A-12)(A-2)$
$\qquad\qquad =A^2-14A+24$
$\qquad\qquad =(x^2-x)^2-14(x^2-x)+24$
$\qquad\qquad =x^4-2x^3+x^2-14x^2+14x+24$
$\qquad\qquad =x^4-2x^3-13x^2+14x+24$
따라서 x^2의 계수는 -13, 상수항은 24이므로 구하는 합은
$\qquad -13+24=11$　　　　답 11

계산력 강화하기　　　▶ 본문 69쪽

01 (1) $ab-2a+8b-16$　(2) $4xy+12x-y-3$
$\quad$(3) $2a^2-9ab+2a-5b^2+b$
$\quad$(4) $-3x^2+5xy-2y^2+12x-8y$

02 (1) $9a^2+12a+4$　(2) $25x^2-40x+16$
$\quad$(3) $4a^2+4ab+b^2$　(4) $36x^2-4xy+\dfrac{1}{9}y^2$

03 (1) $16a^2-49$　(2) $\dfrac{1}{4}-x^2$　(3) $9a^2-64b^2$
$\quad$(4) $81x^2-25y^2$

04 (1) $a^2-10a+9$　(2) $x^2-2x-35$
$\quad$(3) $a^2+6ab+8b^2$　(4) $x^2+\dfrac{7}{6}xy-\dfrac{1}{2}y^2$

05 (1) $6a^2-7a-10$　(2) $10x^2+13x-3$
$\quad$(3) $9a^2-18ab+8b^2$　(4) $-8x^2+2xy+\dfrac{3}{8}y^2$

06 (1) $2a^2+8a+15$　(2) $-x+7$　(3) $5a^2-5a-21$
$\quad$(4) $10xy$

01 (1) $(a+8)(b-2)$
$\qquad =a\times b+a\times (-2)+8\times b+8\times (-2)$
$\qquad =ab-2a+8b-16$

(2) $(4x-1)(y+3)$
$=4x\times y+4x\times 3+(-1)\times y+(-1)\times 3$
$=4xy+12x-y-3$
(3) $(2a+b)(a-5b+1)$
$=2a\times a+2a\times(-5b)+2a\times 1+b\times a$
$\quad +b\times(-5b)+b\times 1$
$=2a^2-10ab+2a+ab-5b^2+b$
$=2a^2-9ab+2a-5b^2+b$
(4) $(-x+y+4)(3x-2y)$
$=(-x)\times 3x+(-x)\times(-2y)+y\times 3x$
$\quad +y\times(-2y)+4\times 3x+4\times(-2y)$
$=-3x^2+2xy+3xy-2y^2+12x-8y$
$=-3x^2+5xy-2y^2+12x-8y$

$\quad$ 📋 (1) $ab-2a+8b-16$　(2) $4xy+12x-y-3$
$\qquad$ (3) $2a^2-9ab+2a-5b^2+b$
$\qquad$ (4) $-3x^2+5xy-2y^2+12x-8y$

02 (1) $(3a+2)^2=(3a)^2+2\times 3a\times 2+2^2$
$\qquad\qquad\quad =9a^2+12a+4$
(2) $(5x-4)^2=(5x)^2-2\times 5x\times 4+4^2$
$\qquad\qquad\quad =25x^2-40x+16$
(3) $(-2a-b)^2=\{-(2a+b)\}^2=(2a+b)^2$
$\qquad\qquad\quad =(2a)^2+2\times 2a\times b+b^2$
$\qquad\qquad\quad =4a^2+4ab+b^2$
(4) $\left(-6x+\dfrac{1}{3}y\right)^2=\left\{-\left(6x-\dfrac{1}{3}y\right)\right\}^2=\left(6x-\dfrac{1}{3}y\right)^2$
$\qquad\qquad\quad =(6x)^2-2\times 6x\times\dfrac{1}{3}y+\left(\dfrac{1}{3}y\right)^2$
$\qquad\qquad\quad =36x^2-4xy+\dfrac{1}{9}y^2$

$\quad$ 📋 (1) $9a^2+12a+4$　(2) $25x^2-40x+16$
$\qquad$ (3) $4a^2+4ab+b^2$　(4) $36x^2-4xy+\dfrac{1}{9}y^2$

03 (1) $(4a+7)(4a-7)=(4a)^2-7^2=16a^2-49$
(2) $\left(-x+\dfrac{1}{2}\right)\left(x+\dfrac{1}{2}\right)=\left(\dfrac{1}{2}-x\right)\left(\dfrac{1}{2}+x\right)$
$\qquad\qquad\qquad =\left(\dfrac{1}{2}\right)^2-x^2$
$\qquad\qquad\qquad =\dfrac{1}{4}-x^2$
(3) $(3a-8b)(8b+3a)=(3a-8b)(3a+8b)$
$\qquad\qquad\qquad =(3a)^2-(8b)^2$
$\qquad\qquad\qquad =9a^2-64b^2$
(4) $(-9x+5y)(-9x-5y)=(-9x)^2-(5y)^2$
$\qquad\qquad\qquad =81x^2-25y^2$

$\quad$ 📋 (1) $16a^2-49$　(2) $\dfrac{1}{4}-x^2$
$\qquad$ (3) $9a^2-64b^2$　(4) $81x^2-25y^2$

04 (1) $(a-1)(a-9)$
$=a^2+\{-1+(-9)\}a+(-1)\times(-9)$
$=a^2-10a+9$
(2) $(x-7)(x+5)$
$=x^2+(-7+5)x+(-7)\times 5$
$=x^2-2x-35$
(3) $(a+2b)(a+4b)$
$=a^2+(2b+4b)a+2b\times 4b$
$=a^2+6ab+8b^2$
(4) $\left(x+\dfrac{3}{2}y\right)\left(x-\dfrac{1}{3}y\right)$
$=x^2+\left\{\dfrac{3}{2}y+\left(-\dfrac{1}{3}y\right)\right\}x+\dfrac{3}{2}y\times\left(-\dfrac{1}{3}y\right)$
$=x^2+\dfrac{7}{6}xy-\dfrac{1}{2}y^2$

$\quad$ 📋 (1) $a^2-10a+9$　(2) $x^2-2x-35$
$\qquad$ (3) $a^2+6ab+8b^2$　(4) $x^2+\dfrac{7}{6}xy-\dfrac{1}{2}y^2$

05 (1) $(6a+5)(a-2)$
$=(6\times 1)a^2+\{6\times(-2)+5\times 1\}a+5\times(-2)$
$=6a^2-7a-10$
(2) $(5x-1)(2x+3)$
$=(5\times 2)x^2+\{5\times 3+(-1)\times 2\}x+(-1)\times 3$
$=10x^2+13x-3$
(3) $(3a-2b)(3a-4b)$
$=(3\times 3)a^2+\{3\times(-4b)+(-2b)\times 3\}a$
$\quad +(-2b)\times(-4b)$
$=9a^2-18ab+8b^2$
(4) $\left(-2x+\dfrac{3}{4}y\right)\left(4x+\dfrac{1}{2}y\right)$
$=\{(-2)\times 4\}x^2+\left\{(-2)\times\dfrac{1}{2}y+\dfrac{3}{4}y\times 4\right\}x$
$\quad +\dfrac{3}{4}y\times\dfrac{1}{2}y$
$=-8x^2+2xy+\dfrac{3}{8}y^2$

$\quad$ 📋 (1) $6a^2-7a-10$　(2) $10x^2+13x-3$
$\qquad$ (3) $9a^2-18ab+8b^2$　(4) $-8x^2+2xy+\dfrac{3}{8}y^2$

06 (1) $(a+4)^2+(a+1)(a-1)$
$=a^2+8a+16+(a^2-1)$
$=2a^2+8a+15$
(2) $(x-1)^2-(x-3)(x+2)$
$=x^2-2x+1-(x^2-x-6)$
$=x^2-2x+1-x^2+x+6$
$=-x+7$
(3) $(a-1)(a-4)+(2a+5)(2a-5)$
$=a^2-5a+4+(4a^2-25)$
$=5a^2-5a-21$

(4) $(2x+3y)(3x-2y)-(2x-3y)(3x+2y)$
$\quad =6x^2+5xy-6y^2-(6x^2-5xy-6y^2)$
$\quad =6x^2+5xy-6y^2-6x^2+5xy+6y^2$
$\quad =10xy$

$\qquad$ 답 (1) $2a^2+8a+15$ $\quad$ (2) $-x+7$
$\qquad\qquad$ (3) $5a^2-5a-21$ $\quad$ (4) $10xy$

❯본문 70쪽

이런 문제가 시험 에 나온다

01 -7 $\qquad$ 02 ⑤ $\qquad$ 03 4 $\qquad$ 04 -10
05 $x^2+2x-15$ $\qquad$ 06 -2

01 xy항은 $\quad 4x\times(-3y)+5y\times x=-7xy$
따라서 xy의 계수는 -7이다. $\qquad$ 답 -7

02 ⑤ $(-x+5)(-x-5)=x^2-25$
따라서 옳지 않은 것은 ⑤이다. $\qquad$ 답 ⑤

03 $(x-1)(x+1)(x^2+1)=(x^2-1)(x^2+1)$
$\qquad\qquad\qquad\qquad =(x^2)^2-1$
$\qquad\qquad\qquad\qquad =x^4-1$
$\quad \therefore a=4$ $\qquad$ 답 4

04 $(Ax-15)(x+3)=Ax^2+(3A-15)x-45$
x의 계수와 상수항이 같으므로
$\qquad 3A-15=-45, \qquad 3A=-30$
$\qquad \therefore A=-10$ $\qquad$ 답 -10

05 새로 만든 직사각형의 가로의 길이는 $x-3$, 세로의 길이는
$x+5$이므로
$\qquad$ (직사각형의 넓이)$=(x-3)(x+5)$
$\qquad\qquad\qquad\qquad\quad =x^2+2x-15$
$\qquad$ 답 $x^2+2x-15$

06 $2x-3y=A$로 놓으면
$\qquad (2x-3y+1)^2=(A+1)^2$
$\qquad\qquad\qquad\quad =A^2+2A+1$
$\qquad\qquad\qquad\quad =(2x-3y)^2+2(2x-3y)+1$
$\qquad\qquad\qquad\quad =4x^2-12xy+9y^2+4x-6y+1$
따라서 $a=-12$, $b=4$, $c=-6$이므로
$\qquad a+b-c=-12+4-(-6)=-2$
$\qquad$ 답 -2

---

02 곱셈 공식의 응용

개념원리 확인하기 $\qquad$ ❯본문 72쪽

01 (1) 1, 50, 1, 2601 $\quad$ (2) 4, 100, 4, 9216
$\quad$ (3) 3, 3, 3, 891
02 (1) $8+4\sqrt{3}$ $\quad$ (2) $9-4\sqrt{5}$ $\quad$ (3) 1 $\quad$ (4) $-1+2\sqrt{7}$
03 (1) $\sqrt{2}-1$ $\quad$ (2) $\sqrt{5}+\sqrt{3}$ $\quad$ (3) $\dfrac{\sqrt{6}-\sqrt{2}}{2}$ $\quad$ (4) $4+\sqrt{15}$
04 (1) $2xy$, -2, 40 $\quad$ (2) $4xy$, -2, 44

01 (1) $51^2=(50+\boxed{1})^2$
$\qquad\quad =50^2+2\times\boxed{50}\times1+\boxed{1}^2$
$\qquad\quad =2500+100+1=\boxed{2601}$
$\quad$ (2) $96^2=(100-\boxed{4})^2$
$\qquad\quad =100^2-2\times\boxed{100}\times4+\boxed{4}^2$
$\qquad\quad =10000-800+16=\boxed{9216}$
$\quad$ (3) $33\times27=(30+\boxed{3})(30-\boxed{3})$
$\qquad\qquad\quad =30^2-\boxed{3}^2$
$\qquad\qquad\quad =900-9=\boxed{891}$
$\qquad$ 답 (1) 1, 50, 1, 2601 $\quad$ (2) 4, 100, 4, 9216
$\qquad\qquad$ (3) 3, 3, 3, 891

02 (1) $(\sqrt{2}+\sqrt{6})^2=(\sqrt{2})^2+2\times\sqrt{2}\times\sqrt{6}+(\sqrt{6})^2$
$\qquad\qquad\qquad =2+4\sqrt{3}+6$
$\qquad\qquad\qquad =8+4\sqrt{3}$
$\quad$ (2) $(\sqrt{5}-2)^2=(\sqrt{5})^2-2\times\sqrt{5}\times2+2^2$
$\qquad\qquad\quad =5-4\sqrt{5}+4$
$\qquad\qquad\quad =9-4\sqrt{5}$
$\quad$ (3) $(2+\sqrt{3})(2-\sqrt{3})=2^2-(\sqrt{3})^2$
$\qquad\qquad\qquad\qquad =4-3=1$
$\quad$ (4) $(\sqrt{7}+4)(\sqrt{7}-2)$
$\qquad =(\sqrt{7})^2+\{4+(-2)\}\sqrt{7}+4\times(-2)$
$\qquad =7+2\sqrt{7}-8$
$\qquad =-1+2\sqrt{7}$
$\qquad$ 답 (1) $8+4\sqrt{3}$ $\quad$ (2) $9-4\sqrt{5}$ $\quad$ (3) 1 $\quad$ (4) $-1+2\sqrt{7}$

03 (1) $\dfrac{1}{\sqrt{2}+1}=\dfrac{\sqrt{2}-1}{(\sqrt{2}+1)(\sqrt{2}-1)}$
$\qquad\qquad =\dfrac{\sqrt{2}-1}{2-1}$
$\qquad\qquad =\sqrt{2}-1$
$\quad$ (2) $\dfrac{2}{\sqrt{5}-\sqrt{3}}=\dfrac{2(\sqrt{5}+\sqrt{3})}{(\sqrt{5}-\sqrt{3})(\sqrt{5}+\sqrt{3})}$
$\qquad\qquad\quad =\dfrac{2(\sqrt{5}+\sqrt{3})}{5-3}$
$\qquad\qquad\quad =\sqrt{5}+\sqrt{3}$

$$(3)\ \frac{\sqrt{2}}{\sqrt{3}+1}=\frac{\sqrt{2}(\sqrt{3}-1)}{(\sqrt{3}+1)(\sqrt{3}-1)}$$
$$=\frac{\sqrt{6}-\sqrt{2}}{3-1}=\frac{\sqrt{6}-\sqrt{2}}{2}$$
$$(4)\ \frac{\sqrt{10}+\sqrt{6}}{\sqrt{10}-\sqrt{6}}=\frac{(\sqrt{10}+\sqrt{6})^2}{(\sqrt{10}-\sqrt{6})(\sqrt{10}+\sqrt{6})}$$
$$=\frac{10+4\sqrt{15}+6}{10-6}$$
$$=4+\sqrt{15}$$

답 $(1)\sqrt{2}-1$ $(2)\sqrt{5}+\sqrt{3}$ $(3)\dfrac{\sqrt{6}-\sqrt{2}}{2}$ $(4)\,4+\sqrt{15}$

04 $(1)\ x^2+y^2=(x+y)^2-\boxed{2xy}$
$$=6^2-2\times(\boxed{-2})$$
$$=36+4=\boxed{40}$$
$(2)\ (x-y)^2=(x+y)^2-\boxed{4xy}$
$$=6^2-4\times(\boxed{-2})$$
$$=36+8=\boxed{44}$$

답 $(1)\,2xy,\ -2,\ 40$ $(2)\,4xy,\ -2,\ 44$

핵심문제 익히기　　　　　　　　　▶ 본문 73~74쪽

1 $(1)\,94.09$ $(2)\,2484$ $(3)\,10506$

2 $(1)\,13-17\sqrt{2}$ $(2)-2\sqrt{3}$

3 $(1)\,19$ $(2)\,29$ $(3)\dfrac{19}{5}$

4 $(1)\,18$ $(2)\,20$

1 $(1)\ 9.7^2=(10-0.3)^2$
$$=10^2-2\times10\times0.3+0.3^2$$
$$=100-6+0.09$$
$$=94.09$$
$(2)\ 46\times54=(50-4)(50+4)$
$$=50^2-4^2$$
$$=2500-16$$
$$=2484$$
$(3)\ 102\times103=(100+2)(100+3)$
$$=100^2+(2+3)\times100+2\times3$$
$$=10000+500+6$$
$$=10506$$

답 $(1)\,94.09$ $(2)\,2484$ $(3)\,10506$

2 $(1)\ (\sqrt{2}-3)^2+(2\sqrt{2}-5)(3\sqrt{2}+2)$
$$=2-6\sqrt{2}+9+(12-11\sqrt{2}-10)$$
$$=13-17\sqrt{2}$$

$(2)\ \dfrac{4}{\sqrt{7}+\sqrt{3}}-\dfrac{4}{\sqrt{7}-\sqrt{3}}$
$$=\frac{4(\sqrt{7}-\sqrt{3})}{(\sqrt{7}+\sqrt{3})(\sqrt{7}-\sqrt{3})}-\frac{4(\sqrt{7}+\sqrt{3})}{(\sqrt{7}-\sqrt{3})(\sqrt{7}+\sqrt{3})}$$
$$=\frac{4(\sqrt{7}-\sqrt{3})}{7-3}-\frac{4(\sqrt{7}+\sqrt{3})}{7-3}$$
$$=\sqrt{7}-\sqrt{3}-(\sqrt{7}+\sqrt{3})$$
$$=\sqrt{7}-\sqrt{3}-\sqrt{7}-\sqrt{3}=-2\sqrt{3}$$

답 $(1)\,13-17\sqrt{2}$ $(2)-2\sqrt{3}$

3 $(1)\ x^2+y^2=(x-y)^2+2xy$
$$=3^2+2\times5$$
$$=9+10=19$$
$(2)\ (x+y)^2=(x-y)^2+4xy$
$$=3^2+4\times5$$
$$=9+20=29$$
$(3)\ \dfrac{y}{x}+\dfrac{x}{y}=\dfrac{x^2+y^2}{xy}=\dfrac{19}{5}$

答 $(1)\,19$ $(2)\,29$ $(3)\dfrac{19}{5}$

4 $(1)\ x^2+\dfrac{1}{x^2}=\left(x-\dfrac{1}{x}\right)^2+2$
$$=(-4)^2+2$$
$$=16+2=18$$
$(2)\ \left(x+\dfrac{1}{x}\right)^2=\left(x-\dfrac{1}{x}\right)^2+4$
$$=(-4)^2+4$$
$$=16+4=20$$

답 $(1)\,18$ $(2)\,20$

이런 문제가 시험 에 나온다　　　　　▶ 본문 75쪽

01 ⑤　　**02** 1009　　**03** -12　　**04** 38

05 16　　**06** 35

01 ① $104^2=(100+4)^2$
$$\Rightarrow (a+b)^2=a^2+2ab+b^2$$
② $399^2=(400-1)^2$
$$\Rightarrow (a-b)^2=a^2-2ab+b^2$$
③ $53\times47=(50+3)(50-3)$
$$\Rightarrow (a+b)(a-b)=a^2-b^2$$
④ $203\times207=(200+3)(200+7)$
$$\Rightarrow (x+a)(x+b)=x^2+(a+b)x+ab$$
⑤ $9.1\times8.9=(9+0.1)(9-0.1)$
$$\Rightarrow (a+b)(a-b)=a^2-b^2$$
따라서 옳지 않은 것은 ⑤이다.　　　　답 ⑤

02
$$\frac{1008 \times 1010 + 1}{1009} = \frac{(1009-1)(1009+1)+1}{1009}$$
$$= \frac{1009^2 - 1 + 1}{1009}$$
$$= \frac{1009^2}{1009} = 1009$$

답 1009

03 $(2\sqrt{2} + \sqrt{7})(\sqrt{2} - 3\sqrt{7}) = 4 - 5\sqrt{14} - 21$
$$= -17 - 5\sqrt{14}$$
따라서 $a = -17$, $b = -5$이므로
$$a - b = -17 - (-5) = -12$$

답 -12

04 $x = \dfrac{\sqrt{10}-3}{\sqrt{10}+3} = \dfrac{(\sqrt{10}-3)^2}{(\sqrt{10}+3)(\sqrt{10}-3)}$
$$= \frac{10 - 6\sqrt{10} + 9}{10 - 9} = 19 - 6\sqrt{10}$$
$y = \dfrac{\sqrt{10}+3}{\sqrt{10}-3} = \dfrac{(\sqrt{10}+3)^2}{(\sqrt{10}-3)(\sqrt{10}+3)}$
$$= \frac{10 + 6\sqrt{10} + 9}{10 - 9} = 19 + 6\sqrt{10}$$
$$\therefore x + y = (19 - 6\sqrt{10}) + (19 + 6\sqrt{10}) = 38$$

답 38

05 $a^2 + b^2 - ab = (a^2 + b^2) - ab$
$$= \{(a+b)^2 - 2ab\} - ab$$
$$= (a+b)^2 - 3ab$$
$$= 5^2 - 3 \times 3$$
$$= 25 - 9 = 16$$

답 16

06 $x^2 - 3 + \dfrac{1}{x^2} = \left(x^2 + \dfrac{1}{x^2}\right) - 3$
$$= \left\{\left(x - \frac{1}{x}\right)^2 + 2\right\} - 3$$
$$= \left(x - \frac{1}{x}\right)^2 - 1$$
$$= 6^2 - 1$$
$$= 36 - 1 = 35$$

답 35

중단원 마무리하기 ▶본문 76~79쪽

01 ④	**02** -16	**03** ②	**04** ②
05 1	**06** ②, ⑤	**07** ③	
08 $(15x^2 - x - 2)\,\mathrm{m}^2$		**09** ③	**10** ⑤
11 ②	**12** 3	**13** ④	**14** ③
15 3	**16** ②		
17 $x^4 + 14x^3 + 41x^2 - 56x - 180$			**18** 32
19 6	**20** ②	**21** ⑤	**22** ③
23 -4	**24** $-2a^2 + 7ab - 6b^2$		**25** 5

01 **전략** 특정한 항의 계수를 구할 때에는 필요한 항이 나오는 부분만 전개한다.

ab항은 $a \times (-b) + 2b \times 3a = 5ab$
b항은 $(-1) \times (-b) = b$
따라서 ab의 계수는 5, b의 계수는 1이므로 구하는 합은
$$5 + 1 = 6$$

답 ④

02 **전략** $(a-b)^2 = a^2 - 2ab + b^2$임을 이용한다.
$$\left(4x - \frac{1}{2}\right)^2 = 16x^2 - 4x + \frac{1}{4}$$
따라서 $A = 16$, $B = -4$, $C = \dfrac{1}{4}$이므로
$$ABC = 16 \times (-4) \times \frac{1}{4} = -16$$

답 -16

03 **전략** $(-a-b)^2 = (a+b)^2$임을 이용한다.
$$(-5a-b)^2 = \{-(5a+b)\}^2 = (5a+b)^2$$
따라서 $(-5a-b)^2$과 전개식이 같은 것은 ②이다.

답 ②

04 **전략** $(a+b)(a-b) = a^2 - b^2$임을 이용한다.
$$(6+x)(6-x) - (3x+1)(3x-1)$$
$$= 36 - x^2 - (9x^2 - 1)$$
$$= 36 - x^2 - 9x^2 + 1$$
$$= -10x^2 + 37$$

답 ②

05 **전략** $(x+a)(x+b) = x^2 + (a+b)x + ab$임을 이용한다.
$(x+a)(x-7) = x^2 + (a-7)x - 7a$이므로
$$a - 7 = b, \quad -7a = -28$$
따라서 $a = 4$, $b = -3$이므로
$$a + b = 4 + (-3) = 1$$

답 1

06 **전략** 곱셈 공식을 이용하여 각각의 식을 전개한다.
① $(-x+2)^2 = (x-2)^2 = x^2 - 4x + 4$
③ $(-x+1)(-x-1) = x^2 - 1$
④ $(x-5)(x+3) = x^2 - 2x - 15$
따라서 옳은 것은 ②, ⑤이다.

답 ②, ⑤

07 **전략** 곱셈 공식을 이용하여 □ 안에 알맞은 수를 각각 구한다.
① $(x+3)^2 = x^2 + 6x + 9$이므로   □ $= 6$
② $\left(\dfrac{1}{2}x - □\right)^2 = \dfrac{1}{4}x^2 - 6x + 36$에서   □ $= 6$
③ $(-2x-3)(2x-3) = (-3-2x)(-3+2x)$
$$= -4x^2 + 9$$
이므로   □ $= 9$

④ $(x+2)(x-8)=x^2-6x-16$이므로 $\square=6$

⑤ $(x+1)(5x-\square)=5x^2-x-6$에서 $\square=6$

따라서 $\square$ 안에 알맞은 수가 나머지 넷과 다른 하나는 ③
이다.

답 ③

---

08 [전략] 떨어져 있는 도형을 붙여서 생각한다.

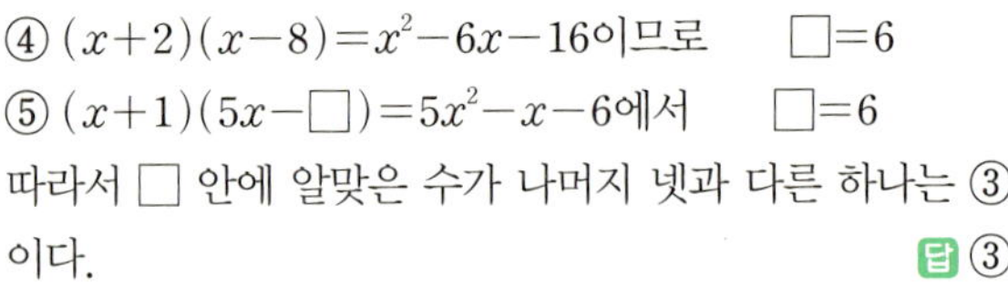

위의 그림에서

(길을 제외한 화단의 넓이)

$=\{(5x-1)-1\}\{(3x+2)-1\}$

$=(5x-2)(3x+1)$

$=15x^2-x-2\,(\text{m}^2)$

답 $(15x^2-x-2)\ \text{m}^2$

---

09 [전략] 주어진 수의 계산을 곱셈 공식을 이용할 수 있도록 나타
내어 본다.

$3.9\times4.1=(4-0.1)(4+0.1)$

$\Rightarrow (a+b)(a-b)=a^2-b^2$

따라서 가장 편리한 곱셈 공식은 ③이다.

답 ③

---

10 [전략] 제곱근을 문자로 생각하고 곱셈 공식을 이용한다.

① $(2\sqrt{3}+5)^2=12+20\sqrt{3}+25=37+20\sqrt{3}$

② $(2\sqrt{5}-3)^2=20-12\sqrt{5}+9=29-12\sqrt{5}$

③ $(2\sqrt{2}-3)(2\sqrt{2}+3)=8-9=-1$

④ $(\sqrt{6}-1)(\sqrt{6}-4)=6-5\sqrt{6}+4=10-5\sqrt{6}$

⑤ $(3\sqrt{7}+5)(\sqrt{7}+2)=21+11\sqrt{7}+10=31+11\sqrt{7}$

따라서 옳지 않은 것은 ⑤이다.

답 ⑤

---

11 [전략] 곱셈 공식 $(a+b)(a-b)=a^2-b^2$을 이용하여 분모를
유리화한다.

$\dfrac{2\sqrt{2}-\sqrt{6}}{2\sqrt{2}+\sqrt{6}}=\dfrac{(2\sqrt{2}-\sqrt{6})^2}{(2\sqrt{2}+\sqrt{6})(2\sqrt{2}-\sqrt{6})}$

$\qquad=\dfrac{8-8\sqrt{3}+6}{8-6}=7-4\sqrt{3}$

따라서 $a=7$, $b=-4$이므로

$b-a=-4-7=-11$

답 ②

---

12 [전략] $a^2+b^2=(a-b)^2+2ab$임을 이용한다.

$a^2+b^2=(a-b)^2+2ab$이므로

$15=3^2+2ab$, $2ab=6$

$\therefore ab=3$

답 3

---

13 [전략] 한 변의 길이가 x인 정사각형의 넓이는 x^2임을 이용한
다.

한 변의 길이가 $-a+4b$인 정사각형의 넓이는

$(-a+4b)^2=a^2-8ab+16b^2$

한 변의 길이가 $7a-3b$인 정사각형의 넓이는

$(7a-3b)^2=49a^2-42ab+9b^2$

따라서 두 정사각형의 넓이의 합은

$(a^2-8ab+16b^2)+(49a^2-42ab+9b^2)$

$=50a^2-50ab+25b^2$

답 ④

---

14 [전략] 주어진 식의 좌변을 전개한 후 A, B, C 사이의 관계를
알아본다.

$(x+A)(x+B)=x^2+(A+B)x+AB$이므로

$A+B=C$, $AB=8$

이때 $AB=8$을 만족시키는 정수 A, B의 순서쌍 (A, B)는

$(1, 8)$, $(2, 4)$, $(4, 2)$, $(8, 1)$, $(-1, -8)$,

$(-2, -4)$, $(-4, -2)$, $(-8, -1)$

즉 C의 값은

$(1, 8)$, $(8, 1)$일 때,

$C=1+8=9$

$(2, 4)$, $(4, 2)$일 때,

$C=2+4=6$

$(-1, -8)$, $(-8, -1)$일 때,

$C=-1+(-8)=-9$

$(-2, -4)$, $(-4, -2)$일 때,

$C=-2+(-4)=-6$

따라서 C의 값이 될 수 없는 것은 ③이다.

답 ③

---

15 [전략] 주어진 식의 좌변을 전개한 후 우변과 비교한다.

$(3x+2y)(-6x+ay)$

$=-18x^2+(3a-12)xy+2ay^2$

즉 $A=3a-12$, $B=2a$이고 $A+B=3$이므로

$A+B=(3a-12)+2a=5a-12=3$

$5a=15$ $\therefore a=3$

답 3

---

16 [전략] $x+4y$를 한 문자로 놓고 전개한다.

$x+4y=A$로 놓으면

$(x+4y-1)^2=(A-1)^2$

$\qquad\qquad=A^2-2A+1$

$\qquad\qquad=(x+4y)^2-2(x+4y)+1$

$\qquad\qquad=x^2+8xy+16y^2-2x-8y+1$

따라서 상수항을 제외한 모든 항의 계수의 합은

$1+8+16+(-2)+(-8)=15$

답 ②

---

17 (전략) 공통부분이 생기도록 2개씩 짝을 지어 전개한다.

$(x-2)(x+2)(x+5)(x+9)$
$=\{(x-2)(x+9)\}\{(x+2)(x+5)\}$
$=(x^2+7x-18)(x^2+7x+10)$

이때 $x^2+7x=A$로 놓으면

(주어진 식)
$=(A-18)(A+10)$
$=A^2-8A-180$
$=(x^2+7x)^2-8(x^2+7x)-180$
$=x^4+14x^3+49x^2-8x^2-56x-180$
$=x^4+14x^3+41x^2-56x-180$

(답) $x^4+14x^3+41x^2-56x-180$

18 (전략) 곱셈 공식을 이용할 수 있도록 주어진 식의 좌변에 $2-1$을 곱한다.

$(2+1)(2^2+1)(2^4+1)(2^8+1)(2^{16}+1)$
$=(2-1)(2+1)(2^2+1)(2^4+1)(2^8+1)(2^{16}+1)$
$=(2^2-1)(2^2+1)(2^4+1)(2^8+1)(2^{16}+1)$
$=(2^4-1)(2^4+1)(2^8+1)(2^{16}+1)$
$=(2^8-1)(2^8+1)(2^{16}+1)$
$=(2^{16}-1)(2^{16}+1)$
$=2^{32}-1$
$\therefore \square=32$

(답) 32

19 (전략) p, q가 유리수이고 $\sqrt{m}$이 무리수일 때, $p+q\sqrt{m}$이 유리수가 될 조건은 $q=0$이다.

$A=(3+\sqrt{3})(a-2\sqrt{3})$
$\quad=(3a-6)+(a-6)\sqrt{3}$

A가 유리수가 되려면
$a-6=0 \qquad \therefore a=6$

(답) 6

20 (전략) $x=4+\sqrt{10}$을 $x-4=\sqrt{10}$으로 변형한 후 양변을 제곱한다.

$x=4+\sqrt{10}$에서 $\qquad x-4=\sqrt{10}$

양변을 제곱하면
$(x-4)^2=(\sqrt{10})^2, \qquad x^2-8x+16=10$
$x^2-8x=-6$
$\therefore x^2-8x+5=-6+5=-1$

(답) ②

(다른 풀이) $x=4+\sqrt{10}$을 x^2-8x+5에 대입하면
$(4+\sqrt{10})^2-8(4+\sqrt{10})+5$
$=16+8\sqrt{10}+10-32-8\sqrt{10}+5=-1$

개념 더하기

$x=a+\sqrt{b}$의 꼴이 주어질 때 식의 값 구하기

(방법 1) $x=a+\sqrt{b}$를 $x-a=\sqrt{b}$로 변형한 후 양변을 제곱하여 정리한 식을 대입한다.

(방법 2) $x=a+\sqrt{b}$를 주어진 식에 직접 대입한다.

21 (전략) 먼저 x, y의 분모를 유리화한 후 $x+y$, xy의 값을 구한다.

$x=\dfrac{\sqrt{2}-1}{\sqrt{2}+1}$
$\quad=\dfrac{(\sqrt{2}-1)^2}{(\sqrt{2}+1)(\sqrt{2}-1)}$
$\quad=\dfrac{2-2\sqrt{2}+1}{2-1}$
$\quad=3-2\sqrt{2}$

$y=\dfrac{\sqrt{2}+1}{\sqrt{2}-1}$
$\quad=\dfrac{(\sqrt{2}+1)^2}{(\sqrt{2}-1)(\sqrt{2}+1)}$
$\quad=\dfrac{2+2\sqrt{2}+1}{2-1}$
$\quad=3+2\sqrt{2}$

이므로
$x+y=(3-2\sqrt{2})+(3+2\sqrt{2})=6$
$xy=(3-2\sqrt{2})(3+2\sqrt{2})=9-8=1$
$\therefore \dfrac{y}{x}+\dfrac{x}{y}=\dfrac{x^2+y^2}{xy}$
$\qquad=\dfrac{(x+y)^2-2xy}{xy}$
$\qquad=\dfrac{6^2-2\times 1}{1}$
$\qquad=34$

(답) ⑤

22 (전략) $x\neq 0$이므로 $x^2-3x+1=0$의 양변을 x로 나누어 $x+\dfrac{1}{x}$의 값을 구한다.

$x^2-3x+1=0$의 양변을 x로 나누면
$x-3+\dfrac{1}{x}=0 \qquad \therefore x+\dfrac{1}{x}=3$
$\therefore x^2+\dfrac{1}{x^2}=\left(x+\dfrac{1}{x}\right)^2-2=3^2-2=7$

(답) ③

23 (전략) 조건에 따라 식을 세운 후 전개하여 A, B, C의 값을 구한다.

$(x+2)(x-3)$에서 2를 A로 잘못 보고 전개하였으므로
$(x+A)(x-3)=x^2-2x+B$
$x^2+(A-3)x-3A=x^2-2x+B$

즉 $A-3=-2$, $-3A=B$이므로
$A=1$, $B=-3$

또 $(2x+1)(x-3)$에서 2를 C로 잘못 보고 전개하였으므로
$(Cx+1)(x-3)=Cx^2+7x-3$
$Cx^2+(1-3C)x-3=Cx^2+7x-3$

즉 $1-3C=7$이므로 $\qquad C=-2$
$\therefore A+B+C=1+(-3)+(-2)=-4$

(답) -4

24 $\overline{IE}$, $\overline{EF}$의 길이를 a, b에 대한 식으로 나타낸다.

$\overline{AH}=\overline{AB}=b$이므로

$\overline{HD}=\overline{AD}-\overline{AH}=a-b$

$\overline{DG}=\overline{HI}=\overline{HD}=a-b$이므로

$\overline{GC}=\overline{DC}-\overline{DG}$

$\quad\quad=b-(a-b)$

$\quad\quad=-a+2b$

$\therefore \overline{IE}=\overline{GC}=-a+2b$

$\overline{EF}=\overline{EC}-\overline{FC}=\overline{HD}-\overline{JG}=\overline{HD}-\overline{GC}$

$\quad\quad=(a-b)-(-a+2b)$

$\quad\quad=2a-3b$

$\therefore \square IEFJ=\overline{IE}\times\overline{EF}$

$\quad\quad\quad\quad=(-a+2b)(2a-3b)$

$\quad\quad\quad\quad=-2a^2+7ab-6b^2$

답 $-2a^2+7ab-6b^2$

25 지수법칙을 이용하여 주어진 식을 변형한다.

$(2\sqrt{2}+3)^{100}(2\sqrt{2}-3)^{102}$

$=\{(2\sqrt{2}+3)(2\sqrt{2}-3)\}^{100}(2\sqrt{2}-3)^2$

$=(8-9)^{100}(8-12\sqrt{2}+9)$

$=(-1)^{100}(17-12\sqrt{2})$

$=17-12\sqrt{2}$

따라서 $a=17$, $b=-12$이므로

$a+b=17+(-12)=5$

답 5

개념 더하기

m이 자연수일 때

① $(ab)^m=a^mb^m$ 　　　② $\left(\dfrac{a}{b}\right)^m=\dfrac{a^m}{b^m}$ (단, $b\neq0$)

서술형 대비 문제

> 본문 80~81쪽

1 6　　　　2 $-6\sqrt{2}$　　　3 35

4 -14　　　5 (1) $x+4$　(2) 3004

6 8

---

1 $\left(3x-\dfrac{1}{2}a\right)\left(x+\dfrac{1}{4}\right)=3x^2+\left(\dfrac{3}{4}-\dfrac{1}{2}a\right)x-\dfrac{1}{8}a$

 x의 계수가 상수항의 3배이므로

$\dfrac{3}{4}-\dfrac{1}{2}a=3\times\left(-\dfrac{1}{8}a\right)$

 $\dfrac{3}{4}-\dfrac{1}{2}a=-\dfrac{3}{8}a$,　　$-\dfrac{1}{8}a=-\dfrac{3}{4}$

$\therefore a=6$

답 6

---

2 $A=(\sqrt{6}-\sqrt{3})^2=6-6\sqrt{2}+3=9-6\sqrt{2}$

 $B=(\sqrt{19}+2\sqrt{7})(\sqrt{19}-2\sqrt{7})$

$\quad\quad=19-28=-9$

 $A+B=(9-6\sqrt{2})+(-9)=-6\sqrt{2}$

답 $-6\sqrt{2}$

3 $(5x+2)^2-(2x-3)(6x-7)$

$=25x^2+20x+4-(12x^2-32x+21)$

$=25x^2+20x+4-12x^2+32x-21$

$=13x^2+52x-17$

 x의 계수는 52, 상수항은 -17이므로 구하는 합은

$52+(-17)=35$

답 35

단계	채점 요소	배점
1	주어진 식을 계산하기	4점
2	x의 계수와 상수항의 합 구하기	2점

4 $2x-y=X$로 놓으면

$(2x-y+3)(2x-y-3)$

$=(X+3)(X-3)$

$=X^2-9$

$=(2x-y)^2-9$

$=4x^2-4xy+y^2-9$

 $A=-4$, $B=1$, $C=-9$

 $A-B+C=-4-1+(-9)=-14$

답 -14

단계	채점 요소	배점
1	공통부분을 한 문자로 놓고 식을 전개하기	4점
2	A, B, C의 값 구하기	3점
3	$A-B+C$의 값 구하기	1점

5 (1) $\dfrac{2\times3001^2-2997\times3003-11}{3000}$

$=\dfrac{2(x+1)^2-(x-3)(x+3)-11}{x}$

$=\dfrac{2(x^2+2x+1)-(x^2-9)-11}{x}$

$=\dfrac{2x^2+4x+2-x^2+9-11}{x}$

$=\dfrac{x^2+4x}{x}$

$=x+4$

 (2) $x=3000$이므로

$3000+4=3004$

답 (1) $x+4$　(2) 3004

단계	채점 요소	배점
1	주어진 수를 x를 사용하여 간단히 나타내기	5점
2	주어진 수를 계산하기	2점

6 **1단계** $x=\dfrac{2}{\sqrt{3}-\sqrt{2}}$

$$=\dfrac{2(\sqrt{3}+\sqrt{2})}{(\sqrt{3}-\sqrt{2})(\sqrt{3}+\sqrt{2})}$$

$$=\dfrac{2\sqrt{3}+2\sqrt{2}}{3-2}$$

$$=2\sqrt{3}+2\sqrt{2}$$

$y=\dfrac{2}{\sqrt{3}+\sqrt{2}}$

$$=\dfrac{2(\sqrt{3}-\sqrt{2})}{(\sqrt{3}+\sqrt{2})(\sqrt{3}-\sqrt{2})}$$

$$=\dfrac{2\sqrt{3}-2\sqrt{2}}{3-2}$$

$$=2\sqrt{3}-2\sqrt{2}$$

2단계 $x+y=(2\sqrt{3}+2\sqrt{2})+(2\sqrt{3}-2\sqrt{2})=4\sqrt{3}$

$xy=(2\sqrt{3}+2\sqrt{2})(2\sqrt{3}-2\sqrt{2})$

$$=12-8=4$$

3단계 $x^2+y^2-8xy=(x+y)^2-2xy-8xy$

$$=(x+y)^2-10xy$$

$$=(4\sqrt{3})^2-10\times 4$$

$$=48-40=8$$

답 8

단계	채점 요소	배점
1	x, y의 분모를 유리화하기	2점
2	$x+y$, xy의 값 구하기	2점
3	x^2+y^2-8xy의 값 구하기	4점

01 인수분해 공식 (1)

개념원리 확인하기 ▶본문 85쪽

01 (1) a^2+3a　(2) x^2-2x+1　(3) $b^2+5b-14$
　(4) $6y^2-13y+5$

02 (1) a, $a(x-y)$　(2) $3xy^2$, $3xy^2(y+3x)$
　(3) ab, $ab(2a+b-5)$　(4) $x+1$, $(x+1)(x-4)$

03 (1) $(x+2)^2$　(2) $(a-5)^2$　(3) $(4x+y)^2$
　(4) $(3a-7b)^2$

04 (1) $(x+6)(x-6)$　(2) $(a+9)(a-9)$
　(3) $(5x+7y)(5x-7y)$　(4) $(3a+2b)(3a-2b)$

01 (1) $a(a+3)=a^2+3a$
　(2) $(x-1)^2=x^2-2x+1$
　(3) $(b+7)(b-2)=b^2+5b-14$
　(4) $(2y-1)(3y-5)=6y^2-13y+5$

답 (1) a^2+3a　(2) x^2-2x+1
　(3) $b^2+5b-14$　(4) $6y^2-13y+5$

02 (1) $ax-ay$에서 공통인 인수는 a이므로
　　$ax-ay=a(x-y)$
　(2) $3xy^3+9x^2y^2$에서 공통인 인수는 $3xy^2$이므로
　　$3xy^3+9x^2y^2=3xy^2(y+3x)$
　(3) $2a^2b+ab^2-5ab$에서 공통인 인수는 ab이므로
　　$2a^2b+ab^2-5ab=ab(2a+b-5)$
　(4) $x(x+1)-4(x+1)$에서 공통인 인수는 $x+1$이므로
　　$x(x+1)-4(x+1)=(x+1)(x-4)$

답 (1) a, $a(x-y)$　(2) $3xy^2$, $3xy^2(y+3x)$
　(3) ab, $ab(2a+b-5)$　(4) $x+1$, $(x+1)(x-4)$

03 (1) $x^2+4x+4=x^2+2\times x\times 2+2^2$
　　　　$=(x+2)^2$
　(2) $a^2-10a+25=a^2-2\times a\times 5+5^2$
　　　　　$=(a-5)^2$
　(3) $16x^2+8xy+y^2=(4x)^2+2\times 4x\times y+y^2$
　　　　　$=(4x+y)^2$
　(4) $9a^2-42ab+49b^2=(3a)^2-2\times 3a\times 7b+(7b)^2$
　　　　　$=(3a-7b)^2$

답 (1) $(x+2)^2$　(2) $(a-5)^2$
　(3) $(4x+y)^2$　(4) $(3a-7b)^2$

04 (1) $x^2-36=x^2-6^2=(x+6)(x-6)$
　(2) $a^2-81=a^2-9^2=(a+9)(a-9)$

(3) $25x^2-49y^2=(5x)^2-(7y)^2$
$\qquad\qquad\quad =(5x+7y)(5x-7y)$
(4) $9a^2-4b^2=(3a)^2-(2b)^2$
$\qquad\qquad =(3a+2b)(3a-2b)$

답 (1) $(x+6)(x-6)$ (2) $(a+9)(a-9)$
(3) $(5x+7y)(5x-7y)$ (4) $(3a+2b)(3a-2b)$

ㄷ. $-2x^2+98=-2(x^2-49)$
$\qquad\qquad\quad =-2(x^2-7^2)$
$\qquad\qquad\quad =-2(x+7)(x-7)$

이상에서 옳은 것은 ㄱ, ㄷ이다. 답 ㄱ, ㄷ

핵심문제 익히기 ＞본문 86~87쪽

1 ③	2 ⑤	3 ③	4 ㄱ, ㄷ

1 $2x^2y-10xy^2=2xy(x-5y)$
따라서 인수가 아닌 것은 ③이다. 답 ③

2 ① $x^2+14x+49=x^2+2\times x\times 7+7^2$
$\qquad\qquad\qquad =(x+7)^2$
② $x^2-\dfrac{1}{2}x+\dfrac{1}{16}=x^2-2\times x\times\dfrac{1}{4}+\left(\dfrac{1}{4}\right)^2$
$\qquad\qquad\qquad\qquad =\left(x-\dfrac{1}{4}\right)^2$
③ $64x^2+16xy+y^2=(8x)^2+2\times 8x\times y+y^2$
$\qquad\qquad\qquad\qquad =(8x+y)^2$
④ $16x^2-24xy+9y^2=(4x)^2-2\times 4x\times 3y+(3y)^2$
$\qquad\qquad\qquad\qquad =(4x-3y)^2$
⑤ $4x^2+8xy+4y^2=4(x^2+2xy+y^2)$
$\qquad\qquad\qquad\quad =4(x+y)^2$
따라서 옳지 않은 것은 ⑤이다. 답 ⑤

3 ① $x^2-16x+\square=x^2-2\times x\times 8+\square$에서
$\qquad \square=8^2=64$
② $4x^2+\square x+25=(2x)^2+\square x+5^2$에서
$\qquad \square=\pm 2\times 2\times 5=\pm 20$
③ $x^2+18x+\square=x^2+2\times x\times 9+\square$에서
$\qquad \square=9^2=81$
④ $x^2+\square x+100=x^2+\square x+10^2$에서
$\qquad \square=\pm 2\times 10=\pm 20$
⑤ $36x^2+\square x+1=(6x)^2+\square x+1^2$에서
$\qquad \square=\pm 2\times 6\times 1=\pm 12$
따라서 $\square$ 안에 알맞은 수 중 그 절댓값이 가장 큰 것은 ③이다. 답 ③

4 ㄱ. $16x^2-81y^2=(4x)^2-(9y)^2$
$\qquad\qquad\qquad =(4x+9y)(4x-9y)$
ㄴ. $x^2-\dfrac{1}{36}=x^2-\left(\dfrac{1}{6}\right)^2$
$\qquad\qquad\quad =\left(x+\dfrac{1}{6}\right)\left(x-\dfrac{1}{6}\right)$

이런 문제가 시험 에 나온다 ＞본문 88쪽

01 ③, ④	02 ⑤	03 12	04 ④
05 ③			

01 ① $-3x^2+9x=-3x(x-3)$
② $2ab+b^2=b(2a+b)$
⑤ $a(x-y)-b(y-x)=a(x-y)+b(x-y)$
$\qquad\qquad\qquad\qquad\quad =(a+b)(x-y)$
따라서 옳은 것은 ③, ④이다. 답 ③, ④

02 ① $x^2-6x+9=(x-3)^2$
② $4a^2+28a+49=(2a+7)^2$
③ $2a^2-4ab+2b^2=2(a^2-2ab+b^2)=2(a-b)^2$
④ $\dfrac{1}{9}a^2+\dfrac{1}{2}ab+\dfrac{9}{16}b^2=\left(\dfrac{1}{3}a+\dfrac{3}{4}b\right)^2$
⑤ $16x^2+12xy+36y^2=4(4x^2+3xy+9y^2)$
따라서 완전제곱식으로 인수분해할 수 없는 것은 ⑤이다. 답 ⑤

03 $4x^2-12x+a=(2x)^2-2\times 2x\times 3+a$에서
$\qquad a=3^2=9$
$\dfrac{1}{9}x^2+bx+4=\left(\dfrac{1}{3}x\right)^2+bx+2^2$에서
$\qquad b=2\times\dfrac{1}{3}\times 2=\dfrac{4}{3}\ \ (\because b>0)$
$\qquad \therefore ab=9\times\dfrac{4}{3}=12$ 답 12

04 $\sqrt{x^2+8x+16}+\sqrt{x^2-8x+16}$
$=\sqrt{(x+4)^2}+\sqrt{(x-4)^2}$
$-4<x<4$에서
$\qquad x+4>0,\ x-4<0$
$\qquad \therefore$ (주어진 식)$=x+4-(x-4)$
$\qquad\qquad\qquad\quad =x+4-x+4$
$\qquad\qquad\qquad\quad =8$ 답 ④

개념 더하기

근호 안의 식이 완전제곱식으로 인수분해되면 다음을 이용하여 근호를 없앤 후 간단히 한다.
$$\Rightarrow \sqrt{(x-a)^2}=\begin{cases} x-a & (x-a\geq 0) \\ -(x-a) & (x-a<0) \end{cases}$$

05 $x^4-16=(x^2)^2-4^2$
$\qquad =(x^2+4)(x^2-4)$
$\qquad =(x^2+4)(x^2-2^2)$
$\qquad =(x^2+4)(x+2)(x-2)$
따라서 x^4-16의 인수가 아닌 것은 ③이다.　답 ③

02 인수분해 공식 (2)

개념원리 확인하기

01 (1) $(x-2)(x-5)$, 11, -11, 7, -7
　　(2) $(x-1)(x+6)$, -5, 5, -1, 1
02 (1) $(x+3)(x+6)$　(2) $(x-1)(x-3)$
　　(3) $(x-1)(x+2)$　(4) $(x+4y)(x-10y)$
03 (1) $(x+1)(2x-3)$, 2, -3, -3
　　(2) $(2x-1)(2x-3)$, -2, -3, -6
04 (1) $(x-1)(3x+10)$　(2) $(2x+1)(3x+4)$
　　(3) $(2x-1)(5x+1)$　(4) $(x-7y)(5x-y)$

01 (1)

곱이 10인 두 정수		합
1	10	11
-1	-10	-11
2	5	7
-2	-5	-7

즉 곱이 10, 합이 -7인 두 정수는 -2, -5이므로
$$x^2-7x+10=(x-2)(x-5)$$

(2)

곱이 -6인 두 정수		합
1	-6	-5
-1	6	5
2	-3	-1
-2	3	1

즉 곱이 -6, 합이 5인 두 정수는 -1, 6이므로
$$x^2+5x-6=(x-1)(x+6)$$
답 (1) $(x-2)(x-5)$, 11, -11, 7, -7
　　(2) $(x-1)(x+6)$, -5, 5, -1, 1

02 (1) 곱이 18, 합이 9인 두 정수는 3, 6이므로
$$x^2+9x+18=(x+3)(x+6)$$
　　(2) 곱이 3, 합이 -4인 두 정수는 -1, -3이므로
$$x^2-4x+3=(x-1)(x-3)$$

　　(3) 곱이 -2, 합이 1인 두 정수는 -1, 2이므로
$$x^2+x-2=(x-1)(x+2)$$
　　(4) 곱이 -40, 합이 -6인 두 정수는 4, -10이므로
$$x^2-6xy-40y^2=(x+4y)(x-10y)$$
답 (1) $(x+3)(x+6)$　(2) $(x-1)(x-3)$
　　(3) $(x-1)(x+2)$　(4) $(x+4y)(x-10y)$

03 (1) $2x^2-x-3=(x+1)(2x-3)$

$$\begin{matrix}1 & & 1 & \rightarrow & \boxed{2} \\ 2 & & \boxed{-3} & \rightarrow & \boxed{-3} \\ & & & & \overline{-1}\end{matrix}\ (+$$

　　(2) $4x^2-8x+3=(2x-1)(2x-3)$

$$\begin{matrix}2 & & -1 & \rightarrow & \boxed{-2} \\ 2 & & \boxed{-3} & \rightarrow & \boxed{-6} \\ & & & & \overline{-8}\end{matrix}\ (+$$

답 (1) $(x+1)(2x-3)$, 2, -3, -3
　　(2) $(2x-1)(2x-3)$, -2, -3, -6

04 (1) $3x^2+7x-10=(x-1)(3x+10)$

$$\begin{matrix}1 & & -1 & \rightarrow & -3 \\ 3 & & 10 & \rightarrow & 10 \\ & & & & \overline{7}\end{matrix}\ (+$$

　　(2) $6x^2+11x+4=(2x+1)(3x+4)$

$$\begin{matrix}2 & & 1 & \rightarrow & 3 \\ 3 & & 4 & \rightarrow & 8 \\ & & & & \overline{11}\end{matrix}\ (+$$

　　(3) $10x^2-3x-1=(2x-1)(5x+1)$

$$\begin{matrix}2 & & -1 & \rightarrow & -5 \\ 5 & & 1 & \rightarrow & 2 \\ & & & & \overline{-3}\end{matrix}\ (+$$

　　(4) $5x^2-36xy+7y^2=(x-7y)(5x-y)$

$$\begin{matrix}1 & & -7 & \rightarrow & -35 \\ 5 & & -1 & \rightarrow & -1 \\ & & & & \overline{-36}\end{matrix}\ (+$$

답 (1) $(x-1)(3x+10)$　(2) $(2x+1)(3x+4)$
　　(3) $(2x-1)(5x+1)$　(4) $(x-7y)(5x-y)$

핵심문제 익히기

1 $2x+5$　　2 -7　　3 ②
4 (1) -20　(2) $5x-4$　　5 $(x-4)(x+6)$
6 $4x+6$

1 곱이 -36, 합이 5인 두 정수는 -4, 9이므로
$$x^2+5x-36=(x-4)(x+9)$$
따라서 두 일차식은 $x-4$, $x+9$이므로 구하는 합은
$$(x-4)+(x+9)=2x+5$$
답 $2x+5$

2 $6x^2-23x+21=(2x-3)(3x-7)$

$$\begin{array}{ccc} 2 & & -3 \longrightarrow -9 \\ 3 & & -7 \longrightarrow \underline{-14}\,(+ \\ & & -23 \end{array}$$

따라서 $A=-3$, $B=3$, $C=-7$이므로
$$A+B+C=-3+3+(-7)=-7$$
답 -7

3 $3x^2-8x-3=(x-3)(3x+1)$

$$\begin{array}{ccc} 1 & & -3 \longrightarrow -9 \\ 3 & & 1 \longrightarrow \underline{1}\,(+ \\ & & -8 \end{array}$$

$2x^2-x-15=(x-3)(2x+5)$

$$\begin{array}{ccc} 1 & & -3 \longrightarrow -6 \\ 2 & & 5 \longrightarrow \underline{5}\,(+ \\ & & -1 \end{array}$$

따라서 두 다항식의 공통인 인수는 $x-3$이다.
답 ②

4 (1) $10x^2+17x+a=(2x+5)(5x+k)$ (k는 상수)로 놓으면
$$17=2k+25,\ a=5k$$
$$\therefore k=-4,\ a=-20$$
(2) $k=-4$이므로 일차식인 다른 한 인수는 $5x-4$이다.
답 (1) -20 (2) $5x-4$

5 찬우는 x의 계수를 잘못 보았으므로 상수항은 바르게 보았다.
즉 $(x+3)(x-8)=x^2-5x-24$에서 처음 이차식의 상수항은 -24이다.
또 연주는 상수항을 잘못 보았으므로 x의 계수는 바르게 보았다.
즉 $(x-2)(x+4)=x^2+2x-8$에서 처음 이차식의 x의 계수는 2이다.
따라서 처음 이차식은 $x^2+2x-24$이므로 바르게 인수분해하면
$$x^2+2x-24=(x-4)(x+6)$$
답 $(x-4)(x+6)$

6 새로 만든 직사각형의 넓이는
$$x^2+3x+2=(x+1)(x+2)$$
따라서 새로 만든 직사각형의 가로의 길이와 세로의 길이는 각각 $x+1$, $x+2$ 또는 $x+2$, $x+1$이므로 구하는 둘레의 길이는
$$2\times\{(x+1)+(x+2)\}=4x+6$$
답 $4x+6$

---

01 (1) $5a(a-2b)$ (2) $x(2a+5b-3c)$
(3) $(x+2)(a-7)$ (4) $-4y(x-3y)$

02 (1) $(x+8)^2$ (2) $\left(x-\dfrac{1}{2}\right)^2$ (3) $(3x+y)^2$
(4) $(5x-2)^2$ (5) $3(2x+3)^2$ (6) $2y(x-4)^2$

03 (1) $(5x+4y)(5x-4y)$ (2) $\left(3a+\dfrac{1}{7}b\right)\left(3a-\dfrac{1}{7}b\right)$
(3) $6(3x+2y)(3x-2y)$ (4) $(9+x^2)(3+x)(3-x)$

04 (1) $(x+1)(x+4)$ (2) $(x-2)(x-7)$
(3) $(x-1)(x+7)$ (4) $(x+3)(x-5)$
(5) $(x-3y)(x+7y)$ (6) $(x-2y)(x-8y)$
(7) $3(x+2)(x+3)$ (8) $2y(x+2)(x-3)$

05 (1) $(x+3)(3x+2)$ (2) $(x-1)(5x-3)$
(3) $(2x-1)(3x+4)$ (4) $(3x+1)(3x-2)$
(5) $(3x+4y)(5x+2y)$ (6) $(x-2y)(2x+11y)$
(7) $5(x-1)(2x-5)$ (8) $2(x+y)(3x-5y)$

01 (4) $(x-3y)^2+(x+y)(3y-x)$
$$=(x-3y)^2-(x+y)(x-3y)$$
$$=(x-3y)\{(x-3y)-(x+y)\}$$
$$=(x-3y)(x-3y-x-y)$$
$$=-4y(x-3y)$$
답 (1) $5a(a-2b)$ (2) $x(2a+5b-3c)$
(3) $(x+2)(a-7)$ (4) $-4y(x-3y)$

02 (5) $12x^2+36x+27=3(4x^2+12x+9)$
$$=3(2x+3)^2$$
(6) $2x^2y-16xy+32y=2y(x^2-8x+16)$
$$=2y(x-4)^2$$
답 (1) $(x+8)^2$ (2) $\left(x-\dfrac{1}{2}\right)^2$ (3) $(3x+y)^2$
(4) $(5x-2)^2$ (5) $3(2x+3)^2$ (6) $2y(x-4)^2$

03 (2) $9a^2-\dfrac{1}{49}b^2=(3a)^2-\left(\dfrac{1}{7}b\right)^2$
$$=\left(3a+\dfrac{1}{7}b\right)\left(3a-\dfrac{1}{7}b\right)$$
(3) $54x^2-24y^2=6(9x^2-4y^2)$
$$=6\{(3x)^2-(2y)^2\}$$
$$=6(3x+2y)(3x-2y)$$
(4) $81-x^4=9^2-(x^2)^2$
$$=(9+x^2)(9-x^2)$$
$$=(9+x^2)(3^2-x^2)$$
$$=(9+x^2)(3+x)(3-x)$$
답 (1) $(5x+4y)(5x-4y)$ (2) $\left(3a+\dfrac{1}{7}b\right)\left(3a-\dfrac{1}{7}b\right)$
(3) $6(3x+2y)(3x-2y)$ (4) $(9+x^2)(3+x)(3-x)$

04
(5) $x^2+4xy-21y^2=(x-3y)(x+7y)$
(6) $x^2-10xy+16y^2=(x-2y)(x-8y)$
(7) $3x^2+15x+18=3(x^2+5x+6)$
$\qquad\qquad\quad=3(x+2)(x+3)$
(8) $2x^2y-2xy-12y=2y(x^2-x-6)$
$\qquad\qquad\quad=2y(x+2)(x-3)$

답 (1) $(x+1)(x+4)$　(2) $(x-2)(x-7)$
(3) $(x-1)(x+7)$　(4) $(x+3)(x-5)$
(5) $(x-3y)(x+7y)$　(6) $(x-2y)(x-8y)$
(7) $3(x+2)(x+3)$　(8) $2y(x+2)(x-3)$

05
(5) $15x^2+26xy+8y^2=(3x+4y)(5x+2y)$
(6) $2x^2+7xy-22y^2=(x-2y)(2x+11y)$
(7) $10x^2-35x+25=5(2x^2-7x+5)$
$\qquad\qquad\quad=5(x-1)(2x-5)$
(8) $6x^2-4xy-10y^2=2(3x^2-2xy-5y^2)$
$\qquad\qquad\quad=2(x+y)(3x-5y)$

답 (1) $(x+3)(3x+2)$　(2) $(x-1)(5x-3)$
(3) $(2x-1)(3x+4)$　(4) $(3x+1)(3x-2)$
(5) $(3x+4y)(5x+2y)$　(6) $(x-2y)(2x+11y)$
(7) $5(x-1)(2x-5)$　(8) $2(x+y)(3x-5y)$

▶본문 95쪽

이런 문제가 시험 에 나온다

01 ②　　02 $4x-10$　　03 9　　04 ④
05 $6x+8$

01 $x^2+4x-45=(x+9)(x-5)$이므로
$a=9,\ b=-5$
$\therefore a-b=9-(-5)=14$　　답 ②

02 $3x^2-26x+16=(x-8)(3x-2)$
따라서 두 일차식은 $x-8,\ 3x-2$이므로 구하는 합은
$(x-8)+(3x-2)=4x-10$　　답 $4x-10$

03 $x^2-ax+2=(x-2)(x+m)$ (m은 상수)으로 놓으면
$-a=m-2,\ 2=-2m$
$\therefore m=-1,\ a=3$
또 $2x^2-7x+b=(x-2)(2x+n)$ (n은 상수)으로 놓으면
$-7=n-4,\ b=-2n$
$\therefore n=-3,\ b=6$
$\therefore a+b=3+6=9$　　답 9

---

04 형우는 x의 계수를 잘못 보았으므로 상수항은 바르게 보
았다.
즉 $2(x-4)(x+6)=2x^2+4x-48$에서 처음 이차식의
상수항은 -48이다.
또 지우는 상수항을 잘못 보았으므로 x의 계수는 바르게
보았다.
즉 $2(x+2)(x-7)=2x^2-10x-28$에서 처음 이차식의
x의 계수는 -10이다.
따라서 처음 이차식은 $2x^2-10x-48$이므로 바르게 인수
분해하면
$2x^2-10x-48=2(x^2-5x-24)$
$\qquad\qquad\qquad=2(x+3)(x-8)$　　답 ④

05 $\dfrac{1}{2}\times(밑변의\ 길이)\times(높이)=9x^2+9x-4$이므로
$\dfrac{1}{2}\times(3x-1)\times(높이)=(3x-1)(3x+4)$
$\therefore (높이)=2(3x+4)=6x+8$
답 $6x+8$

---

03 인수분해 공식의 응용

개념원리 확인하기

▶본문 97쪽

01 $2,\ 2,\ x-1$
02 (1) $4y-1$　(2) $x-3$
03 $a-6,\ a-6,\ a-6,\ a-6,\ b$
04 (1) 36, 100, 2700　(2) 5, 70, 4900
　(3) 38, 38, 80, 320
05 (1) 10000　(2) $5\sqrt{5}+5$　(3) $-8\sqrt{3}$

01 $x-3=A$로 놓으면
$(x-3)^2-2(x-3)-8$
$=A^2-2A-8$
$=(A+\boxed{2})(A-4)$
$=\{(x-3)+\boxed{2}\}\{(x-3)-4\}$
$=(\boxed{x-1})(x-7)$
답 $2,\ 2,\ x-1$

02 (1) $4xy-x+8y-2=x(\boxed{4y-1})+2(\boxed{4y-1})$
$\qquad\qquad\qquad\qquad=(x+2)(\boxed{4y-1})$
(2) $x^2-6x+9-y^2=(\boxed{x-3})^2-y^2$
$\qquad\qquad\qquad=(\boxed{x-3}+y)(\boxed{x-3}-y)$
답 (1) $4y-1$　(2) $x-3$

03 $a^2+ab-8a-6b+12$

$\quad=(\boxed{a-6})b+(a^2-8a+12)$

$\quad=(\boxed{a-6})b+(a-2)(\boxed{a-6})$

$\quad=(\boxed{a-6})(a+\boxed{b}-2)$

$\quad\quad\quad\quad\quad$ 답 $a-6,\ a-6,\ a-6,\ a-6,\ b$

04 (1) $27\times64+27\times36=27\times(64+\boxed{36})$

$\quad\quad\quad\quad\quad\quad\quad\quad=27\times\boxed{100}=\boxed{2700}$

$\quad$ (2) $75^2-2\times75\times5+5^2=(75-\boxed{5})^2$

$\quad\quad\quad\quad\quad\quad\quad\quad\quad=\boxed{70}^2=\boxed{4900}$

$\quad$ (3) $42^2-38^2=(42+\boxed{38})(42-\boxed{38})$

$\quad\quad\quad\quad\quad\quad=\boxed{80}\times4=\boxed{320}$

$\quad\quad\quad\quad$ 답 (1) $36,\ 100,\ 2700$ (2) $5,\ 70,\ 4900$

$\quad\quad\quad\quad\quad\quad$ (3) $38,\ 38,\ 80,\ 320$

05 (1) $x^2+4x+4=(x+2)^2$

$\quad\quad\quad\quad\quad\quad=(98+2)^2$

$\quad\quad\quad\quad\quad\quad=100^2=10000$

$\quad$ (2) $x^2-3x-4=(x+1)(x-4)$

$\quad\quad\quad\quad\quad\quad=(4+\sqrt5+1)(4+\sqrt5-4)$

$\quad\quad\quad\quad\quad\quad=(5+\sqrt5)\times\sqrt5$

$\quad\quad\quad\quad\quad\quad=5\sqrt5+5$

$\quad$ (3) x^2-y^2

$\quad\quad=(x+y)(x-y)$

$\quad\quad=\{(2-\sqrt3)+(2+\sqrt3)\}\{(2-\sqrt3)-(2+\sqrt3)\}$

$\quad\quad=4\times(-2\sqrt3)$

$\quad\quad=-8\sqrt3$

$\quad\quad\quad$ 답 (1) 10000 (2) $5\sqrt5+5$ (3) $-8\sqrt3$

핵심문제 **익히기**　　　　▶본문 98~100쪽

1 (1) $(3a+3b+1)^2$ (2) $(x-y+1)(x-y-6)$

$\quad$ (3) $3(x+7)$

2 (1) $(x-3)(y-2)$

$\quad$ (2) $(a+b)(a-b+2)$

$\quad$ (3) $(x+y-z)(x-y-z)$

$\quad$ (4) $(x+3y+8)(-x-3y+8)$

3 (1) 105 (2) 10000 (3) 70

4 (1) $2\sqrt2$ (2) 12

5 (1) $(x^2-2x-4)(x^2-2x-7)$

$\quad$ (2) $(a^2-8a+11)^2$

6 (1) $(x-2)(x+y-3)$

$\quad$ (2) $(x-y+2)(x+2y-3)$

---

1 (1) $a+b=A$로 놓으면

$\quad\quad 9(a+b)^2+6(a+b)+1$

$\quad\quad=9A^2+6A+1$

$\quad\quad=(3A+1)^2$

$\quad\quad=\{3(a+b)+1\}^2$

$\quad\quad=(3a+3b+1)^2$

$\quad$ (2) $x-y=A$로 놓으면

$\quad\quad (x-y)(x-y-5)-6$

$\quad\quad=A(A-5)-6$

$\quad\quad=A^2-5A-6$

$\quad\quad=(A+1)(A-6)$

$\quad\quad=(x-y+1)(x-y-6)$

$\quad$ (3) $x+1=A,\ x-2=B$로 놓으면

$\quad\quad 3(x+1)^2-5(x+1)(x-2)+2(x-2)^2$

$\quad\quad=3A^2-5AB+2B^2$

$\quad\quad=(A-B)(3A-2B)$

$\quad\quad=\{(x+1)-(x-2)\}\{3(x+1)-2(x-2)\}$

$\quad\quad=3(x+7)$

참고 공통부분이 2개 있으면 각각을 서로 다른 문자로 놓고 인수분해한다.

$\quad\quad\quad\quad$ 답 (1) $(3a+3b+1)^2$

$\quad\quad\quad\quad\quad$ (2) $(x-y+1)(x-y-6)$

$\quad\quad\quad\quad\quad$ (3) $3(x+7)$

2 (1) $xy-3y-2x+6=y(x-3)-2(x-3)$

$\quad\quad\quad\quad\quad\quad\quad\quad=(x-3)(y-2)$

$\quad$ (2) $a^2+2a+2b-b^2=(a^2-b^2)+2(a+b)$

$\quad\quad\quad\quad\quad\quad\quad\quad=(a+b)(a-b)+2(a+b)$

$\quad\quad\quad\quad\quad\quad\quad\quad=(a+b)(a-b+2)$

$\quad$ (3) $x^2-2xz+z^2-y^2=(x^2-2xz+z^2)-y^2$

$\quad\quad\quad\quad\quad\quad\quad\quad=(x-z)^2-y^2$

$\quad\quad\quad\quad\quad\quad\quad\quad=(x-z+y)(x-z-y)$

$\quad\quad\quad\quad\quad\quad\quad\quad=(x+y-z)(x-y-z)$

$\quad$ (4) $64-x^2-6xy-9y^2=64-(x^2+6xy+9y^2)$

$\quad\quad\quad\quad\quad\quad\quad\quad=8^2-(x+3y)^2$

$\quad\quad\quad\quad\quad\quad\quad\quad=\{8+(x+3y)\}\{8-(x+3y)\}$

$\quad\quad\quad\quad\quad\quad\quad\quad=(x+3y+8)(-x-3y+8)$

$\quad\quad\quad\quad$ 답 (1) $(x-3)(y-2)$

$\quad\quad\quad\quad\quad$ (2) $(a+b)(a-b+2)$

$\quad\quad\quad\quad\quad$ (3) $(x+y-z)(x-y-z)$

$\quad\quad\quad\quad\quad$ (4) $(x+3y+8)(-x-3y+8)$

3 (1) $35\times97-35\times94=35\times(97-94)$

$\quad\quad\quad\quad\quad\quad\quad\quad=35\times3$

$\quad\quad\quad\quad\quad\quad\quad\quad=105$

$$\begin{aligned}(2)\ 103^2-6\times103+9&=103^2-2\times103\times3+3^2\\&=(103-3)^2\\&=100^2\\&=10000\end{aligned}$$

$$\begin{aligned}(3)\ 8.5^2-1.5^2&=(8.5+1.5)(8.5-1.5)\\&=10\times7\\&=70\end{aligned}$$

답 (1) 105 (2) 10000 (3) 70

4

$$\begin{aligned}x&=\frac{1}{\sqrt{3}-\sqrt{2}}\\&=\frac{\sqrt{3}+\sqrt{2}}{(\sqrt{3}-\sqrt{2})(\sqrt{3}+\sqrt{2})}\\&=\frac{\sqrt{3}+\sqrt{2}}{3-2}\\&=\sqrt{3}+\sqrt{2}\end{aligned}$$

$$\begin{aligned}y&=\frac{1}{\sqrt{3}+\sqrt{2}}\\&=\frac{\sqrt{3}-\sqrt{2}}{(\sqrt{3}+\sqrt{2})(\sqrt{3}-\sqrt{2})}\\&=\frac{\sqrt{3}-\sqrt{2}}{3-2}\\&=\sqrt{3}-\sqrt{2}\end{aligned}$$

$$\begin{aligned}\therefore\ x+y&=(\sqrt{3}+\sqrt{2})+(\sqrt{3}-\sqrt{2})=2\sqrt{3}\\x-y&=(\sqrt{3}+\sqrt{2})-(\sqrt{3}-\sqrt{2})=2\sqrt{2}\\xy&=(\sqrt{3}+\sqrt{2})(\sqrt{3}-\sqrt{2})=3-2=1\end{aligned}$$

$(1)\ x^2y-xy^2=xy(x-y)=1\times2\sqrt{2}=2\sqrt{2}$

$(2)\ x^2+2xy+y^2=(x+y)^2=(2\sqrt{3})^2=12$

답 (1) $2\sqrt{2}$ (2) 12

5

$$\begin{aligned}(1)\ &(x+1)(x+2)(x-3)(x-4)+4\\&=\{(x+1)(x-3)\}\{(x+2)(x-4)\}+4\\&=(x^2-2x-3)(x^2-2x-8)+4\end{aligned}$$

이때 $x^2-2x=A$로 놓으면

$$\begin{aligned}(\text{주어진 식})&=(A-3)(A-8)+4\\&=A^2-11A+28\\&=(A-4)(A-7)\\&=(x^2-2x-4)(x^2-2x-7)\end{aligned}$$

$$\begin{aligned}(2)\ &(a-1)(a-3)(a-5)(a-7)+16\\&=\{(a-1)(a-7)\}\{(a-3)(a-5)\}+16\\&=(a^2-8a+7)(a^2-8a+15)+16\end{aligned}$$

이때 $a^2-8a=A$로 놓으면

$$\begin{aligned}(\text{주어진 식})&=(A+7)(A+15)+16\\&=A^2+22A+121\\&=(A+11)^2\\&=(a^2-8a+11)^2\end{aligned}$$

답 (1) $(x^2-2x-4)(x^2-2x-7)$
(2) $(a^2-8a+11)^2$

6

(1) y에 대하여 내림차순으로 정리하면

$$\begin{aligned}&x^2+xy-5x-2y+6\\&=(x-2)y+(x^2-5x+6)\\&=(x-2)y+(x-2)(x-3)\\&=(x-2)(x+y-3)\end{aligned}$$

(2) x에 대하여 내림차순으로 정리하면

$$\begin{aligned}&x^2+xy-2y^2-x+7y-6\\&=x^2+(y-1)x-(2y^2-7y+6)\\&=x^2+(y-1)x-(y-2)(2y-3)\\&=\{x-(y-2)\}\{x+(2y-3)\}\\&=(x-y+2)(x+2y-3)\end{aligned}$$

답 (1) $(x-2)(x+y-3)$
(2) $(x-y+2)(x+2y-3)$

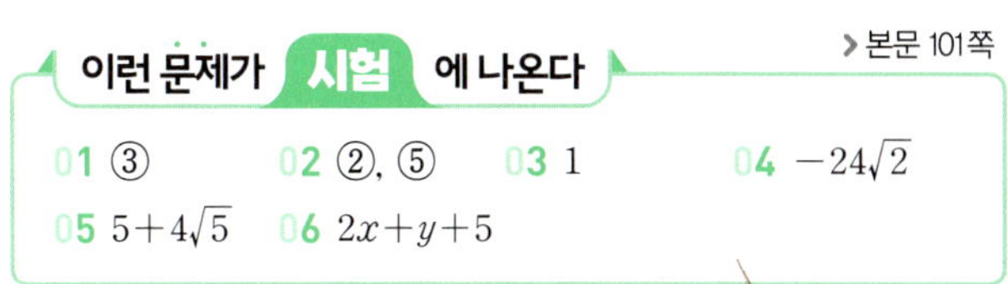

01　$x+4=A$로 놓으면

$$\begin{aligned}&4(x+4)^2-12(x+4)-7\\&=4A^2-12A-7\\&=(2A+1)(2A-7)\\&=\{2(x+4)+1\}\{2(x+4)-7\}\\&=(2x+9)(2x+1)\end{aligned}$$

따라서 $a=9,\ b=1$이므로

$$a-b=9-1=8$$

답 ③

02

$$\begin{aligned}a^2b+a-b-ab^2&=(a^2b-ab^2)+(a-b)\\&=ab(a-b)+(a-b)\\&=(a-b)(ab+1)\end{aligned}$$

따라서 인수인 것은 ②, ⑤이다.

답 ②, ⑤

03

$$\begin{aligned}\frac{1000\times1001+1000}{1001^2-1}&=\frac{1000(1001+1)}{(1001+1)(1001-1)}\\&=\frac{1000\times1002}{1002\times1000}\\&=1\end{aligned}$$

답 1

04

$$\begin{aligned}a+b&=(3-2\sqrt{2})+(3+2\sqrt{2})=6\\a-b&=(3-2\sqrt{2})-(3+2\sqrt{2})=-4\sqrt{2}\\ab&=(3-2\sqrt{2})(3+2\sqrt{2})=9-8=1\end{aligned}$$

$$\begin{aligned}\therefore\ a^3b-ab^3&=ab(a^2-b^2)\\&=ab(a+b)(a-b)\\&=1\times6\times(-4\sqrt{2})\\&=-24\sqrt{2}\end{aligned}$$

답 $-24\sqrt{2}$

05 $x^2-y^2+4x+4=(x^2+4x+4)-y^2$
$=(x+2)^2-y^2$
$=(x+2+y)(x+2-y)$
$=(x+y+2)(x-y+2)$
$=(\sqrt{5}-2+2)(\sqrt{5}+2+2)$
$=\sqrt{5}(\sqrt{5}+4)$
$=5+4\sqrt{5}$

달 $5+4\sqrt{5}$

06 x에 대하여 내림차순으로 정리하면
$x^2+xy+5x-2y^2+10y$
$=x^2+(y+5)x-2y^2+10y$
$=x^2+(y+5)x-2y(y-5)$
$=(x+2y)\{x-(y-5)\}$
$=(x+2y)(x-y+5)$
따라서 두 일차식의 합은
$(x+2y)+(x-y+5)=2x+y+5$

달 $2x+y+5$

중단원 마무리하기

> 본문 102~105쪽

01 ⑤	02 ②, ⑤	03 -60	04 ①
05 2	06 ②	07 7	08 ③
09 ③	10 ①	11 ④	12 24
13 ⑤	14 ④	15 21	16 -7
17 ④	18 ③	19 ④	20 ①
21 $(x+3y-2)(2x-y+3)$		22 $-x$	
23 64	24 9		

01 전략 인수와 공통인 인수의 의미를 생각해 본다.
⑤ $4a^2b-9ab=ab(4a-9)$이므로 $4a^2b$, $-9ab$는
$4a^2b-9ab$의 인수가 아니다.
따라서 옳지 않은 것은 ⑤이다.

달 ⑤

02 전략 $a^2\pm2ab+b^2=(a\pm b)^2$ (복호동순)임을 이용한다.
② $x^2-12x+36=(x-6)^2$
⑤ $3a^2-12ab+12b^2=3(a^2-4ab+4b^2)$
$=3(a-2b)^2$
따라서 완전제곱식인 것은 ②, ⑤이다.

달 ②, ⑤

03 전략 공통인 인수로 묶어 낸 후 $a^2-b^2=(a+b)(a-b)$임
을 이용한다.
$-80x^2+45y^2=-5(16x^2-9y^2)$
$=-5(4x+3y)(4x-3y)$
따라서 $a=-5$, $b=4$, $c=3$이므로
$abc=(-5)\times4\times3=-60$

달 -60

04 전략 $x^2+(a+b)x+ab=(x+a)(x+b)$임을 이용한다.
$(x-4)(x-7)+2=x^2-11x+28+2$
$=x^2-11x+30$
$=(x-5)(x-6)$
따라서 두 일차식의 합은
$(x-5)+(x-6)=2x-11$

달 ①

05 전략 $acx^2+(ad+bc)x+bd=(ax+b)(cx+d)$임을
이용한다.
$6x^2+x-12=(2x+3)(3x-4)$
따라서 $a=3$, $b=3$, $c=-4$이므로
$a+b+c=3+3+(-4)=2$

달 2

06 전략 인수분해 공식을 이용하여 각 다항식을 인수분해한다.
ㄴ. $1-25x^2=(1+5x)(1-5x)$
$=(5x+1)(-5x+1)$
ㄷ. $x^2+6x-27=(x-3)(x+9)$
이상에서 옳은 것은 ㄱ, ㄹ이다.

달 ②

07 전략 $2x+3y$가 $10x^2+axy-12y^2$의 인수임을 이용하여 식
으로 나타낸다.
$10x^2+axy-12y^2$이 $2x+3y$로 나누어떨어지므로
$2x+3y$는 $10x^2+axy-12y^2$의 인수이다.
즉 $10x^2+axy-12y^2=(2x+3y)(5x+ky)$ (k는 상수)
로 놓으면
$a=2k+15$, $-12=3k$
$\therefore k=-4$, $a=7$

달 7

08 전략 주어진 식을 인수분해하여 직사각형의 세로의 길이를
구한다.
$15x^2+13x+2=(3x+2)(5x+1)$
이때 가로의 길이가 $5x+1$이므로 세로의 길이는 $3x+2$이
다.
따라서 구하는 둘레의 길이는
$2\times\{(5x+1)+(3x+2)\}=16x+6$

달 ③

09 전략 공통부분을 한 문자로 놓고 인수분해한다.
$x^2-x=A$로 놓으면
$(x^2-x+2)(x^2-x-5)+12$
$=(A+2)(A-5)+12$
$=A^2-3A+2$
$=(A-1)(A-2)$
$=(x^2-x-1)(x^2-x-2)$
$=(x^2-x-1)(x+1)(x-2)$

달 ③

10 전략 인수분해 공식을 이용할 수 있도록 수의 모양을 변형한다.

$$97.5^2 + 5 \times 97.5 + 2.5^2 = 97.5^2 + 2 \times 97.5 \times 2.5 + 2.5^2$$
$$= (97.5 + 2.5)^2$$
$$= 100^2$$

따라서 가장 알맞은 인수분해 공식은 ①이다.

답 ①

11 전략 공통인 인수로 묶어 낸 후 $a^2 - b^2 = (a+b)(a-b)$임을 이용한다.

$$7.5^2 \times 11.5 - 2.5^2 \times 11.5$$
$$= (7.5^2 - 2.5^2) \times 11.5$$
$$= (7.5 + 2.5)(7.5 - 2.5) \times 11.5$$
$$= 10 \times 5 \times 11.5$$
$$= 575$$

답 ④

12 전략 먼저 x의 분모를 유리화한다.

$$x = \frac{1}{5 - 2\sqrt{6}}$$
$$= \frac{5 + 2\sqrt{6}}{(5 - 2\sqrt{6})(5 + 2\sqrt{6})}$$
$$= \frac{5 + 2\sqrt{6}}{25 - 24}$$
$$= 5 + 2\sqrt{6}$$
$$\therefore x^2 - 10x + 25 = (x - 5)^2$$
$$= \{(5 + 2\sqrt{6}) - 5\}^2$$
$$= (2\sqrt{6})^2$$
$$= 24$$

답 24

13 전략 근호 안의 식을 인수분해한 후 부호에 유의하여 근호를 없앤다.

$$A = \sqrt{a^2 + 2a + 1} - \sqrt{a^2 - 6a + 9}$$
$$= \sqrt{(a+1)^2} - \sqrt{(a-3)^2}$$

ㄱ. $a < -1$이면 $a + 1 < 0$, $a - 3 < 0$이므로
$$A = -(a+1) - \{-(a-3)\}$$
$$= -a - 1 + a - 3$$
$$= -4$$

ㄴ. $-1 \leq a < 3$이면 $a + 1 \geq 0$, $a - 3 < 0$이므로
$$A = (a+1) - \{-(a-3)\}$$
$$= a + 1 + a - 3$$
$$= 2a - 2$$

ㄷ. $a \geq 3$이면 $a + 1 > 0$, $a - 3 \geq 0$이므로
$$A = (a+1) - (a-3)$$
$$= a + 1 - a + 3$$
$$= 4$$

이상에서 ㄱ, ㄴ, ㄷ 모두 옳다.

답 ⑤

14 전략 $a^2 - b^2 = (a+b)(a-b)$임을 이용한다.

$$x^8 - 1 = (x^4)^2 - 1$$
$$= (x^4 + 1)(x^4 - 1)$$
$$= (x^4 + 1)\{(x^2)^2 - 1\}$$
$$= (x^4 + 1)(x^2 + 1)(x^2 - 1)$$
$$= (x^4 + 1)(x^2 + 1)(x + 1)(x - 1)$$

따라서 $x^8 - 1$의 인수가 아닌 것은 ④이다.

답 ④

15 전략 먼저 $ab = 5$를 만족시키는 정수 a, b를 모두 찾는다.

$4x^2 + kx + 5 = (x + a)(4x + b)$이므로
$$k = 4a + b, \quad 5 = ab$$

이때 $ab = 5$인 두 정수 a, b를 순서쌍 (a, b)로 나타내면
$$(1, 5), (5, 1), (-1, -5), (-5, -1)$$

$k = 4a + b$이므로
$$k = 9, 21, -9, -21$$

따라서 k의 값 중 가장 큰 값은 21이다.

답 21

16 전략 $2x - 3$이 두 다항식의 공통인 인수임을 이용하여 각각 식으로 나타낸다.

$6x^2 - x + A = (2x - 3)(3x + a)$ (a는 상수)로 놓으면
$$-1 = 2a - 9, \quad A = -3a$$
$$\therefore a = 4, \quad A = -12$$

$2x^2 + Bx + 3 = (2x - 3)(x + b)$ (b는 상수)로 놓으면
$$B = 2b - 3, \quad 3 = -3b$$
$$\therefore b = -1, \quad B = -5$$
$$\therefore A - B = -12 - (-5) = -7$$

답 -7

17 전략 공통부분이 2개 있으면 각각의 식을 서로 다른 문자로 놓고 인수분해한다.

$x + 2 = A$, $x - 3 = B$로 놓으면
$$5(x+2)^2 + 7(x+2)(x-3) - 6(x-3)^2$$
$$= 5A^2 + 7AB - 6B^2$$
$$= (A + 2B)(5A - 3B)$$
$$= \{(x+2) + 2(x-3)\}\{5(x+2) - 3(x-3)\}$$
$$= (3x - 4)(2x + 19)$$

따라서 $a = -4$, $b = 2$, $c = 19$이므로
$$ab + c = (-4) \times 2 + 19 = 11$$

답 ④

18 전략 각각의 식을 인수분해한 후 공통인 인수를 구한다.

$$x(x - 2y) + (x - 2y)(2y - 3) = (x - 2y)(x + 2y - 3)$$
$$x^2 + 4xy + 4y^2 - 9 = (x^2 + 4xy + 4y^2) - 9$$
$$= (x + 2y)^2 - 3^2$$
$$= (x + 2y + 3)(x + 2y - 3)$$

따라서 두 다항식의 공통인 인수는 $x + 2y - 3$이다.

답 ③

19 전략 $a^2-b^2=(a+b)(a-b)$임을 이용하여 주어진 식을 변형한 후 계산한다.

$$\left(1-\frac{1}{2^2}\right)\left(1-\frac{1}{3^2}\right)\left(1-\frac{1}{4^2}\right)\times\cdots\times\left(1-\frac{1}{99^2}\right)\left(1-\frac{1}{100^2}\right)$$
$$=\left(1-\frac{1}{2}\right)\left(1+\frac{1}{2}\right)\left(1-\frac{1}{3}\right)\left(1+\frac{1}{3}\right)\left(1-\frac{1}{4}\right)\left(1+\frac{1}{4}\right)$$
$$\times\cdots\times\left(1-\frac{1}{99}\right)\left(1+\frac{1}{99}\right)\left(1-\frac{1}{100}\right)\left(1+\frac{1}{100}\right)$$
$$=\frac{1}{2}\times\frac{3}{2}\times\frac{2}{3}\times\frac{4}{3}\times\frac{3}{4}\times\frac{5}{4}$$
$$\times\cdots\times\frac{98}{99}\times\frac{100}{99}\times\frac{99}{100}\times\frac{101}{100}$$
$$=\frac{1}{2}\times\frac{101}{100}$$
$$=\frac{101}{200}$$

답 ④

20 전략 공통인 인수가 생기도록 두 항씩 묶어 인수분해한다.

$$a^3+a^2b+ab^2+b^3=a^2(a+b)+b^2(a+b)$$
$$=(a+b)(a^2+b^2)$$

이때 $a^2+b^2=(a+b)^2-2ab$
$$=(\sqrt{2}+1)^2-2\times(-1)$$
$$=3+2\sqrt{2}+2$$
$$=5+2\sqrt{2}$$

$\therefore$ (주어진 식)$=(a+b)(a^2+b^2)$
$$=(\sqrt{2}+1)(5+2\sqrt{2})$$
$$=5\sqrt{2}+4+5+2\sqrt{2}$$
$$=9+7\sqrt{2}$$

답 ①

21 전략 주어진 식을 x에 대하여 내림차순으로 정리한다.

$$2x^2+5xy-3y^2+11y-x-6$$
$$=2x^2+(5y-1)x-(3y^2-11y+6)$$
$$=2x^2+(5y-1)x-(y-3)(3y-2)$$

$$\begin{array}{ccc} 1 & \diagdown\diagup & 3y-2 \longrightarrow 6y-4 \\ 2 & \diagup\diagdown & -(y-3) \longrightarrow \dfrac{-y+3}{5y-1}\Big(+ \end{array}$$

$$=\{x+(3y-2)\}\{2x-(y-3)\}$$
$$=(x+3y-2)(2x-y+3)$$

답 $(x+3y-2)(2x-y+3)$

22 전략 먼저 근호 안의 식을 간단히 한 후 인수분해한다.

$$\sqrt{(-x)^2}-\sqrt{\left(x-\frac{1}{x}\right)^2+4}+\sqrt{\left(x+\frac{1}{x}\right)^2-4}$$
$$=\sqrt{(-x)^2}-\sqrt{x^2-2+\frac{1}{x^2}+4}+\sqrt{x^2+2+\frac{1}{x^2}-4}$$
$$=\sqrt{(-x)^2}-\sqrt{x^2+2+\frac{1}{x^2}}+\sqrt{x^2-2+\frac{1}{x^2}}$$
$$=\sqrt{(-x)^2}-\sqrt{\left(x+\frac{1}{x}\right)^2}+\sqrt{\left(x-\frac{1}{x}\right)^2}$$

$0<x<1$에서 $\frac{1}{x}>1$이므로
$$-x<0,\ x+\frac{1}{x}>0,\ x-\frac{1}{x}<0$$

$\therefore$ (주어진 식)$=-(-x)-\left(x+\frac{1}{x}\right)-\left(x-\frac{1}{x}\right)$
$$=x-x-\frac{1}{x}-x+\frac{1}{x}$$
$$=-x$$

답 $-x$

23 전략 $a^2-b^2=(a+b)(a-b)$임을 이용한다.

$$2^{40}-1=(2^{20}+1)(2^{20}-1)$$
$$=(2^{20}+1)(2^{10}+1)(2^{10}-1)$$
$$=(2^{20}+1)(2^{10}+1)(2^5+1)(2^5-1)$$
$$=(2^{20}+1)(2^{10}+1)\times33\times31$$

따라서 $2^{40}-1$은 30과 40 사이의 두 자연수 31과 33으로 나누어떨어지므로 구하는 합은
$$31+33=64$$

답 64

24 전략 공통부분이 생기도록 2개씩 짝을 지어 전개한다.

$$(x-1)(x-2)(x+4)(x+5)+k$$
$$=\{(x-1)(x+4)\}\{(x-2)(x+5)\}+k$$
$$=(x^2+3x-4)(x^2+3x-10)+k$$

이때 $x^2+3x=A$로 놓으면
$$(주어진 식)=(A-4)(A-10)+k$$
$$=A^2-14A+40+k$$

이 식이 완전제곱식이 되려면
$$40+k=\left(\frac{-14}{2}\right)^2=49$$
$$\therefore k=9$$

답 9

서술형 대비 문제 ▶ 본문 106~107쪽

1 $(x-3)(x+8)$	**2** 1	**3** 5
4 $12x+28$	**5** $y-2$	**6** $6-\sqrt{6}$

1

1단계 $(x-4)(x+6)=x^2+2x-24$에서 처음 이차식의 상수항은 -24이다.

2단계 $(x+1)(x+4)=x^2+5x+4$에서 처음 이차식의 x의 계수는 5이다.

3단계 처음 이차식은 $x^2+5x-24$이므로 바르게 인수분해 하면
$$x^2+5x-24=(x-3)(x+8)$$

답 $(x-3)(x+8)$

2

$\boxed{1단계}$ $x^2-y^2-2x+1=(x^2-2x+1)-y^2$
$\qquad\qquad\qquad\quad =(x-1)^2-y^2$
$\qquad\qquad\qquad\quad =(x+y-1)(x-y-1)$

$\boxed{2단계}$ $x-y=7$이므로
$\qquad\quad (x+y-1)\times(7-1)=-12$
$\qquad\quad x+y-1=-2$
$\qquad\quad \therefore x+y=-1$

$\boxed{3단계}$ $x^2+2xy+y^2=(x+y)^2=(-1)^2=1$

$\qquad\qquad\qquad\qquad\qquad\qquad\qquad$ 目 1

3

$\boxed{1단계}$ $9x^2+ax+1=(3x)^2+ax+1^2$에서
$\qquad\qquad a=\pm 2\times 3\times 1=\pm 6$
그런데 $a>0$이므로
$\qquad\qquad a=6$

$\boxed{2단계}$ $(2x+1)(2x+3)+b$
$\qquad =4x^2+8x+3+b$
$\qquad =(2x)^2+2\times 2x\times 2+3+b$
에서 $\quad 3+b=2^2=4$
$\qquad\qquad \therefore b=1$

$\boxed{3단계}$ $a-b=6-1=5$

$\qquad\qquad\qquad\qquad\qquad\qquad\qquad$ 目 5

단계	채점 요소	배점
1	a의 값 구하기	3점
2	b의 값 구하기	3점
3	$a-b$의 값 구하기	1점

4

$\boxed{1단계}$ (도형 A의 넓이)
$\qquad =(3x+7)^2-5^2$
$\qquad =\{(3x+7)+5\}\{(3x+7)-5\}$
$\qquad =(3x+12)(3x+2)$

$\boxed{2단계}$ 두 도형 A, B의 넓이가 같고 도형 B의 가로의 길이가 $3x+12$이므로 세로의 길이는 $3x+2$이다.

$\boxed{3단계}$ (도형 B의 둘레의 길이)
$\qquad =2\times\{(3x+12)+(3x+2)\}$
$\qquad =12x+28$

$\qquad\qquad\qquad\qquad\qquad\qquad$ 目 $12x+28$

단계	채점 요소	배점
1	도형 A의 넓이 구하기	3점
2	도형 B의 세로의 길이 구하기	2점
3	도형 B의 둘레의 길이 구하기	2점

5

$\boxed{1단계}$ $(y-1)^2-y+1=(y-1)^2-(y-1)$
$\qquad\qquad\qquad\qquad =(y-1)(y-1-1)$
$\qquad\qquad\qquad\qquad =(y-1)(y-2)$

$\boxed{2단계}$ $xy-2x+3y^2-5y-2$
$\qquad =(y-2)x+(3y^2-5y-2)$
$\qquad =(y-2)x+(y-2)(3y+1)$
$\qquad =(y-2)(x+3y+1)$

$\boxed{3단계}$ 두 다항식의 1이 아닌 공통인 인수는
$\qquad\quad y-2$

$\qquad\qquad\qquad\qquad\qquad\qquad$ 目 $y-2$

단계	채점 요소	배점
1	$(y-1)^2-y+1$을 인수분해하기	3점
2	$xy-2x+3y^2-5y-2$를 인수분해하기	3점
3	공통인 인수 구하기	2점

6

$\boxed{1단계}$ $2<\sqrt6<3$에서 $\sqrt6$의 정수 부분은 2이므로 소수 부분은 $\sqrt6-2$이다.
$\qquad\qquad \therefore a=\sqrt6-2$

$\boxed{2단계}$ $a^2+3a+2=(a+1)(a+2)$
$\qquad\qquad\quad =\{(\sqrt6-2)+1\}\{(\sqrt6-2)+2\}$
$\qquad\qquad\quad =(\sqrt6-1)\times\sqrt6$
$\qquad\qquad\quad =6-\sqrt6$

$\qquad\qquad\qquad\qquad\qquad\qquad$ 目 $6-\sqrt6$

단계	채점 요소	배점
1	a의 값 구하기	3점
2	a^2+3a+2의 값 구하기	3점

Ⅲ-1 이차방정식의 풀이

01 이차방정식과 그 해

01 (1) ○　(2) ×　(3) ○　(4) ×　(5) ×　(6) ○
02 (1) ○　(2) ○　(3) ×　(4) ○
03 (1) $x=0$ 또는 $x=2$　(2) $x=1$
04 9, 6, 2

01 (1) $x^2=5x-3$에서　　$x^2-5x+3=0$
즉 이차방정식이다.
(2) 이차식이다.
(3) $x(x+1)=0$에서　　$x^2+x=0$
즉 이차방정식이다.
(4) $x^2+x=2x^3$에서　　$-2x^3+x^2+x=0$
즉 이차방정식이 아니다.
(5) $x^2-6x=x^2-1$에서　　$-6x+1=0$
즉 일차방정식이다.
(6) $(x-1)(x+2)=2-x^2$에서
$$x^2+x-2=2-x^2$$
$$\therefore 2x^2+x-4=0$$
즉 이차방정식이다.
답 (1) ○　(2) ×　(3) ○　(4) ×　(5) ×　(6) ○

02 (1) $x=-2$를 $(x+2)(x-4)=0$에 대입하면
$$(-2+2)\times(-2-4)=0$$
즉 $x=-2$는 주어진 이차방정식의 해이다.
(2) $x=1$을 $x^2-7x+6=0$에 대입하면
$$1^2-7\times1+6=0$$
즉 $x=1$은 주어진 이차방정식의 해이다.
(3) $x=-4$를 $x^2+3x-10=0$에 대입하면
$$(-4)^2+3\times(-4)-10=-6\neq0$$
즉 $x=-4$는 주어진 이차방정식의 해가 아니다.
(4) $x=3$을 $3x^2-8x-3=0$에 대입하면
$$3\times3^2-8\times3-3=0$$
즉 $x=3$은 주어진 이차방정식의 해이다.
답 (1) ○　(2) ○　(3) ×　(4) ○

03 (1) $x=-1$일 때,　　$(-1)^2-2\times(-1)=3\neq0$
$x=0$일 때,　　$0^2-2\times0=0$
$x=1$일 때,　　$1^2-2\times1=-1\neq0$
$x=2$일 때,　　$2^2-2\times2=0$
따라서 주어진 이차방정식의 해는
$$x=0 \text{ 또는 } x=2$$

(2) $x=-1$일 때,　　$2\times(-1)^2+(-1)-3=-2\neq0$
$x=0$일 때,　　$2\times0^2+0-3=-3\neq0$
$x=1$일 때,　　$2\times1^2+1-3=0$
$x=2$일 때,　　$2\times2^2+2-3=7\neq0$
따라서 주어진 이차방정식의 해는　　$x=1$
답 (1) $x=0$ 또는 $x=2$　(2) $x=1$

04 $x=3$을 $x^2+ax-15=0$에 대입하면
$$\boxed{9}+3a-15=0,　　3a=\boxed{6}$$
$$\therefore a=\boxed{2}$$
답 9, 6, 2

1 ㄱ, ㄷ, ㄹ　　**2** ②, ④　　**3** -4
4 (1) -4　(2) 7　(3) 2　(4) -3

1 ㄱ. $x^2=5-2x$에서　　$x^2+2x-5=0$
즉 이차방정식이다.
ㄴ. $x(x+4)=x^2-1$에서　　$x^2+4x=x^2-1$
$$\therefore 4x+1=0$$
즉 일차방정식이다.
ㄷ. $\dfrac{x^2+1}{3}=x$에서　　$x^2-3x+1=0$
즉 이차방정식이다.
ㄹ. $(x+1)(x-3)=2x-x^2$에서　　$x^2-2x-3=2x-x^2$
$$\therefore 2x^2-4x-3=0$$
즉 이차방정식이다.
이상에서 이차방정식인 것은 ㄱ, ㄷ, ㄹ이다.
답 ㄱ, ㄷ, ㄹ

2 각 이차방정식에 주어진 수를 대입하면
① $2^2-2-6=-4\neq0$
② $(-2)^2-4\times(-2)-12=0$
③ $3^2+4\times3+3=24\neq0$
④ $2\times1^2-3\times1+1=0$
⑤ $3\times(-1)^2+4\times(-1)-1=-2\neq0$
따라서 [ ] 안의 수가 주어진 이차방정식의 해인 것은
②, ④이다.
답 ②, ④

3 $x=-1$을 $x^2-2x+a=0$에 대입하면
$$(-1)^2-2\times(-1)+a=0$$
$$3+a=0　　\therefore a=-3$$
$x=\dfrac{4}{3}$를 $3x^2-bx-4=0$에 대입하면
$$3\times\left(\dfrac{4}{3}\right)^2-b\times\dfrac{4}{3}-4=0$$
$$\dfrac{4}{3}-\dfrac{4}{3}b=0　　\therefore b=1$$
$$\therefore a-b=-3-1=-4$$
답 -4

4 $x=a$를 $x^2+3x-1=0$에 대입하면
$$a^2+3a-1=0$$
$$\therefore a^2+3a=1$$
(1) $a^2+3a-5=1-5=-4$
(2) $-a^2-3a+8=-(a^2+3a)+8=-1+8=7$
(3) $2a^2+6a=2(a^2+3a)=2\times1=2$
(4) $a^2+3a-1=0$에서 $a\neq0$이므로 양변을 a로 나누면
$$a+3-\frac{1}{a}=0$$
$$\therefore a-\frac{1}{a}=-3$$

답 (1) -4　(2) 7　(3) 2　(4) -3

$x=-\dfrac{1}{2}$을 $4x^2+bx-3=0$에 대입하면
$$4\times\left(-\frac{1}{2}\right)^2+b\times\left(-\frac{1}{2}\right)-3=0$$
$$-2-\frac{1}{2}b=0 \qquad \therefore b=-4$$
$$\therefore a+b=6+(-4)=2$$

답 2

05 $x=m$을 $3x^2-7x+3=0$에 대입하면
$$3m^2-7m+3=0$$
$$\therefore 3m^2-7m=-3$$
$x=n$을 $x^2-2x-4=0$에 대입하면
$$n^2-2n-4=0$$
$$\therefore n^2-2n=4$$
$$\therefore 3m^2-7m+2n^2-4n=3m^2-7m+2(n^2-2n)$$
$$=-3+2\times4$$
$$=5$$

답 5

이런 문제가 시험 에 나온다 ＞본문 114쪽

01 ⑤　　02 ⑤　　03 $x=1$　　04 2

05 5

01 ③ $3x+4=x^2$에서　$-x^2+3x+4=0$
즉 이차방정식이다.
④ $x^3+2x^2-1=x^3+2x$에서　$2x^2-2x-1=0$
즉 이차방정식이다.
⑤ $x^2-x=(x-1)(x+1)$에서　$x^2-x=x^2-1$
$$\therefore -x+1=0$$
즉 일차방정식이다.
따라서 이차방정식이 아닌 것은 ⑤이다.

답 ⑤

02 $ax^2-x+3=3x^2-8x+4$에서
$$(a-3)x^2+7x-1=0$$
이 방정식이 x에 대한 이차방정식이므로
$$a-3\neq0 \qquad \therefore a\neq3$$
따라서 a의 값이 될 수 없는 것은 ⑤이다.

답 ⑤

03 x가 $-1\leq x\leq1$인 정수이므로　$-1,\ 0,\ 1$
$x=-1$일 때,　$2\times(-1)^2+5\times(-1)-7=-10\neq0$
$x=0$일 때,　$2\times0^2+5\times0-7=-7\neq0$
$x=1$일 때,　$2\times1^2+5\times1-7=0$
따라서 주어진 이차방정식의 해는　$x=1$

답 $x=1$

04 $x=\dfrac{3}{2}$을 $6x^2-13x+a=0$에 대입하면
$$6\times\left(\frac{3}{2}\right)^2-13\times\frac{3}{2}+a=0$$
$$-6+a=0 \qquad \therefore a=6$$

---

02 인수분해를 이용한 이차방정식의 풀이

개념원리 확인하기 ＞본문 116쪽

01 (1) $x=0$ 또는 $x=5$　(2) $x=-3$ 또는 $x=2$
　　(3) $x=1$ 또는 $x=6$　(4) $x=-6$ 또는 $x=-\dfrac{2}{3}$

02 (1) $x=0$ 또는 $x=-3$　(2) $x=-2$ 또는 $x=2$
　　(3) $x=4$ 또는 $x=7$　(4) $x=-4$ 또는 $x=-2$
　　(5) $x=-\dfrac{3}{2}$ 또는 $x=4$　(6) $x=-\dfrac{5}{3}$ 또는 $x=\dfrac{1}{2}$

03 (1) $x=-1$　(2) $x=7$　(3) $x=-5$　(4) $x=\dfrac{1}{3}$

04 (1) 9　(2) 1　(3) -3　(4) 27

01 (1) $x(x-5)=0$에서　$x=0$ 또는 $x-5=0$
$$\therefore x=0 \text{ 또는 } x=5$$
(2) $(x+3)(x-2)=0$에서
$$x+3=0 \text{ 또는 } x-2=0$$
$$\therefore x=-3 \text{ 또는 } x=2$$
(3) $(x-1)(x-6)=0$에서
$$x-1=0 \text{ 또는 } x-6=0$$
$$\therefore x=1 \text{ 또는 } x=6$$
(4) $(x+6)(3x+2)=0$에서
$$x+6=0 \text{ 또는 } 3x+2=0$$
$$\therefore x=-6 \text{ 또는 } x=-\frac{2}{3}$$

답 (1) $x=0$ 또는 $x=5$　(2) $x=-3$ 또는 $x=2$
　　(3) $x=1$ 또는 $x=6$　(4) $x=-6$ 또는 $x=-\dfrac{2}{3}$

02 (1) $x^2+3x=0$에서
$$x(x+3)=0$$
$$\therefore x=0 \text{ 또는 } x=-3$$
(2) $x^2-4=0$에서
$$(x+2)(x-2)=0$$
$$\therefore x=-2 \text{ 또는 } x=2$$
(3) $x^2-11x+28=0$에서
$$(x-4)(x-7)=0$$
$$\therefore x=4 \text{ 또는 } x=7$$
(4) $x^2+6x+8=0$에서
$$(x+4)(x+2)=0$$
$$\therefore x=-4 \text{ 또는 } x=-2$$
(5) $2x^2-5x-12=0$에서
$$(2x+3)(x-4)=0$$
$$\therefore x=-\frac{3}{2} \text{ 또는 } x=4$$
(6) $6x^2+7x-5=0$에서
$$(3x+5)(2x-1)=0$$
$$\therefore x=-\frac{5}{3} \text{ 또는 } x=\frac{1}{2}$$

답 (1) $x=0$ 또는 $x=-3$ (2) $x=-2$ 또는 $x=2$
(3) $x=4$ 또는 $x=7$ (4) $x=-4$ 또는 $x=-2$
(5) $x=-\frac{3}{2}$ 또는 $x=4$ (6) $x=-\frac{5}{3}$ 또는 $x=\frac{1}{2}$

03 (1) $(x+1)^2=0$에서 $x=-1$
(2) $x^2-14x+49=0$에서 $(x-7)^2=0$
$$\therefore x=7$$
(3) $x^2+10x+25=0$에서 $(x+5)^2=0$
$$\therefore x=-5$$
(4) $9x^2-6x+1=0$에서 $(3x-1)^2=0$
$$\therefore x=\frac{1}{3}$$

답 (1) $x=-1$ (2) $x=7$ (3) $x=-5$ (4) $x=\frac{1}{3}$

04 (1) $x^2+6x+k=0$이 중근을 가지므로
$$k=\left(\frac{6}{2}\right)^2=9$$
(2) $x^2-2x+k=0$이 중근을 가지므로
$$k=\left(\frac{-2}{2}\right)^2=1$$
(3) $x^2+4x+k+7=0$이 중근을 가지므로
$$k+7=\left(\frac{4}{2}\right)^2=4 \quad \therefore k=-3$$
(4) $x^2-10x+k-2=0$이 중근을 가지므로
$$k-2=\left(\frac{-10}{2}\right)^2=25 \quad \therefore k=27$$

답 (1) 9 (2) 1 (3) -3 (4) 27

1 2
2 (1) $x=-4$ 또는 $x=6$ (2) $x=1$ 또는 $x=9$
(3) $x=-3$ 또는 $x=2$ (4) $x=\frac{3}{4}$ 또는 $x=1$
3 $a=4$, $x=-1$ 4 $x=-2$ 5 ⑤
6 10

1 $(4x-3)(4x-5)=0$에서
$$4x-3=0 \text{ 또는 } 4x-5=0$$
$$\therefore x=\frac{3}{4} \text{ 또는 } x=\frac{5}{4}$$
따라서 두 근의 합은
$$\frac{3}{4}+\frac{5}{4}=2$$
답 2

2 (1) $x^2=2x+24$에서 $x^2-2x-24=0$
$$(x+4)(x-6)=0$$
$$\therefore x=-4 \text{ 또는 } x=6$$
(2) $x^2-6x+9=4x$에서 $x^2-10x+9=0$
$$(x-1)(x-9)=0$$
$$\therefore x=1 \text{ 또는 } x=9$$
(3) $x^2+2x=x+6$에서 $x^2+x-6=0$
$$(x+3)(x-2)=0$$
$$\therefore x=-3 \text{ 또는 } x=2$$
(4) $6x^2-7x-3=2x^2-6$에서 $4x^2-7x+3=0$
$$(4x-3)(x-1)=0$$
$$\therefore x=\frac{3}{4} \text{ 또는 } x=1$$

답 (1) $x=-4$ 또는 $x=6$ (2) $x=1$ 또는 $x=9$
(3) $x=-3$ 또는 $x=2$ (4) $x=\frac{3}{4}$ 또는 $x=1$

3 $x=5$를 $x^2-ax-5=0$에 대입하면
$$5^2-a\times5-5=0, \quad 20-5a=0$$
$$\therefore a=4$$
즉 $x^2-4x-5=0$에서
$$(x+1)(x-5)=0$$
$$\therefore x=-1 \text{ 또는 } x=5$$
따라서 다른 한 근은 $x=-1$이다. 답 $a=4$, $x=-1$

4 $x^2-x-6=0$에서
$$(x+2)(x-3)=0$$
$$\therefore x=-2 \text{ 또는 } x=3$$
$3x^2+7x+2=0$에서
$$(x+2)(3x+1)=0$$
$$\therefore x=-2 \text{ 또는 } x=-\frac{1}{3}$$
따라서 공통인 근은 $x=-2$이다. 답 $x=-2$

5 ① $(x-5)^2=0$에서　　$x=5$
　　② $x^2+16x+64=0$에서　　$(x+8)^2=0$
　　　　　　　$\therefore x=-8$
　　③ $9x^2-12x+4=0$에서　　$(3x-2)^2=0$
　　　　　　　$\therefore x=\dfrac{2}{3}$
　　④ $2x^2-x+1=x^2-3x$에서　　$x^2+2x+1=0$
　　　　$(x+1)^2=0$　　$\therefore x=-1$
　　⑤ $x^2-4=6x-9$에서　　$x^2-6x+5=0$
　　　　$(x-1)(x-5)=0$
　　　　$\therefore x=1$ 또는 $x=5$
　　따라서 중근을 갖지 않는 것은 ⑤이다.　　　답 ⑤

6 $x^2+8x+2+a=0$이 중근을 가지므로
　　　$2+a=\left(\dfrac{8}{2}\right)^2=16$
　　　　$\therefore a=14$
　　즉 $x^2+8x+16=0$에서
　　　$(x+4)^2=0$　　$\therefore x=-4$
　　　$\therefore b=-4$
　　　$\therefore a+b=14+(-4)=10$　　　답 10

계산력 강화하기　　　❯ 본문 120쪽

01 (1) $x=4$ 또는 $x=7$　(2) $x=-5$ 또는 $x=9$
　　(3) $x=-\dfrac{1}{4}$ 또는 $x=3$　(4) $x=-\dfrac{7}{2}$ 또는 $x=-\dfrac{2}{3}$

02 (1) $x=0$ 또는 $x=-2$　(2) $x=-4$ 또는 $x=5$
　　(3) $x=-9$ 또는 $x=2$　(4) $x=1$ 또는 $x=7$
　　(5) $x=-8$ 또는 $x=-2$　(6) $x=-5$ 또는 $x=\dfrac{1}{3}$
　　(7) $x=-2$ 또는 $x=-\dfrac{3}{2}$　(8) $x=-\dfrac{1}{4}$ 또는 $x=\dfrac{1}{2}$
　　(9) $x=\dfrac{3}{2}$ 또는 $x=\dfrac{5}{3}$　(10) $x=-4$ 또는 $x=-\dfrac{1}{5}$

03 (1) $x=-1$ 또는 $x=10$　(2) $x=-5$ 또는 $x=-1$
　　(3) $x=-3$ 또는 $x=\dfrac{4}{3}$　(4) $x=\dfrac{3}{2}$ 또는 $x=3$

04 (1) $x=-7$　(2) $x=\dfrac{1}{2}$　(3) $x=-\dfrac{5}{2}$　(4) $x=1$

05 (1) 25　(2) -2　(3) $\dfrac{9}{8}$　(4) ± 8

---

01 (1) $(x-4)(x-7)=0$에서
　　　　$x=4$ 또는 $x=7$
　　(2) $(x+5)(x-9)=0$에서
　　　　$x=-5$ 또는 $x=9$

---

　　(3) $(4x+1)(x-3)=0$에서
　　　　$x=-\dfrac{1}{4}$ 또는 $x=3$
　　(4) $(2x+7)(3x+2)=0$에서
　　　　$x=-\dfrac{7}{2}$ 또는 $x=-\dfrac{2}{3}$
　　답 (1) $x=4$ 또는 $x=7$　(2) $x=-5$ 또는 $x=9$
　　　(3) $x=-\dfrac{1}{4}$ 또는 $x=3$　(4) $x=-\dfrac{7}{2}$ 또는 $x=-\dfrac{2}{3}$

02 (1) $x^2+2x=0$에서　　$x(x+2)=0$
　　　　$\therefore x=0$ 또는 $x=-2$
　　(2) $x^2-x-20=0$에서　　$(x+4)(x-5)=0$
　　　　$\therefore x=-4$ 또는 $x=5$
　　(3) $x^2+7x-18=0$에서
　　　　$(x+9)(x-2)=0$
　　　　$\therefore x=-9$ 또는 $x=2$
　　(4) $x^2-8x+7=0$에서
　　　　$(x-1)(x-7)=0$
　　　　$\therefore x=1$ 또는 $x=7$
　　(5) $x^2+10x+16=0$에서
　　　　$(x+8)(x+2)=0$
　　　　$\therefore x=-8$ 또는 $x=-2$
　　(6) $3x^2+14x-5=0$에서
　　　　$(x+5)(3x-1)=0$
　　　　$\therefore x=-5$ 또는 $x=\dfrac{1}{3}$
　　(7) $2x^2+7x+6=0$에서
　　　　$(x+2)(2x+3)=0$
　　　　$\therefore x=-2$ 또는 $x=-\dfrac{3}{2}$
　　(8) $8x^2-2x-1=0$에서
　　　　$(4x+1)(2x-1)=0$
　　　　$\therefore x=-\dfrac{1}{4}$ 또는 $x=\dfrac{1}{2}$
　　(9) $6x^2-19x+15=0$에서
　　　　$(2x-3)(3x-5)=0$
　　　　$\therefore x=\dfrac{3}{2}$ 또는 $x=\dfrac{5}{3}$
　　(10) $5x^2+21x+4=0$에서
　　　　$(x+4)(5x+1)=0$
　　　　$\therefore x=-4$ 또는 $x=-\dfrac{1}{5}$
　　답 (1) $x=0$ 또는 $x=-2$　(2) $x=-4$ 또는 $x=5$
　　　(3) $x=-9$ 또는 $x=2$　(4) $x=1$ 또는 $x=7$
　　　(5) $x=-8$ 또는 $x=-2$　(6) $x=-5$ 또는 $x=\dfrac{1}{3}$
　　　(7) $x=-2$ 또는 $x=-\dfrac{3}{2}$　(8) $x=-\dfrac{1}{4}$ 또는 $x=\dfrac{1}{2}$
　　　(9) $x=\dfrac{3}{2}$ 또는 $x=\dfrac{5}{3}$　(10) $x=-4$ 또는 $x=-\dfrac{1}{5}$

03 (1) $x^2-9x=10$에서
$$x^2-9x-10=0$$
$$(x+1)(x-10)=0$$
$$\therefore x=-1 \text{ 또는 } x=10$$
(2) $x^2+7x=x-5$에서
$$x^2+6x+5=0$$
$$(x+5)(x+1)=0$$
$$\therefore x=-5 \text{ 또는 } x=-1$$
(3) $4x^2=x^2-5x+12$에서
$$3x^2+5x-12=0$$
$$(x+3)(3x-4)=0$$
$$\therefore x=-3 \text{ 또는 } x=\frac{4}{3}$$
(4) $3x^2-8x+3=x^2+x-6$에서
$$2x^2-9x+9=0$$
$$(2x-3)(x-3)=0$$
$$\therefore x=\frac{3}{2} \text{ 또는 } x=3$$

답 (1) $x=-1$ 또는 $x=10$ (2) $x=-5$ 또는 $x=-1$
(3) $x=-3$ 또는 $x=\frac{4}{3}$ (4) $x=\frac{3}{2}$ 또는 $x=3$

04 (1) $x^2+14x+49=0$에서 $(x+7)^2=0$
$$\therefore x=-7$$
(2) $x^2-x+\frac{1}{4}=0$에서 $\left(x-\frac{1}{2}\right)^2=0$
$$\therefore x=\frac{1}{2}$$
(3) $4x^2+20x+25=0$에서 $(2x+5)^2=0$
$$\therefore x=-\frac{5}{2}$$
(4) $x^2+3x=5x-1$에서 $x^2-2x+1=0$
$$(x-1)^2=0 \quad \therefore x=1$$

답 (1) $x=-7$ (2) $x=\frac{1}{2}$
(3) $x=-\frac{5}{2}$ (4) $x=1$

05 (1) $k=\left(\frac{10}{2}\right)^2=25$
(2) $k+3=\left(\frac{-2}{2}\right)^2=1$
$$\therefore k=-2$$
(3) $2k=\left(\frac{-3}{2}\right)^2=\frac{9}{4}$
$$\therefore k=\frac{9}{8}$$
(4) $16=\left(\frac{k}{2}\right)^2, \quad k^2=64$
$$\therefore k=\pm8$$

답 (1) 25 (2) -2 (3) $\frac{9}{8}$ (4) ±8

01 ③　　　02 $x=-\frac{2}{5}$ 또는 $x=1$　　　03 10
04 12　　　05 ③, ⑤　　　06 -5

01 ① $(1+2x)(1-3x)=0$에서
$$x=-\frac{1}{2} \text{ 또는 } x=\frac{1}{3}$$
② $(2x+1)(3x-1)=0$에서
$$x=-\frac{1}{2} \text{ 또는 } x=\frac{1}{3}$$
③ $(1-2x)(1+3x)=0$에서
$$x=\frac{1}{2} \text{ 또는 } x=-\frac{1}{3}$$
④ $\left(x+\frac{1}{2}\right)\left(x-\frac{1}{3}\right)=0$에서
$$x=-\frac{1}{2} \text{ 또는 } x=\frac{1}{3}$$
⑤ $(4x+2)(6x-2)=0$에서
$$x=-\frac{1}{2} \text{ 또는 } x=\frac{1}{3}$$
따라서 해가 나머지 넷과 다른 하나는 ③이다.

답 ③

02 $x^2-2x=15$에서 $x^2-2x-15=0$
$$(x+3)(x-5)=0$$
$$\therefore x=-3 \text{ 또는 } x=5$$
이때 $a>b$이므로 $a=5, b=-3$
즉 $ax^2+bx-2=0$에서 $5x^2-3x-2=0$
$$(5x+2)(x-1)=0$$
$$\therefore x=-\frac{2}{5} \text{ 또는 } x=1$$

답 $x=-\frac{2}{5}$ 또는 $x=1$

03 $x=4$를 $x^2+ax-28=0$에 대입하면
$$4^2+a\times4-28=0, \quad 4a-12=0$$
$$\therefore a=3$$
즉 $x^2+3x-28=0$에서
$$(x+7)(x-4)=0$$
$$\therefore x=-7 \text{ 또는 } x=4$$
따라서 다른 한 근은 $x=-7$이므로 $b=-7$
$$\therefore a-b=3-(-7)=10$$

답 10

04 $x^2-4x-21=0$에서
$$(x+3)(x-7)=0$$
$$\therefore x=-3 \text{ 또는 } x=7$$
$3x^2+8x-3=0$에서
$$(x+3)(3x-1)=0$$
$$\therefore x=-3 \text{ 또는 } x=\frac{1}{3}$$

따라서 공통인 근은 $x=-3$이므로 $x^2+7x+k=0$에 대입하면

$$(-3)^2+7\times(-3)+k=0$$
$$-12+k=0 \quad \therefore k=12$$

답 12

05 ① $x^2-49=0$에서
$$(x+7)(x-7)=0$$
$$\therefore x=-7 \text{ 또는 } x=7$$
② $x^2+4x+4=4$에서 $x^2+4x=0$
$$x(x+4)=0$$
$$\therefore x=0 \text{ 또는 } x=-4$$
③ $x^2+36=-12x$에서 $x^2+12x+36=0$
$$(x+6)^2=0 \quad \therefore x=-6$$
④ $2x^2-9x+10=0$에서
$$(x-2)(2x-5)=0$$
$$\therefore x=2 \text{ 또는 } x=\frac{5}{2}$$
⑤ $16x^2-8x+1=0$에서
$$(4x-1)^2=0 \quad \therefore x=\frac{1}{4}$$

따라서 중근을 갖는 것은 ③, ⑤이다.

답 ③, ⑤

06 $x^2-6x+k=0$이 중근을 가지므로
$$k=\left(\frac{-6}{2}\right)^2=9$$
즉 $x^2+(k-4)x-14=0$에서
$$x^2+5x-14=0$$
$$(x+7)(x-2)=0$$
$$\therefore x=-7 \text{ 또는 } x=2$$
따라서 두 근의 합은
$$-7+2=-5$$

답 -5

03 제곱근을 이용한 이차방정식의 풀이

개념원리 확인하기

> 본문 123쪽

01 (1) $x=\pm\sqrt{10}$ (2) $x=\pm3$ (3) $x=\pm2\sqrt{6}$
(4) $x=-2$ 또는 $x=12$ (5) $x=-3\pm\sqrt{3}$
(6) $x=\frac{1\pm\sqrt{7}}{4}$

02 16, 16, 4, 13

03 (1) $(x-2)^2=5$ (2) $(x+1)^2=\frac{7}{2}$

04 4, 4, 2, $\frac{5}{3}$, 2, $\frac{\sqrt{15}}{3}$, $\frac{-6\pm\sqrt{15}}{3}$

05 (1) $x=-3\pm\sqrt{11}$ (2) $x=\frac{5\pm2\sqrt{5}}{2}$

01 (1) $x^2=10$에서 $x=\pm\sqrt{10}$
(2) $3x^2=27$에서 $x^2=9$ $\therefore x=\pm3$
(3) $2x^2-48=0$에서 $2x^2=48$, $x^2=24$
$$\therefore x=\pm2\sqrt{6}$$
(4) $(x-5)^2=49$에서 $x-5=\pm7$
$$\therefore x=-2 \text{ 또는 } x=12$$
(5) $5(x+3)^2=15$에서 $(x+3)^2=3$
$$x+3=\pm\sqrt{3} \quad \therefore x=-3\pm\sqrt{3}$$
(6) $(4x-1)^2-7=0$에서 $(4x-1)^2=7$
$$4x-1=\pm\sqrt{7}, \quad 4x=1\pm\sqrt{7}$$
$$\therefore x=\frac{1\pm\sqrt{7}}{4}$$

답 (1) $x=\pm\sqrt{10}$ (2) $x=\pm3$ (3) $x=\pm2\sqrt{6}$
(4) $x=-2$ 또는 $x=12$ (5) $x=-3\pm\sqrt{3}$
(6) $x=\frac{1\pm\sqrt{7}}{4}$

02 $x^2-8x+3=0$에서 $x^2-8x=-3$
$$x^2-8x+\boxed{16}=-3+\boxed{16}$$
$$\therefore (x-\boxed{4})^2=\boxed{13}$$

답 16, 16, 4, 13

03 (1) $x^2-4x-1=0$에서
$$x^2-4x=1$$
$$x^2-4x+4=1+4$$
$$\therefore (x-2)^2=5$$
(2) $2x^2+4x-5=0$에서
$$x^2+2x-\frac{5}{2}=0$$
$$x^2+2x=\frac{5}{2}$$
$$x^2+2x+1=\frac{5}{2}+1$$
$$\therefore (x+1)^2=\frac{7}{2}$$

답 (1) $(x-2)^2=5$ (2) $(x+1)^2=\frac{7}{2}$

04 $3x^2+12x+7=0$에서
$$x^2+4x+\frac{7}{3}=0$$
$$x^2+4x=-\frac{7}{3}$$
$$x^2+4x+\boxed{4}=-\frac{7}{3}+\boxed{4}$$
$$(x+\boxed{2})^2=\boxed{\frac{5}{3}}$$
$$x+\boxed{2}=\pm\boxed{\frac{\sqrt{15}}{3}}$$
$$\therefore x=\boxed{\frac{-6\pm\sqrt{15}}{3}}$$

답 4, 4, 2, $\frac{5}{3}$, 2, $\frac{\sqrt{15}}{3}$, $\frac{-6\pm\sqrt{15}}{3}$

05 (1) $x^2+6x-2=0$에서

$$x^2+6x=2$$
$$x^2+6x+9=2+9$$
$$(x+3)^2=11$$
$$x+3=\pm\sqrt{11}$$
$$\therefore\ x=-3\pm\sqrt{11}$$

(2) $4x^2-20x+5=0$에서

$$x^2-5x+\frac{5}{4}=0$$
$$x^2-5x=-\frac{5}{4}$$
$$x^2-5x+\frac{25}{4}=-\frac{5}{4}+\frac{25}{4}$$
$$\left(x-\frac{5}{2}\right)^2=5$$
$$x-\frac{5}{2}=\pm\sqrt{5}$$
$$\therefore\ x=\frac{5\pm2\sqrt{5}}{2}$$

답 (1) $x=-3\pm\sqrt{11}$ (2) $x=\dfrac{5\pm2\sqrt{5}}{2}$

3 $1+2x^2=x^2-6x$에서

$$x^2+6x=-1$$
$$x^2+6x+9=-1+9$$
$$\therefore\ (x+3)^2=8$$

따라서 $p=3$, $q=8$이므로

$$p+q=3+8=11$$

답 11

4 $3x^2-12x-k=0$에서

$$x^2-4x-\frac{k}{3}=0$$
$$x^2-4x=\frac{k}{3}$$
$$x^2-4x+4=\frac{k}{3}+4$$
$$(x-2)^2=\frac{k+12}{3}$$
$$x-2=\pm\sqrt{\frac{k+12}{3}}$$
$$\therefore\ x=2\pm\sqrt{\frac{k+12}{3}}$$

따라서 $\dfrac{k+12}{3}=5$이므로

$$k=3$$

답 3

1 ⑤	2 ⑤	3 11	4 3

1 ① $x^2-13=0$에서　$x^2=13$

$$\therefore\ x=\pm\sqrt{13}$$

② $9-16x^2=0$에서　$-16x^2=-9$

$$x^2=\frac{9}{16}\qquad\therefore\ x=\pm\frac{3}{4}$$

③ $(x+5)^2=10$에서　$x+5=\pm\sqrt{10}$

$$\therefore\ x=-5\pm\sqrt{10}$$

④ $2(x+2)^2=50$에서

$$(x+2)^2=25,\qquad x+2=\pm5$$
$$\therefore\ x=-7\ 또는\ x=3$$

⑤ $3(2x-3)^2-15=0$에서

$$3(2x-3)^2=15,\qquad (2x-3)^2=5$$
$$2x-3=\pm\sqrt{5},\qquad 2x=3\pm\sqrt{5}$$
$$\therefore\ x=\frac{3\pm\sqrt{5}}{2}$$

따라서 해가 바르게 짝 지어지지 않은 것은 ⑤이다.

답 ⑤

2 $(x+1)^2=2-k$가 근을 가지려면

$$2-k\geq0\qquad\therefore\ k\leq2$$

따라서 k의 값으로 알맞지 않은 것은 ⑤이다.

답 ⑤

01 (1) $x=\pm\sqrt{7}$　(2) $x=\pm\sqrt{15}$　(3) $x=\pm2$

(4) $x=\pm\dfrac{\sqrt{2}}{3}$　(5) $x=\pm\sqrt{5}$　(6) $x=\pm\dfrac{\sqrt{3}}{5}$

02 (1) $x=-1\pm\sqrt{6}$　(2) $x=-\dfrac{3}{2}$ 또는 $x=3$

(3) $x=-7\pm2\sqrt{3}$　(4) $x=4\pm\sqrt{2}$

(5) $x=-6\pm\sqrt{5}$　(6) $x=-4$ 또는 $x=3$

(7) $x=\dfrac{3\pm\sqrt{10}}{5}$　(8) $x=\dfrac{2\pm\sqrt{14}}{3}$

03 (1) $(x+3)^2=6$　(2) $(x-2)^2=2$

(3) $\left(x+\dfrac{1}{2}\right)^2=\dfrac{21}{4}$　(4) $(x-1)^2=\dfrac{3}{2}$

(5) $(x+4)^2=\dfrac{40}{3}$　(6) $\left(x-\dfrac{3}{2}\right)^2=\dfrac{57}{20}$

04 (1) $x=-1\pm\sqrt{5}$　(2) $x=5\pm\sqrt{6}$

(3) $x=-4\pm\sqrt{11}$　(4) $x=\dfrac{3\pm\sqrt{13}}{2}$

(5) $x=\dfrac{-2\pm\sqrt{7}}{2}$　(6) $x=\dfrac{6\pm3\sqrt{2}}{2}$

(7) $x=\dfrac{-5\pm\sqrt{5}}{10}$　(8) $x=\dfrac{2\pm\sqrt{7}}{3}$

01 (1) $x^2=7$에서　$x=\pm\sqrt{7}$

(2) $x^2-15=0$에서　$x^2=15$

$$\therefore\ x=\pm\sqrt{15}$$

(3) $2x^2=8$에서 $x^2=4$
$$\therefore x=\pm 2$$
(4) $9x^2=2$에서 $x^2=\dfrac{2}{9}$
$$\therefore x=\pm\dfrac{\sqrt{2}}{3}$$
(5) $3x^2-15=0$에서 $3x^2=15$
$$x^2=5 \quad \therefore x=\pm\sqrt{5}$$
(6) $25x^2-3=0$에서 $25x^2=3$
$$x^2=\dfrac{3}{25} \quad \therefore x=\pm\dfrac{\sqrt{3}}{5}$$

답 (1) $x=\pm\sqrt{7}$ (2) $x=\pm\sqrt{15}$ (3) $x=\pm 2$
(4) $x=\pm\dfrac{\sqrt{2}}{3}$ (5) $x=\pm\sqrt{5}$ (6) $x=\pm\dfrac{\sqrt{3}}{5}$

02 (1) $(x+1)^2=6$에서 $x+1=\pm\sqrt{6}$
$$\therefore x=-1\pm\sqrt{6}$$
(2) $\left(x-\dfrac{3}{4}\right)^2=\dfrac{81}{16}$에서 $x-\dfrac{3}{4}=\pm\dfrac{9}{4}$
$$\therefore x=-\dfrac{3}{2} \text{ 또는 } x=3$$
(3) $5(x+7)^2=60$에서 $(x+7)^2=12$
$$x+7=\pm 2\sqrt{3}$$
$$\therefore x=-7\pm 2\sqrt{3}$$
(4) $3(x-4)^2=6$에서 $(x-4)^2=2$
$$x-4=\pm\sqrt{2}$$
$$\therefore x=4\pm\sqrt{2}$$
(5) $4(x+6)^2-20=0$에서 $4(x+6)^2=20$
$$(x+6)^2=5, \quad x+6=\pm\sqrt{5}$$
$$\therefore x=-6\pm\sqrt{5}$$
(6) $(2x+1)^2=49$에서 $2x+1=\pm 7$
$$\therefore x=-4 \text{ 또는 } x=3$$
(7) $(5x-3)^2=10$에서 $5x-3=\pm\sqrt{10}$
$$5x=3\pm\sqrt{10}$$
$$\therefore x=\dfrac{3\pm\sqrt{10}}{5}$$
(8) $2(3x-2)^2-28=0$에서 $2(3x-2)^2=28$
$$(3x-2)^2=14, \quad 3x-2=\pm\sqrt{14}$$
$$3x=2\pm\sqrt{14}$$
$$\therefore x=\dfrac{2\pm\sqrt{14}}{3}$$

답 (1) $x=-1\pm\sqrt{6}$ (2) $x=-\dfrac{3}{2}$ 또는 $x=3$
(3) $x=-7\pm 2\sqrt{3}$ (4) $x=4\pm\sqrt{2}$
(5) $x=-6\pm\sqrt{5}$ (6) $x=-4$ 또는 $x=3$
(7) $x=\dfrac{3\pm\sqrt{10}}{5}$ (8) $x=\dfrac{2\pm\sqrt{14}}{3}$

03 (1) $x^2+6x+3=0$에서 $x^2+6x=-3$
$$x^2+6x+9=-3+9$$
$$\therefore (x+3)^2=6$$

(2) $x^2-4x+2=0$에서 $x^2-4x=-2$
$$x^2-4x+4=-2+4$$
$$\therefore (x-2)^2=2$$
(3) $x^2+x-5=0$에서 $x^2+x=5$
$$x^2+x+\dfrac{1}{4}=5+\dfrac{1}{4}$$
$$\therefore \left(x+\dfrac{1}{2}\right)^2=\dfrac{21}{4}$$
(4) $2x^2-4x-1=0$에서 $x^2-2x-\dfrac{1}{2}=0$
$$x^2-2x=\dfrac{1}{2}$$
$$x^2-2x+1=\dfrac{1}{2}+1$$
$$\therefore (x-1)^2=\dfrac{3}{2}$$
(5) $3x^2+24x+8=0$에서 $x^2+8x+\dfrac{8}{3}=0$
$$x^2+8x=-\dfrac{8}{3}$$
$$x^2+8x+16=-\dfrac{8}{3}+16$$
$$\therefore (x+4)^2=\dfrac{40}{3}$$
(6) $5x^2-15x-3=0$에서 $x^2-3x-\dfrac{3}{5}=0$
$$x^2-3x=\dfrac{3}{5}$$
$$x^2-3x+\dfrac{9}{4}=\dfrac{3}{5}+\dfrac{9}{4}$$
$$\therefore \left(x-\dfrac{3}{2}\right)^2=\dfrac{57}{20}$$

답 (1) $(x+3)^2=6$ (2) $(x-2)^2=2$
(3) $\left(x+\dfrac{1}{2}\right)^2=\dfrac{21}{4}$ (4) $(x-1)^2=\dfrac{3}{2}$
(5) $(x+4)^2=\dfrac{40}{3}$ (6) $\left(x-\dfrac{3}{2}\right)^2=\dfrac{57}{20}$

04 (1) $x^2+2x-4=0$에서 $x^2+2x=4$
$$x^2+2x+1=4+1$$
$$(x+1)^2=5$$
$$x+1=\pm\sqrt{5}$$
$$\therefore x=-1\pm\sqrt{5}$$
(2) $x^2-10x+19=0$에서 $x^2-10x=-19$
$$x^2-10x+25=-19+25$$
$$(x-5)^2=6$$
$$x-5=\pm\sqrt{6}$$
$$\therefore x=5\pm\sqrt{6}$$
(3) $x^2+8x+5=0$에서 $x^2+8x=-5$
$$x^2+8x+16=-5+16$$
$$(x+4)^2=11$$
$$x+4=\pm\sqrt{11}$$
$$\therefore x=-4\pm\sqrt{11}$$

(4) $x^2-3x-1=0$에서 $x^2-3x=1$
$$x^2-3x+\frac{9}{4}=1+\frac{9}{4}$$
$$\left(x-\frac{3}{2}\right)^2=\frac{13}{4}$$
$$x-\frac{3}{2}=\pm\frac{\sqrt{13}}{2}$$
$$\therefore x=\frac{3\pm\sqrt{13}}{2}$$

(5) $4x^2+8x-3=0$에서 $x^2+2x-\frac{3}{4}=0$
$$x^2+2x=\frac{3}{4}$$
$$x^2+2x+1=\frac{3}{4}+1$$
$$(x+1)^2=\frac{7}{4},\qquad x+1=\pm\frac{\sqrt{7}}{2}$$
$$\therefore x=\frac{-2\pm\sqrt{7}}{2}$$

(6) $2x^2-12x+9=0$에서 $x^2-6x+\frac{9}{2}=0$
$$x^2-6x=-\frac{9}{2}$$
$$x^2-6x+9=-\frac{9}{2}+9$$
$$(x-3)^2=\frac{9}{2}$$
$$x-3=\pm\frac{3\sqrt{2}}{2}$$
$$\therefore x=\frac{6\pm3\sqrt{2}}{2}$$

(7) $5x^2+5x+1=0$에서 $x^2+x+\frac{1}{5}=0$
$$x^2+x=-\frac{1}{5}$$
$$x^2+x+\frac{1}{4}=-\frac{1}{5}+\frac{1}{4}$$
$$\left(x+\frac{1}{2}\right)^2=\frac{1}{20},\qquad x+\frac{1}{2}=\pm\frac{\sqrt{5}}{10}$$
$$\therefore x=\frac{-5\pm\sqrt{5}}{10}$$

(8) $3x^2-4x-1=0$에서 $x^2-\frac{4}{3}x-\frac{1}{3}=0$
$$x^2-\frac{4}{3}x=\frac{1}{3}$$
$$x^2-\frac{4}{3}x+\frac{4}{9}=\frac{1}{3}+\frac{4}{9}$$
$$\left(x-\frac{2}{3}\right)^2=\frac{7}{9}$$
$$x-\frac{2}{3}=\pm\frac{\sqrt{7}}{3}$$
$$\therefore x=\frac{2\pm\sqrt{7}}{3}$$

답 (1) $x=-1\pm\sqrt{5}$ (2) $x=5\pm\sqrt{6}$ (3) $x=-4\pm\sqrt{11}$
(4) $x=\frac{3\pm\sqrt{13}}{2}$ (5) $x=\frac{-2\pm\sqrt{7}}{2}$ (6) $x=\frac{6\pm3\sqrt{2}}{2}$
(7) $x=\frac{-5\pm\sqrt{5}}{10}$ (8) $x=\frac{2\pm\sqrt{7}}{3}$

이런 문제가 **시험** 에 나온다

01 ②　　　02 1　　　03 -22　　　04 9
05 15

01 $7(x+4)^2-35=0$에서
$$7(x+4)^2=35$$
$$(x+4)^2=5$$
$$x+4=\pm\sqrt{5}$$
$$\therefore x=-4\pm\sqrt{5}$$
따라서 두 근의 차는
$$(-4+\sqrt{5})-(-4-\sqrt{5})=2\sqrt{5}$$
답 ②

02 $3(x-2)^2=k+1$이 중근을 가지므로
$$k+1=0\quad\therefore k=-1$$
즉 $3(x-2)^2=0$에서
$$(x-2)^2=0\quad\therefore x=2$$
$$\therefore a=2$$
$$\therefore k+a=-1+2=1$$
답 1

03 $3x^2-4x=2(x+1)^2$에서
$$3x^2-4x=2x^2+4x+2$$
$$x^2-8x=2$$
$$x^2-8x+16=2+16$$
$$\therefore (x-4)^2=18$$
따라서 $p=-4$, $q=18$이므로
$$p-q=-4-18=-22$$
답 -22

04 $2x^2+6x-3=0$에서 $x^2+3x=\frac{3}{2}$
$$x^2+3x+\frac{9}{4}=\frac{3}{2}+\frac{9}{4}$$
$$\left(x+\frac{3}{2}\right)^2=\frac{15}{4}$$
$$x+\frac{3}{2}=\pm\sqrt{\frac{15}{4}}$$
$$\therefore x=-\frac{3}{2}\pm\sqrt{\frac{15}{4}}$$
따라서 $A=\frac{9}{4}$, $B=\frac{3}{2}$, $C=\frac{15}{4}$이므로
$$A+2B+C=\frac{9}{4}+2\times\frac{3}{2}+\frac{15}{4}=9$$
답 9

05 $x^2-10x+22=0$에서 $x^2-10x=-22$
$$x^2-10x+25=-22+25$$
$$(x-5)^2=3$$
$$x-5=\pm\sqrt{3}$$
$$\therefore x=5\pm\sqrt{3}$$
따라서 $a=5$, $b=3$이므로
$$ab=5\times3=15$$
답 15

01 ①, ④	**02** ④	**03** 7	**04** ④
05 ③	**06** $x=-5$	**07** ②, ④	
08 $a=11$, $x=-\dfrac{1}{2}$		**09** ②	**10** ①
11 ②	**12** 4	**13** $a\neq4$	**14** ⑤
15 ③	**16** ③	**17** ④	**18** $x=-1$
19 ③, ⑤	**20** 64	**21** ②	**22** 8
23 -2	**24** 16		

01 전략 등식의 모든 항을 좌변으로 이항하여 정리하였을 때, (x에 대한 이차식)$=0$의 꼴로 나타낼 수 있는 것을 찾는다.

② 이차식이다.

③ $(x-3)(x+2)=x^2-2x+3$에서

$$x^2-x-6=x^2-2x+3$$
$$\therefore x-9=0$$

즉 일차방정식이다.

④ $x^2+3x=2x(x-2)$에서

$$x^2+3x=2x^2-4x$$
$$\therefore -x^2+7x=0$$

즉 이차방정식이다.

⑤ $(x-1)^2=x^2+3$에서

$$x^2-2x+1=x^2+3$$
$$\therefore -2x-2=0$$

즉 일차방정식이다.

따라서 이차방정식인 것은 ①, ④이다. 답 ①, ④

02 전략 $x=-3$을 각 이차방정식에 대입하여 등식이 성립하는 것을 찾는다.

각 이차방정식에 $x=-3$을 대입하면

① $(-3)\times(-3-4)=21\neq0$

② $(-3)^2+7\times(-3)+10=-2\neq0$

③ $(-3)^2+2\times(-3)-2=1\neq0$

④ $4\times(-3)^2+11\times(-3)-3=0$

⑤ $6\times(-3)^2-(-3)-1=56\neq0$

따라서 $x=-3$을 해로 갖는 것은 ④이다. 답 ④

03 전략 $x=2$를 주어진 이차방정식에 대입한다.

$x=2$를 $3x^2-2ax+a+9=0$에 대입하면

$$3\times2^2-2a\times2+a+9=0$$
$$-3a+21=0$$
$$\therefore a=7$$

답 7

04 전략 $AB=0$이면 $A=0$ 또는 $B=0$임을 이용한다.

① $(x+4)(2x-3)=0$에서

$$x=-4 \text{ 또는 } x=\frac{3}{2}$$

② $(x-4)(3x+2)=0$에서

$$x=4 \text{ 또는 } x=-\frac{2}{3}$$

③ $(4x+1)(2x-3)=0$에서

$$x=-\frac{1}{4} \text{ 또는 } x=\frac{3}{2}$$

④ $(4x+1)(3x-2)=0$에서

$$x=-\frac{1}{4} \text{ 또는 } x=\frac{2}{3}$$

⑤ $(4x-1)(3x+2)=0$에서

$$x=\frac{1}{4} \text{ 또는 } x=-\frac{2}{3}$$

따라서 해가 $x=-\dfrac{1}{4}$ 또는 $x=\dfrac{2}{3}$인 것은 ④이다.

답 ④

05 전략 인수분해를 이용하여 주어진 이차방정식을 푼다.

$6x^2-17x+5=0$에서

$$(3x-1)(2x-5)=0$$
$$\therefore x=\frac{1}{3} \text{ 또는 } x=\frac{5}{2}$$

이때 $a>b$이므로

$$a=\frac{5}{2},\ b=\frac{1}{3}$$
$$\therefore a-b=\frac{5}{2}-\frac{1}{3}=\frac{13}{6}$$

답 ③

06 전략 각각의 이차방정식을 푼 후 공통인 근을 찾는다.

$x^2+3x-10=0$에서

$$(x+5)(x-2)=0$$
$$\therefore x=-5 \text{ 또는 } x=2$$

$2x^2+7x-15=0$에서

$$(x+5)(2x-3)=0$$
$$\therefore x=-5 \text{ 또는 } x=\frac{3}{2}$$

따라서 공통인 근은 $x=-5$이다. 답 $x=-5$

07 전략 각각의 이차방정식을 푼 후 이차방정식의 두 해가 중복되어 서로 같은 것을 찾는다.

① $3x^2=9$에서 $x^2=3$

$$\therefore x=\pm\sqrt{3}$$

② $x^2-2x+1=0$에서 $(x-1)^2=0$

$$\therefore x=1$$

③ $x^2-10x+9=0$에서

$$(x-1)(x-9)=0$$
$$\therefore x=1 \text{ 또는 } x=9$$

④ $4x^2+12x+9=0$에서 $(2x+3)^2=0$

$$\therefore x=-\frac{3}{2}$$

⑤ $(x-1)^2=25$에서 $x-1=\pm5$

$$\therefore x=-4 \text{ 또는 } x=6$$

따라서 중근을 갖는 것은 ②, ④이다. 답 ②, ④

08 전략 먼저 이차방정식 $x^2-12x+36=0$을 푼다.

$x^2-12x+36=0$에서 $(x-6)^2=0$

$\therefore x=6$

$x=6$을 $2x^2-ax-6=0$에 대입하면

$2\times 6^2-a\times 6-6=0$, $-6a=-66$

$\therefore a=11$

즉 $2x^2-11x-6=0$에서

$(2x+1)(x-6)=0$

$\therefore x=-\dfrac{1}{2}$ 또는 $x=6$

따라서 다른 한 근은 $x=-\dfrac{1}{2}$이다.

답 $a=11$, $x=-\dfrac{1}{2}$

09 전략 제곱근을 이용하여 주어진 이차방정식의 해를 구한다.

$3(2x-1)^2=9$에서 $(2x-1)^2=3$

$2x-1=\pm\sqrt{3}$, $2x=1\pm\sqrt{3}$

$\therefore x=\dfrac{1\pm\sqrt{3}}{2}$

답 ②

10 전략 $(x+p)^2=q$가 근을 가지려면 $q\geq0$이어야 함을 이용한다.

$\left(x+\dfrac{1}{2}\right)^2-k+3=0$에서

$\left(x+\dfrac{1}{2}\right)^2=k-3$

이 이차방정식이 근을 가지려면

$k-3\geq0$ $\therefore k\geq3$

따라서 k의 값으로 알맞지 않은 것은 ①이다.

답 ①

11 전략 먼저 이차방정식 $2x^2-8x+5=0$의 양변을 2로 나눈다.

$2x^2-8x+5=0$에서 $x^2-4x+\dfrac{5}{2}=0$

$x^2-4x=-\dfrac{5}{2}$

$x^2-4x+4=-\dfrac{5}{2}+4$

$\therefore (x-2)^2=\dfrac{3}{2}$

따라서 $a=-2$, $b=\dfrac{3}{2}$이므로

$ab=(-2)\times\dfrac{3}{2}=-3$

답 ②

12 전략 완전제곱식을 이용하여 주어진 이차방정식의 해를 k에 대한 식으로 나타낸다.

$x^2+6x=k$에서 $x^2+6x+9=k+9$

$(x+3)^2=k+9$

$x+3=\pm\sqrt{k+9}$

$\therefore x=-3\pm\sqrt{k+9}$

따라서 $k+9=13$이므로 $k=4$

답 4

13 전략 주어진 방정식의 모든 항을 좌변으로 이항하여 정리한 후 이차항의 계수가 0이 아님을 이용한다.

$(2x+1)^2=ax^2+3x-2$에서

$4x^2+4x+1=ax^2+3x-2$

$(4-a)x^2+x+3=0$

이 방정식이 x에 대한 이차방정식이 되려면

$4-a\neq0$ $\therefore a\neq4$

답 $a\neq4$

14 전략 $a^2+\dfrac{1}{a^2}=\left(a+\dfrac{1}{a}\right)^2-2$임을 이용한다.

$x=a$를 $x^2-4x+1=0$에 대입하면

$a^2-4a+1=0$

$a\neq0$이므로 양변을 a로 나누면

$a-4+\dfrac{1}{a}=0$ $\therefore a+\dfrac{1}{a}=4$

$\therefore a^2+\dfrac{1}{a^2}=\left(a+\dfrac{1}{a}\right)^2-2$

$=4^2-2=14$

답 ⑤

15 전략 먼저 이차방정식 $x^2+2x=8x+27$을 풀어 a, b의 값을 구한다.

$x^2+2x=8x+27$에서 $x^2-6x-27=0$

$(x+3)(x-9)=0$

$\therefore x=-3$ 또는 $x=9$

이때 $a>b$이므로 $a=9$, $b=-3$

즉 $9x^2-3x-2=0$에서 $(3x+1)(3x-2)=0$

$\therefore x=-\dfrac{1}{3}$ 또는 $x=\dfrac{2}{3}$

따라서 두 근의 차는

$\dfrac{2}{3}-\left(-\dfrac{1}{3}\right)=1$

답 ③

16 전략 $x=1$을 주어진 이차방정식에 대입하여 a의 값을 구한다.

주어진 방정식이 x에 대한 이차방정식이므로

$a-1\neq0$ $\therefore a\neq1$

$x=1$을 $(a-1)x^2+(a^2+1)x-4a+2=0$에 대입하면

$a-1+a^2+1-4a+2=0$

$a^2-3a+2=0$

$(a-1)(a-2)=0$

$\therefore a=1$ 또는 $a=2$

그런데 $a\neq1$이므로 $a=2$

$a=2$를 $(a-1)x^2+(a^2+1)x-4a+2=0$에 대입하면
$$x^2+5x-6=0$$
$$(x+6)(x-1)=0$$
$$\therefore x=-6 \ \text{또는} \ x=1$$
따라서 다른 한 근은 $x=-6$이므로　　$b=-6$
$$\therefore a-b=2-(-6)=8$$
답 ③

17 전략 $x=-2$를 각각의 이차방정식에 대입하여 a, b의 값을 구한다.

$x=-2$를 $x^2+ax-14=0$에 대입하면
$$(-2)^2+a\times(-2)-14=0$$
$$-10-2a=0 \quad \therefore a=-5$$
즉 $x^2-5x-14=0$에서　　$(x+2)(x-7)=0$
$$\therefore x=-2 \ \text{또는} \ x=7 \quad \therefore p=7$$
$x=-2$를 $7x^2+12x+b=0$에 대입하면
$$7\times(-2)^2+12\times(-2)+b=0$$
$$4+b=0 \quad \therefore b=-4$$
즉 $7x^2+12x-4=0$에서　　$(x+2)(7x-2)=0$
$$\therefore x=-2 \ \text{또는} \ x=\frac{2}{7} \quad \therefore q=\frac{2}{7}$$
$$\therefore pq=7\times\frac{2}{7}=2$$
답 ④

18 전략 먼저 중근을 가질 조건을 이용하여 k의 값을 구한다.

$x^2+5k+1=8x$에서　　$x^2-8x+5k+1=0$
이 이차방정식이 중근을 가지므로
$$5k+1=\left(\frac{-8}{2}\right)^2=16 \quad \therefore k=3$$
즉 $x^2+3x+2=0$에서
$$(x+2)(x+1)=0$$
$$\therefore x=-2 \ \text{또는} \ x=-1$$
또 $3x^2-2x-5=0$에서
$$(x+1)(3x-5)=0$$
$$\therefore x=-1 \ \text{또는} \ x=\frac{5}{3}$$
따라서 공통인 근은 $x=-1$이다.
답 $x=-1$

19 전략 중근을 가질 조건을 이용하여 m에 대한 이차방정식을 세운다.

$x^2+(m-4)x+3m-5=0$이 중근을 가지므로
$$3m-5=\left(\frac{m-4}{2}\right)^2$$
$$(m-4)^2=4(3m-5)$$
$$m^2-8m+16=12m-20$$
$$m^2-20m+36=0$$
$$(m-2)(m-18)=0$$
$$\therefore m=2 \ \text{또는} \ m=18$$
답 ③, ⑤

20 전략 제곱근을 이용하여 주어진 이차방정식의 해를 k에 대한 식으로 나타낸다.

$16(x-3)^2=k$에서
$$(x-3)^2=\frac{k}{16}$$
$$x-3=\pm\frac{\sqrt{k}}{4}$$
$$\therefore x=3\pm\frac{\sqrt{k}}{4}$$
두 근의 곱이 5이므로
$$\left(3+\frac{\sqrt{k}}{4}\right)\left(3-\frac{\sqrt{k}}{4}\right)=5$$
$$9-\frac{k}{16}=5, \quad -\frac{k}{16}=-4$$
$$\therefore k=64$$
답 64

21 전략 완전제곱식을 이용하여 주어진 이차방정식의 해를 구한다.

$3x^2+9x+A=0$에서
$$x^2+3x+\frac{A}{3}=0$$
$$x^2+3x=-\frac{A}{3}$$
$$x^2+3x+\frac{9}{4}=-\frac{A}{3}+\frac{9}{4}$$
$$\left(x+\frac{3}{2}\right)^2=\frac{-4A+27}{12}$$
즉 $B=\frac{3}{2}$, $-4A+27=7$이므로
$$A=5, \ B=\frac{3}{2}$$
$$\left(x+\frac{3}{2}\right)^2=\frac{7}{12}$$에서
$$x+\frac{3}{2}=\pm\frac{\sqrt{21}}{6}$$
$$\therefore x=\frac{-9\pm\sqrt{21}}{6} \quad \therefore C=-9$$
$$\therefore A+2B+C=5+2\times\frac{3}{2}+(-9)=-1$$
답 ②

22 전략 $3A=2B$임을 이용하여 x에 대한 이차방정식을 세운다.

$3A=2B$에서
$$3(x^2-3x-18)=2(x^2-2x-15)$$
$$3x^2-9x-54=2x^2-4x-30$$
$$x^2-5x-24=0$$
$$(x+3)(x-8)=0$$
$$\therefore x=-3 \ \text{또는} \ x=8 \quad \cdots\cdots \ \ominus$$
이때 $B\neq0$에서
$$x^2-2x-15\neq0$$
$$(x+3)(x-5)\neq0$$
$$\therefore x\neq-3 \text{이고} \ x\neq5 \quad \cdots\cdots \ \bigcirc$$
$\ominus$, $\bigcirc$에서　　$x=8$
답 8

23 (전략) 일차함수의 그래프가 제4사분면을 지나지 않을 조건을 생각해 본다.

$y=-\dfrac{a}{2}x+2$의 그래프가 점 $(a+4,\ a^2)$을 지나므로

$$a^2=-\dfrac{a}{2}(a+4)+2$$
$$3a^2+4a-4=0$$
$$(a+2)(3a-2)=0$$
$$\therefore a=-2 \text{ 또는 } a=\dfrac{2}{3}$$

이때 $y=-\dfrac{a}{2}x+2$의 그래프가

제4사분면을 지나지 않으려면
오른쪽 그림과 같이
(기울기)>0이어야 하므로

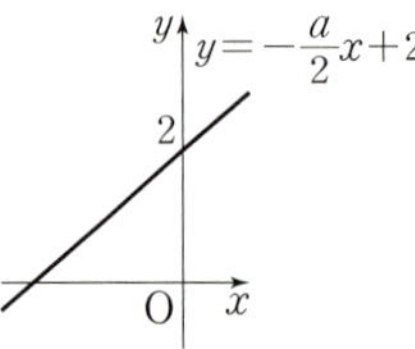

$$-\dfrac{a}{2}>0,\ \text{즉 } a<0$$
$$\therefore a=-2$$

(답) -2

개념 더하기

일차함수 $y=ax+b$의 그래프가
① 오른쪽 위로 향하면　　$a>0$
　 오른쪽 아래로 향하면　$a<0$
② y축과 양의 부분에서 만나면　　$b>0$
　 y축과 음의 부분에서 만나면　　$b<0$

24 (전략) 완전제곱식을 이용하여 주어진 이차방정식의 해를 a에 대한 식으로 나타낸 후 해가 정수가 될 조건을 이용한다.

$x^2-4x+a-3=0$에서

$$x^2-4x=-a+3$$
$$x^2-4x+4=-a+3+4$$
$$(x-2)^2=-a+7$$
$$x-2=\pm\sqrt{-a+7}$$
$$\therefore x=2\pm\sqrt{-a+7}$$

이때 해가 모두 정수가 되려면 $-a+7$이 0 또는 7보다 작은 (자연수)^{2}의 꼴이어야 하므로

$$-a+7=0,\ 1,\ 4$$
$$\therefore a=3,\ 6,\ 7$$

따라서 모든 자연수 a의 값의 합은

$$3+6+7=16$$

(답) 16

서술형 대비 문제　　　▶본문 132~133쪽

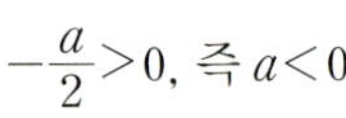

1　3　　　　2　-20　　　　3　-12
4　13　　　　5　$x=-3$ 또는 $x=-2$
6　$x=\dfrac{6\pm\sqrt{21}}{5}$

---

1 (1단계) $10x^2-7x+1=0$에서
$$(5x-1)(2x-1)=0$$
$$\therefore x=\dfrac{1}{5} \text{ 또는 } x=\dfrac{1}{2}$$

(2단계) 두 근 중 작은 근이 $x=\dfrac{1}{5}$이므로 $x=\dfrac{1}{5}$을
$5x^2-16x+a=0$에 대입하면
$$5\times\left(\dfrac{1}{5}\right)^2-16\times\dfrac{1}{5}+a=0$$
$$-3+a=0 \qquad \therefore a=3$$

(답) 3

2 (1단계) $x^2+kx+25=0$이 중근을 가지므로
$$25=\left(\dfrac{k}{2}\right)^2,\qquad k^2=100$$
$$\therefore k=\pm10$$
그런데 k는 양수이므로
$$k=10$$

(2단계) $3-(x+10)^2=0$에서 $\qquad (x+10)^2=3$
$$x+10=\pm\sqrt{3}$$
$$\therefore x=-10\pm\sqrt{3}$$

(3단계) 두 근의 합은
$$(-10+\sqrt{3})+(-10-\sqrt{3})=-20$$

(답) -20

3 (1단계) $x=p$를 $x^2+3x-1=0$에 대입하면
$$p^2+3p-1=0$$
$$\therefore p^2+3p=1$$

(2단계) $x=q$를 $x^2-5x-2=0$에 대입하면
$$q^2-5q-2=0$$
$$\therefore q^2-5q=2$$

(3단계) $(2p^2+6p-5)(q^2-5q+2)$
$$=\{2(p^2+3p)-5\}(q^2-5q+2)$$
$$=(2\times1-5)\times(2+2)$$
$$=(-3)\times4=-12$$

(답) -12

단계	채점 요소	배점
1	p^2+3p의 값 구하기	2점
2	q^2-5q의 값 구하기	2점
3	주어진 식의 값 구하기	3점

4 (1단계) $x=-\dfrac{1}{2}$을 $2x^2+ax+2=0$에 대입하면
$$2\times\left(-\dfrac{1}{2}\right)^2+a\times\left(-\dfrac{1}{2}\right)+2=0$$
$$\dfrac{5}{2}-\dfrac{1}{2}a=0$$
$$\therefore a=5$$

2단계 $2x^2+5x+2=0$에서
$$(x+2)(2x+1)=0$$
$$\therefore x=-2 \text{ 또는 } x=-\frac{1}{2}$$

따라서 다른 한 근은 $x=-2$이므로 $x=-2$를
$3x^2+2x+b=0$에 대입하면
$$3\times(-2)^2+2\times(-2)+b=0$$
$$8+b=0$$
$$\therefore b=-8$$

3단계 $a-b=5-(-8)=13$

답 13

단계	채점 요소	배점
1	a의 값 구하기	2점
2	b의 값 구하기	4점
3	$a-b$의 값 구하기	1점

5 **1단계** x의 계수와 상수항을 바꾸어 놓은 이차방정식은
$$x^2+2ax+a+2=0$$
$x=-1$을 $x^2+2ax+a+2=0$에 대입하면
$$(-1)^2+2a\times(-1)+a+2=0$$
$$3-a=0 \qquad \therefore a=3$$

2단계 처음 이차방정식은 $x^2+5x+6=0$이므로
$$(x+3)(x+2)=0$$
$$\therefore x=-3 \text{ 또는 } x=-2$$

답 $x=-3$ 또는 $x=-2$

단계	채점 요소	배점
1	a의 값 구하기	3점
2	처음 이차방정식의 해 구하기	4점

6 **1단계** $5x^2-10x=2x-3$에서
$$5x^2-12x+3=0$$
$$x^2-\frac{12}{5}x+\frac{3}{5}=0$$
$$x^2-\frac{12}{5}x=-\frac{3}{5}$$
$$x^2-\frac{12}{5}x+\frac{36}{25}=-\frac{3}{5}+\frac{36}{25}$$
$$\left(x-\frac{6}{5}\right)^2=\frac{21}{25}$$

2단계 $x-\frac{6}{5}=\pm\frac{\sqrt{21}}{5}$
$$\therefore x=\frac{6\pm\sqrt{21}}{5}$$

답 $x=\dfrac{6\pm\sqrt{21}}{5}$

단계	채점 요소	배점
1	$(x+p)^2=q$의 꼴로 나타내기	4점
2	이차방정식의 해 구하기	2점

III-2 이차방정식의 활용

01 이차방정식의 근의 공식

개념원리 확인하기 > 본문 137쪽

01 (1) 7, 2, 4, $\dfrac{-7\pm\sqrt{17}}{4}$

(2) -3, -3, 5, -2, $\dfrac{3\pm\sqrt{19}}{5}$

02 (1) $x=\dfrac{-3\pm\sqrt{37}}{2}$ (2) $x=\dfrac{1\pm\sqrt{13}}{6}$

(3) $x=-2\pm\sqrt{3}$ (4) $x=\dfrac{4\pm\sqrt{6}}{2}$

03 (1) 2, 4, $1\pm\sqrt{5}$ (2) 10, 8, 20, 10, 10

(3) 12, 9, 8, $\dfrac{-9\pm\sqrt{17}}{4}$ (4) 1, 1, 1, 4

01 (1) $2x^2+7x+4=0$
$$\Rightarrow x=\frac{-7\pm\sqrt{\boxed{7}^2-4\times\boxed{2}\times\boxed{4}}}{2\times2}$$
$$=\boxed{\frac{-7\pm\sqrt{17}}{4}}$$

(2) $5x^2-6x-2=0$
$$\Rightarrow x=\frac{-(\boxed{-3})\pm\sqrt{(\boxed{-3})^2-\boxed{5}\times(\boxed{-2})}}{5}$$
$$=\boxed{\frac{3\pm\sqrt{19}}{5}}$$

답 (1) 7, 2, 4, $\dfrac{-7\pm\sqrt{17}}{4}$

(2) -3, -3, 5, -2, $\dfrac{3\pm\sqrt{19}}{5}$

02 (1) $x=\dfrac{-3\pm\sqrt{3^2-4\times1\times(-7)}}{2\times1}=\dfrac{-3\pm\sqrt{37}}{2}$

(2) $x=\dfrac{-(-1)\pm\sqrt{(-1)^2-4\times3\times(-1)}}{2\times3}=\dfrac{1\pm\sqrt{13}}{6}$

(3) $x=\dfrac{-2\pm\sqrt{2^2-1\times1}}{1}=-2\pm\sqrt{3}$

(4) $x=\dfrac{-(-4)\pm\sqrt{(-4)^2-2\times5}}{2}=\dfrac{4\pm\sqrt{6}}{2}$

답 (1) $x=\dfrac{-3\pm\sqrt{37}}{2}$ (2) $x=\dfrac{1\pm\sqrt{13}}{6}$

(3) $x=-2\pm\sqrt{3}$ (4) $x=\dfrac{4\pm\sqrt{6}}{2}$

03 (1) 괄호를 풀어 정리하면
$$x^2-\boxed{2}x-\boxed{4}=0$$
$$\therefore x=\boxed{1\pm\sqrt{5}}$$

(2) 양변에 $\boxed{10}$ 을 곱하면

$$x^2-\boxed{8}\,x-\boxed{20}=0$$
$$(x+2)(x-\boxed{10})=0$$
$$\therefore x=-2 \ \text{또는} \ x=\boxed{10}$$

(3) 양변에 $\boxed{12}$ 를 곱하면

$$2x^2+\boxed{9}\,x+\boxed{8}=0$$
$$\therefore x=\boxed{\dfrac{-9\pm\sqrt{17}}{4}}$$

(4) $x-3=A$로 놓으면

$$A^2+4A-5=0$$
$$(A+5)(A-\boxed{1})=0$$
$$\therefore A=-5 \ \text{또는} \ A=\boxed{1}$$

즉 $x-3=-5$ 또는 $x-3=\boxed{1}$이므로

$$x=-2 \ \text{또는} \ x=\boxed{4}$$

답 (1) 2, 4, $1\pm\sqrt{5}$ (2) 10, 8, 20, 10, 10

(3) 12, 9, 8, $\dfrac{-9\pm\sqrt{17}}{4}$ (4) 1, 1, 1, 4

핵심문제 익히기 ▶본문 138~139쪽

1 -1

2 (1) $x=\dfrac{-3\pm\sqrt{21}}{2}$ (2) $x=-1$ 또는 $x=\dfrac{3}{2}$

3 (1) $x=-3$ 또는 $x=-\dfrac{1}{2}$ (2) $x=\dfrac{5\pm\sqrt{10}}{3}$

(3) $x=\dfrac{-1\pm\sqrt{21}}{4}$ (4) $x=-4$ 또는 $x=\dfrac{5}{2}$

4 (1) $x=-1\pm\sqrt{7}$ (2) $x=-\dfrac{8}{3}$ 또는 $x=2$

1
$$x=\dfrac{-(-3)\pm\sqrt{(-3)^2-4\times2\times k}}{2\times2}=\dfrac{3\pm\sqrt{9-8k}}{4}$$

따라서 $9-8k=17$이므로 $k=-1$ **답** -1

다른 풀이

$x=\dfrac{3\pm\sqrt{17}}{4}$에서

$$4x=3\pm\sqrt{17}, \qquad 4x-3=\pm\sqrt{17}$$

양변을 제곱하면 $(4x-3)^2=17$

$$16x^2-24x+9=17, \qquad 16x^2-24x-8=0$$
$$\therefore 2x^2-3x-1=0 \qquad \therefore k=-1$$

2 (1) 괄호를 풀면

$$7x^2=3(x^2-4x+4)$$
$$4x^2+12x-12=0$$
$$x^2+3x-3=0$$
$$\therefore x=\dfrac{-3\pm\sqrt{3^2-4\times1\times(-3)}}{2\times1}$$
$$=\dfrac{-3\pm\sqrt{21}}{2}$$

(2) 괄호를 풀면

$$x^2+3x-4=5x^2+x-10$$
$$2x^2-x-3=0$$
$$(x+1)(2x-3)=0$$
$$\therefore x=-1 \ \text{또는} \ x=\dfrac{3}{2}$$

답 (1) $x=\dfrac{-3\pm\sqrt{21}}{2}$ (2) $x=-1$ 또는 $x=\dfrac{3}{2}$

3 (1) 양변에 10을 곱하면

$$2x^2+7x+3=0$$
$$(x+3)(2x+1)=0$$
$$\therefore x=-3 \ \text{또는} \ x=-\dfrac{1}{2}$$

(2) 양변에 10을 곱하면

$$3x^2-10x+5=0$$
$$\therefore x=\dfrac{-(-5)\pm\sqrt{(-5)^2-3\times5}}{3}$$
$$=\dfrac{5\pm\sqrt{10}}{3}$$

(3) 양변에 20을 곱하면

$$4x^2+2x-5=0$$
$$\therefore x=\dfrac{-1\pm\sqrt{1^2-4\times(-5)}}{4}=\dfrac{-1\pm\sqrt{21}}{4}$$

(4) 양변에 6을 곱하면

$$2(x^2-2)+3(x-6)=-2$$
$$2x^2+3x-20=0$$
$$(x+4)(2x-5)=0$$
$$\therefore x=-4 \ \text{또는} \ x=\dfrac{5}{2}$$

답 (1) $x=-3$ 또는 $x=-\dfrac{1}{2}$ (2) $x=\dfrac{5\pm\sqrt{10}}{3}$

(3) $x=\dfrac{-1\pm\sqrt{21}}{4}$ (4) $x=-4$ 또는 $x=\dfrac{5}{2}$

4 (1) $x-1=A$로 놓으면

$$A^2+4A-3=0$$
$$\therefore A=\dfrac{-2\pm\sqrt{2^2-1\times(-3)}}{1}=-2\pm\sqrt{7}$$

즉 $x-1=-2\pm\sqrt{7}$이므로

$$x=-1\pm\sqrt{7}$$

(2) $x+3=A$로 놓으면

$$3A^2-16A+5=0$$
$$(3A-1)(A-5)=0$$
$$\therefore A=\dfrac{1}{3} \ \text{또는} \ A=5$$

즉 $x+3=\dfrac{1}{3}$ 또는 $x+3=5$이므로

$$x=-\dfrac{8}{3} \ \text{또는} \ x=2$$

답 (1) $x=-1\pm\sqrt{7}$ (2) $x=-\dfrac{8}{3}$ 또는 $x=2$

01 (1) $x=\dfrac{-1\pm\sqrt{5}}{2}$ (2) $x=\dfrac{9\pm\sqrt{13}}{2}$

  (3) $x=\dfrac{3\pm\sqrt{57}}{6}$ (4) $x=\dfrac{-7\pm\sqrt{29}}{10}$

  (5) $x=\dfrac{-5\pm\sqrt{41}}{4}$

02 (1) $x=1\pm\sqrt{3}$ (2) $x=-5\pm2\sqrt{5}$

  (3) $x=\dfrac{4\pm\sqrt{10}}{2}$ (4) $x=\dfrac{-2\pm\sqrt{6}}{3}$

  (5) $x=\dfrac{3\pm\sqrt{3}}{6}$

03 (1) $x=-2\pm\sqrt{2}$ (2) $x=-1$ 또는 $x=5$

  (3) $x=2\pm2\sqrt{3}$

04 (1) $x=3$ 또는 $x=5$ (2) $x=\dfrac{-5\pm\sqrt{29}}{4}$

  (3) $x=-1$ 또는 $x=\dfrac{10}{3}$ (4) $x=\dfrac{-9\pm\sqrt{41}}{20}$

05 (1) $x=-\dfrac{1}{2}$ 또는 $x=\dfrac{5}{4}$ (2) $x=\dfrac{-1\pm\sqrt{5}}{3}$

  (3) $x=-\dfrac{5}{2}$ 또는 $x=2$ (4) $x=\dfrac{1\pm\sqrt{61}}{10}$

06 (1) $x=\dfrac{1\pm\sqrt{41}}{10}$ (2) $x=\dfrac{-9\pm3\sqrt{13}}{2}$

  (3) $x=\dfrac{4}{3}$ 또는 $x=2$ (4) $x=\dfrac{-2\pm\sqrt{6}}{2}$

---

01 (1) $x=\dfrac{-1\pm\sqrt{1^2-4\times1\times(-1)}}{2\times1}=\dfrac{-1\pm\sqrt{5}}{2}$

  (2) $x=\dfrac{-(-9)\pm\sqrt{(-9)^2-4\times1\times17}}{2\times1}=\dfrac{9\pm\sqrt{13}}{2}$

  (3) $x=\dfrac{-(-3)\pm\sqrt{(-3)^2-4\times3\times(-4)}}{2\times3}=\dfrac{3\pm\sqrt{57}}{6}$

  (4) $x=\dfrac{-7\pm\sqrt{7^2-4\times5\times1}}{2\times5}=\dfrac{-7\pm\sqrt{29}}{10}$

  (5) $2x^2=2-5x$에서 $2x^2+5x-2=0$

  $\therefore x=\dfrac{-5\pm\sqrt{5^2-4\times2\times(-2)}}{2\times2}=\dfrac{-5\pm\sqrt{41}}{4}$

  답 (1) $x=\dfrac{-1\pm\sqrt{5}}{2}$ (2) $x=\dfrac{9\pm\sqrt{13}}{2}$

  (3) $x=\dfrac{3\pm\sqrt{57}}{6}$ (4) $x=\dfrac{-7\pm\sqrt{29}}{10}$

  (5) $x=\dfrac{-5\pm\sqrt{41}}{4}$

02 (1) $x=\dfrac{-(-1)\pm\sqrt{(-1)^2-1\times(-2)}}{1}=1\pm\sqrt{3}$

  (2) $x=\dfrac{-5\pm\sqrt{5^2-1\times5}}{1}=-5\pm2\sqrt{5}$

  (3) $x=\dfrac{-(-4)\pm\sqrt{(-4)^2-2\times3}}{2}=\dfrac{4\pm\sqrt{10}}{2}$

---

  (4) $x=\dfrac{-6\pm\sqrt{6^2-9\times(-2)}}{9}$

  $=\dfrac{-6\pm3\sqrt{6}}{9}=\dfrac{-2\pm\sqrt{6}}{3}$

  (5) $x=\dfrac{-(-3)\pm\sqrt{(-3)^2-6\times1}}{6}=\dfrac{3\pm\sqrt{3}}{6}$

  답 (1) $x=1\pm\sqrt{3}$ (2) $x=-5\pm2\sqrt{5}$

  (3) $x=\dfrac{4\pm\sqrt{10}}{2}$ (4) $x=\dfrac{-2\pm\sqrt{6}}{3}$ (5) $x=\dfrac{3\pm\sqrt{3}}{6}$

03 (1) 괄호를 풀면

  $x^2+7x+10=3x+8$, $x^2+4x+2=0$

  $\therefore x=\dfrac{-2\pm\sqrt{2^2-1\times2}}{1}=-2\pm\sqrt{2}$

  (2) 괄호를 풀면

  $x^2+8x+16=4x^2-4x+1$

  $3x^2-12x-15=0$

  $x^2-4x-5=0$

  $(x+1)(x-5)=0$

  $\therefore x=-1$ 또는 $x=5$

  (3) 괄호를 풀면

  $6x^2-7x-3=5(x^2-2x+1)+7x$

  $x^2-4x-8=0$

  $\therefore x=\dfrac{-(-2)\pm\sqrt{(-2)^2-1\times(-8)}}{1}$

  $=2\pm2\sqrt{3}$

  답 (1) $x=-2\pm\sqrt{2}$ (2) $x=-1$ 또는 $x=5$

  (3) $x=2\pm2\sqrt{3}$

04 (1) 양변에 10을 곱하면

  $x^2-8x+15=0$

  $(x-3)(x-5)=0$

  $\therefore x=3$ 또는 $x=5$

  (2) 양변에 10을 곱하면

  $4x^2+10x-1=0$

  $\therefore x=\dfrac{-5\pm\sqrt{5^2-4\times(-1)}}{4}=\dfrac{-5\pm\sqrt{29}}{4}$

  (3) 양변에 10을 곱하면

  $3x^2-7x-10=0$

  $(x+1)(3x-10)=0$

  $\therefore x=-1$ 또는 $x=\dfrac{10}{3}$

  (4) 양변에 100을 곱하면

  $10x^2+9x+1=0$

  $\therefore x=\dfrac{-9\pm\sqrt{9^2-4\times10\times1}}{2\times10}=\dfrac{-9\pm\sqrt{41}}{20}$

  답 (1) $x=3$ 또는 $x=5$ (2) $x=\dfrac{-5\pm\sqrt{29}}{4}$

  (3) $x=-1$ 또는 $x=\dfrac{10}{3}$ (4) $x=\dfrac{-9\pm\sqrt{41}}{20}$

05 (1) 양변에 6을 곱하면
$$8x^2-6x-5=0$$
$$(2x+1)(4x-5)=0$$
$$\therefore x=-\frac{1}{2} \ \text{또는} \ x=\frac{5}{4}$$

(2) 양변에 12를 곱하면
$$9x^2+6x-4=0$$
$$\therefore x=\frac{-3\pm\sqrt{3^2-9\times(-4)}}{9}$$
$$=\frac{-3\pm3\sqrt{5}}{9}=\frac{-1\pm\sqrt{5}}{3}$$

(3) 양변에 10을 곱하면
$$2x^2-5=5-x$$
$$2x^2+x-10=0$$
$$(2x+5)(x-2)=0$$
$$\therefore x=-\frac{5}{2} \ \text{또는} \ x=2$$

(4) 양변에 15를 곱하면
$$5(x^2+x)=3(2x+1)$$
$$5x^2+5x=6x+3$$
$$5x^2-x-3=0$$
$$\therefore x=\frac{-(-1)\pm\sqrt{(-1)^2-4\times5\times(-3)}}{2\times5}$$
$$=\frac{1\pm\sqrt{61}}{10}$$

답 $(1)\ x=-\frac{1}{2}$ 또는 $x=\frac{5}{4}$ $(2)\ x=\frac{-1\pm\sqrt{5}}{3}$
$(3)\ x=-\frac{5}{2}$ 또는 $x=2$ $(4)\ x=\frac{1\pm\sqrt{61}}{10}$

06 (1) 양변에 10을 곱하면
$$10x^2-2x-4=0$$
$$5x^2-x-2=0$$
$$\therefore x=\frac{-(-1)\pm\sqrt{(-1)^2-4\times5\times(-2)}}{2\times5}$$
$$=\frac{1\pm\sqrt{41}}{10}$$

(2) 양변에 6을 곱하면
$$x^2+9x=9$$
$$x^2+9x-9=0$$
$$\therefore x=\frac{-9\pm\sqrt{9^2-4\times1\times(-9)}}{2\times1}$$
$$=\frac{-9\pm3\sqrt{13}}{2}$$

(3) 양변에 6을 곱하면
$$3x^2-4(x+1)=6x-12$$
$$3x^2-10x+8=0$$
$$(3x-4)(x-2)=0$$
$$\therefore x=\frac{4}{3} \ \text{또는} \ x=2$$

(4) 양변에 8을 곱하면
$$2x(x+4)-4x=1$$
$$2x^2+4x-1=0$$
$$\therefore x=\frac{-2\pm\sqrt{2^2-2\times(-1)}}{2}$$
$$=\frac{-2\pm\sqrt{6}}{2}$$

답 $(1)\ x=\frac{1\pm\sqrt{41}}{10}$ $(2)\ x=\frac{-9\pm3\sqrt{13}}{2}$
$(3)\ x=\frac{4}{3}$ 또는 $x=2$ $(4)\ x=\frac{-2\pm\sqrt{6}}{2}$

이런 문제가 **시험** 에 나온다 ▶본문 141쪽

01 ④   **02** $2\sqrt{10}$ **03** ②   **04** $x=-6$
05 ③

01 $x=\dfrac{-(-5)\pm\sqrt{(-5)^2-4\times2\times(-1)}}{2\times2}$
$$=\frac{5\pm\sqrt{33}}{4}$$
따라서 $A=5$, $B=33$이므로
$$A+B=5+33=38$$
답 ④

02 괄호를 풀면
$$x^2-3x-10=3x-9$$
$$x^2-6x-1=0$$
$$\therefore x=\frac{-(-3)\pm\sqrt{(-3)^2-1\times(-1)}}{1}=3\pm\sqrt{10}$$
따라서 두 근의 차는
$$(3+\sqrt{10})-(3-\sqrt{10})=2\sqrt{10}$$
답 $2\sqrt{10}$

03 양변에 100을 곱하면
$$10x^2+40x+5=0$$
$$2x^2+8x+1=0$$
$$\therefore x=\frac{-4\pm\sqrt{4^2-2\times1}}{2}=\frac{-4\pm\sqrt{14}}{2}$$
답 ②

04 양변에 24를 곱하면
$$8x^2-15=10x-12$$
$$8x^2-10x-3=0$$
$$(4x+1)(2x-3)=0$$
$$\therefore x=-\frac{1}{4} \ \text{또는} \ x=\frac{3}{2}$$
따라서 $a=-\frac{1}{4}$, $b=\frac{3}{2}$이므로
$$-\frac{1}{4}x=\frac{3}{2}$$
$$\therefore x=-6$$
답 $x=-6$

05 $x+\dfrac{1}{2}=A$로 놓으면

$$3A^2-2A-1=0$$
$$(3A+1)(A-1)=0$$
$$\therefore A=-\dfrac{1}{3} \ \text{또는} \ A=1$$

즉 $x+\dfrac{1}{2}=-\dfrac{1}{3}$ 또는 $x+\dfrac{1}{2}=1$이므로

$$x=-\dfrac{5}{6} \ \text{또는} \ x=\dfrac{1}{2}$$

따라서 두 근의 합은

$$-\dfrac{5}{6}+\dfrac{1}{2}=-\dfrac{1}{3}$$

답 ③

02 이차방정식의 근의 개수

 ▶본문 143쪽

01 (1) 2 (2) 17, 2 (3) -16, 0 (4) 0, 1
02 (1) 1 (2) 0 (3) 2 (4) 0
03 (1) 1, 3, 4 (2) 5, 20, 50
04 (1) $x^2-8x+15=0$ (2) $3x^2+27x+42=0$
　　(3) $5x^2+10x+5=0$

01 (1) $a=1$, $b=3$, $c=-4$이므로
$$b^2-4ac=3^2-4\times1\times(-4)=25>0$$
따라서 서로 다른 두 근을 갖는다.
즉 근의 개수는 2이다.
(2) $a=2$, $b=-5$, $c=1$이므로
$$b^2-4ac=(-5)^2-4\times2\times1=17>0$$
따라서 서로 다른 두 근을 갖는다.
즉 근의 개수는 2이다.
(3) $a=1$, $b=-8$, $c=20$이므로
$$b^2-4ac=(-8)^2-4\times1\times20=-16<0$$
따라서 근이 없다.
즉 근의 개수는 0이다.
(4) $a=16$, $b=8$, $c=1$이므로
$$b^2-4ac=8^2-4\times16\times1=0$$
따라서 중근을 갖는다.
즉 근의 개수는 1이다.

답 (1) 2 (2) 17, 2 (3) -16, 0 (4) 0, 1

02 (1) $(-6)^2-4\times1\times9=0$이므로 중근을 갖는다.
즉 근의 개수는 1이다.
(2) $5^2-4\times1\times7=-3<0$이므로 근이 없다.
즉 근의 개수는 0이다.

(3) $(-4)^2-4\times3\times(-2)=40>0$이므로 서로 다른 두 근을 갖는다.
즉 근의 개수는 2이다.
(4) $(-3)^2-4\times5\times1=-11<0$이므로 근이 없다.
즉 근의 개수는 0이다.

답 (1) 1 (2) 0 (3) 2 (4) 0

03 (1) 두 근이 -1, 4이고 x^2의 계수가 1인 이차방정식
➡ $(x+\boxed{1})(x-4)=0$
$$\therefore x^2-\boxed{3}\,x-\boxed{4}=0$$
(2) 중근이 5이고 x^2의 계수가 2인 이차방정식
➡ $2(x-\boxed{5})^2=0$
$$\therefore 2x^2-\boxed{20}\,x+\boxed{50}=0$$

답 (1) 1, 3, 4 (2) 5, 20, 50

04 (1) 두 근이 3, 5이고 x^2의 계수가 1인 이차방정식은
$$(x-3)(x-5)=0$$
$$\therefore x^2-8x+15=0$$
(2) 두 근이 -7, -2이고 x^2의 계수가 3인 이차방정식은
$$3(x+7)(x+2)=0$$
$$\therefore 3x^2+27x+42=0$$
(3) 중근이 -1이고 x^2의 계수가 5인 이차방정식은
$$5(x+1)^2=0$$
$$\therefore 5x^2+10x+5=0$$

답 (1) $x^2-8x+15=0$ (2) $3x^2+27x+42=0$
　　(3) $5x^2+10x+5=0$

 ▶본문 144~145쪽

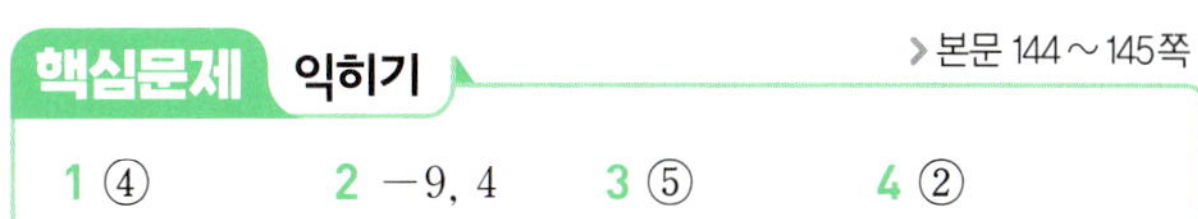

1 ④　　　**2** -9, 4　　　**3** ⑤　　　**4** ②

1 ① $1^2-4\times1\times(-3)=13>0$이므로 서로 다른 두 근을 갖는다.
② $4^2-4\times1\times4=0$이므로 중근을 갖는다.
③ $(-2)^2-4\times\dfrac{1}{3}\times2=\dfrac{4}{3}>0$이므로 서로 다른 두 근을 갖는다.
④ $2^2-4\times5\times1=-16<0$이므로 근이 없다.
⑤ $(-6)^2-4\times9\times1=0$이므로 중근을 갖는다.
따라서 근이 없는 것은 ④이다.

답 ④

2 $12^2-4\times k\times(k+5)=0$이므로
$$144-4k^2-20k=0$$
$$k^2+5k-36=0$$
$$(k+9)(k-4)=0$$
$$\therefore k=-9 \ \text{또는} \ k=4$$

답 -9, 4

3 $(-6)^2-4\times2\times(k-1)>0$이므로
$$36-8k+8>0, \qquad -8k>-44$$
$$\therefore k<\frac{11}{2}$$
따라서 k의 값이 아닌 것은 ⑤이다.   **답** ⑤

4 두 근이 1, 3이고 x^2의 계수가 1인 이차방정식은
$$(x-1)(x-3)=0 \qquad \therefore x^2-4x+3=0$$
$$\therefore a=4,\ b=3$$
즉 두 근이 4, 3이고 x^2의 계수가 2인 이차방정식은
$$2(x-4)(x-3)=0, \qquad 2(x^2-7x+12)=0$$
$$\therefore 2x^2-14x+24=0$$
    답 ②

01 ③   **02** 4   **03** -1 **04** ④
05 ②

01 ① $(-1)^2-4\times1\times1=-3<0$이므로 근이 없다.
② $6^2-4\times1\times10=-4<0$이므로 근이 없다.
③ $3^2-4\times2\times(-5)=49>0$이므로 서로 다른 두 근을 갖는다.
④ $(-4)^2-4\times4\times3=-32<0$이므로 근이 없다.
⑤ $9^2-4\times5\times5=-19<0$이므로 근이 없다.
따라서 근의 개수가 나머지 넷과 다른 하나는 ③이다.
    답 ③

02 $(2k)^2-4\times1\times(4k-3)=0$이므로
$$4k^2-16k+12=0$$
$$k^2-4k+3=0$$
$$(k-1)(k-3)=0$$
$$\therefore k=1 \text{ 또는 } k=3$$
따라서 모든 상수 k의 값의 합은
$$1+3=4$$
    답 4

03 $(-3)^2-4\times4\times(-k)<0$이므로
$$16k<-9 \qquad \therefore k<-\frac{9}{16}$$
따라서 k의 값 중 가장 큰 정수는 -1이다.   **답** -1

04 중근이 -1이고 x^2의 계수가 2인 이차방정식은
$$2(x+1)^2=0, \qquad 2(x^2+2x+1)=0$$
$$\therefore 2x^2+4x+2=0$$
따라서 $a=4,\ b=2$이므로
$$ab=4\times2=8$$
    답 ④

05 $x^2-3x+2=0$에서
$$(x-1)(x-2)=0$$
$$\therefore x=1 \text{ 또는 } x=2$$
$$\therefore \alpha=1,\ \beta=2 \text{ 또는 } \alpha=2,\ \beta=1$$
따라서 두 근이 2, 3이고 x^2의 계수가 3인 이차방정식은
$$3(x-2)(x-3)=0, \qquad 3(x^2-5x+6)=0$$
$$\therefore 3x^2-15x+18=0$$
    답 ②

03 이차방정식의 활용

01 210, 420, 20, 20, 20, 20
02 (1) $x^2=5x+36$ (2) $-4,\ 9$
03 (1) $x(x+1)=110$ (2) 10, 11
04 (1) $(14-x)$ m   (2) $x(14-x)=48$ (3) 8 m

01 $\dfrac{n(n+1)}{2}=\boxed{210}$ 에서
$$n^2+n-\boxed{420}=0$$
$$(n+21)(n-\boxed{20})=0$$
$$\therefore n=-21 \text{ 또는 } n=\boxed{20}$$
그런데 n은 자연수이므로 $n=\boxed{20}$
따라서 합이 210이 되려면 1부터 $\boxed{20}$까지의 자연수를 더해야 한다.

    답 210, 420, 20, 20, 20, 20

02 (1) 어떤 수를 x라 하면
$$x^2=5x+36$$
(2) $x^2=5x+36$에서
$$x^2-5x-36=0$$
$$(x+4)(x-9)=0$$
$$\therefore x=-4 \text{ 또는 } x=9$$
따라서 어떤 수는 $-4,\ 9$이다.
    답 (1) $x^2=5x+36$ (2) $-4,\ 9$

03 (1) 펼친 두 면의 쪽수를 $x,\ x+1$이라 하면
$$x(x+1)=110$$
(2) $x(x+1)=110$에서
$$x^2+x-110=0$$
$$(x+11)(x-10)=0$$
$$\therefore x=-11 \text{ 또는 } x=10$$
그런데 $x>0$이므로 $x=10$
따라서 펼친 두 면의 쪽수는 10, 11이다.
    답 (1) $x(x+1)=110$ (2) 10, 11

04 (1) 가로의 길이가 x m이므로 세로의 길이는

$$\frac{28-2x}{2}=14-x\,(\text{m})$$

(2) (직사각형의 넓이) $=$ (가로의 길이) $\times$ (세로의 길이) 이므로

$$x(14-x)=48$$

(3) $x(14-x)=48$에서

$$14x-x^2=48$$
$$x^2-14x+48=0$$
$$(x-6)(x-8)=0$$
$$\therefore x=6 \text{ 또는 } x=8$$

그런데 $x>14-x$에서　　$x>7$

$$\therefore x=8$$

따라서 가로의 길이는 8 m이다.

달 (1) $(14-x)$ m　(2) $x(14-x)=48$　(3) 8 m

핵심문제 **익히기**　　　　　　　▶ 본문 149 ~ 152쪽

1 15명	**2** 8	**3** 11, 13	**4** 7
5 (1) 1초, 4초　(2) 6초		**6** 7 cm	**7** 3
8 3 cm	**9** 2	**10** 3 m	**11** 1 m

1 $\dfrac{n(n-1)}{2}=105$에서　　$n(n-1)=210$

$$n^2-n-210=0$$
$$(n+14)(n-15)=0$$
$$\therefore n=-14 \text{ 또는 } n=15$$

그런데 $n>1$이므로

$$n=15$$

따라서 이 동호회의 회원은 15명이다.　　달 15명

2 어떤 자연수를 x라 하면

$$x+x^2=72,\qquad x^2+x-72=0$$
$$(x+9)(x-8)=0$$
$$\therefore x=-9 \text{ 또는 } x=8$$

그런데 $x>0$이므로　　$x=8$

따라서 어떤 자연수는 8이다.　　달 8

3 연속하는 두 홀수를 x, $x+2$라 하면

$$x(x+2)=143$$
$$x^2+2x-143=0$$
$$(x+13)(x-11)=0$$
$$\therefore x=-13 \text{ 또는 } x=11$$

그런데 $x>0$이므로

$$x=11$$

따라서 구하는 두 수는 11, 13이다.　　달 11, 13

4 한 학생이 갖게 되는 사탕의 개수를 x라 하면 학생 수는 $x+5$이므로

$$x(x+5)=84$$
$$x^2+5x-84=0$$
$$(x+12)(x-7)=0$$
$$\therefore x=-12 \text{ 또는 } x=7$$

그런데 $x>0$이므로

$$x=7$$

따라서 한 학생이 갖게 되는 사탕의 개수는 7이다.

달 7

5 (1) $30+25t-5t^2=50$에서

$$t^2-5t+4=0$$
$$(t-1)(t-4)=0$$
$$\therefore t=1 \text{ 또는 } t=4$$

따라서 물체의 높이가 50 m가 되는 것은 쏘아 올린 지 1초 후 또는 4초 후이다.

(2) 물체가 지면에 떨어지는 것은 높이가 0 m일 때이므로

$$30+25t-5t^2=0$$
$$t^2-5t-6=0$$
$$(t+1)(t-6)=0$$
$$\therefore t=-1 \text{ 또는 } t=6$$

그런데 $t>0$이므로

$$t=6$$

따라서 물체가 지면에 떨어지는 것은 쏘아 올린 지 6초 후이다.

달 (1) 1초, 4초　(2) 6초

6 가로의 길이를 x cm라 하면 세로의 길이는 $(12-x)$ cm 이므로

$$x(12-x)=35$$
$$x^2-12x+35=0$$
$$(x-5)(x-7)=0$$
$$\therefore x=5 \text{ 또는 } x=7$$

그런데 $x>12-x$에서　　$x>6$

$$\therefore x=7$$

따라서 가로의 길이는 7 cm이다.　　달 7 cm

7 $(18-x)(15-x)=\dfrac{2}{3}\times(18\times15)$에서

$$x^2-33x+270=180$$
$$x^2-33x+90=0$$
$$(x-3)(x-30)=0$$
$$\therefore x=3 \text{ 또는 } x=30$$

그런데 $0<x<15$이므로

$$x=3$$

달 3

8 큰 정사각형의 한 변의 길이를 x cm라 하면 작은 정사각형의 한 변의 길이는 $(5-x)$ cm이므로
$$x^2+(5-x)^2=13$$
$$2x^2-10x+12=0$$
$$x^2-5x+6=0$$
$$(x-2)(x-3)=0$$
$$\therefore x=2 \text{ 또는 } x=3$$
그런데 $x>5-x$, $x<5$에서　　$2.5<x<5$
$$\therefore x=3$$
따라서 큰 정사각형의 한 변의 길이는 3 cm이다.

답 3 cm

9 $(10-x)^2=64$이므로　　$10-x=\pm8$
$$\therefore x=2 \text{ 또는 } x=18$$
그런데 $0<x<10$이므로　　$x=2$　　**답** 2

10 길의 폭을 x m라 하면
$$(15-x)(12-x)=108$$
$$x^2-27x+72=0$$
$$(x-3)(x-24)=0$$
$$\therefore x=3 \text{ 또는 } x=24$$
그런데 $0<x<12$이므로　　$x=3$
따라서 길의 폭은 3 m이다.　　**답** 3 m

11 꽃밭의 폭을 x m라 하면
$$(2x+5)(2x+3)-5\times3=20$$
$$4x^2+16x-20=0$$
$$x^2+4x-5=0$$
$$(x+5)(x-1)=0$$
$$\therefore x=-5 \text{ 또는 } x=1$$
그런데 $x>0$이므로　　$x=1$
따라서 꽃밭의 폭은 1 m이다.　　**답** 1 m

이런 문제가 시험 에 나온다　　▶ 본문 153쪽

01 10　　**02** 13　　**03** 8초　　**04** 12초
05 10 cm

01 연속하는 두 짝수 중 큰 수를 x라 하면 작은 수는 $x-2$이므로
$$(x-2)^2+x^2=164$$
$$2x^2-4x-160=0$$
$$x^2-2x-80=0$$
$$(x+8)(x-10)=0$$
$$\therefore x=-8 \text{ 또는 } x=10$$
그런데 $x>2$이므로　　$x=10$
따라서 두 수 중에서 큰 수는 10이다.　　**답** 10

02 학생 수를 x라 하면 한 학생에게 돌아가는 사과의 개수는 $x-3$이므로
$$x(x-3)=130$$
$$x^2-3x-130=0$$
$$(x+10)(x-13)=0$$
$$\therefore x=-10 \text{ 또는 } x=13$$
그런데 $x>3$이므로　　$x=13$
따라서 학생 수는 13이다.　　**답** 13

03 물로켓이 지면에 떨어지는 것은 높이가 0 m일 때이므로
$$40t-5t^2=0$$
$$t^2-8t=0$$
$$t(t-8)=0$$
$$\therefore t=0 \text{ 또는 } t=8$$
그런데 $t>0$이므로　　$t=8$
따라서 물로켓이 지면에 떨어지는 것은 쏘아 올린 지 8초 후이다.　　**답** 8초

04 x초 후 직사각형의 가로, 세로의 길이는 각각 $(20-x)$ cm, $(16+2x)$ cm이므로
$$(20-x)(16+2x)=20\times16$$
$$-2x^2+24x=0$$
$$x^2-12x=0$$
$$x(x-12)=0$$
$$\therefore x=0 \text{ 또는 } x=12$$
그런데 $0<x<20$이므로　　$x=12$
따라서 처음 직사각형의 넓이와 같아지는 데 걸리는 시간은 12초이다.　　**답** 12초

05 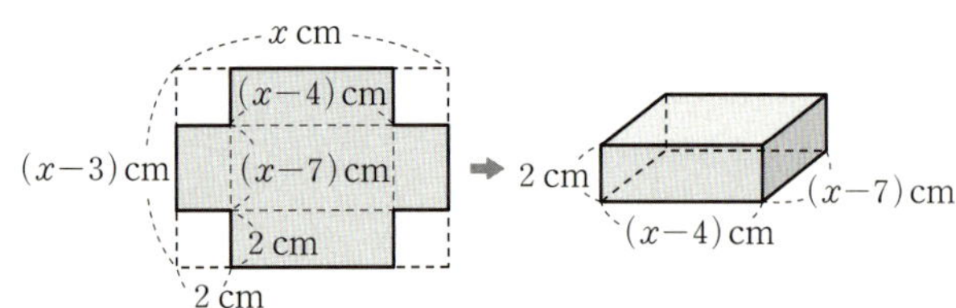

처음 골판지의 가로의 길이를 x cm라 하면 세로의 길이는 $(x-3)$ cm이므로
$$(x-4)(x-7)\times2=36$$
$$2x^2-22x+20=0$$
$$x^2-11x+10=0$$
$$(x-1)(x-10)=0$$
$$\therefore x=1 \text{ 또는 } x=10$$
그런데 $x>7$이므로　　$x=10$
따라서 처음 골판지의 가로의 길이는 10 cm이다.

답 10 cm

01 ③	**02** ②	**03** -6
04 $x=-1$ 또는 $x=5$	**05** ②, ⑤	**06** ④
07 ⑤	**08** ④	**09** 20명	**10** ③
11 ④	**12** 12 cm	**13** ③	**14** ④
15 8	**16** $-2\sqrt{3}$	**17** ⑤	**18** ②
19 6일, 13일	**20** ②	**21** ①	**22** $\dfrac{1}{12}$
23 500	**24** 40 cm^2		

01 **전략** 이차방정식 $ax^2+bx+c=0$의 근은
$$x=\frac{-b\pm\sqrt{b^2-4ac}}{2a}$$ 임을 이용한다.
$$x=\frac{-5\pm\sqrt{5^2-4\times2\times(-5)}}{2\times2}$$
$$=\frac{-5\pm\sqrt{65}}{4}$$
답 ③

02 **전략** 이차방정식 $ax^2+2b'x+c=0$의 근은
$$x=\frac{-b'\pm\sqrt{b'^2-ac}}{a}$$ 임을 이용한다.
$$x=\frac{-(-4)\pm\sqrt{(-4)^2-3\times m}}{3}$$
$$=\frac{4\pm\sqrt{16-3m}}{3}$$
따라서 $16-3m=10$이므로
$$m=2$$
답 ②

03 **전략** 계수가 소수이면 양변에 10, 100, $\cdots$을 곱하여 계수를 정수로 고친다.
양변에 10을 곱하면
$$x^2=2(x+3)$$
$$x^2-2x-6=0$$
$$\therefore x=\frac{-(-1)\pm\sqrt{(-1)^2-1\times(-6)}}{1}=1\pm\sqrt{7}$$
따라서 두 근의 곱은
$$(1+\sqrt{7})(1-\sqrt{7})=1-7=-6$$
답 -6

04 **전략** 계수에 소수와 분수가 섞여 있으면 양변에 적당한 수를 곱하여 계수를 정수로 고친다.
양변에 8을 곱하면
$$x^2+7=4x+12$$
$$x^2-4x-5=0$$
$$(x+1)(x-5)=0$$
$$\therefore x=-1 \text{ 또는 } x=5$$
답 $x=-1$ 또는 $x=5$

05 **전략** 이차방정식 $ax^2+bx+c=0$의 근의 개수는 b^2-4ac의 부호에 의하여 결정된다.
① $(-8)^2-4\times1\times13=12>0$이므로 서로 다른 두 근을 갖는다.
② $(-2)^2-4\times1\times2=-4<0$이므로 근이 없다.
③ $(-1)^2-4\times2\times(-4)=33>0$이므로 서로 다른 두 근을 갖는다.
④ $4^2-4\times4\times1=0$이므로 중근을 갖는다.
⑤ $7^2-4\times3\times5=-11<0$이므로 근이 없다.
따라서 근이 없는 것은 ②, ⑤이다.
답 ②, ⑤

06 **전략** 이차방정식 $ax^2+bx+c=0$이 중근을 가지면 $b^2-4ac=0$이다.
$(-6)^2-4\times9\times(k-2)=0$이므로
$$36-36k+72=0, \quad -36k=-108$$
$$\therefore k=3$$
$k=3$을 $9x^2-6x+k-2=0$에 대입하면
$$9x^2-6x+1=0, \quad (3x-1)^2=0$$
$$\therefore x=\frac{1}{3}$$
따라서 $a=\dfrac{1}{3}$이므로
$$ak=\frac{1}{3}\times3=1$$
답 ④

07 **전략** 이차방정식 $ax^2+bx+c=0$이 근을 가지면 $b^2-4ac\geq0$이다.
$(3-2k)^2-4\times1\times(k^2+1)\geq0$이므로
$$9-12k+4k^2-4k^2-4\geq0$$
$$-12k\geq-5$$
$$\therefore k\leq\frac{5}{12}$$
따라서 k의 값이 될 수 없는 것은 ⑤이다.
답 ⑤

08 **전략** 두 근이 α, β이고 x^2의 계수가 a인 이차방정식은 $a(x-\alpha)(x-\beta)=0$이다.
두 근이 $\dfrac{3}{2}$, 2이고 x^2의 계수가 2인 이차방정식은
$$2\left(x-\frac{3}{2}\right)(x-2)=0$$
$$2\left(x^2-\frac{7}{2}x+3\right)=0$$
$$\therefore 2x^2-7x+6=0$$
$$\therefore p=-7, q=6$$
따라서 -7, 6을 두 근으로 하고 x^2의 계수가 1인 이차방정식은
$$(x+7)(x-6)=0$$
$$\therefore x^2+x-42=0$$
답 ④

09 전략 주어진 식의 값이 190임을 이용하여 n에 대한 이차방정식을 세운다.

$\dfrac{n(n-1)}{2}=190$에서 $\quad n(n-1)=380$

$$n^2-n-380=0$$
$$(n+19)(n-20)=0$$
$$\therefore n=-19 \ \text{또는} \ n=20$$

그런데 $n>1$이므로 $\quad n=20$

따라서 학생은 모두 20명이다. 답 20명

10 전략 어떤 자연수를 미지수로 놓고 이차방정식을 세운다.

어떤 자연수를 x라 하면

$$x^2=4x+32, \quad x^2-4x-32=0$$
$$(x+4)(x-8)=0$$
$$\therefore x=-4 \ \text{또는} \ x=8$$

그런데 $x>0$이므로 $\quad x=8$ 답 ③

11 전략 오빠의 나이를 미지수로 놓고 가은이와 오빠의 나이의 곱이 180임을 이용하여 이차방정식을 세운다.

오빠의 나이를 x살이라 하면 가은이의 나이는 $(x-3)$살이므로

$$x(x-3)=180, \quad x^2-3x-180=0$$
$$(x+12)(x-15)=0$$
$$\therefore x=-12 \ \text{또는} \ x=15$$

그런데 $x>3$이므로 $\quad x=15$

따라서 오빠의 나이는 15살이다. 답 ④

12 전략 (원의 넓이)$=\pi \times$(반지름의 길이)^{2}임을 이용한다.

반죽의 반지름의 길이를 x cm만큼 늘였다고 하면 새로 만든 반죽의 반지름의 길이는 $(9+x)$ cm이므로

$$\pi(9+x)^2-\pi \times 9^2=63\pi$$
$$81\pi+18x\pi+x^2\pi-81\pi=63\pi$$
$$x^2+18x-63=0$$
$$(x+21)(x-3)=0$$
$$\therefore x=-21 \ \text{또는} \ x=3$$

그런데 $x>0$이므로 $\quad x=3$

따라서 새로 만든 반죽의 반지름의 길이는

$$9+3=12 \ (\text{cm})$$ 답 12 cm

13 전략 계수가 분수이면 양변에 분모의 최소공배수를 곱하여 계수를 정수로 고친다.

양변에 12를 곱하면

$$3x^2-24x+20=-7$$
$$3x^2-24x+27=0$$
$$x^2-8x+9=0$$
$$\therefore x=-(-4)\pm\sqrt{(-4)^2-1\times 9}=4\pm\sqrt{7}$$

따라서 $1<4-\sqrt{7}<2$, $6<4+\sqrt{7}<7$이므로 두 근 사이에 있는 정수는 2, 3, 4, 5, 6의 5개이다. 답 ③

14 전략 주어진 이차방정식을 간단히 정리한 후 근의 공식을 이용한다.

양변에 6을 곱하면

$$2x(x-3)=3(x+1)(x-2)+6a$$
$$2x^2-6x=3x^2-3x-6+6a$$
$$x^2+3x-6+6a=0$$
$$\therefore x=\dfrac{-3\pm\sqrt{3^2-4\times 1\times(-6+6a)}}{2\times 1}$$
$$=\dfrac{-3\pm\sqrt{33-24a}}{2}$$

따라서 $-3=b$, $33-24a=21$이므로

$$a=\dfrac{1}{2}, \ b=-3$$
$$\therefore 2a-b=2\times\dfrac{1}{2}-(-3)=4$$ 답 ④

15 전략 $x-y=A$로 놓고 A에 대한 이차방정식을 푼다.

$x-y=A$로 놓으면

$$A(A-6)=16$$
$$A^2-6A-16=0$$
$$(A+2)(A-8)=0$$
$$\therefore A=-2 \ \text{또는} \ A=8$$

그런데 $x>y$이므로 $\quad x-y>0$

$$\therefore x-y=8$$ 답 8

16 전략 각 이차방정식에서 조건에 맞게 k의 값 또는 k의 값의 범위를 구한다.

$3x^2-2x+k-1=0$이 서로 다른 두 근을 가지므로

$$(-2)^2-4\times 3\times(k-1)>0$$
$$-12k>-16$$
$$\therefore k<\dfrac{4}{3} \qquad \cdots\cdots \ \bigcirc$$

$x^2+kx+3=0$이 중근을 가지므로

$$k^2-4\times 1\times 3=0, \quad k^2=12$$
$$\therefore k=\pm 2\sqrt{3} \qquad \cdots\cdots \ \bigcirc$$

$\bigcirc$, $\bigcirc$에서 $\quad k=-2\sqrt{3}$ 답 $-2\sqrt{3}$

17 전략 한 근이 다른 근의 2배임을 이용하여 두 근을 a, $2a$ $(a\neq 0)$로 놓고 이차방정식을 구한다.

$x^2+12x+k=0$의 두 근을 a, $2a$ $(a\neq 0)$라 하면

$$(x-a)(x-2a)=0$$
$$\therefore x^2-3ax+2a^2=0$$

따라서 $-3a=12$, $2a^2=k$이므로

$$a=-4, \ k=2\times(-4)^2=32$$ 답 ⑤

18 [전략] 잘못 본 이차방정식을 각각 구하여 처음 이차방정식의 상수항과 x의 계수를 구한다.

서윤이는 x의 계수를 잘못 보았으므로 상수항은 바르게 보았다.

$(x+4)(x-7)=0$에서　$x^2-3x-28=0$

즉 처음 이차방정식의 상수항은 -28이다.

또 현우는 상수항을 잘못 보았으므로 x의 계수는 바르게 보았다.

$(x+9)(x+3)=0$에서　$x^2+12x+27=0$

즉 처음 이차방정식의 x의 계수는 12이다.

따라서 처음 이차방정식은 $x^2+12x-28=0$이므로

$$(x+14)(x-2)=0$$
$$\therefore x=-14 \text{ 또는 } x=2$$

답 ②

19 [전략] 달력에서 위아래로 이웃하는 두 날짜는 7일 간격임을 이용한다.

위아래로 이웃하는 두 날짜를 x일, $(x+7)$일이라 하면

$$x^2+(x+7)^2=205$$
$$2x^2+14x-156=0$$
$$x^2+7x-78=0$$
$$(x+13)(x-6)=0$$
$$\therefore x=-13 \text{ 또는 } x=6$$

그런데 $x>0$이므로　$x=6$

따라서 구하는 날짜는 6일, 13일이다.　**답** 6일, 13일

20 [전략] 공이 지면으로부터 높이가 90 m가 되는 것은 몇 초 후인지 구한다.

$25t-5t^2+70=90$에서

$$-5t^2+25t-20=0$$
$$t^2-5t+4=0$$
$$(t-1)(t-4)=0$$
$$\therefore t=1 \text{ 또는 } t=4$$

따라서 공이 지면으로부터 높이가 90 m 이상인 지점을 지나는 것은 1초 후부터 4초 후까지이므로 3초 동안이다.

답 ②

21 [전략] 산책로를 제외한 땅을 모아 붙이면 직사각형이 됨을 이용한다.

산책로의 폭을 x m라 하면

$$(30-x)(24-2x)=416$$
$$2x^2-84x+304=0$$
$$x^2-42x+152=0$$
$$(x-4)(x-38)=0$$
$$\therefore x=4 \text{ 또는 } x=38$$

그런데 $x>0$, $24-2x>0$에서　$0<x<12$
$$\therefore x=4$$

따라서 산책로의 폭은 4 m이다.　**답** ①

22 [전략] 주어진 이차방정식이 중근을 가질 조건을 이용하여 ab의 값을 구한다.

한 개의 주사위를 두 번 던질 때, 모든 경우의 수는

$$6\times6=36$$

$ax^2-4x+b=0$이 중근을 가지려면

$$(-4)^2-4\times a\times b=0$$
$$16-4ab=0 \qquad \therefore ab=4$$

$ab=4$를 만족시키는 경우를 순서쌍 $(a,\,b)$로 나타내면

$$(1,\,4),\ (2,\,2),\ (4,\,1)$$

의 3가지

따라서 구하는 확률은

$$\frac{3}{36}=\frac{1}{12}$$

답 $\dfrac{1}{12}$

23 [전략] (총수입)=(1인당 입장료)×(입장객 수)임을 이용한다.

$\left(2000+x\right)\left(500-\dfrac{x}{5}\right)=2000\times500$이므로

$$1000000-400x+500x-\frac{x^2}{5}=1000000$$
$$x^2-500x=0,\qquad x(x-500)=0$$
$$\therefore x=0 \text{ 또는 } x=500$$

그런데 $x>0$이므로　$x=500$　**답** 500

24 [전략] $\overline{BD}=x$ cm로 놓고 $\triangle ABC$와 $\triangle EDC$가 닮음임을 이용하여 $\overline{DC}$, $\overline{ED}$의 길이를 구한다.

$\overline{BD}=x$ cm라 하면　$\overline{DC}=(12-x)$ cm

한편 $\triangle ABC \backsim \triangle EDC$ (AA 닮음)이므로

$$\overline{AB}:\overline{ED}=\overline{BC}:\overline{DC}, \qquad 15:\overline{ED}=12:(12-x)$$
$$\therefore \overline{ED}=15-\frac{5}{4}x \text{ (cm)}$$

이때 $\square BDEF=\overline{BD}\times\overline{ED}$이므로

$$40=x\left(15-\frac{5}{4}x\right)$$
$$x^2-12x+32=0, \qquad (x-4)(x-8)=0$$
$$\therefore x=4 \text{ 또는 } x=8$$

그런데 $\overline{BD}<\overline{DC}$이므로　$x=4$

따라서 $\overline{DC}=12-4=8$ (cm),

$$\overline{ED}=15-\frac{5}{4}\times4=10 \text{ (cm)}$$이므로

$$\triangle EDC=\frac{1}{2}\times8\times10=40 \text{ (cm}^2\text{)}$$

답 40 cm²

서술형 대비 문제　　＞본문 158∼159쪽

1 $\dfrac{3}{2}$　　**2** 14 cm　　**3** 22

4 -5　　**5** $3x^2-21x+30=0$

6 21

1 **1단계** 두 근이 $-\dfrac{1}{3}$, 2이고 x^2의 계수가 3인 이차방정식은
$$3\left(x+\dfrac{1}{3}\right)(x-2)=0$$
$$3\left(x^2-\dfrac{5}{3}x-\dfrac{2}{3}\right)=0$$
$$\therefore 3x^2-5x-2=0$$
$$\therefore a=-5,\ b=-2$$

2단계 $bx^2+ax-3=0$에서
$$-2x^2-5x-3=0$$
$$2x^2+5x+3=0$$
$$(2x+3)(x+1)=0$$
$$\therefore x=-\dfrac{3}{2}\ \text{또는}\ x=-1$$

3단계 두 근의 곱은
$$\left(-\dfrac{3}{2}\right)\times(-1)=\dfrac{3}{2}$$

답 $\dfrac{3}{2}$

2 **1단계** $\overline{AC}=x\,$cm라 하면 $\overline{CB}=(20-x)\,$cm이므로
$$\dfrac{1}{2}\times\pi\times10^2-\dfrac{1}{2}\times\pi\times\left(\dfrac{x}{2}\right)^2$$
$$-\dfrac{1}{2}\times\pi\times\left(\dfrac{20-x}{2}\right)^2=21\pi$$

2단계 $50\pi-\dfrac{x^2}{8}\pi-\dfrac{400-40x+x^2}{8}\pi=21\pi$
$$x^2-20x+84=0$$
$$(x-6)(x-14)=0$$
$$\therefore x=6\ \text{또는}\ x=14$$

3단계 $\overline{AC}>\overline{CB}$이므로
$$\overline{AC}=14\,(\text{cm})$$

답 14 cm

3 **1단계** 양변에 10을 곱하면
$$-x+5(x^2+1)=4-8x$$
$$5x^2+7x+1=0$$
$$\therefore x=\dfrac{-7\pm\sqrt{7^2-4\times5\times1}}{2\times5}=\dfrac{-7\pm\sqrt{29}}{10}$$

2단계 $p=-7,\ q=29$

3단계 $p+q=-7+29=22$

답 22

단계	채점 요소	배점
1	이차방정식 풀기	4점
2	p, q의 값 구하기	2점
3	$p+q$의 값 구하기	1점

4 **1단계** $3x^2-6x-k=0$이 근을 갖지 않으므로
$$(-6)^2-4\times3\times(-k)<0$$
$$12k<-36$$
$$\therefore k<-3 \qquad\qquad \cdots\cdots \text{㉠}$$

2단계 $x^2+(k-1)x+9=0$이 중근을 가지므로
$$(k-1)^2-4\times1\times9=0$$
$$k^2-2k-35=0$$
$$(k+5)(k-7)=0$$
$$\therefore k=-5\ \text{또는}\ k=7 \qquad \cdots\cdots \text{㉡}$$

3단계 ㉠, ㉡에서 $\quad k=-5$

답 -5

단계	채점 요소	배점
1	$3x^2-6x-k=0$이 근을 갖지 않을 때 k의 값의 범위 구하기	3점
2	$x^2+(k-1)x+9=0$이 중근을 가질 때 k의 값 구하기	3점
3	k의 값 구하기	1점

5 **1단계** $x=1$을 $x^2+kx-6=0$에 대입하면
$$1^2+k\times1-6=0,\qquad k-5=0$$
$$\therefore k=5$$

2단계 5, 2를 두 근으로 하고 x^2의 계수가 3인 이차방정식은
$$3(x-5)(x-2)=0$$
$$3(x^2-7x+10)=0$$
$$\therefore 3x^2-21x+30=0$$

답 $3x^2-21x+30=0$

단계	채점 요소	배점
1	k의 값 구하기	3점
2	이차방정식 구하기	3점

6 **1단계** 연속하는 세 홀수를 $x-2$, x, $x+2$라 하면
$$(x+2)(x-2)=8x-11$$

2단계 $x^2-4=8x-11$
$$x^2-8x+7=0$$
$$(x-1)(x-7)=0$$
$$\therefore x=1\ \text{또는}\ x=7$$

3단계 그런데 $x>2$이므로 $\quad x=7$
따라서 연속하는 세 홀수는 5, 7, 9이므로 구하는 합은
$$5+7+9=21$$

답 21

단계	채점 요소	배점
1	이차방정식 세우기	3점
2	이차방정식 풀기	3점
3	세 홀수의 합 구하기	2점

IV-1 이차함수의 그래프 (1)

01 이차함수 $y=ax^2$의 그래프

▶ 본문 164쪽

개념원리 확인하기

01 (1) ○ (2) × (3) ○ (4) ×

02 (1) 3 (2) −3 (3) 9 (4) $\dfrac{3}{4}$

03 (1) 풀이 참조 (2) 풀이 참조

04 (1) ㄱ, ㄹ (2) ㄷ (3) ㄴ과 ㄹ

---

01 (2) $y=2x-4$ ➡ 일차함수

(4) $y=x^2-x(x+1)=-x$ ➡ 일차함수

답 (1) ○ (2) × (3) ○ (4) ×

02 (1) $f(0)=0^2-5\times0+3=3$

(2) $f(3)=3^2-5\times3+3=-3$

(3) $f(-1)=(-1)^2-5\times(-1)+3=9$

(4) $f\left(\dfrac{1}{2}\right)=\left(\dfrac{1}{2}\right)^2-5\times\dfrac{1}{2}+3=\dfrac{3}{4}$

답 (1) 3 (2) −3 (3) 9 (4) $\dfrac{3}{4}$

03 (1)

x	$\cdots$	-3	-2	-1	0	1	2	3	$\cdots$
$y=\dfrac{3}{2}x^2$	$\cdots$	$\dfrac{27}{2}$	6	$\dfrac{3}{2}$	0	$\dfrac{3}{2}$	6	$\dfrac{27}{2}$	$\cdots$
$y=-\dfrac{3}{2}x^2$	$\cdots$	$-\dfrac{27}{2}$	-6	$-\dfrac{3}{2}$	0	$-\dfrac{3}{2}$	-6	$-\dfrac{27}{2}$	$\cdots$

(2)

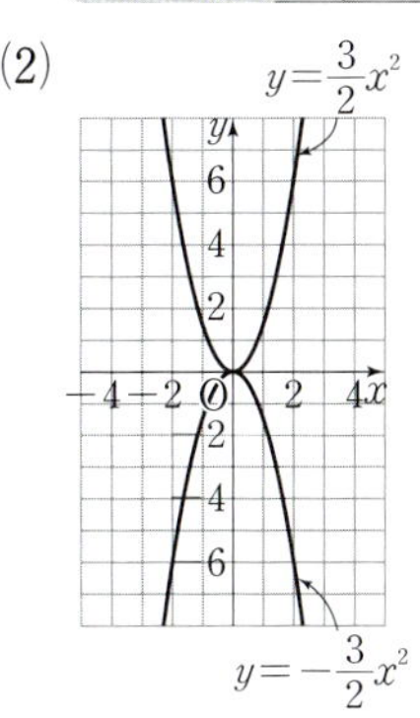

답 (1) 풀이 참조 (2) 풀이 참조

04 (1) x^2의 계수가 양수이면 그래프가 아래로 볼록하므로 아래로 볼록한 것은 ㄱ, ㄹ이다.

(2) x^2의 계수의 절댓값이 작을수록 그래프의 폭이 넓어진다.

$\left|-\dfrac{1}{3}\right|<|3|<|-5|=|5|$이므로 그래프의 폭이 가장 넓은 것은 ㄷ이다.

---

(3) x^2의 계수의 절댓값이 같고 부호가 반대인 두 이차함수의 그래프는 x축에 대하여 대칭이므로 x축에 대하여 대칭인 것끼리 짝 지으면 ㄴ과 ㄹ이다.

답 (1) ㄱ, ㄹ (2) ㄷ (3) ㄴ과 ㄹ

핵심문제 익히기

▶ 본문 165∼168쪽

1 ㄴ, ㄷ   2 ②, ⑤   3 ⑤   4 4

5 ㄹ, ㄱ, ㄷ, ㄴ, ㅁ   6 −15   7 ㄴ, ㄹ

8 9   9 $y=\dfrac{3}{4}x^2$

---

1 ㄴ. $y=x(5-x)=-x^2+5x$ ➡ 이차함수

ㄷ. $y=x^2-(3x-x^2)=2x^2-3x$ ➡ 이차함수

ㄹ. $y=4x^2-(2x+1)^2=-4x-1$ ➡ 일차함수

이상에서 y가 x에 대한 이차함수인 것은 ㄴ, ㄷ이다.

답 ㄴ, ㄷ

2 ① $y=3x$ ➡ 일차함수

② $y=x(x+1)=x^2+x$ ➡ 이차함수

③ $y=60x$ ➡ 일차함수

④ $y=x\times x\times x=x^3$ ➡ 이차함수가 아니다.

⑤ $y=\pi x^2$ ➡ 이차함수

따라서 y가 x에 대한 이차함수인 것은 ②, ⑤이다.

답 ②, ⑤

3 $y=2x^2-x(ax+5)+8=(2-a)x^2-5x+8$

이차함수가 되려면

$2-a\neq0$ $\therefore a\neq2$ 답 ⑤

4 $f(2)=-3\times2^2+a\times2-7=2a-19$

$f(2)=-11$이므로

$2a-19=-11,$ $2a=8$

$\therefore a=4$ 답 4

5 x^2의 계수의 절댓값이 클수록 그래프의 폭이 좁아진다.

즉 $|2|>|-1|>\left|-\dfrac{2}{3}\right|>\left|\dfrac{1}{2}\right|>\left|-\dfrac{1}{4}\right|$이므로 그래프의 폭이 좁은 것부터 차례대로 나열하면

$$y=2x^2,\ y=-x^2,\ y=-\dfrac{2}{3}x^2,\ y=\dfrac{1}{2}x^2,\ y=-\dfrac{1}{4}x^2$$

따라서 ㄹ, ㄱ, ㄷ, ㄴ, ㅁ이다.

답 ㄹ, ㄱ, ㄷ, ㄴ, ㅁ

6 $y=-6x^2$의 그래프와 x축에 대하여 대칭인 것은 $y=6x^2$의 그래프이므로 $a=6$

$y=\dfrac{5}{2}x^2$의 그래프와 x축에 대하여 대칭인 것은

$y=-\dfrac{5}{2}x^2$의 그래프이므로 $\qquad b=-\dfrac{5}{2}$

$$\therefore ab=6\times\left(-\dfrac{5}{2}\right)=-15$$
답 -15

7 $y=-\dfrac{1}{2}x^2$의 그래프는 오른쪽 그림과 같다.

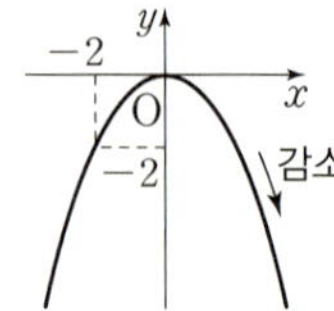

ㄱ. 위로 볼록한 포물선이다.

ㄴ. $\left|-\dfrac{1}{2}\right|<|-1|$이므로

$\quad y=-\dfrac{1}{2}x^2$의 그래프는 $y=-x^2$의 그래프보다 폭이 넓다.

ㄷ. 제3사분면과 제4사분면을 지난다.

ㄹ. $x>0$일 때, x의 값이 증가하면 y의 값은 감소한다.

이상에서 옳은 것은 ㄴ, ㄹ이다.
답 ㄴ, ㄹ

8 $y=\dfrac{1}{3}x^2$의 그래프가 두 점 $(-3,\,a)$, $(6,\,b)$를 지나므로

$$a=\dfrac{1}{3}\times(-3)^2=3,\ b=\dfrac{1}{3}\times6^2=12$$
$$\therefore b-a=12-3=9$$
답 9

9 원점을 꼭짓점으로 하는 포물선이므로 구하는 이차함수의 식을 $y=ax^2$으로 놓으면 이 그래프가 점 $(2,\,3)$을 지나므로

$$3=a\times2^2\qquad\therefore a=\dfrac{3}{4}$$

따라서 구하는 이차함수의 식은 $\qquad y=\dfrac{3}{4}x^2$
답 $y=\dfrac{3}{4}x^2$

이런 문제가 시험 에 나온다
▶본문 169쪽

01 ㄱ, ㄷ　　02 ②, ③　　03 ⑤　　04 9

05 24

---

01 ㄱ. $y=x(x+10)=x^2+10x$ ➡ 이차함수

ㄴ. $y=\dfrac{4}{3}\pi x^3$ ➡ 이차함수가 아니다.

ㄷ. $y=6x^2$ ➡ 이차함수

이상에서 y가 x에 대한 이차함수인 것은 ㄱ, ㄷ이다.
답 ㄱ, ㄷ

02 $y=ax^2$의 그래프가 $y=x^2$과 $y=\dfrac{1}{4}x^2$의 그래프 사이에 있

으므로 $\qquad \dfrac{1}{4}<a<1$

따라서 a의 값이 될 수 있는 것은 ②, ③이다.
답 ②, ③

03 ⑤ $a<0$, $x>0$일 때, x의 값이 증가하면 y의 값은 감소한다.

따라서 옳지 않은 것은 ⑤이다.
답 ⑤

04 $y=ax^2$의 그래프가 $y=\dfrac{1}{4}x^2$의 그래프와 x축에 대하여 대칭이므로

$$a=-\dfrac{1}{4}$$

즉 $y=-\dfrac{1}{4}x^2$의 그래프가 점 $(6,\,b)$를 지나므로

$$b=-\dfrac{1}{4}\times6^2=-9$$
$$\therefore 4ab=4\times\left(-\dfrac{1}{4}\right)\times(-9)=9$$
답 9

05 원점을 꼭짓점으로 하는 포물선이므로 이차함수의 식을 $y=ax^2$으로 놓으면 이 그래프가 점 $(-2,\,6)$을 지나므로

$$6=a\times(-2)^2,\qquad 4a=6\qquad\therefore a=\dfrac{3}{2}$$

즉 $y=\dfrac{3}{2}x^2$의 그래프가 점 $(4,\,k)$를 지나므로

$$k=\dfrac{3}{2}\times4^2=24$$
답 24

---

02 이차함수 $y=ax^2+q$, $y=a(x-p)^2$의 그래프

개념원리 확인하기
▶본문 171쪽

01 (1) 풀이 참조　(2) $(0,\,3)$, $x=0$

02 (1) $y=-\dfrac{1}{2}x^2+1$, $(0,\,1)$, $x=0$

　　(2) $y=x^2-4$, $(0,\,-4)$, $x=0$

03 (1) 풀이 참조　(2) $(2,\,0)$, $x=2$

04 (1) $y=-4(x-3)^2$, $(3,\,0)$, $x=3$

　　(2) $y=\dfrac{2}{3}(x+5)^2$, $(-5,\,0)$, $x=-5$

---

01 (1)

x	$\cdots$	-3	-2	-1	0	1	2	3	$\cdots$
$y=x^2$	$\cdots$	9	4	1	0	1	4	9	$\cdots$
$y=x^2+3$	$\cdots$	12	7	4	3	4	7	12	$\cdots$

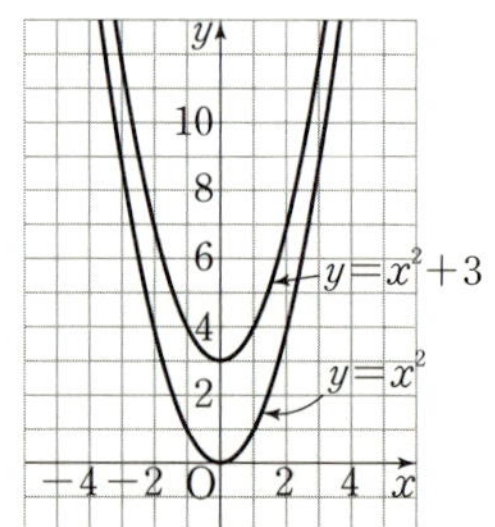

답 (1) 풀이 참조　(2) $(0,\,3)$, $x=0$

02 (1) $y=-\dfrac{1}{2}x^2$의 그래프를 y축의 방향으로 1만큼 평행이 동한 그래프의 식은 $y=-\dfrac{1}{2}x^2+1$

따라서 꼭짓점의 좌표는 $(0,\ 1)$, 축의 방정식은 $x=0$ 이다.

(2) $y=x^2$의 그래프를 y축의 방향으로 -4만큼 평행이동 한 그래프의 식은 $y=x^2-4$

따라서 꼭짓점의 좌표는 $(0,\ -4)$, 축의 방정식은 $x=0$이다.

$\quad$ 답 (1) $y=-\dfrac{1}{2}x^2+1,\ (0,\ 1),\ x=0$

$\quad\quad$ (2) $y=x^2-4,\ (0,\ -4),\ x=0$

03 (1)

x	$\cdots$	-3	-2	-1	0	1	2	3	$\cdots$
$y=x^2$	$\cdots$	9	4	1	0	1	4	9	$\cdots$
$y=(x-2)^2$	$\cdots$	25	16	9	4	1	0	1	$\cdots$

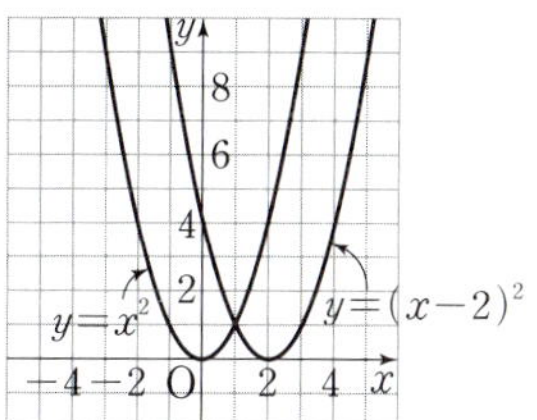

$\quad$ 답 (1) 풀이 참조 (2) $(2,\ 0),\ x=2$

04 (1) $y=-4x^2$의 그래프를 x축의 방향으로 3만큼 평행이동 한 그래프의 식은 $y=-4(x-3)^2$

따라서 꼭짓점의 좌표는 $(3,\ 0)$, 축의 방정식은 $x=3$ 이다.

(2) $y=\dfrac{2}{3}x^2$의 그래프를 x축의 방향으로 -5만큼 평행이 동한 그래프의 식은 $y=\dfrac{2}{3}(x+5)^2$

따라서 꼭짓점의 좌표는 $(-5,\ 0)$, 축의 방정식은 $x=-5$이다.

$\quad$ 답 (1) $y=-4(x-3)^2,\ (3,\ 0),\ x=3$

$\quad\quad$ (2) $y=\dfrac{2}{3}(x+5)^2,\ (-5,\ 0),\ x=-5$

핵심문제 익히기 $\quad$ ▶본문 172~174쪽

1 $(0,\ -5)$	2 ③	3 $y=-\dfrac{1}{3}x^2-2$
4 5	5 ⑤	6 $y=\dfrac{1}{3}(x-3)^2$

1 $y=-\dfrac{1}{2}x^2+q$의 그래프가 점 $(-4,\ -13)$을 지나므로

$$-13=-\dfrac{1}{2}\times(-4)^2+q,\qquad -13=-8+q$$

$$\therefore q=-5$$

따라서 $y=-\dfrac{1}{2}x^2-5$이므로 이 그래프의 꼭짓점의 좌표는 $(0,\ -5)$이다. $\quad$ 답 $(0,\ -5)$

2 $y=\dfrac{2}{3}x^2-1$의 그래프는 오른쪽 그림과 같다.

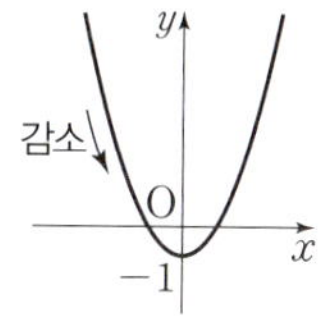

③ 모든 사분면을 지난다.

④ $x<0$일 때, x의 값이 증가하면 y의 값은 감소한다.

따라서 옳지 않은 것은 ③이다. $\quad$ 답 ③

3 꼭짓점의 좌표가 $(0,\ -2)$이므로 구하는 이차함수의 식을 $y=ax^2-2$로 놓으면 이 그래프가 점 $(3,\ -5)$를 지나므로

$$-5=a\times3^2-2,\qquad 9a=-3$$

$$\therefore a=-\dfrac{1}{3}$$

따라서 구하는 이차함수의 식은

$$y=-\dfrac{1}{3}x^2-2$$

$\quad$ 답 $y=-\dfrac{1}{3}x^2-2$

4 $y=\dfrac{1}{5}x^2$의 그래프를 x축의 방향으로 -6만큼 평행이동한 그래프의 식은

$$y=\dfrac{1}{5}(x+6)^2$$

이 그래프가 점 $(-1,\ k)$를 지나므로

$$k=\dfrac{1}{5}\times(-1+6)^2=5$$

$\quad$ 답 5

5 $y=-\dfrac{3}{4}(x-2)^2$의 그래프는 오른쪽 그림과 같다.

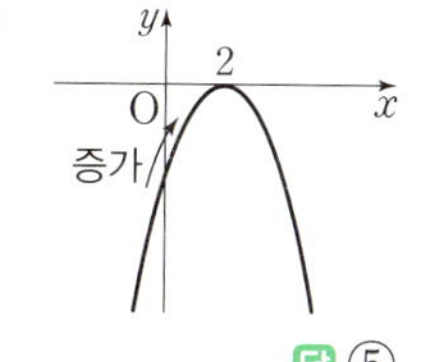

⑤ $x<2$일 때, x의 값이 증가하면 y의 값도 증가한다.

따라서 옳지 않은 것은 ⑤이다. $\quad$ 답 ⑤

6 꼭짓점의 좌표가 $(3,\ 0)$이므로 구하는 이차함수의 식을 $y=a(x-3)^2$으로 놓으면 이 그래프가 점 $\left(7,\ \dfrac{16}{3}\right)$을 지나므로

$$\dfrac{16}{3}=a\times(7-3)^2,\qquad 16a=\dfrac{16}{3}$$

$$\therefore a=\dfrac{1}{3}$$

따라서 구하는 이차함수의 식은

$$y=\dfrac{1}{3}(x-3)^2$$

$\quad$ 답 $y=\dfrac{1}{3}(x-3)^2$

이런 문제가 시험 에 나온다

01 0 **02** ①, ④ **03** $-1, 5$ **04** ④
05 ③

01 $y=-5x^2-8$의 그래프는 $y=-5x^2$의 그래프를 y축의 방향으로 -8만큼 평행이동한 것이므로
$$a=-8$$
꼭짓점의 좌표는 $(0, -8)$이므로
$$p=0, \ q=-8$$
$$\therefore a+p-q=-8+0-(-8)=0 \qquad \text{답} \ 0$$

02 $y=\dfrac{1}{3}x^2+4$의 그래프는 오른쪽 그림과 같다.
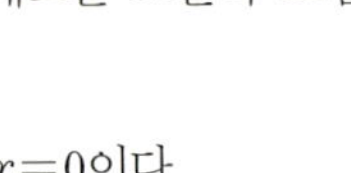
② 축의 방정식은 $x=0$이다.
③ 꼭짓점의 좌표는 $(0, 4)$이다.
④ $x>0$일 때, x의 값이 증가하면 y의 값도 증가한다.
⑤ 제1사분면과 제2사분면을 지난다.
따라서 옳은 것은 ①, ④이다. $\qquad \text{답}$ ①, ④

03 $y=2x^2$의 그래프를 x축의 방향으로 p만큼 평행이동한 그래프의 식은
$$y=2(x-p)^2$$
이 그래프가 점 $(2, 18)$을 지나므로
$$18=2(2-p)^2, \qquad (2-p)^2=9$$
$$p^2-4p-5=0, \qquad (p+1)(p-5)=0$$
$$\therefore p=-1 \ \text{또는} \ p=5 \qquad \text{답} \ -1, \ 5$$

04 $y=-(x+3)^2$의 그래프는 오른쪽 그림과 같다.

④ 제3사분면과 제4사분면을 지난다.
⑤ $x>-3$일 때, x의 값이 증가하면 y의 값은 감소한다.
따라서 옳지 않은 것은 ④이다. $\qquad \text{답}$ ④

05 꼭짓점의 좌표가 $(4, 0)$이므로 이차함수의 식을 $y=a(x-4)^2$으로 놓으면 이 그래프가 점 $(0, -8)$을 지나므로
$$-8=a\times(0-4)^2, \qquad 16a=-8$$
$$\therefore a=-\dfrac{1}{2}$$
따라서 이차함수의 식은 $\qquad y=-\dfrac{1}{2}(x-4)^2$
① $x=-2$일 때, $\quad y=-\dfrac{1}{2}\times(-2-4)^2=-18\neq-16$
② $x=-1$일 때,
$$y=-\dfrac{1}{2}\times(-1-4)^2=-\dfrac{25}{2}\neq-\dfrac{23}{2}$$

③ $x=2$일 때, $\quad y=-\dfrac{1}{2}\times(2-4)^2=-2$
④ $x=6$일 때, $\quad y=-\dfrac{1}{2}\times(6-4)^2=-2\neq-4$
⑤ $x=8$일 때, $\quad y=-\dfrac{1}{2}\times(8-4)^2=-8\neq-10$
따라서 주어진 그래프 위에 있는 점의 좌표는 ③이다.
$$\text{답} \ ③$$

03 이차함수 $y=a(x-p)^2+q$의 그래프

개념원리 확인하기 ＞ 본문 177쪽

01 (1) 풀이 참조 (2) $(2, 1), \ x=2$
02 (1) $y=-2(x-2)^2-5, \ (2, -5), \ x=2$
 (2) $y=\dfrac{1}{4}(x+1)^2+3, \ (-1, 3), \ x=-1$
03 (1) × (2) × (3) ○ (4) ○
04 $<, \ >, \ <$

01 (1)

x	$\cdots$	-3	-2	-1	0	1	2	3	$\cdots$
$y=x^2$	$\cdots$	9	4	1	0	1	4	9	$\cdots$
$y=(x-2)^2+1$	$\cdots$	26	17	10	5	2	1	2	$\cdots$

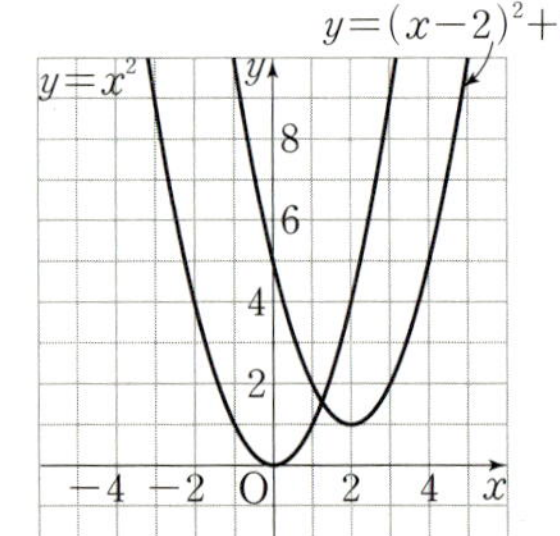

답 (1) 풀이 참조 (2) $(2, 1), \ x=2$

02 (1) $y=-2x^2$의 그래프를 x축의 방향으로 2만큼, y축의 방향으로 -5만큼 평행이동한 그래프의 식은
$$y=-2(x-2)^2-5$$
따라서 꼭짓점의 좌표는 $(2, -5)$, 축의 방정식은 $x=2$이다.

(2) $y=\dfrac{1}{4}x^2$의 그래프를 x축의 방향으로 -1만큼, y축의 방향으로 3만큼 평행이동한 그래프의 식은
$$y=\dfrac{1}{4}(x+1)^2+3$$
따라서 꼭짓점의 좌표는 $(-1, 3)$, 축의 방정식은 $x=-1$이다.
$$\text{답} \ (1) \ y=-2(x-2)^2-5, \ (2, -5), \ x=2$$
$$(2) \ y=\dfrac{1}{4}(x+1)^2+3, \ (-1, 3), \ x=-1$$

03 (1) 아래로 볼록한 포물선이다.

(2) $y=2x^2$의 그래프를 x축의 방향으로 -4만큼, y축의 방향으로 -7만큼 평행이동한 것이다.

답 (1) × (2) × (3) ○ (4) ○

04 그래프가 위로 볼록하므로 $a\boxed{<}0$

꼭짓점 $(p,\,q)$가 제4사분면 위에 있으므로

$$p\boxed{>}0,\ q\boxed{<}0$$

답 <, >, <

---

1 -6	**2** ③	**3** -5
4 $(-4,\,-2)$, $x=-4$		**5** $a<0$, $q>0$
6 $a>0$, $p>0$		**7** $a<0$, $p<0$, $q>0$

1 $y=-5x^2$의 그래프를 x축의 방향으로 1만큼, y축의 방향으로 8만큼 평행이동한 그래프의 식은

$$y=-5(x-1)^2+8$$

따라서 꼭짓점의 좌표는 $(1,\,8)$, 축의 방정식은 $x=1$이므로

$$p=1,\ q=8,\ m=1$$
$$\therefore p-q+m=1-8+1=-6$$

답 -6

2 $y=\dfrac{1}{2}(x-3)^2-1$의 그래프는 오른쪽 그림과 같다.

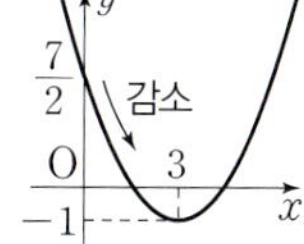

① 꼭짓점의 좌표는 $(3,\,-1)$이다.

② $x=0$일 때,

$$y=\dfrac{1}{2}\times(0-3)^2-1=\dfrac{7}{2}$$

즉 점 $\left(0,\,\dfrac{7}{2}\right)$을 지난다.

④ 제3사분면을 지나지 않는다.

⑤ $x<3$일 때, x의 값이 증가하면 y의 값은 감소한다.

따라서 옳은 것은 ③이다.

답 ③

3 꼭짓점의 좌표가 $(2,\,3)$이므로 이차함수의 식을

$y=a(x-2)^2+3$으로 놓으면 이 그래프가 점 $\left(-1,\,-\dfrac{3}{2}\right)$

을 지나므로

$$-\dfrac{3}{2}=a\times(-1-2)^2+3,\quad 9a=-\dfrac{9}{2}$$
$$\therefore a=-\dfrac{1}{2}$$

즉 $y=-\dfrac{1}{2}(x-2)^2+3$의 그래프가 점 $(6,\,k)$를 지나므로

$$k=-\dfrac{1}{2}\times(6-2)^2+3=-5$$

답 -5

---

4 $y=2(x-4)^2+3$의 그래프를 x축의 방향으로 -8만큼, y축의 방향으로 -5만큼 평행이동한 그래프의 식은

$$y-(-5)=2\{x-(-8)-4\}^2+3$$
$$\therefore y=2(x+4)^2-2$$

따라서 꼭짓점의 좌표는 $(-4,\,-2)$, 축의 방정식은 $x=-4$이다.

답 $(-4,\,-2)$, $x=-4$

5 그래프가 위로 볼록하므로 $a<0$

꼭짓점 $(0,\,q)$가 x축의 위쪽에 있으므로 $q>0$

답 $a<0$, $q>0$

6 그래프가 아래로 볼록하므로 $a>0$

꼭짓점 $(p,\,0)$이 y축의 오른쪽에 있으므로 $p>0$

답 $a>0$, $p>0$

7 그래프가 위로 볼록하므로 $a<0$

꼭짓점 $(p,\,q)$가 제2사분면 위에 있으므로

$$p<0,\ q>0$$

답 $a<0$, $p<0$, $q>0$

01 ③, ⑤	**02** 3	**03** 13	**04** ③

01 $y=-\dfrac{1}{2}(x+1)^2-2$의 그래프는 오른쪽 그림과 같다.

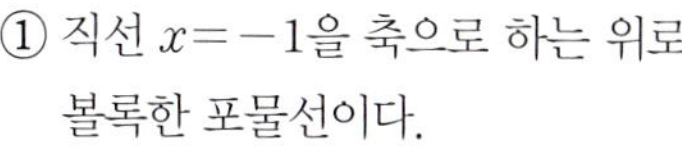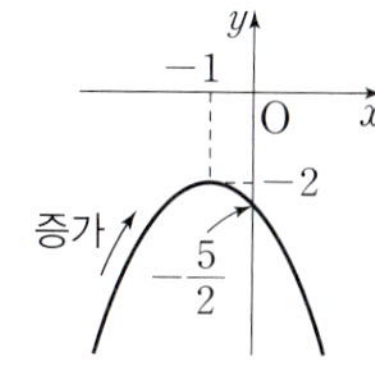

① 직선 $x=-1$을 축으로 하는 위로 볼록한 포물선이다.

② 꼭짓점의 좌표는 $(-1,\,-2)$이다.

④ $x<-1$일 때, x의 값이 증가하면 y의 값도 증가한다.

⑤ 제3사분면과 제4사분면을 지난다.

따라서 옳은 것은 ③, ⑤이다.

답 ③, ⑤

02 꼭짓점의 좌표가 $(1,\,-1)$이므로

$$p=1,\ q=-1$$

즉 $y=a(x-1)^2-1$의 그래프가 점 $(0,\,-4)$를 지나므로

$$-4=a\times(0-1)^2-1\quad \therefore a=-3$$
$$\therefore apq=(-3)\times1\times(-1)=3$$

답 3

03 $y=5(x-2)^2+7$의 그래프를 x축의 방향으로 -3만큼, y축의 방향으로 1만큼 평행이동한 그래프의 식은

$$y-1=5\{x-(-3)-2\}^2+7$$
$$\therefore y=5(x+1)^2+8$$

이 그래프가 점 $(-2,\,k)$를 지나므로

$$k=5\times(-2+1)^2+8=13$$

답 13

04 $y=a(x-p)^2+q$의 그래프가 아래로 볼록하므로
$$a>0$$
꼭짓점 $(p,\ q)$가 제2사분면 위에 있으므로
$$p<0,\ q>0$$
즉 $y=p(x-a)^2+q$의 그래프에서 $p<0$이므로 위로 볼록하고, $a>0,\ q>0$이므로 꼭짓점 $(a,\ q)$는 제1사분면 위에 있다.
따라서 $y=p(x-a)^2+q$의 그래프로 알맞은 것은 ③이다.

답 ③

01 전략 $y=(x$에 대한 이차식$)$의 꼴인 것을 찾는다.
① $y=2x+3$ ➡ 일차함수
② $y=x-\dfrac{1}{x^2}+5$ ➡ 이차함수가 아니다.
③ $y=x(x+4)-4x=x^2$ ➡ 이차함수
④ $y=x^2-(x-2)(x+3)=-x+6$ ➡ 일차함수
⑤ $y=(x+2)^2-(x-1)^2=6x+3$ ➡ 일차함수
따라서 y가 x에 대한 이차함수인 것은 ③이다.

답 ③

02 전략 주어진 식을 정리한 후 $(x^2$의 계수$)\ne0$임을 이용한다.
$$y=ax^2+x(x-1)-4=(a+1)x^2-x-4$$
이차함수가 되려면
$$a+1\ne0 \quad \therefore a\ne-1$$
따라서 a의 값이 될 수 없는 것은 ②이다.

답 ②

03 전략 먼저 $f(-2)=15$임을 이용하여 a의 값을 구한다.
$$f(-2)=3\times(-2)^2-2\times(-2)+a=16+a$$
$f(-2)=15$이므로
$$16+a=15 \quad \therefore a=-1$$
따라서 $f(x)=3x^2-2x-1$이므로
$$f(3)=3\times3^2-2\times3-1=20$$

답 20

04 전략 $y=ax^2$에서 a의 절댓값이 클수록 그래프의 폭은 좁아진다.

$y=ax^2$의 그래프가 $y=-3x^2$과 $y=-\dfrac{1}{2}x^2$의 그래프 사이에 있으므로
$$-3<a<-\dfrac{1}{2}$$
따라서 a의 값이 될 수 있는 것은 ③, ④이다.

답 ③, ④

05 전략 $y=ax^2$의 그래프를 y축의 방향으로 q만큼 평행이동한 그래프의 식은 $y=ax^2+q$임을 이용한다.

$y=\dfrac{3}{4}x^2$의 그래프를 y축의 방향으로 k만큼 평행이동한 그래프의 식은 $y=\dfrac{3}{4}x^2+k$
이 그래프가 점 $(2,\ 1)$을 지나므로
$$1=\dfrac{3}{4}\times2^2+k, \quad 1=3+k$$
$$\therefore k=-2$$

답 ②

06 전략 $-a,\ q$의 부호를 이용하여 $y=-ax^2+q$의 그래프의 개형을 찾는다.

$a>0$, 즉 $-a<0$이므로 $y=-ax^2+q$의 그래프는 위로 볼록한 포물선이다.
또 꼭짓점의 좌표는 $(0,\ q)$이고, $q<0$이므로 $y=-ax^2+q$의 그래프로 알맞은 것은 라이다.

답 라

07 전략 $y=kx^2$의 그래프를 x축의 방향으로 p만큼 평행이동한 그래프의 식은 $y=k(x-p)^2$임을 이용한다.

$y=2(x+7)^2$의 그래프는 $y=2x^2$의 그래프를 x축의 방향으로 -7만큼 평행이동한 것이므로
$$a=-7$$
꼭짓점의 좌표는 $(-7,\ 0)$이므로
$$p=-7,\ q=0$$
$$\therefore a-p+q=-7-(-7)+0=0$$

답 ③

08 전략 축이 y축이려면 이차함수의 식이 $y=ax^2$ 또는 $y=ax^2+q$의 꼴이어야 함을 이용한다.
⑤ $y=(x-1)^2$의 그래프의 축은 직선 $x=1$이다.
따라서 그래프의 축이 y축이 아닌 것은 ⑤이다.

답 ⑤

09 전략 $y=-\dfrac{1}{3}(x-2)^2-1$의 그래프의 꼭짓점의 좌표와 y절편을 구한 후 그래프를 찾는다.

$y=-\dfrac{1}{3}(x-2)^2-1$의 그래프는 위로 볼록하고 꼭짓점의 좌표가 $(2,\ -1)$인 포물선이다.
$x=0$일 때, $y=-\dfrac{1}{3}\times(0-2)^2-1=-\dfrac{7}{3}$
즉 y축과의 교점의 좌표는 $\left(0,\ -\dfrac{7}{3}\right)$이다.
따라서 그래프로 알맞은 것은 ④이다.

답 ④

10 전략 $y=a(x-p)^2+q$의 그래프의 성질을 생각해 본다.

$y=\dfrac{1}{4}(x+2)^2-3$의 그래프는 오른

쪽 그림과 같다.

③ $x=0$일 때,
$$y=\dfrac{1}{4}\times(0+2)^2-3=-2$$

즉 y축과의 교점의 좌표는 $(0,\,-2)$이다.

④ $x>-2$일 때, x의 값이 증가하면 y의 값도 증가한다.

따라서 옳지 않은 것은 ④이다.　　　　답 ④

11 전략 주어진 식에 x 대신 $x-2$, y 대신 $y-(-1)$을 대입하여 평행이동한 그래프의 식을 구한다.

$y=-2(x-3)^2+5$의 그래프를 x축의 방향으로 2만큼, y축의 방향으로 -1만큼 평행이동한 그래프의 식은
$$y-(-1)=-2(x-2-3)^2+5$$
$$\therefore y=-2(x-5)^2+4$$
따라서 $a=-2$, $p=5$, $q=4$이므로
$$a+p+q=-2+5+4=7$$　　　　답 7

12 전략 주어진 그래프에서 a, p, q의 부호를 구한다.

그래프가 아래로 볼록하므로
$$a>0$$
꼭짓점 $(-p,\,q)$가 제1사분면 위에 있으므로
$$-p>0,\ q>0$$
$$\therefore p<0,\ q>0$$
④ $a>0$, $p<0$이므로
$$ap<0$$
⑤ $p<0$, $q>0$이므로
$$p-q<0$$
따라서 옳은 것은 ⑤이다.　　　　답 ⑤

개념 더하기
① (양수)$+$(양수)$=$(양수), (음수)$+$(음수)$=$(음수)
② (양수)$-$(음수)$=$(양수), (음수)$-$(양수)$=$(음수)
③ (양수)$\times$(양수)$=$(양수), (음수)$\times$(음수)$=$(양수),
　(양수)$\times$(음수)$=$(음수), (음수)$\times$(양수)$=$(음수)
④ (양수)$\div$(양수)$=$(양수), (음수)$\div$(음수)$=$(양수),
　(양수)$\div$(음수)$=$(음수), (음수)$\div$(양수)$=$(음수)

13 전략 두 이차함수 $y=kx^2$, $y=-kx^2$의 그래프는 x축에 대하여 대칭임을 이용한다.

ㄱ. $y=ax^2$과 $y=bx^2$의 그래프는 x축에 대하여 대칭이므로
$$b=-a$$
$$\therefore a+b=0$$

ㄴ, ㄷ. $y=ax^2$, $y=cx^2$의 그래프는 아래로 볼록하고, $y=bx^2$, $y=dx^2$의 그래프는 위로 볼록하므로
$$a>0,\ c>0,\ b<0,\ d<0$$
또 $y=ax^2$, $y=bx^2$의 그래프가 $y=cx^2$, $y=dx^2$의 그래프보다 폭이 좁으므로
$$|a|>|c|,\ |b|>|d|$$
$$\therefore a>c>d>b$$
이상에서 옳은 것은 ㄱ, ㄴ이다.　　　　답 ②

14 전략 점 C의 x좌표를 구한 후 $\overline{AB}=\overline{BC}$임을 이용하여 점 B의 x좌표를 구한다.

점 C의 x좌표를 $k\ (k>0)$라 하면 $y=\dfrac{1}{2}x^2$의 그래프가 점 C$(k,\,4)$를 지나므로
$$4=\dfrac{1}{2}k^2,\qquad k^2=8\qquad\therefore k=2\sqrt{2}\ (\because k>0)$$
$\overline{AB}=\overline{BC}$이므로 점 B의 x좌표는
$$\dfrac{1}{2}k=\dfrac{1}{2}\times2\sqrt{2}=\sqrt{2}$$
따라서 $y=ax^2$의 그래프가 점 B$(\sqrt{2},\,4)$를 지나므로
$$4=a\times(\sqrt{2})^2,\qquad 2a=4\qquad\therefore a=2$$　　답 2

15 전략 평행이동한 그래프의 식을 구한다.

주어진 그래프는 $y=-3x^2$의 그래프를 y축의 방향으로 -1만큼 평행이동한 것이므로
$$f(x)=-3x^2-1$$
따라서 $f(-1)=-3\times(-1)^2-1=-4$,
$f(2)=-3\times2^2-1=-13$이므로
$$f(-1)-f(2)=-4-(-13)=9$$　　　　답 9

16 전략 주어진 조건을 만족시키는 이차함수의 식을 찾는다.

조건 ㈎에서 꼭짓점의 좌표가 $(-2,\,0)$이므로 $y=a(x+2)^2$의 꼴이다.

조건 ㈏에서 $y=x^2$의 그래프보다 폭이 좁으므로
$$|a|>1$$
조건 ㈐에서 제1사분면과 제2사분면을 지나지 않으므로
$$a<0\qquad\therefore a<-1$$
따라서 주어진 조건을 만족시키는 이차함수의 식은 ⑤이다.　　　　답 ⑤

17 전략 두 이차함수의 그래프의 꼭짓점의 좌표를 구한다.

$y=x^2+c$의 그래프의 꼭짓점의 좌표가 $(0,\,-9)$이므로
$$c=-9$$
$y=a(x-b)^2$의 그래프의 꼭짓점의 좌표가 $(3,\,0)$이므로
$$b=3$$
즉 $y=a(x-3)^2$의 그래프가 점 $(0,\,-9)$를 지나므로
$$-9=a\times(0-3)^2,\qquad 9a=-9\qquad\therefore a=-1$$
$$\therefore abc=(-1)\times3\times(-9)=27$$　　답 27

18 전략 꼭짓점의 좌표와 y절편을 이용하여 각 이차함수의 그래프를 그려 본다.

각 이차함수의 그래프를 그려 보면 다음과 같다.

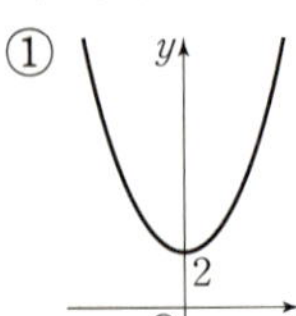
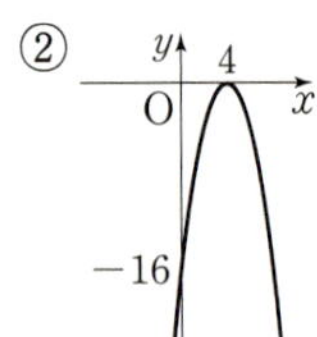

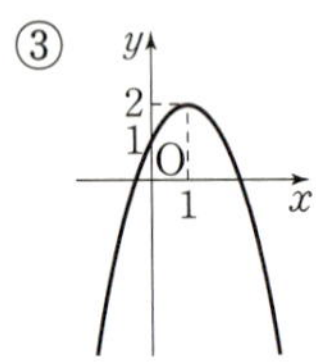
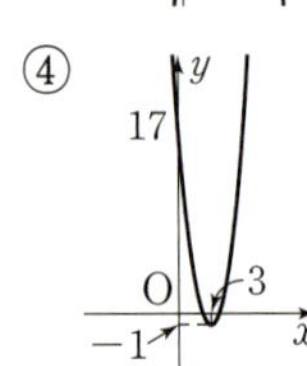

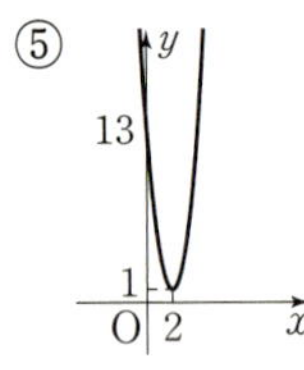

따라서 모든 사분면을 지나는 그래프는 ③이다.　답 ③

19 전략 $y=a(x-p)^2+q$의 그래프의 꼭짓점의 좌표는 $(p,\ q)$, 축의 방정식은 $x=p$임을 이용한다.

직선 $x=-3$을 축으로 하고 꼭짓점의 y좌표가 -7이므로
$$p=-3,\ q=-7$$
$$\therefore y=a(x+3)^2-7$$
이 그래프가 점 $(0,\ 2)$를 지나므로
$$2=a\times(0+3)^2-7,\quad 9a=9\quad \therefore a=1$$
$$\therefore a+p-q=1+(-3)-(-7)=5$$　답 ④

20 전략 먼저 평행이동한 그래프의 꼭짓점의 좌표를 구한다.

$y=-2x^2+1$의 그래프를 x축의 방향으로 k만큼, y축의 방향으로 $k+1$만큼 평행이동한 그래프의 식은
$$y-(k+1)=-2(x-k)^2+1$$
$$\therefore y=-2(x-k)^2+k+2$$
이 그래프의 꼭짓점의 좌표는 $(k,\ k+2)$이고 이 점이 직선 $y=-2x+8$ 위에 있으므로
$$k+2=-2k+8,\quad 3k=6\quad \therefore k=2$$　답 2

21 전략 먼저 주어진 일차함수의 그래프를 이용하여 a, b의 부호를 구한다.

$y=ax+b$의 그래프가 오른쪽 아래로 향하므로
$$a<0$$
또 y축과 음의 부분에서 만나므로　$b<0$
즉 $y=a(x+b)^2$의 그래프에서 $a<0$이므로 위로 볼록한 포물선이고, $-b>0$이므로 꼭짓점 $(-b,\ 0)$은 x축의 양의 부분 위에 있다.

따라서 $y=a(x+b)^2$의 그래프로 알맞은 것은 ④이다.
답 ④

22 전략 $y=\dfrac{1}{2}x^2$의 그래프가 y축에 대하여 대칭임을 이용하여 두 점 A, D의 좌표를 식으로 나타낸다.

점 D의 x좌표를 $a\ (a>0)$라 하면　$D\left(a,\ \dfrac{1}{2}a^2\right)$

$y=\dfrac{1}{2}x^2$의 그래프는 y축에 대하여 대칭이므로
$$A\left(-a,\ \dfrac{1}{2}a^2\right)$$
또 $y=-x^2$에 $x=a$를 대입하면
$$y=-a^2\quad \therefore C(a,\ -a^2)$$
□ABCD가 정사각형이므로 $\overline{AD}=\overline{CD}$에서
$$a-(-a)=\dfrac{1}{2}a^2-(-a^2)$$
$$2a=\dfrac{3}{2}a^2,\quad 3a^2-4a=0,\quad a(3a-4)=0$$
$$\therefore a=0 \text{ 또는 } a=\dfrac{4}{3}$$
그런데 $a>0$이므로　$a=\dfrac{4}{3}$　답 $\dfrac{4}{3}$

23 전략 두 이차함수의 그래프의 모양이 같음을 이용하여 넓이가 같은 부분을 찾는다.

$y=\dfrac{1}{2}x^2+2$와 $y=\dfrac{1}{2}x^2-1$의 x^2의 계수가 같으므로 두 그래프의 폭은 같다.

즉 오른쪽 그림에서 ㉠의 넓이와 ㉡의 넓이는 같으므로 구하는 넓이는 평행사변형 ABCD의 넓이와 같다.

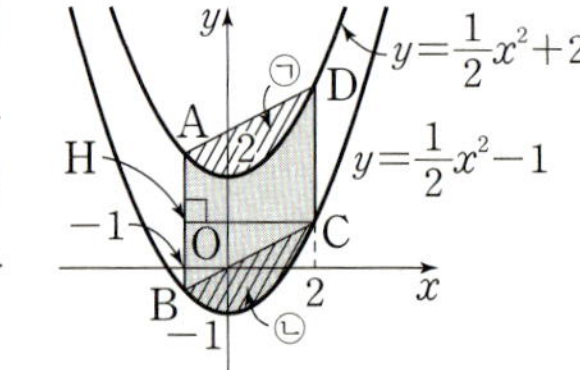

이때 $A\left(-1,\ \dfrac{5}{2}\right)$, $B\left(-1,\ -\dfrac{1}{2}\right)$이므로
$$\overline{AB}=\dfrac{5}{2}-\left(-\dfrac{1}{2}\right)=3$$
점 C에서 $\overline{AB}$에 내린 수선의 발을 H라 하면
$$\overline{CH}=2-(-1)=3$$
$$\therefore \square ABCD=\overline{AB}\times\overline{CH}=3\times3=9$$　답 9

24 전략 조건을 만족시키는 이차함수의 그래프의 개형을 생각해 본다.

꼭짓점의 좌표가 $(2,\ 5)$이므로 모든 사분면을 지나기 위해서는 위로 볼록한 포물선이어야 한다.
$$\therefore a<0 \qquad \cdots\cdots ㉠$$

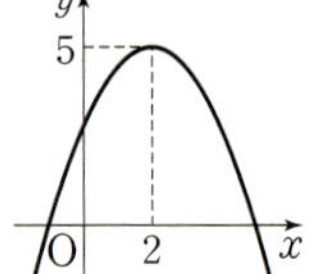

또 (y축과의 교점의 y좌표)>0이어야 하므로　$4a+5>0$
$$\therefore a>-\dfrac{5}{4} \qquad \cdots\cdots ㉡$$
㉠, ㉡에서 a의 값이 될 수 있는 것은 ③이다.　답 ③

서술형 대비 문제 　　　　　　　　▶ 본문 186~187쪽

1 3	**2** 제1사분면, 제2사분면	
3 14	**4** −9	**5** 3
6 −2		

1

1단계 원점을 꼭짓점으로 하므로 이차함수의 식을 $y=ax^2$
으로 놓으면 이 그래프가 점 $\left(\dfrac{1}{2},\,1\right)$을 지나므로
$$1=a\times\left(\dfrac{1}{2}\right)^2 \qquad \therefore a=4$$
$$\therefore y=4x^2$$

2단계 $y=4x^2$의 그래프를 x축의 방향으로 1만큼, y축의
방향으로 p만큼 평행이동한 그래프의 식은
$$y=4(x-1)^2+p$$

3단계 이 그래프가 점 $(2,\,7)$을 지나므로
$$7=4\times(2-1)^2+p$$
$$\therefore p=3$$

답 3

2

1단계 그래프가 위로 볼록하므로 　　$a<0$
꼭짓점 $(-p,\,q)$가 제1사분면 위에 있으므로
$$-p>0,\ q>0$$
$$\therefore p<0,\ q>0$$

2단계 $y=-p(x-q)^2-a$의 그래프에서
$-p>0$이므로 아래로 볼록한 포
물선이다.
또 $q>0$, $-a>0$이므로 꼭짓점
$(q,\,-a)$는 제1사분면 위에 있다.

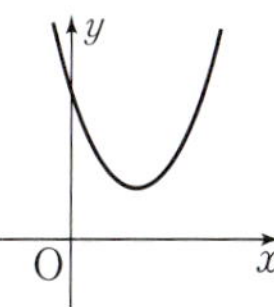

따라서 이 그래프가 지나는 사분면은 제1사분면,
제2사분면이다.

답 제1사분면, 제2사분면

3

1단계 $f(-1)=7$이므로
$$1-a+b=7$$
$$\therefore -a+b=6 \qquad\qquad \cdots\cdots ㉠$$
$$f(3)=-1$$이므로
$$9+3a+b=-1$$
$$\therefore 3a+b=-10 \qquad\qquad \cdots\cdots ㉡$$
㉠, ㉡을 연립하여 풀면
$$a=-4,\ b=2$$

2단계 $f(x)=x^2-4x+2$이므로
$$f(-2)=(-2)^2-4\times(-2)+2=14$$

답 14

단계	채점 요소	배점
1	a, b의 값 구하기	4점
2	$f(-2)$의 값 구하기	2점

4

1단계 $y=-\dfrac{3}{5}x^2$의 그래프가 점 $(-5,\,a)$를 지나므로
$$a=-\dfrac{3}{5}\times(-5)^2=-15$$

2단계 $y=-\dfrac{3}{5}x^2$의 그래프와 x축에 대하여 대칭인 그래프
의 식은 $y=\dfrac{3}{5}x^2$이므로
$$b=\dfrac{3}{5}$$

3단계 $ab=(-15)\times\dfrac{3}{5}=-9$

답 −9

단계	채점 요소	배점
1	a의 값 구하기	3점
2	b의 값 구하기	2점
3	ab의 값 구하기	1점

5

1단계 $y=ax^2$의 그래프를 x축의 방향으로 p만큼 평행이동
한 그래프의 식은
$$y=a(x-p)^2$$
이 그래프의 축의 방정식이 $x=5$이므로
$$p=5$$

2단계 $y=a(x-5)^2$의 그래프가 점 $(2,\,3)$을 지나므로
$$3=a\times(2-5)^2, \qquad 9a=3$$
$$\therefore a=\dfrac{1}{3}$$

3단계 $p-6a=5-6\times\dfrac{1}{3}=3$

답 3

단계	채점 요소	배점
1	p의 값 구하기	3점
2	a의 값 구하기	3점
3	$p-6a$의 값 구하기	1점

6

1단계 꼭짓점의 좌표가 $(-3,\,3)$이므로
$$-p=-3,\ q=3$$
$$\therefore p=3,\ q=3$$

2단계 $y=a(x+3)^2+3$의 그래프가 점 $(0,\,1)$을 지나므로
$$1=a\times(0+3)^2+3, \qquad 9a=-2$$
$$\therefore a=-\dfrac{2}{9}$$

3단계 $apq=\left(-\dfrac{2}{9}\right)\times3\times3=-2$

답 −2

단계	채점 요소	배점
1	p, q의 값 구하기	3점
2	a의 값 구하기	3점
3	apq의 값 구하기	1점

IV-2 이차함수의 그래프 (2)

01 이차함수 $y=ax^2+bx+c$의 그래프

개념원리 확인하기 ▶본문 192쪽

01 (1) 풀이 참조 (2) 풀이 참조
02 (1) $y=(x-4)^2-6$ (2) $y=-3(x-2)^2+11$
03 (1) $(-1, -8)$, $x=-1$ (2) $(4, 9)$, $x=4$
04 $>$, $>$, $>$, $>$

01 (1) $y=2x^2-8x+3$
$\qquad =2(x^2-4x+\boxed{4}-\boxed{4})+3$
$\qquad =2(x-\boxed{2})^2-\boxed{5}$
➡ 꼭짓점의 좌표: $(\boxed{2}, \boxed{-5})$
축의 방정식: $x=\boxed{2}$
y축과의 교점의 좌표: $(\boxed{0}, \boxed{3})$
따라서 $y=2x^2-8x+3$의 그래프는 다음 그림과 같다.

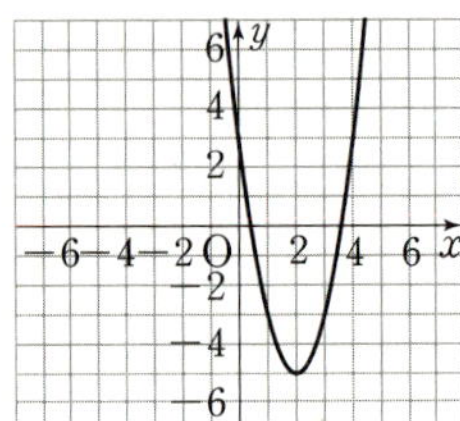

(2) $y=-x^2-6x-5$
$\qquad =-(x^2+6x+\boxed{9}-\boxed{9})-5$
$\qquad =-(x+\boxed{3})^2+\boxed{4}$
➡ 꼭짓점의 좌표: $(\boxed{-3}, \boxed{4})$
축의 방정식: $x=\boxed{-3}$
y축과의 교점의 좌표: $(\boxed{0}, \boxed{-5})$
따라서 $y=-x^2-6x-5$의 그래프는 다음 그림과 같다.

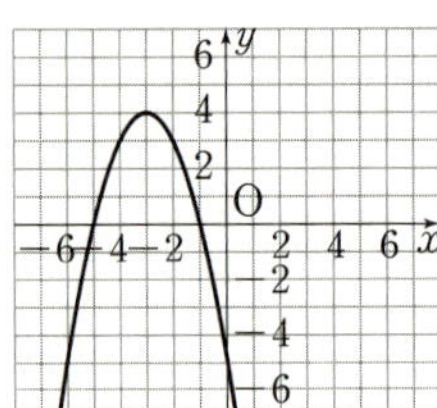

답 (1) 풀이 참조 (2) 풀이 참조

02 (1) $y=x^2-8x+10$
$\qquad =x^2-8x+16-16+10$
$\qquad =(x-4)^2-6$
(2) $y=-3x^2+12x-1$
$\qquad =-3(x^2-4x+4-4)-1$
$\qquad =-3(x-2)^2+11$
답 (1) $y=(x-4)^2-6$ (2) $y=-3(x-2)^2+11$

03 (1) $y=5x^2+10x-3$
$\qquad =5(x^2+2x+1-1)-3$
$\qquad =5(x+1)^2-8$
따라서 꼭짓점의 좌표는 $(-1, -8)$, 축의 방정식은 $x=-1$이다.
(2) $y=-\dfrac{1}{2}x^2+4x+1$
$\qquad =-\dfrac{1}{2}(x^2-8x+16-16)+1$
$\qquad =-\dfrac{1}{2}(x-4)^2+9$
따라서 꼭짓점의 좌표는 $(4, 9)$, 축의 방정식은 $x=4$이다.
답 (1) $(-1, -8)$, $x=-1$ (2) $(4, 9)$, $x=4$

04 그래프가 아래로 볼록하므로
$\qquad a>0$
축이 y축의 왼쪽에 있으므로
$\qquad ab>0$ $\therefore b>0$
y축과의 교점이 x축의 위쪽에 있으므로
$\qquad c>0$
답 $>$, $>$, $>$, $>$

핵심문제 익히기 ▶본문 193~196쪽

1 13 2 ② 3 3 4 2
5 ③ 6 $(3, 2)$, $x=3$ 7 3
8 $a>0$, $b<0$, $c<0$

1 $y=-x^2-4x+7$
$\qquad =-(x^2+4x+4-4)+7$
$\qquad =-(x+2)^2+11$
이므로 이 그래프의 꼭짓점의 좌표는
$\qquad (-2, 11)$
$y=x^2-2ax+b$
$\qquad =x^2-2ax+a^2-a^2+b$
$\qquad =(x-a)^2-a^2+b$
이므로 이 그래프의 꼭짓점의 좌표는
$\qquad (a, -a^2+b)$
두 그래프의 꼭짓점이 일치하므로
$\qquad a=-2, -a^2+b=11$
따라서 $a=-2, b=15$이므로
$\qquad a+b=-2+15=13$
답 13

2
$$y=-x^2+6x-5$$
$$=-(x^2-6x+9-9)-5$$
$$=-(x-3)^2+4$$

즉 꼭짓점의 좌표는 $(3,\ 4)$, y축과의 교점의 좌표는 $(0,\ -5)$이고 위로 볼록하므로 $y=-x^2+6x-5$의 그래프는 오른쪽 그림과 같다.

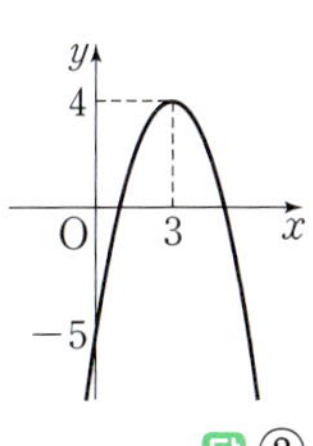

따라서 주어진 이차함수의 그래프가 지나지 않는 사분면은 제2사분면이다.　🅐 ②

3
$$y=-\frac{1}{2}x^2+ax-4$$
$$=-\frac{1}{2}(x^2-2ax+a^2-a^2)-4$$
$$=-\frac{1}{2}(x-a)^2+\frac{a^2}{2}-4$$

이 그래프는 위로 볼록하고 축의 방정식이 $x=a$이므로 $x<a$이면 x의 값이 증가할 때 y의 값도 증가하고, $x>a$이면 x의 값이 증가할 때 y의 값은 감소한다.
$$\therefore a=3$$　🅐 3

4 $y=x^2-6x+8$에 $y=0$을 대입하면
$$x^2-6x+8=0,\qquad (x-2)(x-4)=0$$
$$\therefore x=2 \text{ 또는 } x=4$$
따라서 $\mathrm{A}(2,\ 0)$, $\mathrm{B}(4,\ 0)$ 또는 $\mathrm{A}(4,\ 0)$, $\mathrm{B}(2,\ 0)$이므로
$$\overline{\mathrm{AB}}=4-2=2$$　🅐 2

5
$$y=\frac{1}{2}x^2+3x+8$$
$$=\frac{1}{2}(x^2+6x+9-9)+8$$
$$=\frac{1}{2}(x+3)^2+\frac{7}{2}$$

즉 $y=\frac{1}{2}x^2+3x+8$의 그래프는 오른쪽 그림과 같다.
① 축의 방정식은 $x=-3$이다.
② y축과의 교점의 y좌표는 8이다.
③ 제1사분면과 제2사분면을 지난다.
④ $y=\frac{1}{2}x^2$의 그래프를 x축의 방향으로 -3만큼, y축의 방향으로 $\frac{7}{2}$만큼 평행이동한 것이다.
⑤ $x>-3$일 때, x의 값이 증가하면 y의 값도 증가한다.
따라서 옳은 것은 ③이다.　🅐 ③

6
$$y=-\frac{1}{3}x^2-2x+1$$
$$=-\frac{1}{3}(x^2+6x+9-9)+1$$
$$=-\frac{1}{3}(x+3)^2+4$$

이 그래프를 x축의 방향으로 6만큼, y축의 방향으로 -2만큼 평행이동한 그래프의 식은
$$y-(-2)=-\frac{1}{3}(x-6+3)^2+4$$
$$\therefore y=-\frac{1}{3}(x-3)^2+2$$
따라서 꼭짓점의 좌표는 $(3,\ 2)$, 축의 방정식은 $x=3$이다.　🅐 $(3,\ 2)$, $x=3$

7 $y=-x^2+x+2$에 $y=0$을 대입하면
$$-x^2+x+2=0,\qquad x^2-x-2=0$$
$$(x+1)(x-2)=0$$
$$\therefore x=-1 \text{ 또는 } x=2$$
따라서 $\mathrm{A}(-1,\ 0)$, $\mathrm{B}(2,\ 0)$이므로
$$\overline{\mathrm{AB}}=2-(-1)=3$$
또 $y=-x^2+x+2$에 $x=0$을 대입하면　$y=2$
$$\therefore \mathrm{C}(0,\ 2)$$
$$\therefore \triangle\mathrm{ABC}=\frac{1}{2}\times 3\times 2=3$$　🅐 3

8 그래프가 아래로 볼록하므로　$a>0$
축이 y축의 오른쪽에 있으므로
$$ab<0\qquad \therefore b<0$$
y축과의 교점이 x축의 아래쪽에 있으므로
$$c<0$$
　🅐 $a>0$, $b<0$, $c<0$

＞본문 197~198쪽

이런 문제가 시험에 나온다

| 01 ③ | 02 3 | 03 ② | 04 $(-14,\ 0)$ |
| 05 ⑤ | 06 -5 | 07 3 | 08 ④ |

01
$$y=2x^2+4x+1$$
$$=2(x^2+2x+1-1)+1$$
$$=2(x+1)^2-1$$
따라서 $p=-1$, $q=-1$이므로
$$pq=(-1)\times(-1)=1$$　🅐 ③

02
$$y=-\frac{1}{2}x^2+2x+k$$
$$=-\frac{1}{2}(x^2-4x+4-4)+k$$
$$=-\frac{1}{2}(x-2)^2+2+k$$
이때 꼭짓점의 좌표가 $(2,\ 2+k)$이므로
$$2=p,\ 2+k=3$$
따라서 $k=1$, $p=2$이므로
$$k+p=1+2=3$$　🅐 3

03 $y=\dfrac{2}{3}x^2-4x+2$

$\qquad =\dfrac{2}{3}(x^2-6x+9-9)+2$

$\qquad =\dfrac{2}{3}(x-3)^2-4$

따라서 꼭짓점의 좌표는 $(3,\ -4)$, y축과의 교점의 좌표는 $(0,\ 2)$이고 아래로 볼록하므로 주어진 이차함수의 그래프는 ②이다. **답 ②**

04 $y=ax^2-3x+7$에 $x=2,\ y=0$을 대입하면

$\qquad 0=4a-6+7,\qquad 4a=-1$

$\qquad\therefore a=-\dfrac{1}{4}$

$\qquad\therefore y=-\dfrac{1}{4}x^2-3x+7$

이 식에 $y=0$을 대입하면

$\qquad -\dfrac{1}{4}x^2-3x+7=0,\qquad x^2+12x-28=0$

$\qquad (x+14)(x-2)=0$

$\qquad\therefore x=-14$ 또는 $x=2$

따라서 다른 한 점의 좌표는 $(-14,\ 0)$이다.

답 $(-14,\ 0)$

05 $y=-x^2-10x-15$

$\qquad =-(x^2+10x+25-25)-15$

$\qquad =-(x+5)^2+10$

따라서 $y=-x^2-10x-15$의 그래프는 오른쪽 그림과 같다.

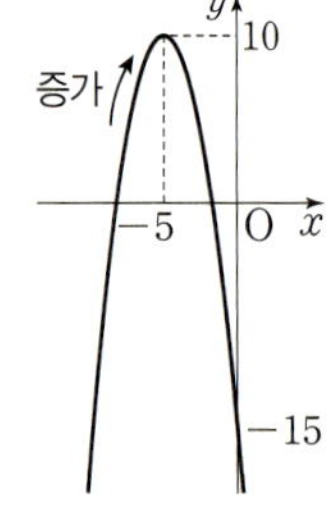

① 꼭짓점의 좌표는 $(-5,\ 10)$이다.

② 축의 방정식은 $x=-5$이다.

③ y축과의 교점의 y좌표는 -15이다.

④ $x<-5$일 때, x의 값이 증가하면 y의 값도 증가한다.

⑤ 제1사분면을 지나지 않는다.

따라서 옳지 않은 것은 ⑤이다. **답 ⑤**

06 $y=\dfrac{1}{3}x^2+2x-4$

$\qquad =\dfrac{1}{3}(x^2+6x+9-9)-4$

$\qquad =\dfrac{1}{3}(x+3)^2-7$

이 그래프를 x축의 방향으로 3만큼, y축의 방향으로 -1만큼 평행이동한 그래프의 식은

$\qquad y-(-1)=\dfrac{1}{3}(x-3+3)^2-7$

$\qquad\therefore y=\dfrac{1}{3}x^2-8$

이 그래프가 점 $(3,\ n)$을 지나므로

$\qquad n=\dfrac{1}{3}\times 3^2-8=-5$ **답 -5**

07 $y=\dfrac{1}{4}x^2-x-3$에 $x=0$을 대입하면

$\qquad y=-3\qquad\therefore \mathrm{A}(0,\ -3)$

$\qquad y=\dfrac{1}{4}x^2-x-3$

$\qquad =\dfrac{1}{4}(x^2-4x+4-4)-3$

$\qquad =\dfrac{1}{4}(x-2)^2-4$

이므로 $\mathrm{B}(2,\ -4)$

$\qquad\therefore \triangle \mathrm{OAB}=\dfrac{1}{2}\times 3\times 2=3$ **답 3**

08 ㄱ. 그래프가 위로 볼록하므로

$\qquad a<0$

축이 y축의 오른쪽에 있으므로

$\qquad ab<0\qquad\therefore b>0$

ㄴ. y축과의 교점이 x축의 위쪽에 있으므로

$\qquad c>0$

ㄷ. $x=1$을 대입하면

$\qquad y=a+b+c$

$x=1$일 때의 y의 값이 0보다 크므로

$\qquad a+b+c>0$

ㄹ. $x=-1$을 대입하면

$\qquad y=a-b+c$

$x=-1$일 때의 y의 값이 0보다 작으므로

$\qquad a-b+c<0$

이상에서 옳은 것은 ㄷ, ㄹ이다. **답 ④**

02 이차함수의 식 구하기

▶ 본문 200쪽

개념원리 확인하기

01 3, 11, 3, 2, $2x^2+4x+5$

02 4, 16, 8, -1, 9, $-x^2+8x-7$

03 4, 4, 4, -2, 4, 4, -10, $4x^2-10x+4$

04 3, 6, -2, $-2x^2+10x-12$

01 구하는 이차함수의 식을 $y=a(x+1)^2+\boxed{3}$ 으로 놓자.

이 그래프가 점 $(1,\ 11)$을 지나므로

$\qquad \boxed{11}=4a+\boxed{3}$

$\qquad\therefore a=\boxed{2}$

따라서 구하는 이차함수의 식은

$\qquad y=2(x+1)^2+3=\boxed{2x^2+4x+5}$

답 3, 11, 3, 2, $2x^2+4x+5$

02 구하는 이차함수의 식을 $y=a(x-\boxed{4})^2+q$로 놓자.

이 그래프가 점 $(0, -7)$을 지나므로

$$-7=\boxed{16}\,a+q \qquad \cdots\cdots\ \text{㉠}$$

또 이 그래프가 점 $(3, 8)$을 지나므로

$$\boxed{8}=a+q \qquad \cdots\cdots\ \text{㉡}$$

㉠, ㉡을 연립하여 풀면

$$a=\boxed{-1},\ q=\boxed{9}$$

따라서 구하는 이차함수의 식은

$$y=-(x-4)^2+9=\boxed{-x^2+8x-7}$$

답 $4,\ 16,\ 8,\ -1,\ 9,\ -x^2+8x-7$

03 구하는 이차함수의 식을 $y=ax^2+bx+c$로 놓자.

이 그래프가 점 $(0, 4)$를 지나므로

$$c=\boxed{4}$$

즉 $y=ax^2+bx+\boxed{4}$의 그래프가 점 $(2, 0)$을 지나므로

$$0=4a+2b+\boxed{4} \qquad \cdots\cdots\ \text{㉠}$$

또 이 그래프가 점 $(1, -2)$를 지나므로

$$\boxed{-2}=a+b+\boxed{4} \qquad \cdots\cdots\ \text{㉡}$$

㉠, ㉡을 연립하여 풀면

$$a=\boxed{4},\ b=\boxed{-10}$$

따라서 구하는 이차함수의 식은

$$y=\boxed{4x^2-10x+4}$$

답 $4,\ 4,\ 4,\ -2,\ 4,\ 4,\ -10,\ 4x^2-10x+4$

04 구하는 이차함수의 식을 $y=a(x-2)(x-\boxed{3})$으로 놓자.

이 그래프가 점 $(0, -12)$를 지나므로

$$-12=\boxed{6}\,a \qquad \therefore\ a=\boxed{-2}$$

따라서 구하는 이차함수의 식은

$$y=-2(x-2)(x-3)=\boxed{-2x^2+10x-12}$$

답 $3,\ 6,\ -2,\ -2x^2+10x-12$

핵심문제 익히기 ▶본문 201~202쪽

1 $(1)\ y=3x^2-12x+5$ $\quad (2)\ y=-2x^2-4x+3$

2 $(1)\ y=-x^2+6x-4$ $\quad (2)\ y=\dfrac{1}{2}x^2+4x+7$

3 $(1)\ y=3x^2-2x+1$ $\quad (2)\ y=-x^2+3x-5$

4 $(1)\ y=-5x^2+20x-15$ $\quad (2)\ y=2x^2-4x-16$

1 (1) 구하는 이차함수의 식을 $y=a(x-2)^2-7$로 놓으면

이 그래프가 점 $(0, 5)$를 지나므로

$$5=4a-7,\quad 4a=12 \quad \therefore\ a=3$$

따라서 구하는 이차함수의 식은

$$y=3(x-2)^2-7=3x^2-12x+5$$

(2) 구하는 이차함수의 식을 $y=a(x+1)^2+5$로 놓으면

이 그래프가 점 $(-3, -3)$을 지나므로

$$-3=4a+5,\quad 4a=-8 \quad \therefore\ a=-2$$

따라서 구하는 이차함수의 식은

$$y=-2(x+1)^2+5=-2x^2-4x+3$$

답 $(1)\ y=3x^2-12x+5$ $\quad (2)\ y=-2x^2-4x+3$

2 (1) 구하는 이차함수의 식을 $y=a(x-3)^2+q$로 놓자.

이 그래프가 점 $(-1, -11)$을 지나므로

$$-11=16a+q \qquad \cdots\cdots\ \text{㉠}$$

또 이 그래프가 점 $(4, 4)$를 지나므로

$$4=a+q \qquad \cdots\cdots\ \text{㉡}$$

㉠, ㉡을 연립하여 풀면

$$a=-1,\ q=5$$

따라서 구하는 이차함수의 식은

$$y=-(x-3)^2+5=-x^2+6x-4$$

(2) 구하는 이차함수의 식을 $y=a(x+4)^2+q$로 놓자.

이 그래프가 점 $(-6, 1)$을 지나므로

$$1=4a+q \qquad \cdots\cdots\ \text{㉠}$$

또 이 그래프가 점 $(2, 17)$을 지나므로

$$17=36a+q \qquad \cdots\cdots\ \text{㉡}$$

㉠, ㉡을 연립하여 풀면

$$a=\dfrac{1}{2},\ q=-1$$

따라서 구하는 이차함수의 식은

$$y=\dfrac{1}{2}(x+4)^2-1=\dfrac{1}{2}x^2+4x+7$$

답 $(1)\ y=-x^2+6x-4$ $\quad (2)\ y=\dfrac{1}{2}x^2+4x+7$

3 (1) 구하는 이차함수의 식을 $y=ax^2+bx+c$로 놓자.

이 그래프가 점 $(0, 1)$을 지나므로 $\quad c=1$

즉 $y=ax^2+bx+1$의 그래프가 점 $(1, 2)$를 지나므로

$$2=a+b+1 \qquad \cdots\cdots\ \text{㉠}$$

또 이 그래프가 점 $(-1, 6)$을 지나므로

$$6=a-b+1 \qquad \cdots\cdots\ \text{㉡}$$

㉠, ㉡을 연립하여 풀면

$$a=3,\ b=-2$$

따라서 구하는 이차함수의 식은

$$y=3x^2-2x+1$$

(2) 구하는 이차함수의 식을 $y=ax^2+bx+c$로 놓자.

이 그래프가 점 $(0, -5)$를 지나므로 $\quad c=-5$

즉 $y=ax^2+bx-5$의 그래프가 점 $(2, -3)$을 지나므로

$$-3=4a+2b-5 \qquad \cdots\cdots\ \text{㉠}$$

또 이 그래프가 점 $(4, -9)$를 지나므로

$$-9=16a+4b-5 \qquad \cdots\cdots\ \text{㉡}$$

㉠, ㉡을 연립하여 풀면
$$a=-1,\ b=3$$
따라서 구하는 이차함수의 식은
$$y=-x^2+3x-5$$
$$\boxed{\text{답}}\ (1)\,y=3x^2-2x+1\quad(2)\,y=-x^2+3x-5$$

4 (1) 구하는 이차함수의 식을 $y=a(x-1)(x-3)$으로 놓
으면 이 그래프가 점 $(0,\ -15)$를 지나므로
$$-15=3a\qquad\therefore a=-5$$
따라서 구하는 이차함수의 식은
$$y=-5(x-1)(x-3)=-5x^2+20x-15$$
(2) 구하는 이차함수의 식을 $y=a(x+2)(x-4)$로 놓으
면 이 그래프가 점 $(3,\ -10)$을 지나므로
$$-10=-5a\qquad\therefore a=2$$
따라서 구하는 이차함수의 식은
$$y=2(x+2)(x-4)=2x^2-4x-16$$
$$\boxed{\text{답}}\ (1)\,y=-5x^2+20x-15\quad(2)\,y=2x^2-4x-16$$

▶ 본문 203쪽

이런 문제가 시험 에 나온다

01 ⑤ **02** ② **03** $(3,\ -6)$ **04** ③

01 구하는 이차함수의 식을 $y=a(x+1)^2-2$로 놓으면 이 그
래프가 점 $(0,\ 3)$을 지나므로
$$3=a-2\qquad\therefore a=5$$
따라서 구하는 이차함수의 식은
$$y=5(x+1)^2-2=5x^2+10x+3$$
$$\boxed{\text{답}}\ ⑤$$

02 직선 $x=2$를 축으로 하므로 이차함수의 식을
$y=a(x-2)^2+q$로 놓자.
이 그래프가 점 $(0,\ 6)$을 지나므로
$$6=4a+q\qquad\cdots\cdots㉠$$
또 이 그래프가 점 $(-2,\ 0)$을 지나므로
$$0=16a+q\qquad\cdots\cdots㉡$$
㉠, ㉡을 연립하여 풀면
$$a=-\frac{1}{2},\ q=8$$
$$\therefore y=-\frac{1}{2}(x-2)^2+8=-\frac{1}{2}x^2+2x+6$$
따라서 $b=2,\ c=6$이므로
$$abc=\left(-\frac{1}{2}\right)\times2\times6=-6$$
$$\boxed{\text{답}}\ ②$$

03 이차함수의 식을 $y=ax^2+bx+c$로 놓자.
이 그래프가 점 $(0,\ 3)$을 지나므로 $\quad c=3$
즉 $y=ax^2+bx+3$의 그래프가 점 $(-1,\ 10)$을 지나므로
$$10=a-b+3\qquad\cdots\cdots㉠$$
또 이 그래프가 점 $(2,\ -5)$를 지나므로
$$-5=4a+2b+3\qquad\cdots\cdots㉡$$
㉠, ㉡을 연립하여 풀면
$$a=1,\ b=-6$$
따라서 이차함수의 식은
$$y=x^2-6x+3=(x-3)^2-6$$
이므로 그래프의 꼭짓점의 좌표는 $(3,\ -6)$이다.
$$\boxed{\text{답}}\ (3,\ -6)$$

04 이차함수의 식을 $y=a(x+5)(x-2)$로 놓으면 이 그래프
가 점 $(-4,\ 12)$를 지나므로
$$12=-6a\qquad\therefore a=-2$$
따라서 이차함수의 식은
$$y=-2(x+5)(x-2)$$
이 그래프가 점 $(3,\ k)$를 지나므로
$$k=-2\times(3+5)\times(3-2)=-16\qquad\boxed{\text{답}}\ ③$$

03 이차함수의 최댓값과 최솟값

개념원리 확인하기

▶ 본문 205쪽

01 (1) $(1,\ -5),\ -5$ (2) $(-3,\ 4),\ 4$
02 (1) 최솟값: $-7,\ x=0$ (2) 최댓값: $0,\ x=3$
(3) 최솟값: $2,\ x=4$ (4) 최댓값: $-3,\ x=-1$
03 (1) $2,\ -2,\ 3$ (2) $1,\ 1,\ -4$

01 (1) 주어진 그래프에서 꼭짓점의 좌표: $\boxed{(1,\ -5)}$
따라서 이 이차함수의 최댓값은 없고, 최솟값은 $\boxed{-5}$
이다.
(2) 주어진 그래프에서 꼭짓점의 좌표: $\boxed{(-3,\ 4)}$
따라서 이 이차함수의 최댓값은 $\boxed{4}$이고, 최솟값은 없
다.
$$\boxed{\text{답}}\ (1)\,(1,\ -5),\ -5\quad(2)\,(-3,\ 4),\ 4$$

02 (1) $y=x^2-7$의 그래프는 아래로 볼록하
고 꼭짓점의 좌표가 $(0,\ -7)$인 포물
선이다.
따라서 $x=0$일 때 최솟값 -7을 갖
는다.

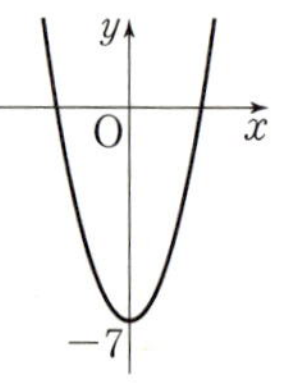

(2) $y=-5(x-3)^2$의 그래프는 위로 볼
록하고 꼭짓점의 좌표가 $(3,\,0)$인 포
물선이다.
따라서 $x=3$일 때 최댓값 0을 갖는
다.

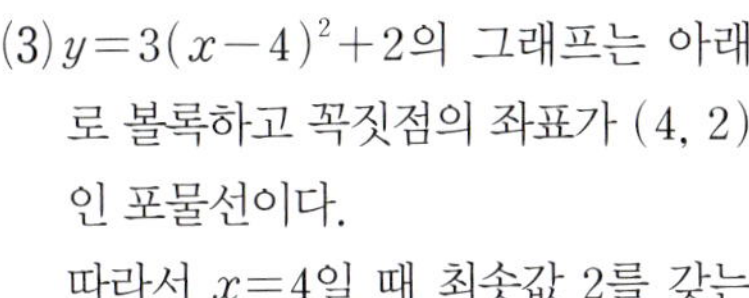

(3) $y=3(x-4)^2+2$의 그래프는 아래
로 볼록하고 꼭짓점의 좌표가 $(4,\,2)$
인 포물선이다.
따라서 $x=4$일 때 최솟값 2를 갖는
다.

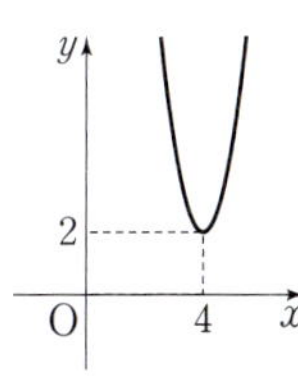

(4) $y=-2(x+1)^2-3$의 그래프는 위로
볼록하고 꼭짓점의 좌표가 $(-1,\,-3)$
인 포물선이다.
따라서 $x=-1$일 때 최댓값 -3을 갖
는다.

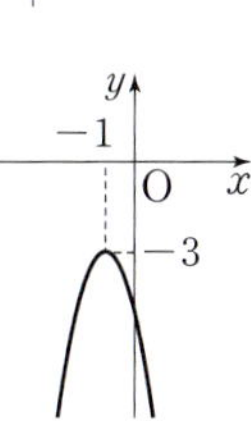

답 (1) 최솟값: -7, $x=0$　(2) 최댓값: 0, $x=3$
　　(3) 최솟값: 2, $x=4$　(4) 최댓값: -3, $x=-1$

03 (1) $y=\dfrac{1}{2}x^2+2x+5=\dfrac{1}{2}(x+\boxed{2})^2+3$

따라서 $x=\boxed{-2}$일 때 최솟값 $\boxed{3}$을 갖는다.

(2) $y=-3x^2+6x-7=-3(x-\boxed{1})^2-4$

따라서 $x=\boxed{1}$일 때 최댓값 $\boxed{-4}$를 갖는다.

답 (1) 2, -2, 3　(2) 1, 1, -4

1 (1) 최솟값: 1, $x=-1$　(2) 최댓값: -4, $x=2$
2 10　　　　3 -18　　　　4 1

1 (1) $y=3x^2+6x+4$
　　$=3(x+1)^2+1$
따라서 $x=-1$일 때 최솟값 1을 갖는다.

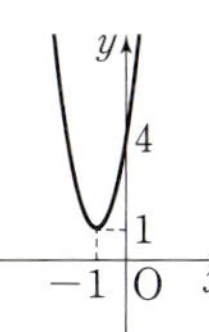

(2) $y=-\dfrac{1}{2}x^2+2x-6$
　　$=-\dfrac{1}{2}(x-2)^2-4$
따라서 $x=2$일 때 최댓값 -4를 갖
는다.

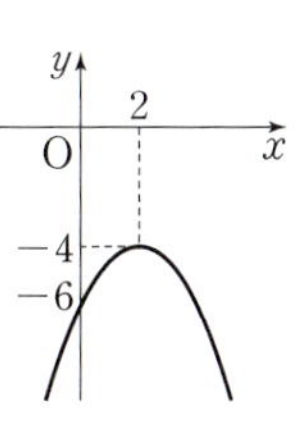

답 (1) 최솟값: 1, $x=-1$　(2) 최댓값: -4, $x=2$

2 $y=2x^2-12x+a+7=2(x-3)^2+a-11$
따라서 $x=3$일 때 최솟값 $a-11$을 가지므로
$$a-11=-1　　∴ a=10$$
답 10

3 $y=-3x^2+ax+b$가 $x=2$일 때 최댓값 6을 가지므로
$$y=-3(x-2)^2+6=-3x^2+12x-6$$
따라서 $a=12$, $b=-6$이므로
$$b-a=-6-12=-18$$
답 -18

4 $y=x^2-4kx+8k-3=(x-2k)^2-4k^2+8k-3$
$$∴ m=-4k^2+8k-3=-4(k-1)^2+1$$
따라서 $k=1$일 때 m은 최댓값 1을 갖는다.
답 1

01 ⑤　　　02 16　　　03 3　　　04 ③
05 -14

01 ① 최솟값: 없다, 최댓값: 2
② 최솟값: -2, 최댓값: 없다.
③ 최솟값: 없다, 최댓값: 0
④ 최솟값: 2, 최댓값: 없다.
⑤ 최솟값: 없다, 최댓값: -2
따라서 최댓값이 -2인 것은 ⑤이다.
답 ⑤

02 $y=3x^2+12x=3(x+2)^2-12$
즉 $x=-2$일 때 최솟값 -12를 가지므로
$$m=-12$$
$$y=-\dfrac{1}{3}x^2+2x+1=-\dfrac{1}{3}(x-3)^2+4$$
즉 $x=3$일 때 최댓값 4를 가지므로
$$M=4$$
$$∴ M-m=4-(-12)=16$$
답 16

03 $y=-2x^2+4x+k=-2(x-1)^2+k+2$
최댓값이 5이므로
$$k+2=5　　∴ k=3$$
답 3

04 $y=\dfrac{1}{2}x^2+ax+b$가 $x=2$일 때 최솟값 $-\dfrac{3}{2}$을 가지므로
$$y=\dfrac{1}{2}(x-2)^2-\dfrac{3}{2}=\dfrac{1}{2}x^2-2x+\dfrac{1}{2}$$
따라서 $a=-2$, $b=\dfrac{1}{2}$이므로
$$ab=(-2)\times\dfrac{1}{2}=-1$$
답 ③

05 $y=-x^2-6kx+18k-5=-(x+3k)^2+9k^2+18k-5$
$$∴ M=9k^2+18k-5=9(k+1)^2-14$$
따라서 $k=-1$일 때 M은 최솟값 -14를 갖는다.
답 -14

＞본문 210쪽

개념원리 확인하기

01 $16-x$, $16-x$, $16-x$, 8, 64, 8, 64, 64, 8, 8
02 (1) $y=x(x+4)$ (2) -4 (3) -2, 2
03 (1) $y=x(10-x)$ (2) $25\,\mathrm{cm}^2$ (3) $5\,\mathrm{cm}$, $5\,\mathrm{cm}$

01

❶ 변수 정하기	두 수 중 한 수를 x라 하면 다른 수는 $\boxed{16-x}$ 이고, 두 수의 곱을 y라 하자.
❷ 이차함수의 식 세우기	$y=x(\boxed{16-x})$
❸ 답 구하기	$y=x(\boxed{16-x})=-(x-\boxed{8})^2+\boxed{64}$ 즉 $x=\boxed{8}$일 때 y는 최댓값 $\boxed{64}$를 갖는다. 따라서 두 수의 곱의 최댓값은 $\boxed{64}$이고, 그때의 두 수는 $\boxed{8}$, $\boxed{8}$이다.

답 $16-x$, $16-x$, $16-x$, 8, 64, 8, 64, 64, 8, 8

02 (1) 두 수 중 작은 수를 x라 하면 큰 수는 $x+4$이므로
$$y=x(x+4)$$
(2) $y=x(x+4)=x^2+4x=(x+2)^2-4$
즉 $x=-2$일 때 y는 최솟값 -4를 갖는다.
따라서 두 수의 곱의 최솟값은 -4이다.
(3) 곱이 최소일 때의 두 수는 -2, 2이다.

답 (1) $y=x(x+4)$ (2) -4 (3) -2, 2

03 (1) 직사각형의 가로의 길이를 $x\,\mathrm{cm}$라 하면 세로의 길이는 $(10-x)\,\mathrm{cm}$이므로 $y=x(10-x)$
(2) $y=x(10-x)=-x^2+10x=-(x-5)^2+25$
즉 $x=5$일 때 y는 최댓값 25를 갖는다.
따라서 직사각형의 최대 넓이는 $25\,\mathrm{cm}^2$이다.
(3) 넓이가 최대일 때의 가로의 길이와 세로의 길이는 각각 $5\,\mathrm{cm}$, $5\,\mathrm{cm}$이다.

답 (1) $y=x(10-x)$ (2) $25\,\mathrm{cm}^2$ (3) $5\,\mathrm{cm}$, $5\,\mathrm{cm}$

핵심문제 익히기

＞본문 211~212쪽

1 -4, 4   2 3초, 45 m   3 $18\,\mathrm{cm}^2$ 4 $98\,\mathrm{m}^2$
5 $5\,\mathrm{cm}$

1 두 수 중 작은 수를 x라 하면 큰 수는 $x+8$이고, 두 수의 곱을 y라 하면
$$y=x(x+8)=x^2+8x=(x+4)^2-16$$
즉 $x=-4$일 때 y는 최솟값 -16을 갖는다.
따라서 구하는 두 수는 -4, 4이다.   답 -4, 4

2 $y=30x-5x^2=-5(x-3)^2+45$
즉 $x=3$일 때 y는 최댓값 45를 갖는다.
따라서 최고 높이에 도달할 때까지 걸린 시간은 3초이고, 그때의 높이는 45 m이다.   답 3초, 45 m

3 삼각형의 밑변의 길이를 $x\,\mathrm{cm}$라 하면 높이는 $(12-x)\,\mathrm{cm}$이고, 삼각형의 넓이를 $y\,\mathrm{cm}^2$라 하면
$$y=\frac{1}{2}x(12-x)=-\frac{1}{2}x^2+6x=-\frac{1}{2}(x-6)^2+18$$
즉 $x=6$일 때 y는 최댓값 18을 갖는다.
따라서 삼각형의 최대 넓이는 $18\,\mathrm{cm}^2$이다.   답 $18\,\mathrm{cm}^2$

4 울타리의 세로의 길이를 $x\,\mathrm{m}$라 하면 가로의 길이는 $(28-2x)\,\mathrm{m}$이고, 울타리 내부의 넓이를 $y\,\mathrm{m}^2$라 하면
$$y=x(28-2x)=-2x^2+28x=-2(x-7)^2+98$$
즉 $x=7$일 때 y는 최댓값 98을 갖는다.
따라서 울타리 내부의 최대 넓이는 $98\,\mathrm{m}^2$이다.   답 $98\,\mathrm{m}^2$

5 부채꼴의 반지름의 길이를 $r\,\mathrm{cm}$라 하면 호의 길이는 $(20-2r)\,\mathrm{cm}$이고, 부채꼴의 넓이를 $y\,\mathrm{cm}^2$라 하면
$$y=\frac{1}{2}r(20-2r)=-r^2+10r=-(r-5)^2+25$$
즉 $r=5$일 때 y는 최댓값 25를 갖는다.
따라서 반지름의 길이가 5 cm일 때 부채꼴의 넓이가 최대가 된다.   답 5 cm

＞본문 213쪽

01 ④   02 2초   03 10   04 $32\,\mathrm{cm}^2$
05 8

01 $x+y=32$에서 $y=32-x$이므로
$$xy=x(32-x)=-x^2+32x=-(x-16)^2+256$$
따라서 $x=16$일 때 xy의 최댓값은 256이다.   답 ④

02 $y=-5x^2+20x+30=-5(x-2)^2+50$
즉 $x=2$일 때 y는 최댓값 50을 갖는다.
따라서 공이 가장 높이 올라가는 데 걸린 시간은 2초이다.   답 2초

03 물받이의 높이, 즉 단면인 직사각형의 세로의 길이가 x cm이므로 가로의 길이는 $(40-2x)$ cm이다.

이때 단면의 넓이를 y cm^{2}라 하면
$$y=x(40-2x)=-2x^2+40x=-2(x-10)^2+200$$
즉 $x=10$일 때 y는 최댓값 200을 갖는다.

따라서 단면의 넓이가 최대가 되도록 하는 x의 값은 10이다. **답** 10

04 $\overline{\text{AP}}=x$ cm라 하면 $\overline{\text{BP}}=(8-x)$ cm이고, 두 정사각형의 넓이의 합을 y cm^{2}라 하면
$$y=x^2+(8-x)^2=2x^2-16x+64=2(x-4)^2+32$$
즉 $x=4$일 때 y는 최솟값 32를 갖는다.

따라서 두 정사각형의 넓이의 합의 최솟값은 32 cm^{2}이다. **답** 32 cm^2

05 점 P의 좌표를 $(x, -2x+8)$이라 하고 $\square$OQPR의 넓이를 y라 하면
$$y=x(-2x+8)=-2x^2+8x=-2(x-2)^2+8$$
즉 $x=2$일 때 y는 최댓값 8을 갖는다.

따라서 $\square$OQPR의 넓이의 최댓값은 8이다. **답** 8

중단원 마무리하기
▶본문 214~217쪽

01 ⑤	**02** 5	**03** ⑤	**04** 1
05 ①	**06** ②	**07** -2	**08** ②
09 ⑤	**10** 6	**11** ①	**12** -9
13 ③	**14** $\left(\dfrac{1}{2}, \dfrac{3}{2}\right)$	**15** ⑤	**16** ①
17 ③	**18** -1	**19** ④	**20** ④
21 ③	**22** 2	**23** 12	**24** 6
25 $\dfrac{3}{2}$			

01 **전략** 각 이차함수의 식을 $y=a(x-p)^2+q$의 꼴로 고친 후 축의 방정식을 구한다.

각 이차함수의 그래프의 축의 방정식을 구하면
① $y=3x^2-2 \Rightarrow x=0$
② $y=-2(x+1)^2 \Rightarrow x=-1$
③ $y=x^2-2x-1=(x-1)^2-2 \Rightarrow x=1$
④ $y=4x^2+16x+15=4(x+2)^2-1 \Rightarrow x=-2$
⑤ $y=\dfrac{1}{5}x^2+x+2=\dfrac{1}{5}\left(x+\dfrac{5}{2}\right)^2+\dfrac{3}{4} \Rightarrow x=-\dfrac{5}{2}$

따라서 축이 가장 왼쪽에 있는 것은 ⑤이다. **답** ⑤

---

02 **전략** 두 이차함수의 식을 $y=a(x-p)^2+q$의 꼴로 고친 후 꼭짓점의 좌표를 구한다.

$y=2x^2-4x=2(x-1)^2-2$이므로 꼭짓점의 좌표는
$(1, -2)$

또 $y=-x^2+ax+b=-\left(x-\dfrac{a}{2}\right)^2+\dfrac{a^2}{4}+b$이므로 꼭짓점의 좌표는 $\left(\dfrac{a}{2}, \dfrac{a^2}{4}+b\right)$

두 그래프의 꼭짓점이 일치하므로
$$1=\dfrac{a}{2}, \quad -2=\dfrac{a^2}{4}+b$$
따라서 $a=2$, $b=-3$이므로
$$a-b=2-(-3)=5$$
답 5

03 **전략** 주어진 이차함수의 그래프의 축을 기준으로 생각한다.

$$y=\dfrac{1}{2}x^2-x+3=\dfrac{1}{2}(x-1)^2+\dfrac{5}{2}$$

따라서 $y=\dfrac{1}{2}x^2-x+3$의 그래프는 오른쪽 그림과 같으므로 $x>1$에서 x의 값이 증가할 때 y의 값도 증가한다.

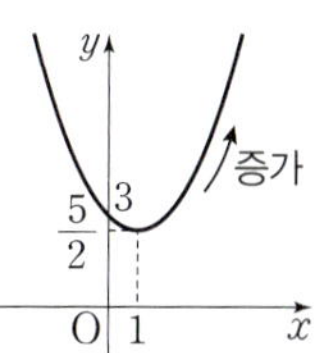

답 ⑤

04 **전략** $y=0$을 대입하여 x축과의 교점의 좌표를 구하고, $x=0$을 대입하여 y축과의 교점의 좌표를 구한다.

$y=-x^2+x+6$에 $y=0$을 대입하면
$$-x^2+x+6=0$$
$$x^2-x-6=0$$
$$(x+2)(x-3)=0$$
$$\therefore x=-2 \text{ 또는 } x=3$$
$p<q$이므로
$$p=-2, \quad q=3$$
또 $y=-x^2+x+6$에 $x=0$을 대입하면
$$y=6 \quad \therefore r=6$$
$$\therefore p-q+r=-2-3+6=1$$
답 1

05 **전략** 주어진 이차함수의 식을 $y=a(x-p)^2+q$의 꼴로 고친 후 x 대신 $x-m$, y 대신 $y-n$을 대입한다.

$y=3x^2+12x+8=3(x+2)^2-4$

이 그래프를 x축의 방향으로 m만큼, y축의 방향으로 n만큼 평행이동한 그래프의 식은
$$y=3(x-m+2)^2-4+n$$
이 그래프가 $y=3x^2-18x+13=3(x-3)^2-14$의 그래프와 일치하므로
$$-m+2=-3, \quad -4+n=-14$$
$$\therefore m=5, \quad n=-10$$
$$\therefore m+n=5+(-10)=-5$$
답 ①

06 먼저 두 점 A, B의 좌표를 구한다.

$y=-\dfrac{3}{4}x^2+3x=-\dfrac{3}{4}(x-2)^2+3$이므로

$$A(2, 3)$$

$y=-\dfrac{3}{4}x^2+3x$에 $y=0$을 대입하면

$$-\dfrac{3}{4}x^2+3x=0$$
$$x^2-4x=0$$
$$x(x-4)=0$$
$$\therefore x=0 \ \text{또는} \ x=4$$

따라서 $B(4, 0)$이므로

$$\triangle AOB=\dfrac{1}{2}\times 4 \times 3=6$$

답 ②

07 꼭짓점이 x축 위에 있으면 꼭짓점의 y좌표는 0임을 이용한다.

조건 (가), (나)에서 축의 방정식이 $x=-1$이고 꼭짓점이 x축 위에 있으므로 이차함수의 식을 $y=a(x+1)^2$으로 놓자.

조건 (다)에서 점 $(1, -4)$를 지나므로

$$-4=4a \qquad \therefore a=-1$$

즉 $y=-(x+1)^2=-x^2-2x-1$에서

$$b=-2, \ c=-1$$
$$\therefore abc=(-1)\times(-2)\times(-1)=-2$$

답 -2

08 x축과의 두 교점 $(-5, 0)$, $(3, 0)$이 주어졌으므로 구하는 이차함수의 식을 $y=a(x+5)(x-3)$으로 놓는다.

구하는 이차함수의 식을 $y=a(x+5)(x-3)$으로 놓으면 이 그래프가 점 $(0, -15)$를 지나므로

$$-15=-15a \qquad \therefore a=1$$

따라서 구하는 이차함수의 식은

$$y=(x+5)(x-3)=x^2+2x-15$$

답 ②

09 각 이차함수의 식을 $y=a(x-p)^2+q$의 꼴로 고친 후 최솟값을 구한다.

① $y=\dfrac{1}{2}(x-3)^2-2$는 $x=3$일 때 최솟값 -2를 갖는다.

② $y=3(x+2)^2+1$은 $x=-2$일 때 최솟값 1을 갖는다.

③ $y=x^2-4x+1=(x-2)^2-3$

즉 $x=2$일 때 최솟값 -3을 갖는다.

④ $y=\dfrac{1}{4}x^2+x=\dfrac{1}{4}(x+2)^2-1$

즉 $x=-2$일 때 최솟값 -1을 갖는다.

⑤ $y=\dfrac{3}{2}x^2+3x-4=\dfrac{3}{2}(x+1)^2-\dfrac{11}{2}$

즉 $x=-1$일 때 최솟값 $-\dfrac{11}{2}$을 갖는다.

따라서 최솟값이 가장 작은 것은 ⑤이다.

답 ⑤

10 주어진 이차함수의 최댓값을 a에 대한 식으로 나타낸다.

$$y=-x^2+2ax=-(x-a)^2+a^2$$

즉 $x=a$일 때 최댓값 a^2을 갖는다.

따라서 $a^2=36$이므로

$$a=-6 \ \text{또는} \ a=6$$

그런데 $a>0$이므로 $\qquad a=6$

답 6

11 모양이 같은 이차함수의 그래프의 x^2의 계수는 같음을 이용한다.

$x=6$일 때 최솟값 -9를 갖고, $y=\dfrac{1}{3}x^2$의 그래프와 모양이 같은 포물선을 그래프로 하는 이차함수의 식은

$$y=\dfrac{1}{3}(x-6)^2-9=\dfrac{1}{3}x^2-4x+3$$

따라서 $a=\dfrac{1}{3}$, $b=-4$, $c=3$이므로

$$ac+b=\dfrac{1}{3}\times 3+(-4)=-3$$

답 ①

12 두 수를 미지수로 놓고 두 수의 곱을 식으로 나타낸다.

두 수 중 작은 수를 x라 하면 큰 수는 $x+18$이고, 두 수의 곱을 y라 하면

$$y=x(x+18)=x^2+18x=(x+9)^2-81$$

즉 $x=-9$일 때 y는 최솟값 -81을 갖는다.

따라서 구하는 작은 수는 -9이다.

답 -9

13 닭장의 가로의 길이와 세로의 길이를 미지수로 놓고 닭장의 넓이를 식으로 나타낸다.

닭장의 가로의 길이를 x m라 하면 세로의 길이는 $(10-x)$ m이고, 닭장의 넓이를 y m^{2}라 하면

$$y=x(10-x)=-x^2+10x=-(x-5)^2+25$$

즉 $x=5$일 때 y는 최댓값 25를 갖는다.

따라서 닭장의 넓이의 최댓값은 25 m^{2}이다.

답 ③

14 먼저 주어진 일차함수의 그래프를 이용하여 a, b의 값을 구한다.

$y=ax+b$의 그래프의 기울기가 -2, y절편이 2이므로

$$a=-2, \ b=2$$

따라서 $y=-2x^2+2x+1=-2\left(x-\dfrac{1}{2}\right)^2+\dfrac{3}{2}$이므로

꼭짓점의 좌표는 $\left(\dfrac{1}{2}, \dfrac{3}{2}\right)$이다.

답 $\left(\dfrac{1}{2}, \dfrac{3}{2}\right)$

15 조건을 만족시키는 이차함수의 그래프의 개형을 생각해 본다.

$$y=-x^2+4x+c=-(x-2)^2+c+4$$

이 그래프는 위로 볼록하므로 모든 사분면을 지나려면 오른쪽 그림과 같이 y축과의 교점의 y좌표가 0보다 커야 한다.

$$\therefore c>0$$

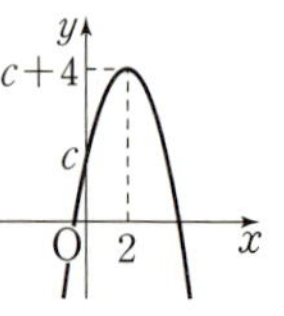

답 ⑤

16 전략 먼저 주어진 그래프를 이용하여 a, b, c의 부호를 구한다.

주어진 그래프가 위로 볼록하므로　　$a<0$
축이 y축의 오른쪽에 있으므로
　　$ab<0$　　$\therefore b>0$
y축과의 교점이 x축의 위쪽에 있으므로　　$c>0$
즉 $y=cx^2-ax+b$의 그래프에서 $c>0$이므로 아래로 볼록하고, $-ac>0$이므로 축이 y축의 왼쪽에 있으며, $b>0$이므로 y축과의 교점이 x축의 위쪽에 있다.
따라서 $y=cx^2-ax+b$의 그래프로 알맞은 것은 ①이다.
답 ①

17 전략 세 점을 지나는 포물선을 그래프로 하는 이차함수의 식을 구한다.

이차함수의 식을 $y=ax^2+bx+c$로 놓자.
이 그래프가 점 $(0,\,5)$를 지나므로　　$c=5$
즉 $y=ax^2+bx+5$의 그래프가 점 $(-1,\,8)$을 지나므로
　　$8=a-b+5$　　　　　……㉠
또 이 그래프가 점 $(2,\,-7)$을 지나므로
　　$-7=4a+2b+5$　　　　……㉡
㉠, ㉡을 연립하여 풀면
　　$a=-1$, $b=-4$
따라서 이차함수의 식은
　　$y=-x^2-4x+5$
$y=-x^2-4x+5$에 $y=0$을 대입하면
　　$-x^2-4x+5=0$,　　$x^2+4x-5=0$
　　$(x+5)(x-1)=0$
　　$\therefore x=-5$ 또는 $x=1$
따라서 $\mathrm{A}(-5,\,0)$, $\mathrm{B}(1,\,0)$ 또는 $\mathrm{A}(1,\,0)$, $\mathrm{B}(-5,\,0)$
이므로
　　$\overline{\mathrm{AB}}=1-(-5)=6$
답 ③

18 전략 주어진 이차함수의 식을 $y=a(x-p)^2+q$의 꼴로 고친 후 평행이동한 그래프의 식을 구한다.

$y=\dfrac{1}{3}x^2-2x+1=\dfrac{1}{3}(x-3)^2-2$
이 그래프를 x축의 방향으로 -2만큼, y축의 방향으로 1만큼 평행이동한 그래프의 식은
$$y-1=\frac{1}{3}\{x-(-2)-3\}^2-2$$
$$\therefore y=\frac{1}{3}(x-1)^2-1$$
따라서 $x=1$일 때 y는 최솟값 -1을 갖는다.
답 -1

19 전략 m을 k에 대한 식으로 나타낸다.

$y=2x^2+4kx-4k+7=2(x+k)^2-2k^2-4k+7$
　　$\therefore m=-2k^2-4k+7=-2(k+1)^2+9$
따라서 $k=-1$일 때 m은 최댓값 9를 갖는다.
답 ④

20 전략 물체가 지면에 떨어질 때의 높이는 0 m임을 이용한다.

$y=-5t^2+10t+75=-5(t-1)^2+80$
즉 $t=1$일 때 y는 최댓값 80을 가지므로 1초 후에 최고 높이에 도달한다.
한편 이 물체가 지면에 떨어지는 것은 $y=0$일 때이므로
　　$-5t^2+10t+75=0$,　　$t^2-2t-15=0$
　　$(t+3)(t-5)=0$
　　$\therefore t=-3$ 또는 $t=5$
그런데 $t>0$이므로　　$t=5$
따라서 최고 높이에 도달한 지 $5-1=4$ (초) 후에 지면에 떨어진다.
답 ④

21 전략 작은 원의 반지름의 길이를 x cm라 하고 두 원의 넓이의 합을 식으로 나타낸다.

작은 원의 반지름의 길이를 x cm라 하면 큰 원의 반지름의 길이는 $(10-x)$ cm이고, 두 원의 넓이의 합을 y cm^{2}라 하면
$$y=\pi x^2+\pi(10-x)^2$$
$$=2\pi x^2-20\pi x+100\pi$$
$$=2\pi(x-5)^2+50\pi$$
즉 $x=5$일 때 y는 최솟값 50π를 갖는다.
따라서 두 원의 넓이의 합의 최솟값은 50π cm^{2}이다.
답 ③

22 전략 점 P의 x좌표와 y좌표를 이용하여 $\triangle\mathrm{PRQ}$의 넓이를 식으로 나타낸다.

점 P의 좌표를 $(x,\,-4x+8)$이라 하고 $\triangle\mathrm{PRQ}$의 넓이를 y라 하면
$$y=\frac{1}{2}x(-4x+8)=-2x^2+4x=-2(x-1)^2+2$$
즉 $x=1$일 때 y는 최댓값 2를 갖는다.
따라서 $\triangle\mathrm{PRQ}$의 넓이의 최댓값은 2이다.
답 2

23 전략 두 이차함수의 그래프 사이의 관계를 파악하여 넓이가 같은 부분을 찾는다.

$y=2x^2+12x+15=2(x+3)^2-3$
$y=2x^2-4x-1=2(x-1)^2-3$
즉 $y=2x^2-4x-1$의 그래프는 $y=2x^2+12x+15$의 그래프를 x축의 방향으로 4만큼 평행이동한 것이므로 다음 그림에서 ㉠과 ㉡의 넓이는 같다.

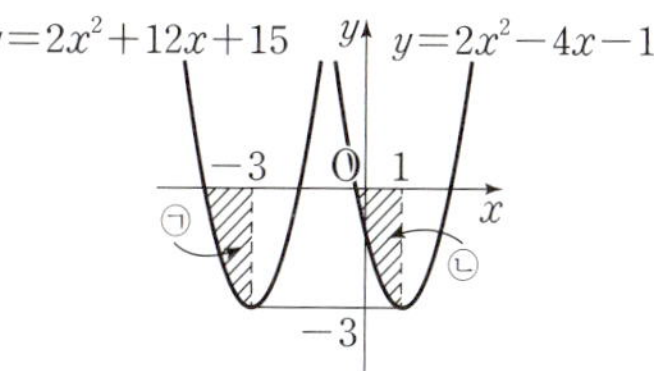

따라서 구하는 넓이는 직사각형의 넓이와 같으므로
　　$4\times3=12$
답 12

24 전략 세 점 A, B, C의 좌표를 구한다.

$y=-x^2+2x+8=-(x-1)^2+9$

이므로　　A$(1, 9)$

$y=-x^2+2x+8$에 $y=0$을 대입하면

$$-x^2+2x+8=0$$
$$x^2-2x-8=0$$
$$(x+2)(x-4)=0$$
$$\therefore x=-2 \text{ 또는 } x=4$$
$$\therefore B(4, 0)$$

$y=-x^2+2x+8$에 $x=0$을 대입하면

$$y=8$$
$$\therefore C(0, 8)$$

꼭짓점 A에서 x축에 내린 수선의 발을 D라 하면

$$D(1, 0)$$
$$\therefore \triangle ACB=\square ACOD+\triangle ADB-\triangle COB$$
$$=\frac{1}{2}\times(8+9)\times 1+\frac{1}{2}\times 3\times 9-\frac{1}{2}\times 4\times 8$$
$$=\frac{17}{2}+\frac{27}{2}-16$$
$$=6$$

답 6

25 전략 두 점 P, Q의 좌표를 이용하여 $\overline{PQ}$의 길이를 식으로 나타낸다.

$P\left(a, \frac{2}{3}a^2+3a+5\right)$, $Q(a, a+2)$라 하고 $\overline{PQ}$의 길이를 y라 하면

$$y=\left(\frac{2}{3}a^2+3a+5\right)-(a+2)$$
$$=\frac{2}{3}a^2+2a+3$$
$$=\frac{2}{3}\left(a+\frac{3}{2}\right)^2+\frac{3}{2}$$

즉 $a=-\frac{3}{2}$일 때 y는 최솟값 $\frac{3}{2}$을 갖는다.

따라서 $\overline{PQ}$의 길이의 최솟값은 $\frac{3}{2}$이다.

답 $\frac{3}{2}$

서술형 대비 문제　　▶ 본문 218～219쪽

1 64	**2** 5	**3** −11
4 2	**5** −3	**6** 250원

1 1단계 $y=x^2-2x-15$에 $y=0$을 대입하면

$$x^2-2x-15=0$$
$$(x+3)(x-5)=0$$
$$\therefore x=-3 \text{ 또는 } x=5$$
$$\therefore A(-3, 0), B(5, 0)$$

2단계 $y=x^2-2x-15=(x-1)^2-16$이므로

$$C(1, -16)$$

3단계 $\triangle ACB=\frac{1}{2}\times 8\times 16=64$

답 64

2 1단계 $y=2x^2-12x+4k$

$$=2(x-3)^2+4k-18$$

즉 $x=3$일 때 y는 최솟값 $4k-18$을 갖는다.

2단계 $y=-\frac{5}{2}x^2-5x+k-\frac{11}{2}$

$$=-\frac{5}{2}(x+1)^2+k-3$$

즉 $x=-1$일 때 y는 최댓값 $k-3$을 갖는다.

3단계 두 이차함수의 최솟값과 최댓값이 같으므로

$$4k-18=k-3, \qquad 3k=15$$
$$\therefore k=5$$

답 5

3 1단계 $y=-\frac{1}{3}x^2+4x+a=-\frac{1}{3}(x-6)^2+a+12$

즉 이 그래프의 꼭짓점의 좌표는

$$(6, a+12)$$

2단계 점 $(6, a+12)$가 직선 $y=x-5$ 위에 있으므로

$$a+12=6-5$$
$$\therefore a=-11$$

답 −11

단계	채점 요소	배점
1	이차함수의 그래프의 꼭짓점의 좌표 구하기	3점
2	a의 값 구하기	3점

4 1단계 $y=2x^2-8x+3=2(x-2)^2-5$

이 그래프를 x축의 방향으로 -1만큼, y축의 방향으로 -8만큼 평행이동한 그래프의 식은

$$y-(-8)=2\{x-(-1)-2\}^2-5$$
$$\therefore y=2(x-1)^2-13$$

2단계 이 그래프가 점 $(k, -5)$를 지나므로

$$-5=2(k-1)^2-13$$
$$2k^2-4k-6=0$$
$$k^2-2k-3=0$$
$$(k+1)(k-3)=0$$
$$\therefore k=-1 \text{ 또는 } k=3$$

3단계 모든 k의 값의 합은

$$-1+3=2$$

답 2

단계	채점 요소	배점
1	평행이동한 그래프의 식 구하기	3점
2	k의 값 구하기	3점
3	모든 k의 값의 합 구하기	1점

5 **1단계** 꼭짓점의 좌표가 $(3, -5)$이므로 이차함수의 식을
$y=a(x-3)^2-5$로 놓으면 이 그래프가 점 $(0, 1)$
을 지나므로

$$1=9a-5, \qquad 9a=6$$

$$\therefore a=\frac{2}{3}$$

2단계 $y=\frac{2}{3}(x-3)^2-5=\frac{2}{3}x^2-4x+1$이므로

$$b=-4, \ c=1$$

3단계 $3a+b-c=3\times\frac{2}{3}+(-4)-1=-3$

답 -3

단계	채점 요소	배점
1	a의 값 구하기	4점
2	b, c의 값 구하기	2점
3	$3a+b-c$의 값 구하기	1점

6 **1단계** 상품의 가격을 x원씩 올리면 상품 한 개의 판매 가
격은 $(200+x)$원이 되고 판매량은 $(600-2x)$개가
된다.

상품의 총 판매 금액을 y원이라 하면

$$y=(200+x)(600-2x)$$
$$=-2x^2+200x+120000$$
$$=-2(x-50)^2+125000$$

즉 $x=50$일 때 y는 최댓값 125000을 갖는다.

2단계 총 판매 금액이 최대가 되도록 하려면 상품 한 개의
판매 가격을

$$200+50=250(\text{원})$$

으로 해야 한다.

답 250원

단계	채점 요소	배점
1	이차함수의 최댓값 구하기	5점
2	총 판매 금액이 최대일 때의 상품 한 개의 판매 가격 구하기	3점

같이 풀면 더 좋은
개념원리
+
RPM 시리즈

학생 2명 중 1명이 보는
대한민국 1위 개념서

수학의 시작

개념원리

문제 난이도

하 30%	중 50%	상 20%

유형서 최초
전 문항 무료 강의
지원

유형의 완성

RPM

개념원리 ai 지원
· 전 문항 무료 강의
· 무제한 Q&A

**AI 튜터와 함께
공부하는**

RPM Pro

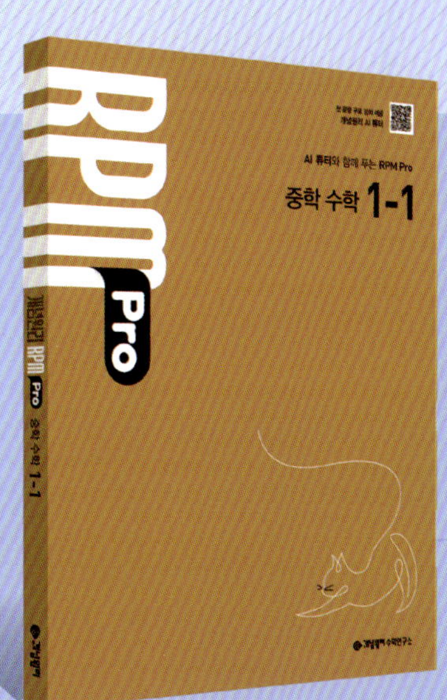

※ 고등 RPM Pro는 2026년 하반기부터 순차 출간될 예정입니다.

문제 난이도

하 20%	중 60%	상 20%

문제 난이도

하 10%	중 55%	상 35%

정답 및 풀이

개념원리 중학 수학 **3-1**